农业部"十一五"规划教材

农艺作物病虫草害防治

● 陈宇飞 郜连春 主编

中国农业科学技术出版社

图书在版编目（CIP）数据

农艺作物病虫草害防治 / 陈宇飞，郜连春主编．—北京：中国农业科学技术出版社，2008.8

ISBN 978－7－80233－584－4

Ⅰ．农… Ⅱ．①陈…②郜… Ⅲ．①园艺作物－病虫害防治方法②园艺作物－除草 Ⅳ．S436 S451.24

中国版本图书馆 CIP 数据核字（2008）第 085789 号

责任编辑 朱 绯
责任校对 贾晓红 康苗苗

出 版 者 中国农业科学技术出版社
北京市中关村南大街 12 号 邮编：100081
电 话 (010) 82106632 (编辑室)
传 真 (010) 82106626
网 址 http://www.castp.cn
经 销 者 新华书店北京发行所
印 刷 者 北京华正印刷有限公司
开 本 787 mm×1 092 mm 1/16
印 张 22.25
字 数 517 千字
版 次 2008 年 8 月第 1 版 2008 年 8 月第 1 次印刷
定 价 35.00 元

《农艺作物病虫草害防治》
编 委 会

主　编　陈宇飞　邰连春

副主编　李洪波　何明明　周长梅

编　者　（按姓氏笔画为序）

马　红　（东北农业大学）
李洪波　（黑龙江农业职业技术学院）
何明明　（辽宁农业职业技术学院）
陈宇飞　（东北农业大学）
邰连春　（黑龙江农业经济职业学院）
范文忠　（吉林农业科技学院）
周长梅　（东北农业大学）
周彦武　（黑龙江农业职业技术学院）
高照亮　（东北农业大学）
魏松红　（沈阳农业大学）
龚束芳　（东北农业大学）

主　审　文景芝　（东北农业大学）

前　言

科技的进步、经济的发展，为应用型人才培养提供了契机。按照应用型人才培养的要求，以职业岗位能力为立足点，为反映技术的发展和职业的需要，笔者编写了《农艺作物病虫草害防治》。

《农艺作物病虫草害防治》以分析职业岗位为前提面向农艺类学生学习之用。过去农类学生职业走向大多是技术推广中心的技术员，而现在很多农艺类毕业生流向农业生产资料的营销部门，比如农药营销已成为农类学生的重要职业。为改变传统植物保护教材侧重病虫防治，而忽视杂草防除和农药应用的特点，本书重新构建教材结构和内容，以适应新的岗位群职业能力的要求。

教材共分三篇：病、虫、草、药的基础知识篇；农艺作物病虫草害的防治技术篇；实验实训篇。教材介绍了主要病虫害的类群、形态特征、生物学特性、发生发展规律、预测预报、防治策略等。同时教材还系统地介绍了农田杂草的基本知识及杂草防除技术，使农艺作物病、虫、草害的防治更全面、更系统。农药知识和技能的增加，切合了培养目标职业岗位技能的需要。例如作物药害的产生及防治、农药的管理与销售、常用农药性状观察及质量检查、农药田间药效试验及防治效果的调查、作物病虫害综合防治方案的制定与实施等内容，都是以职业实践需求为主线来设置知识与技能。教材末尾两个附录的增设也是紧紧围绕这一中心原则设置的。

农艺作物病虫草害种类繁多，本教材病虫草害的取材侧重于北方地区。本教材就常发生的重要病虫草害进行论述，为加强直观印象，教材中增加了一定数量的图表，重点突出。本教材在编写过程中，力求反映当代农艺作物病虫草害防治的最新研究成果和技术，教材中的防治技术具有很强的可操作性，充分体现了本教材的实用特色。

本教材在每章附有“思考题”，以帮助学生巩固和复习所学知识，同时还增设“能力拓展题”，引导学生向更深层次思考，有利于提高学生的学习能力，这也是本教材的特色之一。

《农艺作物病虫草害防治》由东北农业大学应用技术学院、黑龙江农业职业技术学院、黑龙江农业经济职业学院、辽宁农业职业技术学院、吉林农业科技学院、沈阳农业大学的有关教师合作编写。前言、第一章由陈宇飞编写；第二章至第六章由部连春、周长梅、马红编写；第七章由魏松红、陈宇飞编写；第八章至第十三章由李洪波、陈宇飞、周彦武编写；第十四章至第十五章由何明明、范文忠、龚束芳编写；实训指导由陈宇飞、部连春、高照亮编写。

本教材由东北农业大学文景芝教授担任主审，感谢她百忙中抽出时间，并提出了很多宝贵意见和建议。

另外，本教材编写过程中参考了大量相关教材和专著，在此对这些教材的编著者表示诚挚的感谢。

由于编者水平有限，书中错漏之处在所难免，敬请读者批评指正。

陈宇飞

2008 年 5 月

目　　录

第一章　绪　论

一、农艺作物病虫草害防治的重要性

农艺作物是人类赖以生存的物质资源和环境资源，然而病、虫、草害却给农艺作物生产带来巨大为害，对人类的生存发展造成重大威胁。1845～1848年，马铃薯晚疫病大发生，爱尔兰的马铃薯几乎绝产，25万人因饥荒致死，250万人被迫迁徙。19世纪50年代和60年代，法国先后出现葡萄霜霉病的流行和葡萄根瘤蚜的为害，酿酒业因此受到巨大影响，濒临破产停业。19世纪末，棉铃象甲大发生，美国棉花生产受到严重破坏，商人、银行家相继破产，农民被迫抛弃家园、远走他乡。1910年，美国佛罗里达柑橘溃疡病毁园。1943年，印度孟加拉水稻胡麻斑病，200万人饿死。无论古代还是近代，蝗灾是中国数千年来农业生产上最严重的自然灾害之一。猖獗年份，蝗群遮天蔽日，栖留之处颗粒无收。1950年，中国小麦条锈病的发生减产60亿kg。1992年，棉铃虫大暴发，全国棉产量平均损失30%以上，损失棉花3 000余万担。据联合国粮农组织估计，世界粮食生产因虫害常年损失14%，因病害损失10%，因草害损失11%。

农艺作物病虫草害防治是综合利用各种措施，有效控制病虫草的为害，减少病虫草为害造成的损失，使农艺作物达到优质、高产、高效的要求，同时使人类获得最大的经济效益、生态效益和社会效益。农艺作物病虫草害防治，在实现农业可持续发展等方面有着不可替代的作用。

现代农艺作物病虫草害防治，要建立以农艺作物为中心的病虫草害防治体系。人们在提出防治策略时，不能只考虑杀灭有害生物的效果，更要考虑农艺作物能否接受。这与以有害生物为中心的传统病虫草害防治技术有着重要差别。

二、农艺作物病虫草害防治的内容和任务

农艺作物病虫草害防治与生产实际紧密相连，实践性很强。其主要内容包括：病虫草的主要类群、形态特征、生物学特性及病虫草害的发生发展规律、预测预报、防治策略等。

认识病虫草害防治的重要性，掌握主要农艺作物病虫草害的发生规律及诊断技术，了解新的科学研究成果，结合生产实际，制定有效的综合防治策略。对未明确发生规律的病虫草害，需进一步研究，避免就事论事，做到理论联系实际，学会在农艺作物的生产实践中开展病虫草害防治。

三、农艺作物病虫草害防治的发展概况

20世纪40年代以前，可列为一般防治阶段。一般防治阶段经历的时间很久，防治措施包括的范围较广，采用的措施有作物轮作、土地耕翻、田园清洁、灌溉施肥、品种选育、中耕除草、人工诱捕、天敌利用等。

20世纪40年代初期，随着有机农药在世界各国的大面积应用，农艺作物病虫草害防治工作也进入了新的历史时期。在这一阶段，有机合成化学农药获得极为广泛的应用，如：有机氯（滴滴涕、六六六），有机磷（一六〇五、一〇五九），氨基甲酸酯类等。随着化学农药的大量使用，生态系统中的食物链被破坏，病虫草害再次猖獗，同时也污染了环境和食品，严重影响着人类健康。美国作家 Rachel Carson 于1962年发表科幻小说《Silent Spring》，在社会上引起强烈反响，农药残留问题得到了人们的广泛注意。

20世纪60年代，提出有害生物综合防治（Integrated Pest Control，IPC）。其内容是根据有害生物的种群动态及有关的环境条件，尽可能协调地利用适当的技术和方法，将有害生物种群数量控制在经济水平以下。20世纪70年代初期，发展为有害生物综合治理（Integrated Pest Management，IPM），强调经济效益和良好的生态效应，并引入系统学观点，要求在系统分析和建模的基础上选择最优方案。

随着科学技术的发展，农艺作物病虫草害防治中引入了现代科学研究成果，如同位素不育技术、工程天敌微生物、植物免疫技术、转基因抗性植物及 ELISA（酶联免疫吸附试验，enzyme linked immunosorbent assay）和 PCR（聚合酶链式反应，polymerase chain reaction）植物检疫技术、信息化技术等。这些技术的应用为综合治理注入了新的活力。以 Internet 为代表的网络技术的应用，使农业生产活动与整个社会密切联系在一起，农场主不出家门即可了解诸如农艺作物病虫草发生情况、气象资料等信息，从而使综合治理工作向着信息化的方向和阶段发展。

【思考题】

1. 结合实际，谈谈病虫草的为害对你生活的影响。
2. 讨论新技术的发展对农艺作物病虫草害防治有何作用。
3. 谈谈你对这门课程重要性的认识。

第二章　农业昆虫基础知识

昆虫种类多，分布广，从赤道到两极，从地下到空中，从海洋到高山、沙漠，到处都有昆虫的足迹。昆虫与人类关系非常密切，有些对人类有害，有些对人类有益。

许多昆虫为害农艺作物或寄生在人、畜体上，称为"害虫"。如苍蝇、蚊子，吸血传病，称"卫生害虫"。牛虻、厩蝇，叮咬牲畜，称"畜牧害虫"。蝗虫、叶甲金龟、天牛为害农林植物，称"农林害虫"。人们栽培的农艺作物没有一种不受到害虫的为害。从植物的根、茎、叶、花、果实、种子，到已收获入库的粮食，都可以成为昆虫的食物。

有些昆虫可以"吃"害虫，如步行甲、食虫瓢甲、食蚜蝇、螳螂、寄生蜂等，称为"天敌昆虫"。有些昆虫能帮助植物授粉，如蜜蜂，称为"传粉昆虫"。目前，世界上80%以上的显花植物都是依靠昆虫传花授粉的。有些昆虫的虫体及其代谢产物是重要的工业、医药和生活原料，如家蚕、白蜡虫、五倍子蚜虫、紫胶虫、胭脂虫等，称为"原料昆虫"。也有一些昆虫可以作为畜禽、鱼类和蛙类的的饲料，如黄粉虫等，称为"饲料昆虫"。还有一些昆虫可以入药，如斑蝥、地鳖虫、冬虫夏草等，称为"药用昆虫"。这些昆虫对人类有益，称为"益虫"。

第一节　昆虫的外部形态

一、昆虫的主要特征

（一）昆虫纲的特征

昆虫属于动物界、节肢动物门、昆虫纲。一般具有以下特征（图2－1）。

1. 身体分为头、胸、腹3个体段。

2. 头部具有1对触角，1对复眼，0～3个单眼和1个口器。触角具有感觉的作用，复眼和单眼能够感光视物，口器摄取食物。所以，头部是昆虫取食和感觉的中心。

3. 胸部着生6足4翅，是昆虫的运动中心。

4. 腹部包藏大量内脏，末端着生外生殖器和1对尾须。腹部是昆虫代谢和生殖的中心。

5. 昆虫的身体包有一层坚韧外壳（体壁），故此，昆虫被称为"外骨骼"动物。

具有上述特征的节肢动物都是昆虫。此外，昆虫的一生，还要经过一系列内部器官和外部形态的变化即变态。

（二）昆虫与其他节肢动物的区别

掌握了昆虫纲的特征，就能把它与其他近缘的节肢动物进行区别。如甲壳纲（虾、蟹、潮虫）分头胸部和腹部，5对足，无翅。蛛形纲（蜘蛛、螨类、蝎子）分头胸部和

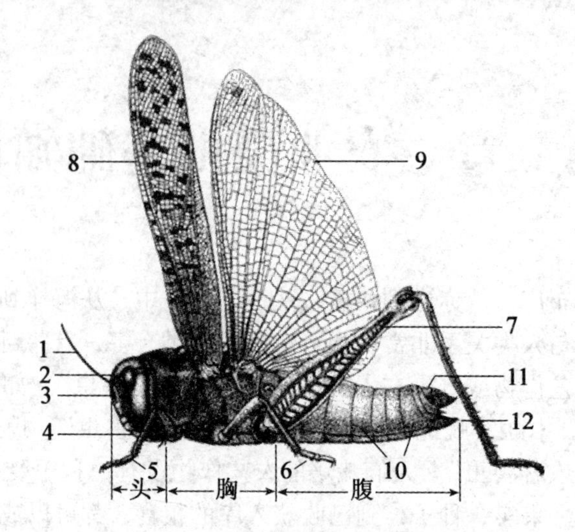

图 2 –1　东亚飞蝗，示昆虫基本构造

1. 触角　2. 复眼　3. 单眼　4. 口器　5. 前足　6. 中足　7. 后足
8. 前翅　9. 后翅　10. 气门　11. 尾须　12. 产卵器
（仿彩万志《普通昆虫学》）

腹部，4 对足，无翅。唇足纲（蜈蚣、蚰蜒）体分头部和胴部，身体各节着生 1 对足。重足纲（马陆）也分头部和胴部，身体各节两对足，无翅（图 2 –2）。

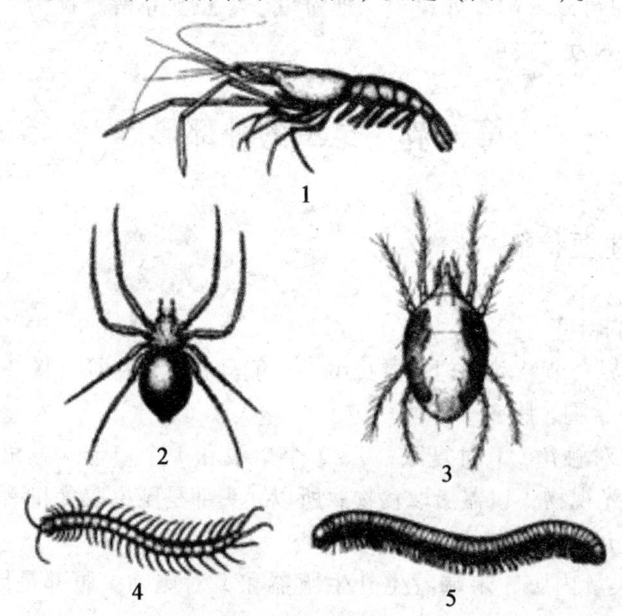

图 2 –2　昆虫的近亲

1. 甲壳纲（虾）　2. 蛛形纲（蜘蛛）　3. 蛛形纲（螨）　4. 唇足纲（蜈蚣）　5. 重足纲（马陆）

二、昆虫的头部

头部是昆虫体躯的第一个体段。头壳坚硬呈半球形，由沟和缝划分为若干区。头的前方部分称为额，额的下方部分称为唇基，额的上方部分称为头顶，额的两侧部分称为颊，头顶之后称为后头。头部通常着生有1对触角，1对复眼，1~3个单眼和口器，是感觉和取食的中心。

（一）昆虫的头式

昆虫头式是根据口器在头部的着生位置和方向划分的，一般有3种类型（图2-3）。

1. 下口式

口器着生在头部下方，与身体的纵轴垂直，这种头式适于取食植物性的食料。如蝗虫、天牛和蛾蝶幼虫等。

2. 前口式

口器着生在头部前方，与身体的纵轴呈钝角或几乎平行。这种头式，适于捕食其他昆虫等。如步行甲、虎甲、草蛉等。

3. 后口式

口器向后斜伸，贴在身体的腹面，与身体的纵轴几成锐角。这种头式适于刺吸植物或动物的汁液。如蝉、椿象、蚜虫、介壳虫等。

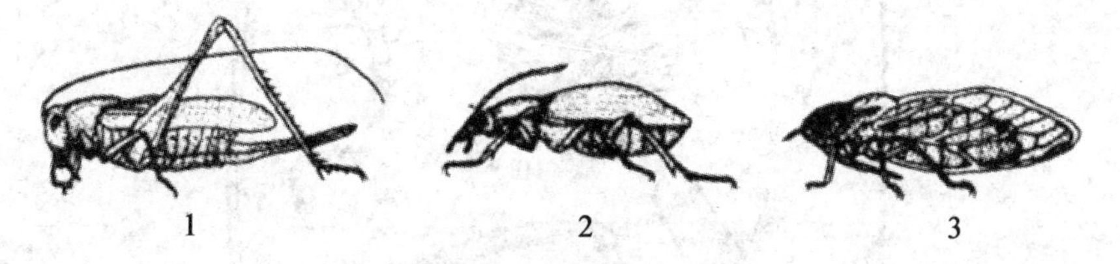

图2-3　昆虫的头式

1. 下口式（螽斯）　2. 前口式（步甲）　3. 后口式（蝉）（仿Eidmann）

（二）昆虫头部的附肢

1. 触角

触角着生于两复眼之间的触角窝内，是昆虫的主要感觉器官，其有利于昆虫觅食，避敌、求偶和寻找产卵场所。

触角基部第一节称为柄节，第二节称为梗节，以后各节统称为鞭节（图2-4）。

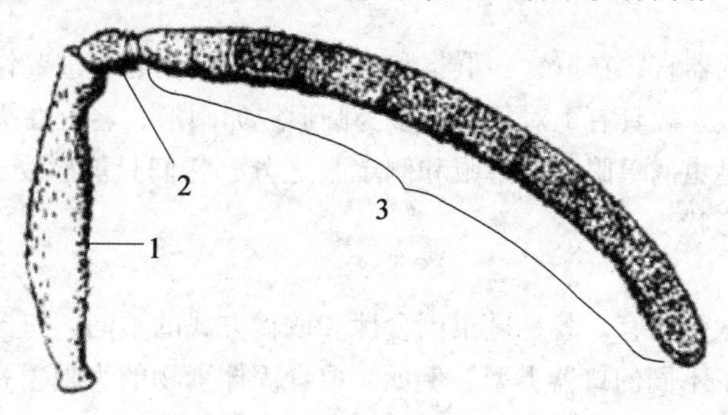

图2-4　触角的基本构造

1. 柄节　2. 梗节　3. 鞭节

昆虫种类、性别不同，则具有不同的触角类型（图2-5）。例如蝗虫的触角是丝状，叶蝉刚毛状，白蚁念珠状，叩头虫、雌性绿豆象锯齿状，雄性绿豆象、雄性芫菁栉齿状，雄性蛾类羽毛状，蝶类球杆状，埋葬虫、瓢虫锤状，金龟子鳃叶状，蜜蜂膝状，蝇类具芒状，雄性蚊子环毛状。

人们可根据触角的类型辨别昆虫的种类和性别，为害虫的测报和防治提供依据。

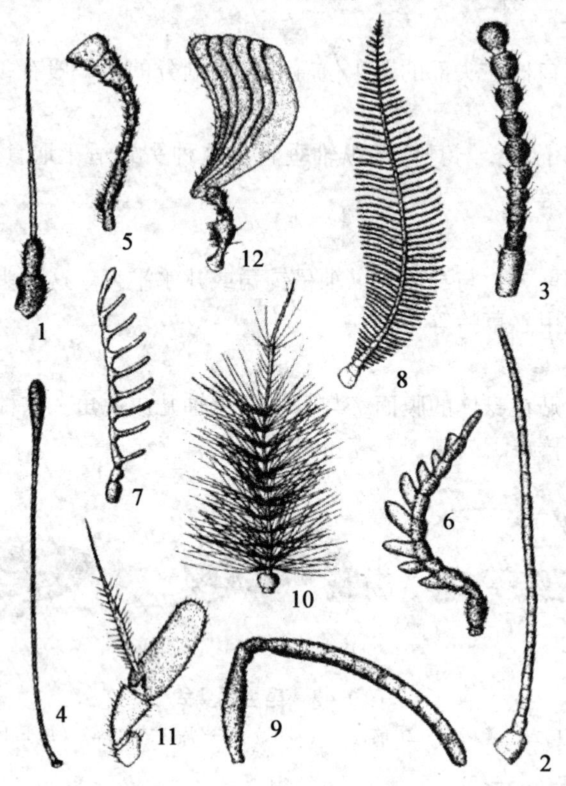

图 2-5　昆虫触角的基本类型

1. 刚毛状　2. 线状　3. 念珠状　4. 棒状　5. 锤状　6. 锯齿状　7. 栉齿状
8. 羽毛状　9. 膝状　10. 环毛状　11. 具芒状　12. 鳃片状

（仿周尧《周尧昆虫图集》、管致和《植物保护概论》）

2. 眼

眼是昆虫的视觉器官，在取食、群集和定向活动等方面起着重要作用。昆虫的眼有单眼和复眼之分。昆虫一般具有 1 对复眼，多为圆形或卵圆形，着生在头部的两侧，是昆虫的主要视觉器官。昆虫的单眼有背单眼和侧单眼之分，它们只能感受光线的强弱和方向，而不能看清物体的形状。

3. 口器

口器是昆虫的取食器官。各种昆虫因食性和取食方式的不同，口器常常在构造上发生一些变化，而形成了不同的口器类型。例如，取食固体食物的为咀嚼式，取食液体食物的为吸收式，兼食固体和液体食物的为嚼吸式。

（1）咀嚼式口器：是昆虫最基本、最原始的口器类型。其他的口器类型都是由咀嚼式口器演化而来。昆虫的咀嚼式口器由上唇、上颚、下颚、下唇、舌 5 个部分组成（图 2-6）。

上唇　是悬接于唇基下缘的一个双层薄片，能前后活动，内壁柔软有感觉器，有固定

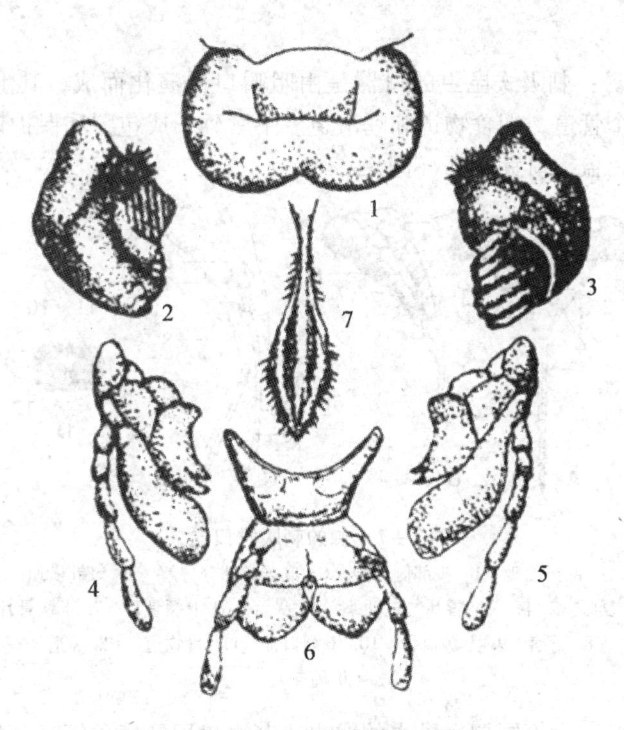

图 2－6　蝗虫的咀嚼式口器

1. 上唇　2、3. 上颚　4、5. 下颚　6. 下唇　7. 舌

（仿李清西、钱学聪《植物保护》）

和推进食物的作用。

上颚　位于上唇之后，是一对坚硬的锥状构造，端部有切断食物的切齿，基部有磨碎食物的臼齿，故上鄂具切断、撕裂和磨碎食物的功能。

下颚　位于上颚之后，左右成对，内外颚叶用于割切和抱握食物，下颚须用来感触食物。

下唇　位于下颚之后，与下颚构造相似，但左右合并为一，用以盛托食物和感觉食物。下唇须具有感触作用。

舌　位于口腔中央，是一块柔软的袋状构造，用来搅拌和运送食物。舌上具有许多毛和感觉器，具有味觉作用。

直翅目昆虫的成虫、若虫及鞘翅目昆虫的成虫、幼虫和鳞翅目幼虫的口器都是咀嚼式口器。

咀嚼式口器为害植物的共同特点是造成各种形式的机械损伤，例如，取食叶片造成缺刻、孔洞，严重时将叶肉吃光，仅留网状叶脉，甚至全部被吃光。钻蛀性害虫常将茎秆、果实等造成隧道和孔洞等。

有的钻入叶中潜食叶肉，形成迂回曲折的蛇形隧道。有的啃食叶肉和下表皮，留下的上表皮似开“天窗”。有的咬断幼苗的根或根茎，造成幼苗萎蔫枯死。还有吐丝卷叶、缀叶等。

防治咀嚼式口器的害虫，通常使用胃毒剂和触杀剂。胃毒剂可喷洒在植物体表，或制成毒饵撒在这类害虫活动的地方，使其和食物一起被害虫食入消化道，引起害虫中毒死亡。

（2）刺吸式口器：刺吸式昆虫的口器是由咀嚼口器演化而成，其上下颚特化成两对口针，相互嵌合两个管道，即食物道和唾液道。下唇延长成包藏和保护口针的喙，上唇则退化为三角形小片，盖在口针基部（图2-7）。

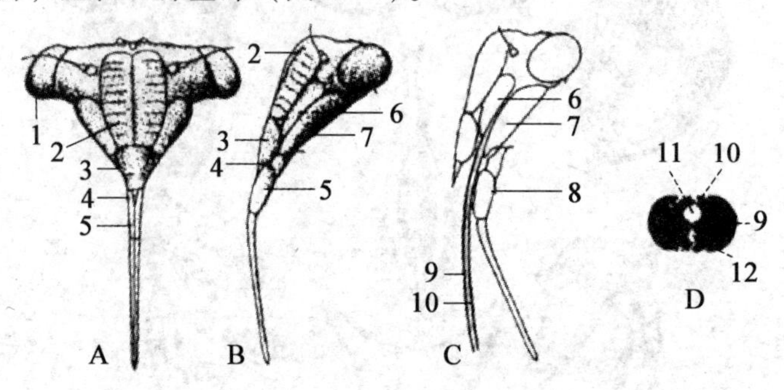

图2-7　蝉的刺吸式口器

A. 头部正面观　B. 头部侧面观　C. 口器各部分分解　D. 口针横切面

1. 复眼　2. 额　3. 唇基　4. 上唇　5. 喙管　6. 上颚骨片　7. 下颚骨片

8. 下唇　9. 上颚口针　10. 下颚口针　11. 食物道　12. 唾道

（仿周尧）

蚜虫、叶蝉、蚧壳虫等同翅目昆虫的成虫、若虫口器及椿象等半翅目昆虫的成虫、若虫口器都是刺吸式口器。刺吸式口器的害虫对植物的为害，不仅仅是吸取植物的汁液，造成植物营养丧失，生长衰弱，更为严重的是它分泌的唾液中含有毒素、抑制素或生长激素，使植物叶绿素被破坏而出现黄斑、变色；细胞分裂受抑制形成皱缩、卷曲；细胞增殖而出现虫瘿等。而且，蚜虫、叶蝉、飞虱等还传播植物病毒病，其传播的植物病害所造成的损失往往大于害虫本身所造成的为害。对于刺吸式口器的害虫防治，通常使用内吸性杀虫剂、触杀剂或熏蒸剂，而使用胃毒剂是没有效果的。

（3）虹吸式口器：蛾、蝶类成虫所特有的口器类型。上唇和上颚退化，下唇呈片状，下唇须发达，由左右下颚的外颚叶嵌合延伸成喙管，内颚叶和下颚须不发达，喙管通常呈钟表发条状卷曲在头下面，当取食时可伸展吮吸花蜜（图2-8）。蛾蝶类成虫一般不会造成为害，但吸果夜蛾类喙管末端锋利，能刺破成熟果实的果皮，吮吸汁液，造成为害。

（4）锉吸式口器：这种口器为蓟马类昆虫所特有。

此外，还有刮吸式口器，如牛虻。舐吸式口器，如家蝇。嚼吸式口器，如蜜蜂等。

三、昆虫的胸部

胸部是昆虫的第二体段，其前以膜质颈与头部相连。胸部着生有3对足和2对翅。胸部由3个体节组成，依次称为前胸、中胸和后胸。每一胸节下方各着生1对胸足，依次为前足、中足和后足。多数昆虫在中、后胸上方各着生1对翅，依次称为前翅和后翅。足和翅都是昆虫的行动器官，所以胸部是昆虫的运动中心。

（一）昆虫的足

1. 胸足的构造

成虫的胸足一般分为6节，由基部向端部依次称为基节、转节、腿节、胫节、跗节和

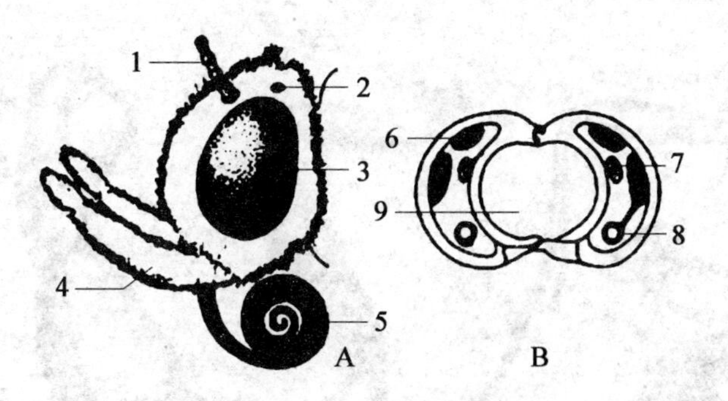

图 2－8　蛾蝶的虹吸式口器

A. 头部侧面观 B. 喙的横切面

1. 触角　2. 单眼　3. 复眼　4. 下唇须　5. 喙　6. 肌肉　7. 上颚口针　8. 唾道　9. 食物道

（仿彩万志《普通昆虫学》）

前跗节（图 2－9）。

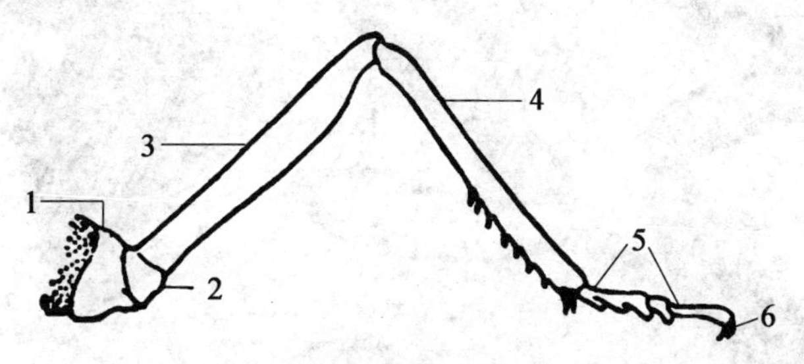

图 2－9　昆虫胸足的基本构造

1. 基节　2. 转节　3. 腿节　4. 胫节　5. 跗节　6. 前跗节

（仿管致和《植物保护概论》）

基节　是足最基部的一节，常较粗短，多呈圆锥形，着生在侧板、腹板间的基节窝内，能前后活动。

转节　是胸足的第二节，较细小。转节一般为 1 节，但姬蜂、蜻蜓为两节。

腿节　是胸足的第三节。常比其他各节长大，有发达的肌肉。在善跳的昆虫中，后足腿节尤其粗大。

胫节　通常较细长，与腿节成膝状弯曲。胫节两侧常着生有成列的刺，端部则常有能活动的距。

跗节　通常由 2～5 个小节组成，小节数因种类而异。跗节下方常有垫状构造，称跗垫。

前跗节　是胸足最末端的一节，一般退化被两个侧爪所取代。在两爪之间常有膜质的圆瓣状突起称中垫，用以握持和附着物体。有的昆虫两爪下面还有爪垫。

2. 胸足的类型

由于生活环境和活动方式的不同，昆虫足的形态和功能发生了相应的变化，演变成不同的类型（图 2－10）。

步行足　是昆虫中最常见的一种类型。各节较细长，适于在物体表面行走。如步行甲、蚂蚁、椿象等的足。

跳跃足　一般由后足特化而成，腿节特别膨大，胫节细长，适于跳跃。如蝗虫、蟋蟀

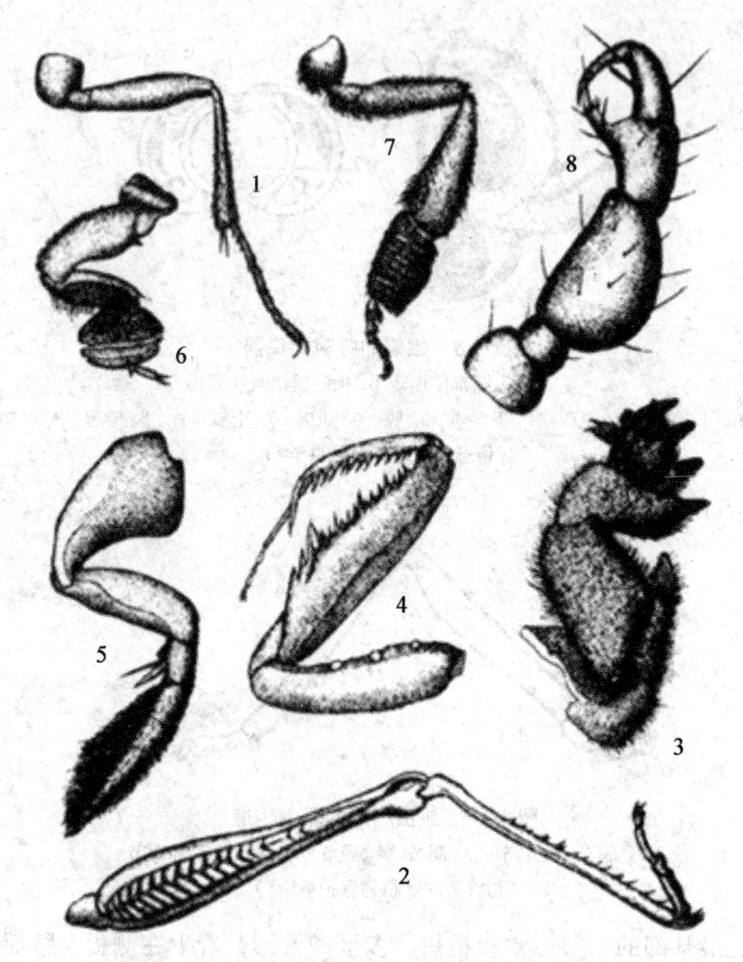

图 2－10　昆虫胸足的类型

1. 步行足　2. 跳跃足　3. 开掘足　4. 捕捉足　5. 游泳足　6. 抱握足　7. 携粉足　8. 攀援足

（仿周尧、彩万志）

等的后足。

开掘足　一般由前足特化而成，胫节宽扁有齿，适于掘土。如蝼蛄的前足。

捕捉足　为前足特化而成。基节延长，腿节腹面有槽，槽边有两排硬刺，胫节腹面也有两排刺。胫节可以折嵌在腿节的槽内，形似铡刀。如螳螂的前足。

游泳足　足扁平，胫节和跗节边缘生有长毛，用以划水。如龙虱、仰蝽等水生昆虫的后足。

抱握足　足粗短，跗节特别膨大，具吸盘状构造，在交尾时用以抱握雌体。如雄性龙虱的前足。

携粉足　如蜜蜂的后足，胫节宽扁，两边有长毛，用以携带花粉，通称“花粉篮”。第一节跗节很大，内面有 10～12 排横列的硬毛，用以梳刮附着在身体上的花粉。

攀援足　各节较粗短，胫节端部具一指状突，跗节和前跗节弯钩状，构成一个钳状构造，能牢牢夹住人、畜毛发等。如虱类的足。

（二）昆虫的翅

翅是昆虫的飞行器官，昆虫是无脊椎动物中惟一能飞的动物。翅的发生，使昆虫在觅食、求偶、避敌和扩大地理分布方面获得了强大的生存竞争力，而使得昆虫成为了动物界中最繁盛的一个类群。

1. 翅的构造

昆虫的翅常呈三角形，分为三缘、三角、四区（图 2－11）。

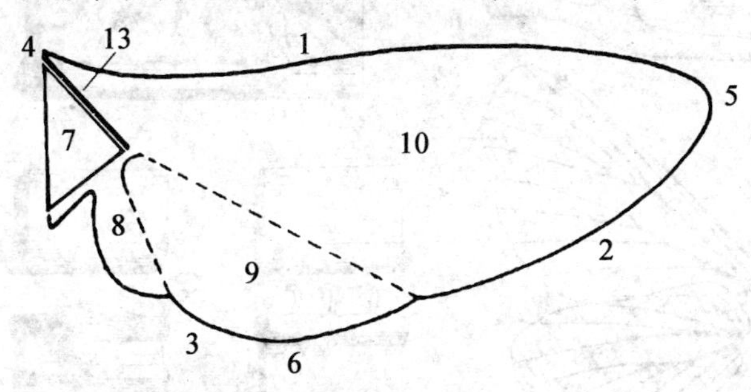

图 2－11　昆虫翅的基本构造

1. 前缘　2. 外缘　3. 内缘　4. 肩角　5. 顶角　6. 臀角　7. 腋区　8. 轭区　9. 臀区　10. 臀前区

（仿 Snodgrass）

2. 翅脉和脉序

在昆虫的翅上，有许多由气管演化而来的翅脉，像扇子的扇骨一样，起着加固翅面，对整个翅面起着支架的作用。翅脉在翅面上的分布形式称为脉序。翅脉有纵脉与横脉之分。纵脉是由翅基部伸到外缘的翅脉，横脉是横列在纵脉之间的短脉。由于纵横脉的存在，把翅面划分成许多小区，每个小区叫做翅室。纵脉、横脉以及翅室，它们都有一定的名称和缩写代号。翅脉在翅面上的分布形式称为脉序。不同类群的昆虫，脉序往往存在一定的差异，因此，可以根据脉序的差异来识别昆虫。人们通过对现代昆虫和化石昆虫翅脉的分析比较，提出了假想模式脉序，作为判别现代昆虫脉序的标准（图 2－12）。

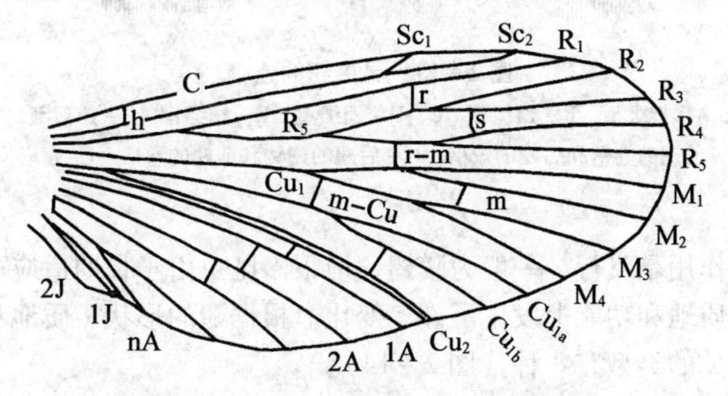

图 2－12　昆虫翅的假想模式脉序图

C：前缘脉　Sc：亚前缘脉　R：径脉　Rs：径分脉　M：中脉　Cu：肘脉　A：臀脉　J：轭脉　h：肩横脉　r：径横脉　s：分横脉　r－m：径中横脉　m：中横脉　m－Cu：径中横脉

3. 翅的连锁

同翅目、鳞翅目、膜翅目等昆虫的成虫，以前翅为主要的飞行器官，后翅一般不发达，飞行时必须通过特殊的构造将后翅挂在前翅上，才能保持前、后翅行动一致。将昆虫的前、后翅连为一体的特殊构造，成为翅的连锁器。常见的连锁方式有翅轭型、翅缰型、翅钩型（图2－13）。

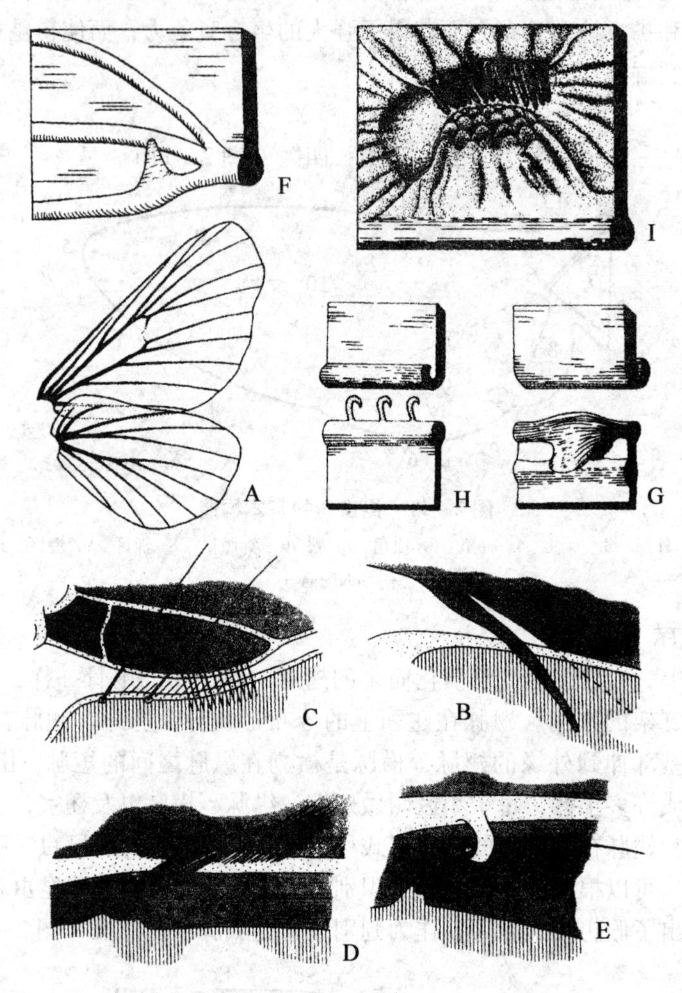

图2－13　昆虫翅的连锁

A－扩大型　B－翅轭型　C、D－翅缰型　E－翅缰钩　F－翅褶型

G－前翅的卷褶和后翅的短褶　H－后翅的翅钩和前翅的卷褶　I－翅嵌型

4. 翅的类型

昆虫翅的主要作用是飞行，一般为膜翅，但很多昆虫由于长期适应不同的生活环境和条件，翅在形状、质地和功能上发生了许多变化。根据翅的形状、质地和功能，可将翅分为不同的类型。常见的类型有8种（图2－14）。

膜翅　翅膜质，薄而透明，翅脉明显可见，如蜂类、蜻蜓的前后翅，甲虫、椿象等后翅。

复翅　蝗虫等直翅目昆虫的前翅质地坚韧如皮革，半透明，有翅脉。

鞘翅　翅质地坚硬如角质，不用于飞行，用来保护背部和后翅，如甲虫类的前翅。

半鞘翅　基半部为皮革质或角质，端半部为膜质有翅脉。如椿象前翅。

鳞翅　翅质地为膜质，但翅上有许多鳞片。如蛾蝶类的前后翅。

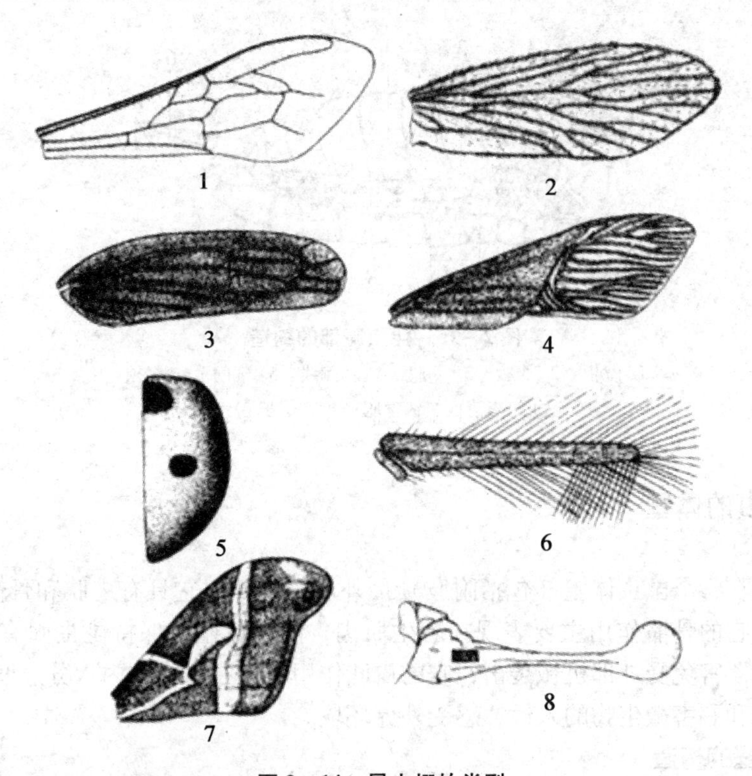

图 2－14　昆虫翅的类型

1. 膜翅　2. 毛翅　3. 覆翅　4. 半翅　5. 鞘翅　6. 缨翅　7. 鳞翅　8. 棒翅

（仿彩万志《普通昆虫学》）

毛翅　翅膜质，翅面和翅脉上生有许多细毛，翅不透明或半透明。如毛翅目昆虫的前后翅。

缨翅　前后翅狭长，翅脉退化，翅质地膜质，边缘上着生很多细长缨毛。如蓟马前后翅。

棒翅（平衡棒）　双翅目昆虫和蚧壳虫雄虫的后翅退化成很小的棒状构造，飞翔时用以平衡身体，又称平衡棒。

翅的类型是昆虫分目的主要依据，根椐昆虫翅的类型，很容易对常见昆虫进行大类的划分，这在识别昆虫中是十分有用的特征。

四、昆虫的腹部

腹部是昆虫的第三体段，紧连于胸部之后，一般没有分节的附肢，里面包藏有各种内脏器官，端部着生有雌雄外生殖器和尾须。内脏器官在昆虫的新陈代谢中发挥着重要的作用，雌雄外生殖器主要承担了与生殖有关的交尾产卵等活动，尾须在交尾产卵过程中对外界环境进行感觉，腹部是昆虫新陈代谢和生殖的中心。

成虫的腹部一般呈长筒形或椭圆形，但在各类昆虫中常有较大的变化，一般由 9 ~ 11 节组成，第一至八节两侧常具有 1 对气门。腹部的构造比胸部简单，各节之间以节间膜相连，并相互套叠。腹部只有背板和腹板，而没有侧板，侧板被侧膜所取代（图 2－15）。

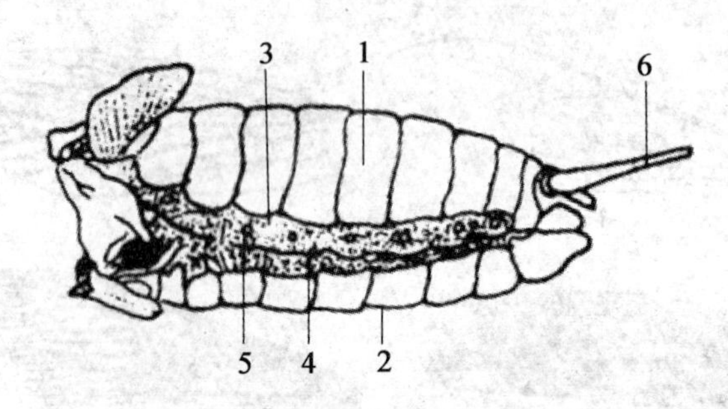

图 2-15　昆虫腹部的构造

1. 背板　2. 腹板　3. 侧膜　4. 背侧线　5. 气门　6. 尾须

（仿李清西、钱学聪《植物保护》）

五、昆虫的体壁

体壁是包在整个昆虫体躯（包括附肢）最外层的组织，它具有皮肤和骨骼两种功能，又称外骨骼。它的骨骼作用主要表现在着生肌肉，固定体躯，保持昆虫固有的体形和特征。保护内部器官免受外部机械袭击，它的皮肤作用表现在防止体内水分过度蒸发，防止外部有毒物质和有害微生物的入侵，感受外界环境。

（一）体壁的构造

昆虫的体壁由底膜、皮细胞层、表皮层三大部分组成（图 2-16）。

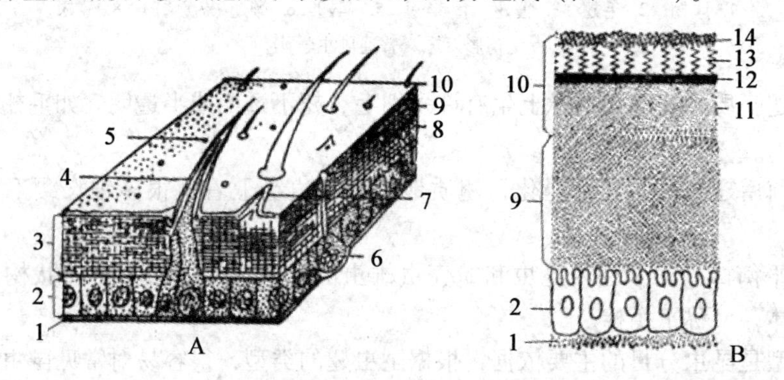

图 2-16　昆虫体壁的构造

1. 底膜　2. 皮细胞层　3. 表皮层　4. 刚毛　5. 皮细胞腺　6. 腺细胞　7. 非细胞突起　8. 内表皮　9. 外表皮　10. 上表皮　11. 多元酚层　12. 角质精层　13. 蜡层　14. 护蜡层

（仿 Richards、Weis-Fogh）

1. 底膜

是紧贴在皮细胞层下的一层薄膜，由皮细胞分泌而成。

2. 皮细胞层

是一排列整齐的单层活细胞，具有再生能力，向上分泌形成新的表皮，向下分泌形成底膜。皮细胞特化可以形成刚毛、鳞片和各种腺体。

3. 表皮层

在皮细胞层上方，是由皮细胞向外分泌而成。昆虫的表皮由内表皮、外表皮和上表皮

3 层组成。

（二）体壁的衍生物

体壁的衍生物指的是由皮细胞和表皮发生的特化构造，大致可分为两类，一类是发生在体壁外的，称体壁的外展物，有刺、距、刚毛、鳞片、毒毛。另一类是发生在体内，由体壁内陷形成的，多为由皮细胞特化的具有分泌作用的腺体，如唾腺、丝腺、蜡腺、毒腺和臭腺等。

（三）体壁与化学防治的关系

由于体壁的特殊结构和理化性质，使它对虫体具有良好的保护作用，这直接影响到化学防治的效果，尤其是体壁上的刚毛、鳞片、蜡粉等覆盖物和上表皮的蜡层及护蜡层，对杀虫剂的侵入起着一定的阻碍作用。因此，在应用药剂防治害虫时，应充分考虑到体壁这个因素。

1. 不同种类的昆虫以及不同的发育期，其体壁的厚薄、软硬和覆盖物多少也不一致。

如甲虫的体壁比较坚硬；鳞翅目幼虫的体壁比较柔软；粉虱、蚜虫和介壳虫体表常被蜡粉；灯蛾和毒蛾幼虫体上有很多长毛等。凡是体壁厚、蜡质多和体毛较密的种类，药剂不易通过。

2. 同种昆虫幼龄期比老龄期体壁薄，尤其在刚蜕皮时，由于外表皮尚未形成，药剂就比较容易进入害虫体内。

3. 昆虫体躯不同部位体壁的厚薄也不一样，一般节间膜、侧膜和足的跗节处体壁较薄，而感觉器则是最薄弱的地方，且感觉器下面直接与神经相连，触杀剂很容易透入感觉器而使昆虫中毒。

4. 表皮上的孔道也是药剂侵入的主要门户。

在防治害虫时，我们使用的接触性杀虫剂，必须能够穿透表皮层，才能发挥作用。低龄幼虫，体壁较薄，农药容易穿透，易于触杀；高龄幼虫，体壁硬化，抗药性增强，防治困难。所以，使用接触性杀虫剂防治害虫时要“治早治小”。表皮层的蜡层和护蜡层是疏水性的，使用乳油型的杀虫剂容易渗透进入虫体，杀虫效果往往要比可湿性粉剂好，如在杀虫剂中加入脂溶性的化学物质，杀虫效果也会大大提高。对蜡层较厚的害虫，特别是被有蜡质介壳的昆虫，如介壳虫，可以使用机油乳剂溶解蜡质，杀灭害虫。在防治仓库害虫时，常在农药中加入惰性粉，在害虫活动时，惰性粉可以擦破昆虫的护蜡层和蜡层，使害虫大量失水和药剂顺利进入虫体而中毒死亡。一些新型的杀虫剂，如灭幼脲，能够抑制昆虫表皮几丁质的合成，使幼虫蜕皮时不能形成新表皮，变态受阻或形成畸形而死亡。

第二节　昆虫的内部构造

一、内部器官的位置

昆虫的内部器官都位于体壁所包围的体腔中，主要包括消化、呼吸、生殖、神经、排泄、循环、肌肉、分泌 8 大系统。昆虫没有像高等动物一样的血管，血液充满体腔，所以昆虫的体腔又叫血腔。昆虫的各个器官系统都浸浴在血液中。整个体腔从横断面看由两层

隔膜分隔成3个血窦，即背血窦、围脏窦、腹血窦（图2－17）

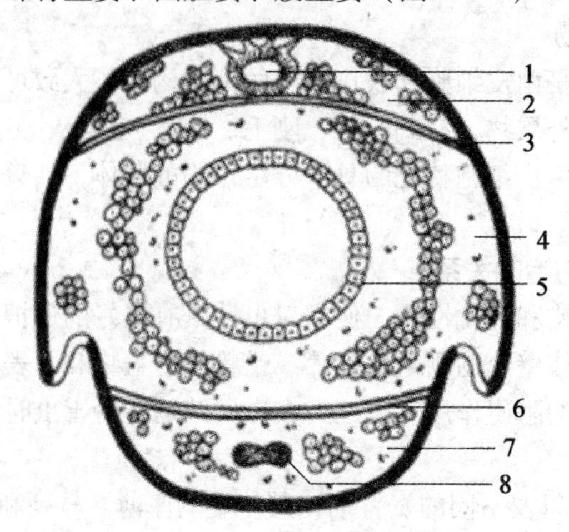

图2－17　昆虫腹部横切面

1. 背血管　2. 背血窦　3. 背膈　4. 围脏窦　5. 消化道　6. 腹膈　7. 腹血窦　8. 腹神经索

（仿 Snodgrass）

昆虫体腔的中央有消化道通过，与消化道相连的还有专司排泄的马氏管。消化道的上方是主要的循环器官，即背血管。消化道下方是腹神经索。呼吸系统是由相互连接的纵向和横向的气管组成，以气门开口于体外，并有许多分支伸达各种组织细胞中。生殖系统位于腹部消化道两侧上方，以生殖孔开口于体外。此外，昆虫的体壁内方和内脏器官上着生许多肌肉，构成肌肉系统，专司昆虫的运动和内脏的活动（图2－18）。

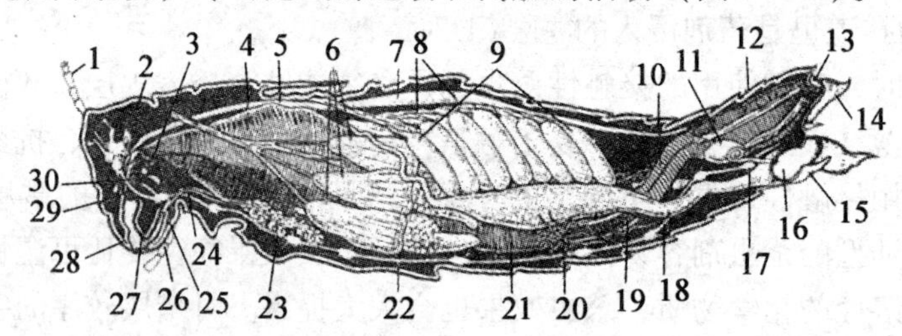

图2－18　蝗虫体躯的纵剖面（示内部器官的相互位置）

1. 触角　2. 脑　3. 咽侧体　4. 嗉囊　5. 动脉　6. 胃盲囊　7. 心脏　8. 卵巢管　9. 卵巢　10. 结肠　11. 受精囊　12. 直肠　13. 肛门　14. 产卵瓣　15. 导卵器　16. 生殖腔　17. 中输卵管　18. 侧输卵管　19. 回肠　20. 马氏管　21. 中肠　22. 腹神经索　23. 唾腺　24. 唾管　25. 咽下神经节　26. 下唇　27. 舌　28. 上唇　29. 咽喉　30. 食道

（仿 Matheson）

二、昆虫的内部器官与防治的关系

昆虫的生命活动和行为与内部器官的生理功能关系十分密切。昆虫的消化、呼吸、生殖、神经等内部器官的特性和生理功能与害虫防治有着较为密切的关系。了解昆虫的内部器官的生理，是科学地制定害虫防治方案的基础。

（一）昆虫的消化系统及其与防治的关系

昆虫的消化系统由消化管和消化腺组成，其功能是消化食物和吸收营养。

昆虫消化食物主要依赖消化液中各种消化酶的作用，将糖、脂肪、蛋白质等水解为适当的分子后，才能被肠壁吸收。这种分解消化作用，必须在稳定的酸碱度下才能进行。不同昆虫中肠的酸碱度有较大的差异，如蝶蛾类幼虫多在 pH 8.5～9.9 之间，蝗虫为 pH 5.8～6.9 等，同时昆虫肠液还有很强的缓冲作用，不因食物中的酸或碱而改变中肠液的酸碱度。肠道中的 pH 值影响胃毒剂在肠内的溶解和吸收，直接关系到这些胃毒剂对不同昆虫的杀虫效果。中肠液呈碱性的昆虫，酸性胃毒剂易溶解，杀虫效果好。中肠液呈酸性的昆虫，碱性胃毒剂易溶解，杀虫效果好。

（二）昆虫的呼吸系统及其与防治的关系

昆虫的呼吸系统由许多富有弹性和一定排列方式的气管组成。气管在体壁上的开口称为气门。气门开口于身体两侧。气管的主干纵贯体内两侧，主干间有横向气管相连接。主干再分支，愈分愈细，最后分为微气管，分布到各组织的细胞间，能把氧气直接送到身体的各部分，同时也能把二氧化碳送出体外。气门一般多为 10 对，即中、后胸各 1 对，腹部 1～8 节各 1 对。但由于昆虫的生活环境不同，气门数目和位置常常发生变化。

昆虫的呼吸作用，主要是靠空气的扩散和虫体呼吸运动的通风作用，使空气由气门进入气管、支气管和微气管，最后到达各组织。当空气中含有有毒物质时，毒物也随着空气进入虫体，这就是熏蒸杀虫的基本原理。当温度高或空气中的二氧化碳含量较高时，昆虫的气门开放时间长，施用熏蒸剂的杀虫效果也好。因此，在对害虫进行熏蒸法杀虫时，可在空气中加入二氧化碳使昆虫的呼吸作用增强，便于有毒气体大量进入虫体而提高熏蒸效果。昆虫的气门一般都是疏水亲脂性的，水滴不易进入，但油类物质却易进入。农药中的油乳剂除了能直接穿透昆虫体壁外，大量的是由气门进入虫体的。所以，油乳剂是杀虫剂中效果好、应用广泛的剂型。

（三）昆虫的神经系统及其与防治的关系

昆虫身体表面有丰富的各式各样的感觉器官，不断接受着外界的各种刺激，经过神经系统的协调，支配各器官作出相应的适当反应，如进行取食、交配、趋性、迁移等各种生命活动。昆虫的神经系统由中枢神经系统、交感神经系统和周缘神经系统组成。

昆虫靠许多感觉器来接受各种刺激，如体表附肢上的感觉器，分布在口器上的味觉器，触角上的嗅觉器，腹侧、胫节或触角等位置的鼓膜听器和单眼、复眼等视觉器。由感觉器接受到的刺激，通过周缘神经系统传入中枢神经系统，经信息加工处理后发出相应的行为指令。

了解神经系统有助于对害虫进行防治。如目前使用的有机磷杀虫剂属于神经毒剂，它的杀虫机理就是破坏乙酰胆碱酯酶的分解作用。当昆虫受到刺激时，在神经末梢突触处产生的乙酰胆碱不能被分解，从而使神经传导一直处于过度兴奋和紊乱的状态，最终导致昆虫麻痹衰竭而死。此外，还可利用害虫神经系统引起的习性反应，如假死性、迁移性、趋光性、趋化性等进行害虫防治。

（四）昆虫的生殖系统及其与防治的关系

昆虫的雌性生殖系统由 1 对卵巢和输卵管、受精囊、生殖腔和附腺组成。雄性生殖系统由 1 对睾丸和输精管、贮精囊、射精管、交尾器和生殖附腺组成。昆虫性成熟后，雌雄经过交配，一般受精卵能孵化出幼虫，未受精卵则不能孵化。因此，利用射线照射、化学药剂处理等不育技术也是防治害虫的一个途径。此外，利用遗传工程培育一些杂交不育后代，或生理上有缺陷的品系，释放到田间，使其与正常的防治对象杂交，也可造成害虫自然种群的灭亡。

（五）昆虫的激素及其与防治的关系

昆虫的激素是虫体内腺体分泌的一种微量化学物质，它对昆虫的生长发育和行为活动起着重要的支配作用。激素可分为内激素和外激素两类。内激素分泌于昆虫体内，包括脑神经细胞分泌的脑激素、前胸腺分泌的蜕皮激素和咽侧体分泌的保幼激素等。脑激素可以激活前胸腺分泌蜕皮激素促使昆虫蜕皮，又可激活咽侧体分泌保幼激素使虫体保持原有虫龄状态。昆虫生长发育和变态的调节和控制就是通过激素间的相互协调作用进行的。

外激素分泌物排于体外，在种群内个体间起着传递信息的作用，故又称为信息素。外激素的种类很多，有性外激素、警戒外激素和群集外激素等。其中性外激素是昆虫在性成熟后分泌的激素，用于引诱同种异性个体前来交配。

利用昆虫激素的作用机制可以开发多种杀虫剂防治害虫，如将人们模拟开发出的保幼激素在害虫蜕皮之前施用，使害虫不能正常蜕皮，而导致新陈代谢紊乱，直至死亡。性诱剂的开发利用，在害虫防治及预测预报方面等方面都发挥着重要的作用。

第三节　昆虫的生物学特性

一、昆虫的生殖方式

（一）两性生殖

昆虫通常进行两性生殖，两性生殖又称两性卵生，必须经过雌雄两性交配，精子与卵子结合形成受精卵，由雌虫将受精卵产出体外，卵经过一定的时间后发育成新的个体。

（二）孤雌生殖

卵不经过受精就能发育成新个体的生殖方式称孤雌生殖，又叫单性生殖。孤雌生殖是昆虫对环境的一种适应，有利于昆虫迅速扩大种群。孤雌生殖大致可分为偶发性孤雌生殖、永久性孤雌生殖和周期性孤雌生殖 3 种类型。

1. 偶发性孤雌生殖

如家蚕、一些毒蛾和枯叶蛾等，在正常情况下进行两性生殖，但偶尔也会出现未受精卵发育为新个体的现象。

2. 永久性孤雌生殖

又叫经常性孤雌生殖。这种生殖方式在某些昆虫中经常出现，如竹节虫、介壳虫、粉虱等，在自然条件下，雄虫很少，或者至今尚未发现雄虫，几乎或完全进行孤雌生殖。

3. 周期性孤雌生殖

又叫季节性孤雌生殖。例如蚜虫，在整个生产季节完全进行孤雌生殖，只是在越冬之前才产生雄性蚜虫，进行雌雄交配，以两性生殖形成的受精卵越冬，来年开春后，再进行孤雌生殖。

（三）多胚生殖

一个卵在发育的过程中可以分裂成多个胚胎，从而形成多个个体的生殖方式称多胚生殖。这种生殖方式多见于一些内寄生蜂如小蜂科、茧蜂科、姬蜂科中的部分种类。这种生殖方式是这些寄生蜂对难以寻找寄主的一种适应。

二、昆虫的个体发育和变态

（一）昆虫的个体发育

昆虫的个体发育是指从卵发育为成虫的全过程，包括胚胎发育和胎后发育两个阶段。胚胎发育是指昆虫在卵内的发育过程，一般是从受精卵开始到幼虫破卵壳孵化出为止。胎后发育是指幼虫自卵中孵化出到成虫性成熟为止的发育过程。昆虫的胚后发育阶段，概括地说，是一个伴随着变态的生长发育阶段。

（二）昆虫的变态类型

昆虫从卵孵化后到羽化为成虫的发育过程中，不仅体积有所增大，同时在外部形态和内部构造甚至生活习性都要发生一系列的变化，这种现象称为变态。昆虫在长期的演化过程中，由于对生活环境的特殊适应，出现了不同的变态类型。常见的有不完全变态和完全变态两种。

1. 不完全变态

不完全变态昆虫的一生要经过卵、若虫、成虫 3 个虫态。不完全变态的若虫与成虫仅在体型大小、翅的长短、性器官发育程度等方面存在差异，在外部形态和取食习性等方面基本相同。常见的蝗虫、蝼蛄等直翅目昆虫，椿象、臭虫等半翅目昆虫，蝉、蚜虫、介壳虫等同翅目昆虫，都属此类变态（图 2－19）。

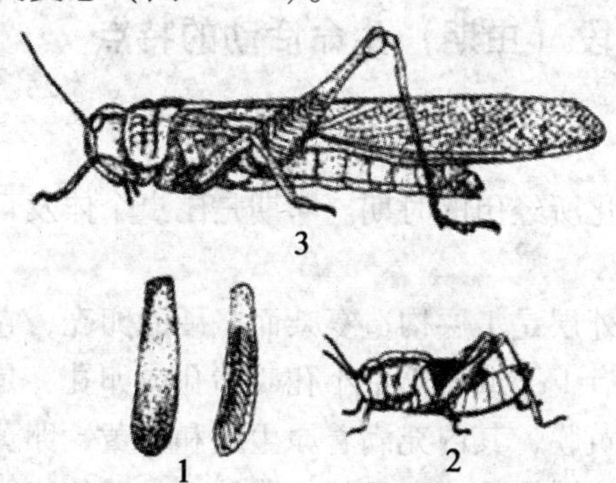

图 2－19　昆虫（东亚飞蝗）的不完全变态

1. 卵囊及其剖面　2. 若虫　3. 成虫

（仿李清西、钱学聪《植物保护》）

2. 完全变态

完全变态昆虫的一生要经过卵、幼虫、蛹、成虫 4 个虫态。完全变态昆虫的幼虫不仅外部形态和内部构造与成虫很不相同，而且在栖息环境和取食行为也有很大差别，常见的金龟子、天牛等鞘翅目昆虫，蛾、蝶等鳞翅目昆虫，蜂、蚁等膜翅目昆虫，蚊蝇等双翅目昆虫，以及脉翅目等均属于完全变态（图 2－20）。

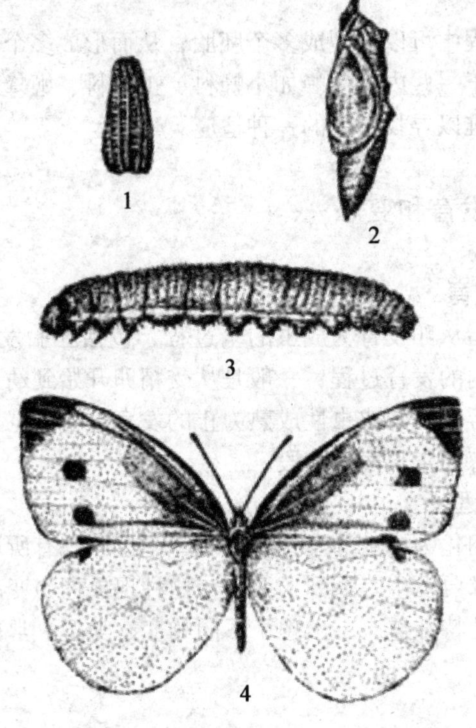

图2-20　昆虫（菜粉蝶）的完全变态

1. 卵　2. 幼虫　3. 蛹　4. 成虫

（仿管致和《植物保护概论》）

三、昆虫各发育阶段（虫期）生命活动的特点

（一）卵期

卵自母体产下到卵孵化所经历的时期。卵期是昆虫个体发育的第一个时期。

1. 卵的构造

卵是1个大型细胞，外层是1层构造复杂而坚硬的卵壳，它具有高度不透性，对卵起着很好的保护作用。前端有1个或若干个小孔叫精孔或卵孔，是精子进入卵内的通道。卵壳下方为1层薄膜，称卵黄膜，其内充满着原生质和卵黄，卵黄是昆虫胚胎发育的营养物质。卵黄周围靠近卵膜是1层周质，卵里的细胞核，是遗传物质最为集中的地方（图2-21）。

2. 卵的大小、形状

昆虫的卵都比较小，一般1~2mm，较大的如蝗虫的卵长达6~7mm，螽斯卵长可达9~10mm，小的寄生蜂的卵长仅0.02~0.03mm。昆虫卵的形状是多种多样的（图2-22）。原始形式的卵是肾形的，如蝗虫、蟋蟀的卵。有的是球形的，如甲虫的卵。桶形的，如椿象的卵。半球形的，如夜蛾的卵。带有丝柄的，如草蛉的卵。瓶形的，如粉蝶的卵。卵的表面有的平滑，有的具有各种美丽的刻纹。

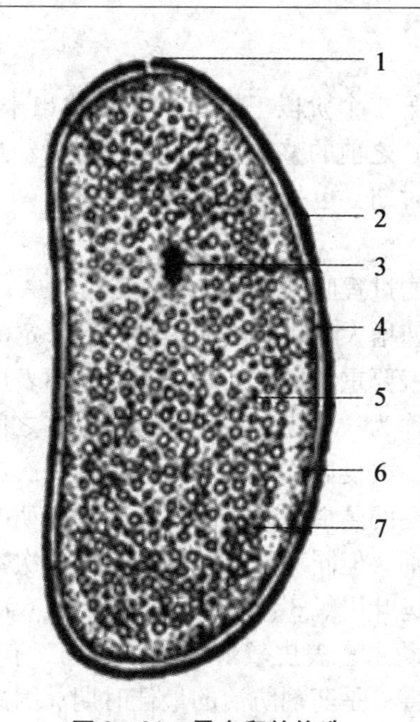

图 2－21　昆虫卵的构造

1. 卵孔　2. 卵壳　3. 细胞核　4. 卵黄膜　5. 原生质　6. 周质　7. 卵黄

（仿 Johannsen & Butt）

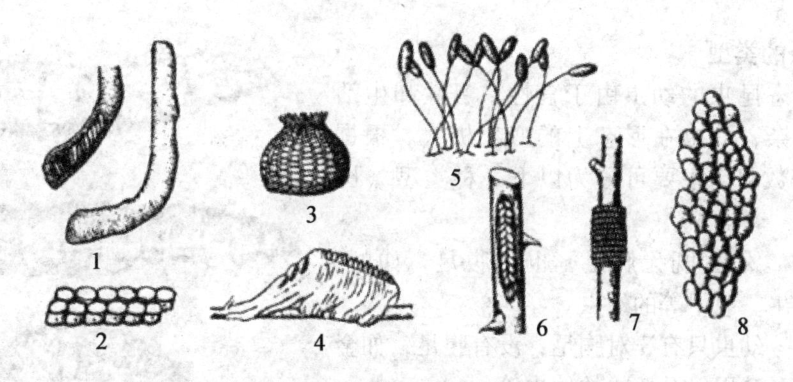

图 2－22　昆虫卵的形状

1. 蝗虫　2. 椿象　3. 蛾子　4. 螳螂　5. 草蛉　6. 叶蜂　7. 天幕毛虫　8. 玉米螟

3. 产卵方式

昆虫的产卵方式，不同种类的昆虫，各不一样。菜粉蝶、玉带凤蝶的卵，常分散单产。斜纹夜蛾的卵聚产。舞毒蛾的卵块上被覆雌蛾腹部茸毛，保护卵块免遭外界的侵袭。有些害虫把卵产在特殊的卵囊、卵鞘和植物的组织中。昆虫的产卵量因种类而异，一般具有较高的产卵量，如 1 头棉铃虫一生可产下 1 000多粒卵，1 只朝鲜球坚蚧可产 200 多粒卵，1 只白蚁蚁后 1d 可产几千粒卵，一生的产卵量可高达 5 亿多粒。

4. 卵期与防治的关系

由于卵壳具保护作用，卵期进行药剂防治效果较差，但只要掌握了昆虫卵的特征、产卵习性，结合农事操作摘除卵块等就能进行防治。

（二）幼虫期

幼虫是昆虫个体发育的第二个阶段。昆虫从卵孵化出来后到出现成虫特征（不完全变态变成虫或完全变态化蛹）之前的整个发育阶段，称为幼虫期（或若虫期）。幼虫期是昆虫一生中的主要取食为害时期，也是防治的关键阶段。

1. 幼虫的生长和蜕皮

若虫或幼虫破卵壳而出的过程叫“孵化”，初孵的幼虫，体形较小，它的主要任务就是不断取食，积累营养，迅速增大体积。当幼虫生长到一定的程度，表皮就限制了身体的发育，每隔一定的时间，它就要重新形成新表皮，而将旧表皮蜕去。幼虫蜕去旧皮的的过程称为蜕皮，蜕下的旧皮则称为“蜕”。一般每两次蜕皮之间的所经历的天数称为龄期，初孵的幼虫称一龄幼虫，蜕一次皮后称二龄幼虫，每蜕一次皮就增加一龄，计算虫龄的公式是蜕皮次数加一。不同种类的昆虫，蜕皮的次数和和龄期的长短各不相同，而且各龄幼虫的形体、颜色等也常有区别，但同种昆虫幼虫的蜕皮的次数和龄期是相当固定的。如梧桐木虱一生只蜕两次皮，白杨叶甲蜕 3 次皮，黄刺蛾要蜕 6 次皮。

刚刚孵化的幼虫和低龄幼虫，表皮较薄，抵抗力弱，有些还群集栖居，而且食量较小，对植物尚未造成严重为害，是药剂防治的最佳时期。因此，利用化学药剂和微生物农药防治害虫时，要治早、治小，这样可以收到较好的防治效果。同时掌握幼虫的龄期和龄数及其百分比率，就可比较准确地掌握害虫的发生期和发生量，从而制定行之有效的防治方案。

2. 幼虫的类型

完全变态昆虫的幼虫由于食性、习性和生活环境十分复杂，幼虫在形态上的变化极大。根据足的有无和数目，主要可分为以下 3 种类型（图 2－23）。

无足型　幼虫既无胸足，也无腹足，如蚊、蝇、以及天牛、象甲等的幼虫。

寡足型　幼虫只有 3 对胸足，没有腹足，如金龟子、瓢虫、叶甲以及草蛉的幼虫等。

多足型　幼虫除具有 3 对胸足外，还具有 2～8 对腹足。具有 2～5 对腹足的是蛾、蝶类幼虫，6～8 对腹足的是叶蜂类幼虫。

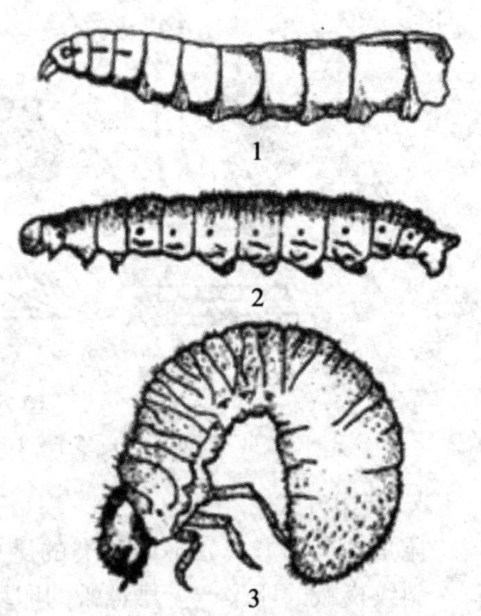

图 2－23　幼虫的类型

1. 无足型（蝇类）　2. 多足型（蝶类）　3. 寡足型（蛴螬）

（三）蛹期

蛹是完全变态昆虫由幼虫变为成虫的过程中所必须经过的一个过渡虫态。末龄幼虫蜕去最后的表皮称化蛹。蛹体一般不食不动，只有蛾蝶类蛹的腹部 4～6 节可以扭动。蛹外观静止，但内部则在进行着旧的器官的解体和新的器官的生成的剧烈的变化，要求相对稳定的环境来完成所有的转变过程。蛹按照形态一般可分为以下 3 种类型（图 2－24）。

离蛹（裸蛹）　触角、足等附肢和翅不贴附于蛹体上，可以活动。如甲虫、膜翅目蜂类的蛹。

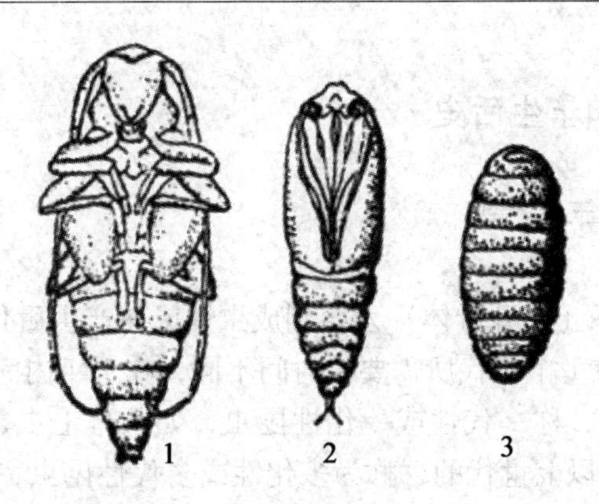

图 2-24　蛹的类型

1. 裸蛹（天牛）　2. 被蛹（蛾类）　3. 围蛹（蝇）

（仿李清西、钱学聪《植物保护》）

被蛹　触角、足、翅等附肢紧贴蛹体上，不能活动。如蛾、蝶类的蛹。

围蛹　蛹体实际上是离蛹，但蛹体外面有末龄幼虫所蜕的皮形成的蛹壳所包围。如蝇类的蛹。

了解蛹期的特点，可有效地开展对害虫的综合治理。如翻耕晒垡，捣毁蛹室，使蛹暴晒致死，或因暴露而增加天敌捕食、寄生的机会。掌握蛹期，实施灌水淹杀或人工挖蛹，修剪有蛹枝条等都可收到一定的压低种群密度的效果。

（四）成虫期

完全变态昆虫的蛹或不完全变态昆虫的若虫蜕去最后一次皮变成虫的过程称为羽化。羽化以后的虫态为成虫。由蛹羽化或末龄若虫蜕皮变为成虫到死亡所经历的时间是成虫期，成虫期是昆虫个体发育的最后阶段，是交配、产卵、繁殖后代的生殖期。

有些昆虫羽化后，性器官已经发育成熟，口器退化，不再取食即可交配产卵，不久便死亡。大多数昆虫羽化后，需要继续取食以满足性器官发育对营养的需要，称为补充营养。了解昆虫对补充营养的不同要求，可进行化学诱杀，把害虫防治在产卵之前。

成虫由羽化至交配产卵常有一定的间隔期。从羽化到第一次产卵时的间隔期，称为产卵前期。从第一次产卵到产卵终止的间隔期，称为产卵期。掌握昆虫的产卵前期和产卵期在害虫测报和制定防治方案方面，都有重要的指导作用。

昆虫的成虫阶段，形态结构已经固定，种的特征已经很明显，是昆虫分类的主要依据。有的昆虫除雌雄第一性征不同外，在体形、体色及生活行为等第二性征方面也存在着差异的现象，称为性二型现象。如小地老虎雄蛾触角栉齿状，雌蛾为丝状；介壳虫雌虫无翅，定居，雄虫有翅能飞。昆虫同种同性别存在着两种或两种以上的个体类型，称为多型现象。如蚜虫雌虫有有翅型和无翅型；稻飞虱雌虫有长翅型和短翅型之分；白蚁群中除有“蚁后”、“蚁王”进行生殖外，还有兵蚁和工蚁等类型。

研究昆虫分型现象，帮助我们避免鉴别昆虫种类时产生误差，同时还可提高昆虫种类调查和预测预报的准确性。对分析害虫的种群动态和制订防治指标，有效地控制害虫的发生为害具有重要价值。

四、昆虫的世代和年生活史

（一）昆虫的世代和年生活史

1. 昆虫的世代

昆虫自卵或幼体产下（离开母体）发育到成虫性成熟产生后代为止的个体发育周期，称为世代。各种昆虫完成1个世代所需要的时间不同，在1年内完成的世代数也不同，在1年内只完成1个世代的，称一代性或一化性昆虫，如天幕毛虫、尺蠖、显纹地老虎等。1年中能完成两个或两个以上世代的，称为多化性或多代性昆虫，如蚜虫等。另外一些昆虫，完成1个世代需要1年以上时间，称为多年生昆虫。如金龟甲、华北蝼蛄、十七年蝉等。昆虫完成1个世代所需时间的长短和1年内发生世代的多少，固然因昆虫的种类而不同，但也与环境因子，主要是气候因子，有密切的关系。一般温暖地区比寒冷地区世代历期短，年发生代数多。如棉铃虫在南方1年发生5~6代，而在新疆1年3代。计算昆虫世代是以当年卵期为起点，以先后出现的次序称为第一代、第二代……凡是前一年出现了卵，第二年才出现幼虫、蛹、成虫的都不称为第一代，而是先一年的越冬代。但也有在使用习惯上常将越冬后开始活动的虫期称为第一代。

由于昆虫发生期长和产卵先后不一，以至前后世代常混合发生，造成上下世代界限不清的现象，称为世代重叠，它给害虫防治造成一定的困难。

2. 昆虫的生活年史

昆虫在一年内发生的世代数及其发育的过程，或从当年越冬虫期开始活动起到第二年越冬结束为止的发育史，称为生活年史（或年生活史）。一代性昆虫，世代和生活年史的意义是一样的；多代性昆虫生活年史，包括了几个世代；多年性昆虫，一个世代可以长达多年。一般研究昆虫生活年史，包括越冬虫态，越冬场所，什么时候开始活动，一年发生几代，各代经历的时间，各虫态发生的时间和历期以及有关的一些生活特性。了解害虫的生活史，掌握虫情和进行测报，找出其薄弱环节进行有效防治。

（二）休眠和滞育

休眠和滞育是指昆虫年生活史的某个阶段，当遇到不良环境条件时，出现生长发育暂时停止的现象，以安全度过不良环境阶段，这一现象常与隆冬的低温和盛夏的高温相关，即通常所说的越冬（冬眠）和越夏（夏蛰），这是昆虫在长期进化过程中所形成的对不良环境的一种适应，它们的共同特点是外观静止，不食不动。

1. 休眠

体眠是由不良环境条件直接引起的，如温度、湿度过高或过低，食物不足等，表现出不食不动，生长发育暂时停止的现象，当不良环境消除后，昆虫便可立即恢复生长发育。休眠是昆虫对不良环境条件的暂时性适应，在温带或寒温带地区，每当冬季严寒来临之前，随着气温下降，食物减少，各种昆虫都寻找适宜场所进行休眠性越冬。在干旱高温季节或热带地区，有些昆虫也会暂时停止活动，进行休眠性越夏。处于这种越冬或越夏状态的昆虫，如给予适宜的生活条件，仍可恢复活动。

2. 滞育

滞育是昆虫长期适应不良环境而形成的种的遗传特性，是昆虫定期出现的一种生长发育暂时停止的现象，不论外界环境条件是否适合。季节性的光周期的变化是引起昆虫滞育的主要因子，光周期季节性的变化使昆虫能够感受到严冬的低温和盛夏的高温等不良环境何时到来。在自然情况下，根据光周期信号，当不良环境尚未到来之前，这些昆虫在生理上已经有所准备，即已进入滞育状态，而且一旦进入滞育，即使给予最适宜的条件，也不能马上恢复生长发育等生命活动，滞育的解除要求一定的时间和一定的条件，并由激素控制，如樟叶蜂以老熟幼虫在7月上、中旬于土中滞育，至第二年2月上、中旬才恢复生长发育。

（三）生活史的表示方法

昆虫的年生活史除用文字进行叙述外，也可用图表的方式来表示（表2－1）。

表2－1　栗灰螟的生活史图解

月份 世代	5月	6月	7月	8月	9月	10月	11~4月
第三代（越冬代）	∽∽∽∽∽	∽∽					
	θ θ θ θ θ	θ					
	↑ ↑ ↑	↑ ↑ ↑					
第一代	⊙ ⊙ ⊙	⊙ ⊙ ⊙ ⊙ ⊙					
	∽∽	∽∽∽∽∽∽	∽∽∽				
		θ θ θ θ	θ θ θ θ θ				
			↑ ↑ ↑ ↑ ↑ ↑				
第二代			⊙ ⊙ ⊙ ⊙ ⊙ ⊙	⊙			
			∽∽∽∽∽∽∽	∽∽∽∽			
			θ θ	θ θ θ θ θ			
				↑ ↑ ↑ ↑ ↑			
第三代（越冬代）				⊙ ⊙ ⊙ ⊙ ⊙	⊙		
				∽∽	∽∽∽∽∽∽	∽∽∽∽∽∽	∽∽∽∽∽∽

a　　　　　　　　b　　　　　　　　c

a. 谷子幼苗期　　b. 谷子穗期　　c. 越冬期

注：⊙　卵　∽　幼虫　θ 蛹　↑　成虫

值得注意的是，许多昆虫特别是一年多代的昆虫，在一定的时间和空间前后世代往往相互重叠，不同虫态相互并存，这种现象称为“世代重叠”。弄清某种昆虫的世代、年生活史及其各虫态发生发展规律及为害特点，并通过统计分析，研究种群变动和其他关键因素，制定昆虫生命表，并以此设计害虫控制方案。

五、昆虫的主要习性与防治的关系

由于外界环境的刺激与内部生理活动的复杂联系，使昆虫获得了各种赖以生存、繁衍和行为等生物学习性，称之为昆虫的习性。昆虫的习性多种多样，与生产、防治关系密切的有如下几种：

（一）昆虫的食性

1. 昆虫的食性比较复杂，按食物的性质可分为四大类

植食性：以植物为食，包括各种农林害虫和少部分益虫。

肉食性：包括捕食性和寄生性，天敌多属于此类。

腐食性：以动植物残体或粪便为食，如粪金龟甲等。

杂食性：以植物或动物为食，又可腐食，如蜚蠊。

2. 按取食植物的专化程度又可分为三大类

单食性：仅取食一种或近缘种植物，如三化螟。

寡食性：仅取食一科或近缘科内的植物，如菜粉蝶。

多食性：取食范围扩大到不同科的植物，如小地老虎。

（二）趋性

趋性是指昆虫对外界刺激产生的一种强迫性的定向运动。向着刺激方向移动的称为正趋性。趋性刺激源有：温、湿、光、化学物质等。在昆虫的综合防治中，趋光性和趋化性应用较广。例如灯光诱杀、食饵诱杀、性诱杀等。潜所诱杀、色板诱杀等也是广泛应用的使用技术。

（三）假死性

昆虫受到外界刺激产生的一种抑制反应。例如铜绿丽金龟、菜蟢、甜菜象鼻虫等，受到振动时，立即麻醉坠落或卷缩四肢。人们利用其振落捕杀，达到控制害虫的目的。

（四）群集性

即同种昆虫的个体，高密度地集中的特性。例如大豆蚜常集中在豆类作物的嫩芽上；粉虱则喜集居于菜叶背面。群集有利于昆虫度过不良环境，同时也为集中防治提供了良机。

（五）迁飞与扩散

某些昆虫在成虫期，有成群地从一个发生地长距离地迁飞到另一个发生地的特性，称为迁飞性。这是物种在进化过程中长期适应环境形成的遗传特性。例如东亚飞蝗、黏虫、小地老虎等，这些昆虫通过远距离迁飞，使卵巢成熟。大多数昆虫在条件不适或营养恶化时，可在发生地向周围空间扩散。例如菜蚜，在环境不适时常以有翅蚜向邻近菜地扩散；棉蚜在秋季产生有翅蚜，扩散飞移到花椒、石榴、黄金树、榆树等上产卵越冬，次年又迁回田间。了解昆虫的迁飞与扩散规律，对进一步分析虫源性质，设计综合防治方案具有指导意义。

第四节 农艺昆虫主要类群识别

一、昆虫分类的意义

自然界中昆虫的种类非常丰富。科学家们根据昆虫的形态、生理、生态等特征及亲缘关系的远近，通过分析、比较、归纳、综合的方法，将自然界种类繁多的昆虫分门别类，建立了一个符合客观规律，能反映昆虫在历史演化过程中亲缘关系的分类系统。了解昆虫的分类系统，掌握一定的分类知识，可以正确鉴别农业害虫和益虫。对害虫控制和益虫利用具有极其重要的意义。

二、昆虫分类的依据及单位

昆虫分类系统由界、门、纲、目、科、属、种7个基本阶梯所组成。昆虫种间形态差异比较明显，观察比较方便，昆虫分类和鉴定主要是以形态学为依据。昆虫翅的质地、形状和对数，口器、触角、足及腹部附肢和变态类型的变化是分类的重要依据。随着近代昆虫分类学科的发展和类群的细化，纲、目、科、属、种下设“亚”级；在目、科之上设“总”级。现以东亚飞蝗为例，示其分类阶梯。

界 动物界 Animal kingdom
门 节肢动物门 Arthropoda
纲 昆虫纲 Insect
亚纲 有翅亚纲 Pterygota
部 外翅部 Exoptergota
总目 直翅总目 Orthopteroides
目 直翅目 Orthoptera
亚目 蝗亚目 Locustodea
总科 蝗总科 Locustoidea
科 蝗科 Locustidae
亚科 飞蝗亚科 Locustinae
属 飞蝗属 *Locusta*
亚属 （未分）
种 飞蝗 *Locusta migratoria* L.
亚种 东亚飞蝗 *Locusta migratoria manilensis* Meyen

在昆虫分类的各阶元中，种是最基本的单元。昆虫种的科学名称通称学名。昆虫学名是采用国际上统一规定的双命名法，并用拉丁文书写。每个种的学名由属名和种名组成，种名后是定名人的姓氏。属名和定名人的第一个字母均应大写，种名不大写。种名和属名在印刷时排斜体。

三、农艺作物主要昆虫类群识别特征

（一）直翅目（Orthoptera）

常见的有蝗虫、蟋蟀、螽斯、蝼蛄等，体中至大型。口器咀嚼式，下口式。触角丝状，少数剑状。前胸发达，前翅覆翅革质，后翅膜质透明。后足为跳跃足，少数种类前足为开掘足。雌虫产卵器发达，形式多样，雄虫常有发音器。不全变态，多为植食性（图2-25）。

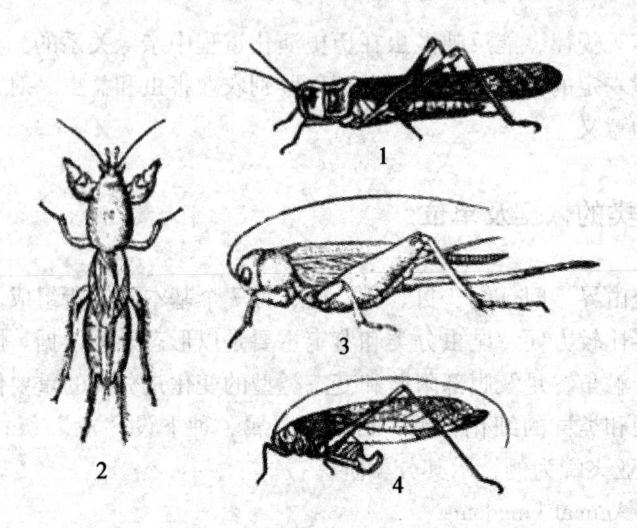

图 2-25 直翅目常见科代表

1. 蝗科 2. 蝼蛄科 3. 蟋蟀科 4. 螽斯科

1. 蝗科（Locustidae）

体型粗壮，触角短于体长之半，丝状，少数剑状。前胸背板马鞍形，产卵器短，凿状。听器位于第一腹节两侧。腿与翅摩擦发音。该科昆虫为植食性，卵产于土中。常见的种类有东亚飞蝗等。

2. 蝼蛄科（Gryllotalpidae）

触角短于体长，丝状。前足粗壮，开掘式，胫节阔扁具 4 齿，跗节基部有 2 齿，适于掘土。后足腿节不甚发达，失去跳跃功能。前翅短，后翅长，后翅伸出腹末如尾状。尾须长，产卵器退化。听器位于前足胫节内侧。该科昆虫是杂食性的地下害虫，为害植物种子、嫩茎和幼根，造成田间缺苗断垄。我国重要害虫种类北方为华北蝼蛄，南方为东方蝼蛄等。

3. 蟋蟀科（Gryllidae）

体粗壮，触角丝状，长于身体。前翅在身体侧面急剧下折，尾须长，不分节，后足跳跃足，产卵器针状、长矛状或长杆状。听器位于前足胫节内侧，雄虫发音器位于前翅基部，两前翅摩擦发音。该科昆虫多生活在地下和地表，为害种苗，造成缺苗断垄，为重要的地下害虫。常见的有大蟋蟀和油葫芦。

4. 螽斯科（Tettigoniidae）

体粗壮，触角丝状，细长，长过身体许多，翅有短翅型、长翅型和无翅型 3 种类型，有翅者雄虫能靠两前翅摩擦发音，产卵器刀片状或剑状，侧扁。跗节 4 节。听器位于前足胫节基部。该科昆虫多数植食性，卵产在植物组织中，少数肉食性。常见的种类有中华露螽、变棘螽等。

（二）半翅目（Hemiptera）

通称“蝽”，体中小型，扁平。口器刺吸式，从头的前端伸出，具有分节的喙，一般 4 节。触角线状或棒状，复眼发达，单眼两个或无。前胸背板发达，中胸小盾片三角形。前翅基半部革质，称为革片，端半部膜质，称为膜片。某些陆生种类身体腹面常有臭腺，不全变态（图 2-26）。

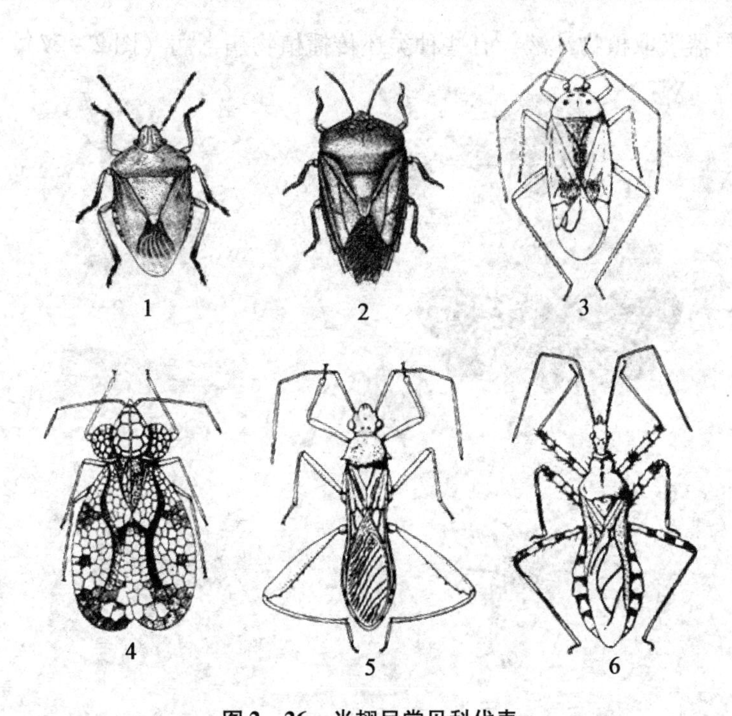

图 2－26　半翅目常见科代表

1. 蝽科　2. 荔蝽科　3. 盲蝽科　4. 网蝽科　5. 缘蝽科　6. 猎蝽科

（仿周尧、彩万志等）

1. 蝽科（Pentatomidae）

体小到中型，小盾片发达，常超过爪片的长度。前翅膜片多纵脉，且发自于一根基横脉上。常见的种类有菜蝽、斑须蝽等。

2. 网蝽科（Tingidae）

体小型，扁平。前胸背板向后延伸，盖住小盾片，两侧有叶状“侧突”，前胸背板及前翅遍布网状纹。若虫群集叶背，刺吸汁液，造成缺绿斑点或叶片枯萎，受害处有黏稠的排泄物及虫蜕。常见的种类有梨网蝽等。

3. 猎蝽科（Reduviidae）

小型至中型。头窄长，眼后部分缢缩如颈状。喙 3 节，弓状。前胸腹板两前足间有具横皱的纵沟。前翅膜片具两翅室，端部伸出一长脉。捕食性。如黑红猎蝽。

4. 缘蝽科（Coreidae）

体中至大型，扁宽或狭长，触角 4 节，小盾片不超过翅爪区长度，前翅膜区内有多条平行纵脉，均出自一条纵脉。跗节 3 节，植食性。如水稻缘蝽等。

5. 盲蝽科（Miridae）

体小至中型，触角 4 节，无单眼，前翅分为革区、爪区、楔区和膜区 4 部分，膜区内有一大一小两个翅室。多为植食性。如绿盲蝽、牧草盲蝽等。

（三）同翅目（Homoptera）

常见的有蝉、叶蝉、蜡蝉、木虱、粉虱、蚜虫、介壳虫等。体多中小型，少数大型。头后口式，刺吸式口器从头部后方伸出。触角短，刚毛状或丝状。前翅质地均匀，革质或膜质，静止时呈屋脊状，有些种类短翅或无翅，或只有 1 对前翅。不全变态，全部植食性，以刺吸式口器吸取植物汁液，有些种类还传播植物病毒病（图 2－27）。

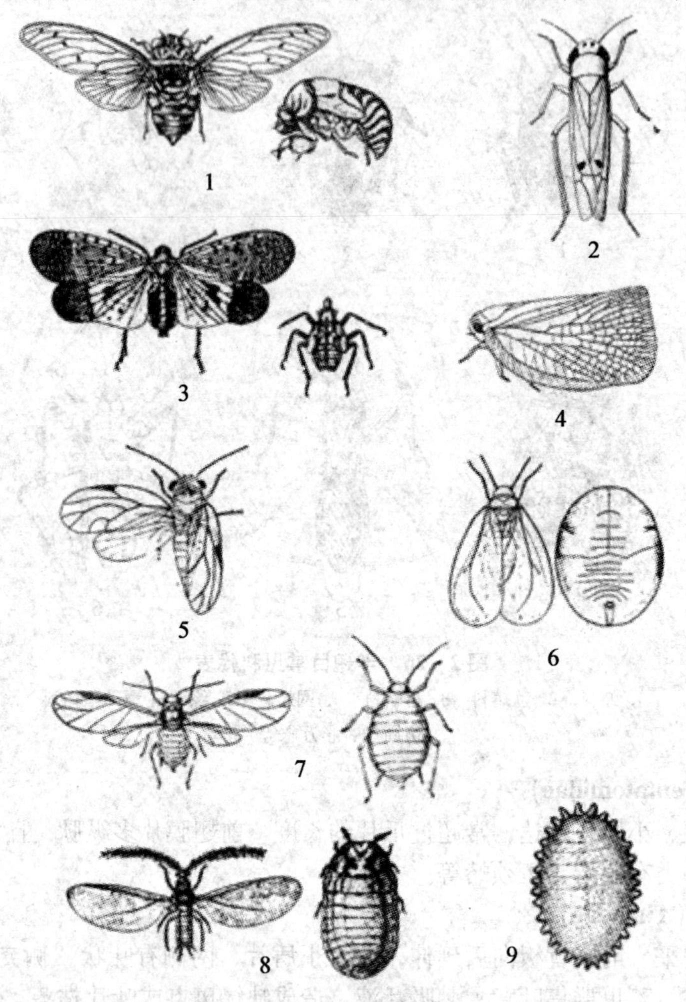

图 2－27 同翅目常见科代表

1. 蝉科 2. 叶蝉科 3. 蜡蝉科 4. 蛾蜡蝉科 5. 木虱科 6. 粉虱科 7. 蚜科 8. 绵蚧科 9. 粉蚧科

1. 蝉科（Cicadidae）

体大型，触角刚毛状，单眼 3 个，前后翅膜质透明。前足开掘式，腿节具齿或刺。雌蝉产卵器发达，产卵于植物嫩枝内，常导致枝条枯死。成虫生活在林木上，吸取枝杆汁液，若虫生活在地下，吸取根部汁液。老熟若虫夜间钻出地面羽化，蜕的皮称为“蝉蜕”，可入药。常见的种类有蚱蝉等。

2. 叶蝉科（Cicadellidae）

体小型，头部宽圆。触角刚毛状，位于两复眼之间。前翅革质，后翅膜质。后足胫节有棱脊，其上生有 3～4 列刺毛。该科昆虫活泼善跳，在植物上刺吸汁液，部分种类可传播植物病毒病。常见的有大青叶蝉、小绿叶蝉等。

3. 蜡蝉科（Fulgoridae）

体中大型，艳丽。头圆形或延伸成象鼻状。触角刚毛状，基部两节膨大，着生于复眼下方。前后翅发达，脉序呈网状，臀区多横脉，腹部通常大而扁。常见的种类有斑衣蜡蝉和南方龙眼蜡蝉等。

4. 木虱科（Psyllidae）

体小型，状如小蝉，善跳跃。触角丝状，10 节。端部生有两根不等长的刚毛。前翅翅脉三分支，每支再分叉。若虫体扁平，体被蜡质。该科昆虫多为木本农艺作植物的重要害虫，如梧桐木虱等。

5. 飞虱科（Delphapcidae）

头部窄于胸部，触角锥状，生于两复眼之下，前翅膜质，后足胫节末端有一个能活动的距。如灰飞虱等。

6. 粉虱科（Aleyrodidae）

体小型，体表被白色蜡粉。翅短圆，前翅有翅脉两条，前一条弯曲，后翅仅有 1 条直脉。成虫、若虫吸吮植物汁液。常见的种类有黑刺粉虱、温室粉虱等。

7. 蚜科（Aphididae）

体小柔弱，触角末节自中部突然变细，分为基部和鞭部两部分。翅膜质透明，前翅大，后翅小。前翅前缘外方具黑色“翅痣”。腹末有“尾片”，第五节背面两侧有 1 对“腹管”。常见的种类有棉蚜、桃蚜等。

8. 蚧科（Coccidae）

雌虫卵形、长卵圆形、半球形或圆球形，体壁坚硬，体外被有蜡粉或坚硬的蜡质蚧壳。雄虫体长形纤弱，无复眼，触角 10 节，腹部末端有二长蜡丝。腹部末端有臀裂，肛门有肛环及肛环刺毛，肛门上有 1 对三角形肛板。我国常见种类有红蜡蚧、龟蜡蚧等。

（四）鳞翅目（Lepidotera）

本目包括蝶、蛾类，是昆虫纲仅次于鞘翅目的第二大目。成虫体翅密被鳞片，组成不同形状的色斑。触角形式各异，口器虹吸式或退化，属完全变态。幼虫蠋型，口器咀嚼式，多数为农艺作物害虫（图 2 – 28，图 2 – 29）。

1. 木蠹蛾科（Cossidae）

中型至大型，体肥大。触角栉状或线状，口器短或退化。幼虫粗壮，虫体白色、黄褐或红色，口器发达，老熟幼虫蛀食枝杆木质部。我国常见的有芳香木蠹蛾、咖啡木蠹蛾等。

2. 蓑蛾科（Psychidae）

雌雄异型，雄具翅，触角双栉状，翅上鳞片稀薄近于透明。雌蛾无翅，幼虫形。幼虫胸足发达，吐丝缀叶，造袋囊隐居其中，取食时头部伸出袋外。常见的有茶蓑蛾、白囊蓑蛾等。

3. 刺蛾科（Eucleidae）

中型蛾类，体粗壮多毛，多呈黄色、褐色或绿色。触角线状，雄蛾栉齿状。翅宽而被厚鳞片。幼虫体常被有毒枝刺或毛簇，化蛹在光滑而坚硬的茧内。常见的有黄刺蛾等。

4. 卷蛾科（Tortricidae）

中小型蛾，体翅色斑因种而异，前翅近长方形，有的种类前翅前缘有一部分向翅面翻折，停息时成钟罩状。如苹果小卷叶蛾等。

5. 螟蛾科（Pyralidae）

中小型蛾，体细长，腹末尖削。触角丝状。下唇须前伸上弯。翅鳞片细密，三角形。

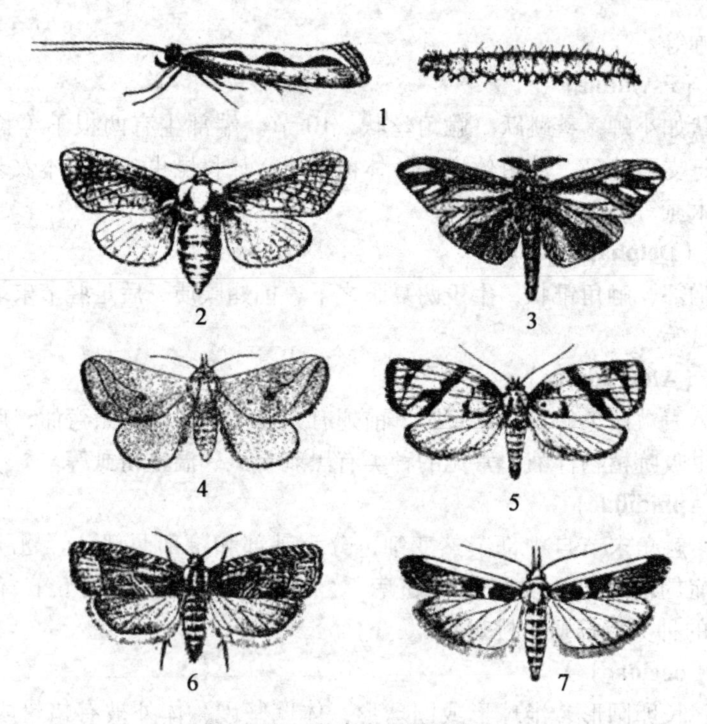

图 2－28　蛾类常见科的代表

1. 菜蛾科　2. 木蠹蛾科　3. 蓑蛾科　4. 刺蛾科　5. 卷蛾科　6. 小卷蛾科　7. 螟蛾科

幼虫体细长、光滑，多钻蛀或卷叶为害。常见的种类有草地螟、豆荚螟、三化螟等。

6. 尺蛾科（Geometridae）

小至大型蛾，体细弱，鳞片稀疏。翅大质薄，静止时四翅平展，有少数种类雌虫翅退化。如枣尺蠖，幼虫行动时一曲一伸，状似拱桥，静息时用腹足固定身体，与栖枝成一角度。幼虫食叶，常见的有大豆造桥虫等。

7. 天蛾科（Sphingidae）

大型蛾类，体粗壮，纺锤形。触角丝状、棒状或栉齿状，端部弯曲成钩。前翅发达，后翅小。幼虫体粗壮，第八腹节背面具 1 枚尾角。常见的有豆天蛾、桃天蛾等。

8. 舟蛾科（Notodontidae）

大中型蛾，极似夜蛾，体翅大多暗褐，少数洁白鲜艳。但喙不如夜蛾发达，且多数无单眼。幼虫体形特异，全身多毛，静息时举头翘尾。幼虫食叶，多数为果树的害虫。常见的有苹果舟蛾等。

9. 夜蛾科（Noctuidae）

中大型蛾类，色深暗，体粗壮多毛。触角丝状，少数种类雄蛾触角为栉齿状。前翅翅色灰暗，斑纹明显。幼虫体粗壮，色深。常见的有小地老虎、斜纹夜蛾、黏虫等。

10. 毒蛾科（Lymantriidae）

中型蛾，体粗壮多毛，口器退化，无单眼，触角栉齿状，静息时多毛的前足前伸，有些种类雌蛾翅退化或无翅。幼虫体生有长短不一的毒毛簇。常见的种类有舞毒蛾、大豆毒蛾等。

11. 枯叶蛾科（Lasiocampidae）

体中至大型，粗壮多毛。触角双栉齿状，喙退化，无翅缰。幼虫多长毛，中后胸具毒

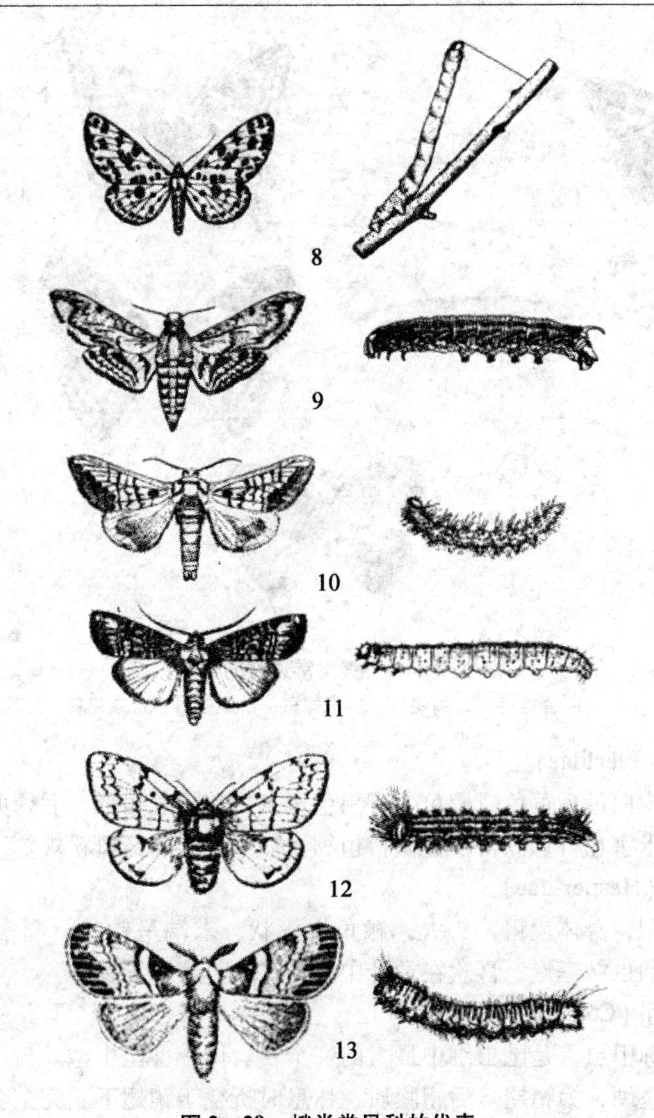

图 2-29　蛾类常见科的代表

8. 尺蛾科　9. 天蛾科　10. 舟蛾科　11. 夜蛾科　12 毒蛾科　13. 枯叶蛾科

毛带。常见的有天幕毛虫等。

12. 凤蝶科（Papilionidae）

中至大型，颜色鲜艳，底色黄色或绿色，带有黑色斑纹或底色为黑色而带有蓝、绿、红等色斑。后翅外缘呈波状或有尾突。幼虫的后胸显著隆起，前胸背中央有一臭丫腺，受惊时翻出体外。如柑橘凤蝶、玉带凤蝶等（图 2-30）。

13. 蛱蝶科（Nymphalidae）

体中到大型，前足退化短缩，无爪，通常折叠在前胸下，中、后足正常，称“四足蝶”。翅较宽，外缘常不整齐，色彩鲜艳，有的种类具金属闪光，飞翔迅速而活泼，静息时四翅常不停地扇动。幼虫头部常有头角，似猫头，腹末具臀刺，全身多枝刺。如赤蛱蝶等。

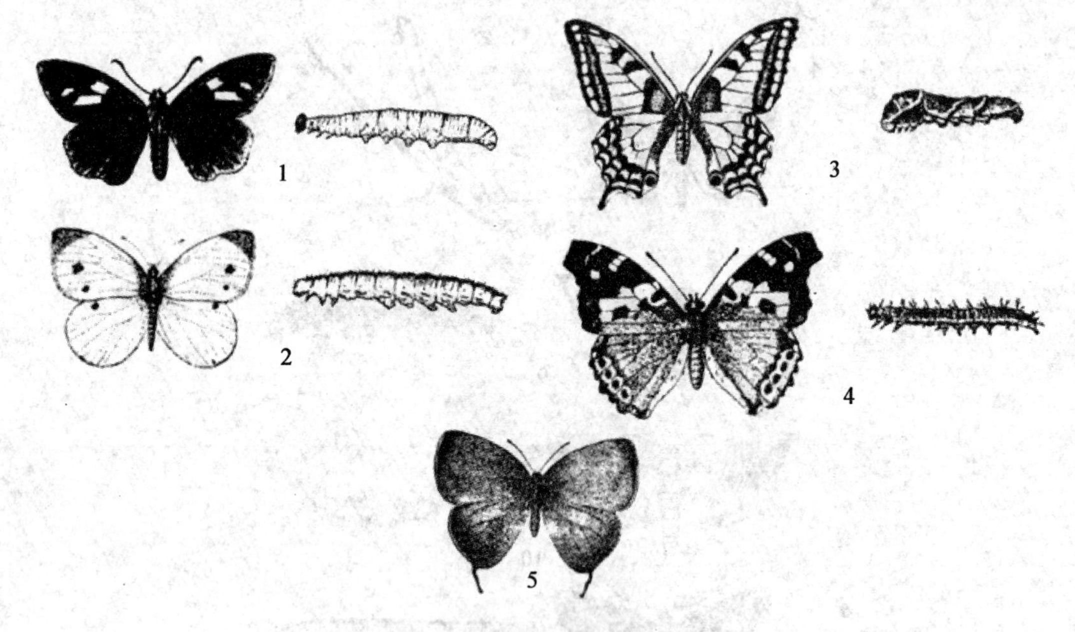

图 2－30 蝶类常见科的代表

1. 弄蝶科 2. 粉蝶科 3. 凤蝶科 4. 蛱蝶科 5. 灰蝶科

14. 粉蝶科（Pieridae）

体中型，常为白色、黄色或橙色。有黑色斑点，前翅三角形，后翅卵圆形。幼虫圆筒形，头小，为害十字花科、豆科、蔷薇科植物。如菜粉蝶、云斑粉蝶等。

15. 弄蝶科（Hesperidae）

体小型至中型，身体较粗，头大，触角棍棒状，末端呈钩状，翅常为黑褐色、茶褐色，有透明斑。幼虫纺锤形，喜欢在卷叶中为害。如直纹稻弄蝶等。

（五）鞘翅目（Coleoptera）

本目昆虫通称甲虫，是昆虫纲中最大的一个目。体小型至中型。口器咀嚼式，上颚发达。前翅角质，坚硬，为鞘翅。后翅膜质，休息时折叠于鞘翅下。完全变态，幼虫一般寡足型（图 2－31）。本目昆虫食性复杂，有植食、肉食、腐食和杂食等类群。

1. 金龟甲总科（Scarabaeidea）

体粗壮，卵圆形或长卵形。触角鳃片状，末端 3 或 4 节侧向膨大。前足胫节端部宽扁具齿，适于开掘。幼虫蛴螬型，土栖，以植物根、土中的有机质及未腐熟的肥料为食，有些种类为重要地下害虫。成虫食害叶、花、果及树皮等。如铜绿丽金龟、暗黑鳃金龟等。

2. 吉丁甲科（Buprestidae）

体长形，末端尖削。体壁上常有美丽的光泽。触角短，锯齿状。前胸与中胸嵌合紧密，不能活动，后胸腹板上有一条明显的横沟。幼虫体扁平，乳白色，前胸扁阔，多在木本植物木质部与韧皮部间为害。如苹果小吉丁虫等。

3. 叩甲科（Elateridae）

狭长形，色多暗，末端尖削。触角多锯齿状，少数栉齿状。前胸背板后侧角突出成锐角，腹板中间有一锐突，镶嵌在中胸腹板的凹槽内，形成叩头的关节。成虫被捉时能不断叩头，企图逃脱，故名叩头虫。幼虫通称“金针虫”，多为地下害虫，取食植物根部。常

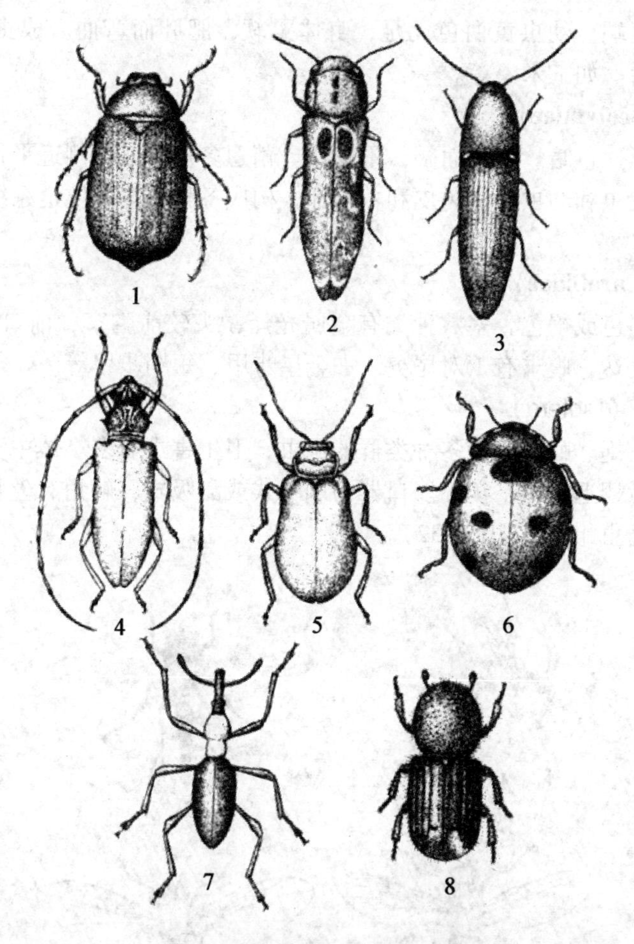

图 2－31　鞘翅目常见科代表

1. 金龟甲科　2. 吉丁甲科　3. 叩甲科　4. 天牛科　5. 叶甲科　6. 瓢甲科　7. 象甲科　8. 小蠹科
（仿周尧、彩万志等）

见的害虫种类有沟叩头虫、细胸叩头虫等。

4. 天牛科（Cerambycidae）

中型至大型甲虫，体狭长。触角丝状，等于或长于身体，生于触角基瘤上。复眼多肾形，围绕在触角基部。跗节隐5节，幼虫圆筒形，前胸扁圆，头部缩于前胸内，多为钻蛀性害虫，蛀食树干、枝条及根部。常见的有光肩星天牛、桑天牛等。

5. 叶甲科（Chrysomelidae）

也称金花虫科，体中小型，颜色变化较大，多具金属光泽。触角丝状，常不及体长之半。复眼圆形。叶甲科绝大多数为食叶性害虫，如黄守瓜、黄曲条跳甲、白杨叶甲、大猿叶甲等。

6. 瓢甲科（Coccinellidae）

中小型甲虫，体半球形，体色多样，色斑各异。头部多盖在前胸背板下，触角锤状或短棒状。常见的有七星瓢虫、异色瓢虫、二十八星瓢虫等。

7. 象甲科（Curculionidae）

体小至大型，头部延伸成象鼻状，触角膝状，末端3节膨大成锤状，足跗节隐5节，鞘翅长，多盖及腹端。幼虫黄白色无足，身体柔软，肥胖而弯曲。成虫、幼虫均为植食性，多营钻蛀生活。如玉米象等。

8. 小蠹科（Scolytidae）

体小，圆筒形，色暗。喙短而阔，不发达。鞘翅多短宽，两侧近平行，具刻点，周缘多具齿或突起。成虫和幼虫蛀食树皮和木质部，构成各种图案的坑道系统，如苹果棘胫小蠹等。

9. 步甲科（Carabidae）

体中小型，黑色或褐色，多数种类有金属光泽，头较前胸窄，前口式，足为步行足。幼虫细长，上颚发达，腹末有1对尾突。如金星步甲、短鞘步甲等。

（六）双翅目（Diptera）

本目包括蚊、蝇、虻、蠓等多种类群的昆虫，卫生害虫居多。体中小型。仅有1对膜质透明的前翅，后翅退化呈平衡棒。口器为刺吸式或舐吸式，触角有丝状、念珠状和具芒状。完全变态，幼虫蛆式（图2-32）。

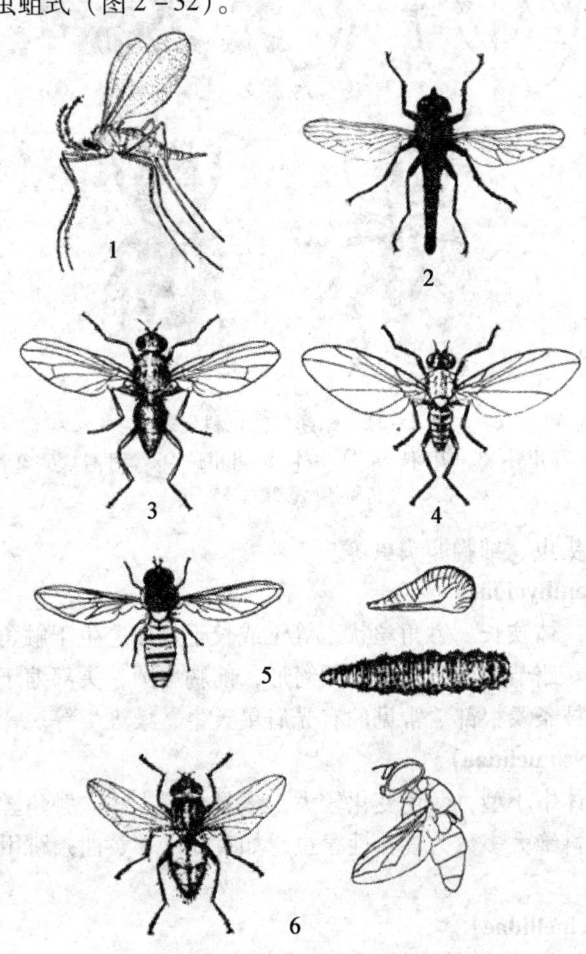

图2-32 双翅目常见科代表

1. 瘿蚊科 2. 食虫虻科 3. 花蝇科 4. 潜叶蝇科 5. 食蚜蝇科 6. 寄蝇科

1. 食虫虻科（Asilidae）

又称盗虻科，体粗壮多毛或鬃，口器长而坚硬，适于吸食猎物，足多毛。幼虫长筒状，头端尖，分节明显，胸部每节有侧鬃1对，多生活于土中及腐质植物中，成虫性猛，飞翔快速，擒食小虫。常见的有中华盗虻。

2. 潜叶蝇科（Agromyzidae）

体微小，黑色或黄色。前缘近基部1/3处有1折断。幼虫蛆形，常潜食植物叶肉组织，留下不规则形的白色潜道。如美洲斑潜蝇、豌豆潜叶蝇等。

3. 实蝇科（Trypetidae）

体小至中型，常有黄、棕、橙、黑色。头大颈细，复眼突出，触角芒光滑无毛，翅上有雾状褐色斑纹，雌虫腹末产卵器细长，扁平而坚硬。幼虫植食性，有的造成虫瘿，有的潜入叶内。如柑橘大实蝇和作为重要检疫对象的地中海实蝇等。

4. 花蝇科（Anthomyiidae）

又叫种蝇科，体小而细长且多毛，灰黑色或黄色。翅脉较直，直达翅缘，翅后缘基部连接身体处，有一质地较厚的腋瓣。幼虫称为根蛆。如种蝇等。

5. 寄蝇科（Tachinidae）

体小至中型，粗壮多毛。暗灰色，有褐色斑纹。触角芒光滑或有短毛，中胸盾片大型，腹部尤其腹末多刚毛。成虫常在花间活动，幼虫寄生性，是重要的害虫天敌。如地老虎寄蝇、毛虫追寄蝇等。

6. 食蚜蝇科（Syrphidae）

体中型，色斑鲜艳，形似蜜蜂或胡蜂。翅中央有一条两端游离的伪脉，外缘有与边缘平行的横脉，使径脉和中脉的缘室成为闭室。成虫常停悬于空中，时有静止和突进的动作。幼虫水生种类体多白色，而陆生食蚜种类多为黄、红、棕、绿等色，多数捕食蚜、蚧、粉虱、叶蝉、蓟马等小型农林害虫。如黑带食蚜蝇、细腰食蚜蝇等。

（七）膜翅目（Hymenoptera）

本目包括蜂类和蚂蚁，已知种类位居昆虫纲的第三位。体微小至中型。口器为咀嚼式或嚼吸式，复眼大，有单眼3个，触角线状、锤状或膝状。翅膜质，翅脉特化，形成许多“闭室”。幼虫通常无足，个别食叶种类，如叶蜂幼虫具有3对胸足，6~8对腹足，称为伪蠋型幼虫。完全变态，裸蛹，常有茧和巢保护。

本目昆虫有食叶、蛀茎的植食性害虫，也有传粉和捕食性、寄生性的有益种类。

1. 三节叶蜂科（Argidae）

体粗壮，触角3节，第三节最长。前足胫节有两个端距。幼虫食叶，具6~8对腹足。如蔷薇叶蜂（图2-33）。

2. 叶蜂科（Tenthredinidae）

成虫体粗短，触角线状或棒状，前足胫节有两个端距。幼虫有3对胸足，6~8对腹足。常见的种类有小麦叶蜂、黄翅菜叶蜂等。

3. 姬蜂科（Ichneumonidae）

体细长，小至大型。触角丝状，16节以上。前翅有小室和第二回脉（小室下方的一条横脉称第二回脉）。卵多产于鳞翅目幼虫体内。如广黑点瘤姬蜂、黏虫白星姬蜂等。（图2-34）。

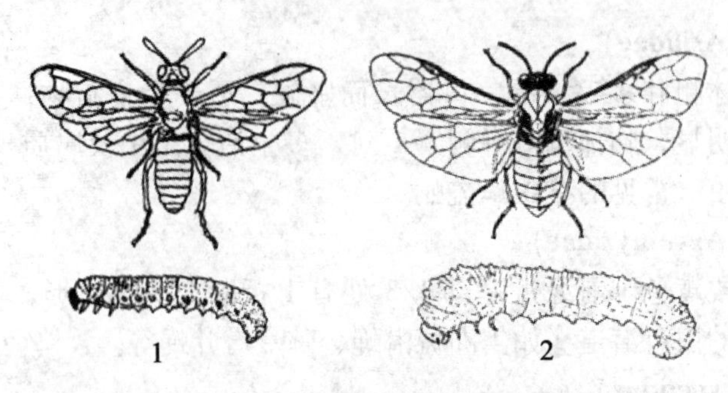

图 2-33　膜翅目常见科代表

1. 三节叶蜂科　2. 叶蜂科

（仿周尧等）

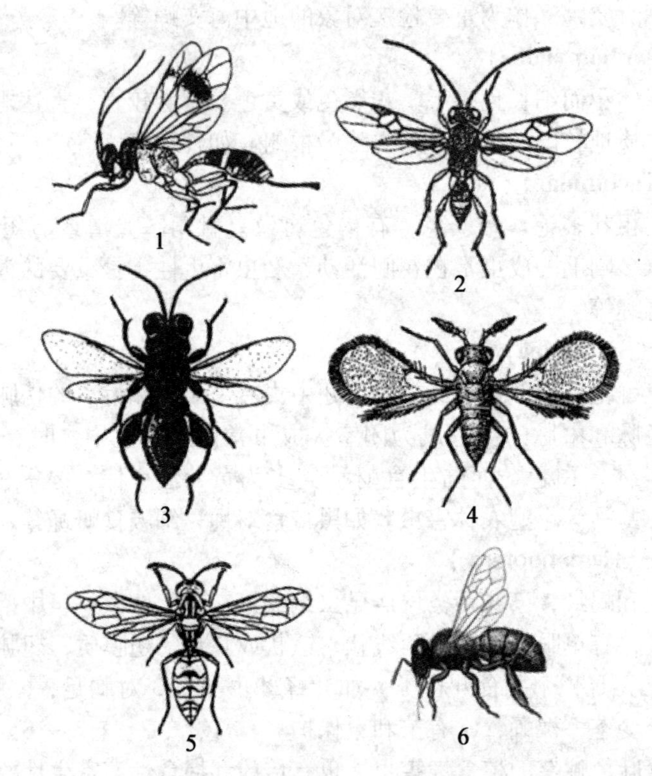

图 2-34　细腰类群常见科代表

1. 姬蜂科　2. 茧蜂科　3. 小蜂科　4. 赤眼蜂科　5. 胡蜂科　6. 蜜蜂科

4. 茧蜂科（Braconidae）

体小型或微小型，触角线状，静止时触角不停抖动；体形与姬蜂相似，但前翅无第二回脉。卵产于寄主体内，幼虫内寄生，老熟时在寄主体内或体外结黄褐色或白色丝茧化蛹。如螟蛉绒茧蜂、粉蝶绒茧蜂、菜蛾绒茧蜂等。

5. 小蜂科（Chalcididae）

小型，体黑褐色带黄白色斑纹，翅脉极度退化，仅留 1 条翅脉，触角膝状，后足腿节膨大，胫节向内弯曲。均为寄生性。如广大腿小蜂等。

6. 胡蜂科（Vespidae）

通称马蜂。中至大型，色泽鲜艳，常具彩色斑纹；翅狭长，静止时翅纵折于胸背。成虫常捕食鳞翅目幼虫或取食果汁和嫩叶。如金环胡蜂、普通长脚胡蜂等。

7. 蜜蜂科（Apidae）

体小到大型，黑色或褐色，生有密毛，口器嚼吸式，触角膝状，后足具有花粉篮和花粉刷，腹末有螯针。营群居生活，有很强社会性。如中国蜜蜂和意大利蜜蜂。

8. 赤眼蜂科（Trichogrammalidae）

体微小，长1mm以下；触角短膝状，复眼红色；胸腹交界处不收缩，前翅端半部圆阔，翅面有纵行排列的微毛，后翅狭长。全部为卵寄生蜂，是重要的天敌昆虫，生物防治中利用价值较大。如拟澳洲赤眼蜂、松毛虫赤眼蜂等。

（八）脉翅目（Neuroptera）

中小型昆虫，口器咀嚼式。复眼发达，触角丝状、念珠状或棒状。前后翅膜质透明，脉纹复杂，网状，前缘多横脉，外缘多叉脉。完全变态，幼虫和成虫捕食性，多数为可被利用的天敌昆虫（图2－35）。

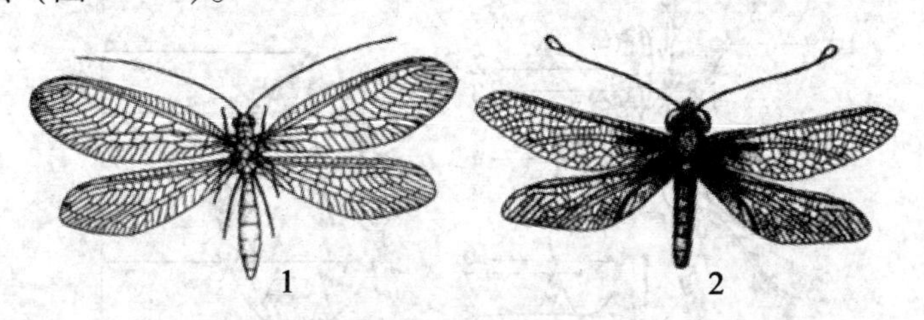

图2－35　脉翅目代表

1. 草蛉科　2. 蝶角蛉科

（仿周尧）

1. 草蛉科（Chrysopidae）

体中型，身体细长，柔弱，大多种类草绿色，复眼有金色闪光。触角细长，丝状。翅前缘区有30条以下的横脉。卵通常一粒或几粒产于叶片上，有丝质长柄。我国常见的有大草蛉、中华草蛉等，可用于生物防治。

2. 蝶角蛉科（Ascalaphidae）

体大，外形似蜻蜓，但触角似蝴蝶，球杆状，相当长，几乎等长于身体。常见的种类有黄花蝶角蛉等。

（九）缨翅目（Thysanoptera）

通称蓟马，体小型至微小型，细长，多黑色或黄褐色，口器锉吸式。翅狭长，翅缘密生缨状缘毛，称“缨翅”，最多只有一两条翅脉。静止时，翅平放于腹部背面。

1. 管蓟马科（Phlaeothripidae）

触角3～4节上具锥状感觉器，翅面光滑无毛，无翅脉，腹末管状，有长毛，无特化的产卵器。多数植食性。例如中华管蓟马。

2. 纹蓟马科（Aeolothripidae）

触角3～4节上具带状感觉器，翅阔，末端圆形有缘毛，有明显的纵脉和横脉，腹末圆锥状 。产卵器锯状，尖端上曲。多为植食性。

3. 蓟马科（Thripidae）

触角3~4节上具叉状感觉器，翅狭长，末短尖，脉少无横脉，腹末圆锥状，产卵器锯状，尖端下弯。例如花蓟马。

（十）蜘蛛与螨类

蜘蛛与螨类同属于节肢动物门，蛛形纲，前者属于蜘蛛目（Araneida），后者属于蜱螨目（Acarina）。它们与其他节肢动物明显不同的是没有明显的头部和触角，身体大多不具环节，是节肢动物中较为特殊的一类。

螨类是一些体型微小的节肢动物。与农林关系十分密切，有严重为害农林植物的植食性害螨，也有捕食和寄生害虫和害螨的益螨。

螨类体小至微小，圆形或椭圆形。身体分节不明显。一般具有4对足，少数种类只有两对足。一般具1~2对单眼。螨体大致可分前体段和后体段，前体段又分为颚体段、前肢体段，后体段又分为后肢体段和末体段。除颚体段外，其余部分为躯体（图2-36）。

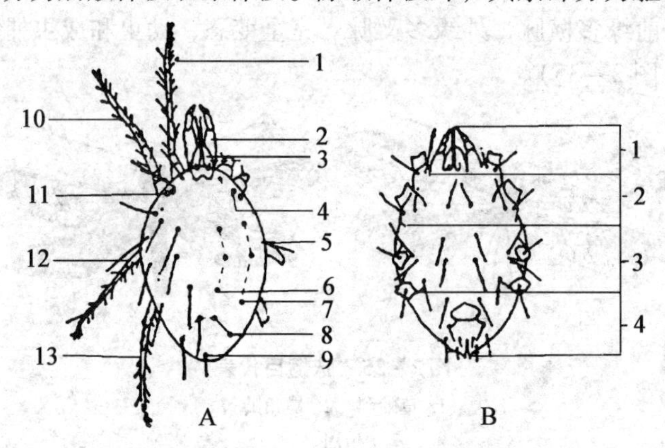

图2-36 螨类的体躯结构

A. 雌螨背面：1. 第一对足 2. 须肢 3. 颚刺器 4. 前足体段茸毛 5. 肩毛 6. 后足体段背中毛 7. 后足体段背侧毛 8. 骶毛 9. 臀毛 10. 第二对足 11. 单眼 12. 第三对足 13. 第四对足

B. 雌螨腹面：1. 颚体段 2. 前足体段 3. 后足体段 4. 末体段

（仿李清西、钱学聪《植物保护》）

昆虫、蜘蛛、螨类，它们都属节肢动物，因此，在形态上有许多的相似之处，如附肢分节，具有外骨骼，故幼期必须蜕皮等。但做为不同纲目的动物，它们之间又有着明显的区别（表2-2）。

表2-2 昆虫、蜘蛛、螨类的主要区别

构造＼类群	昆虫	蜘蛛	螨类
体躯	分头、胸、腹3个体段	分头胸部和腹部两个体段	体躯愈合，体段不易区分
触角	有	无	无
眼	有复眼，少数有单眼	只有单眼	只有单眼
足	3对	4对	4对（少数两对）
翅	多数有翅1~2对	无	无
纺丝器	无，少数幼虫有，位于头部	有，位于腹部末端	无

第五节 农艺昆虫与环境条件的关系

一、气候因素

气候因素与昆虫的生命活动的关系非常密切。气候因素包括温度、湿度、光照和风等，其中以温度和湿度对昆虫的影响最大，各个条件的作用并不是孤立的，而是综合起作用的。

（一）温度对昆虫生长发育的影响

温度是影响昆虫的重要环境因子，也是昆虫的生存因子。昆虫是变温动物，体温随环境温度的高低而变化。体温的变化可直接加速或抑制代谢过程。因此，昆虫的生命活动直接受外界温度的支配。

1. 昆虫对温度的反应

能使昆虫正常生长发育、繁殖的温度范围，称有效温度范围。在温带地区通常为8～40℃，最适温度为22～30℃。有效温度的下限称发育起点，一般为8～15℃。有效温度的上限称为临界高温，一般为35～45℃。在发育起点以下若干度，昆虫便处于低温昏迷状态，称为亚致死低温区，一般为－10～8℃。亚致死低温以下昆虫会立即死亡，称为致死低温区，一般－40～－10℃。在临界高温以上，昆虫处于昏迷状态，叫亚致死高温区，通常是40～45℃。在亚致死高温以上昆虫会立即死亡，称为致死高温区，通常是45～60℃。

昆虫因高温致死的原因，是体内水分过度蒸发和蛋白质凝固所致。昆虫因低温致死的原因，是体内自由水分结冰，使细胞遭受破坏所致。昆虫因种类、地区、季节、发育阶段、性别及营养状况不同，对温度的反应不一样。因此，在分析温度与昆虫种群消长变化规律时，应进行综合分析。

2. 昆虫生长发育的有效积温法则

昆虫和其他生物一样，在其生长发育过程中，完成一定的发育阶段（1个世代）需要一定的温度积累，亦即发育所需时间与该时间的温度乘积理论上应为一常数。该常数称为有效积温，这个规律也称为有效积温定律。即：$K=NT$，其中K为积温常数，N为发育日数，T为发育期的平均温度。

由于昆虫必须在发育起点以上才能开始发育，因此，式中的温度（T）应减去发育起点温度（C），即：

$$K=N(T-C) \quad 或 \quad N=K/(T-C)$$

昆虫的发育速率（V）是指单位时间内完成全部发育过程的比率，亦即完成某一个发育阶段所需时间（N）的倒数，即$V=1/N$，代入上式，则得：

$$T=C+K/N=C+KV$$

这个说明温度与发育速度关系的法则，称为积温法则，积温的单位常以日度表示。这个法则的应用有如下几方面：

（1）推算昆虫发育起点温度和有效积温数值：发育起点C可以由实验求得：将一种昆虫或某一虫期置于两种不同温度条件下饲养，观察其发育所需时间，设两个温度分别为

T_1 和 T_2，完成发育所需时间为 N_1 和 N_2，根据 $K = N(T - C)$，产生联立式：

第一种温度条件下： $K = N_1(T_1 - C)$ (1)

第二种温度条件下： $K = N_2(T_2 - C)$ (2)

因为（1）＝（2）＝K 得 $N_1(T_1 - C) = N_2(T_2 - C)$

$$C = (N_2T_2 - N_1T_1) / (N_2 - N_1)$$

将计算所得 C 值公式即可求得 K。

例如：槐尺蠖的卵在 27.2℃条件下，经 4.5d，19℃条件下，经 8d。代入上面的积温公式中，则得槐尺蠖卵期有效积温。

$$C = (8 \times 19 - 4.5 \times 27.2) / (8 - 4.5) = 29.6/3.5 = 8.5℃$$

将计算出的发育起点温度代入 19℃条件下积温公式中，则得槐尺蠖卵期有效积温。

$$K = 8 \times (19 - 8.5) = 84 \text{（日度）}$$

（2）估测某昆虫在某一地区可能发生的世代数：在知道了一种昆虫完成 1 个世代的有效积温（K），再利用某地区年温度的记录，统计出 1 年内此地对该虫的有效积温总和（K_1），便可推算出这种昆虫在该地区每年可能发生的世代数。

世代数＝某地 1 年的总有效发育积温总和（日度）/某虫完成 1 代所需的有效积温（日度）＝K_1/K

例如：已测知槐尺蠖完成 1 个世代的有效积温为 458 日度，某年 4～8 月（槐尺蠖活动期）在北京高于 9.5℃（槐尺蠖各虫态发育起点温度的平均值）的有效积温总和为 1 873日度，即可推算出该虫在北京每年能发生的世代数：

$$K_1/K = 1\,873/458 = 4 \text{（每年发生 4 代）}$$

（3）预测害虫发生期：知道了 1 种害虫或 1 个虫期的有效积温与发育起点温度后，便可根据公式进行发生期预测。

例如：已知槐尺蠖卵的发育起点温度为 8.5℃，卵期有效积温为 84 日度，卵产下当时的日平均温度为 20℃，若天气情况无异常变化，预测 7d 后槐尺蠖的卵就会孵出幼虫。

$$N = 84/(20 - 8.5) = 7.3 \text{（d）}$$

（4）控制昆虫发育进度：人工繁殖利用寄生蜂防治害虫，按释放日期的需要，可根据公式计算出室内饲养寄生蜂所需要的温度。通过调节温度来控制寄生蜂的发育速度，在合适的日期释放出去。

例如：利用赤眼蜂防治玉米螟，赤眼蜂的发育起点温度为 10.34℃，有效积温为 161.36 日度，根据放蜂时间，要求 12d 内释放，应在何种温度下饲养才能按时出蜂。代入公式，即：

$$T = 161.36/12 + 10.34 = 23.8℃$$

即在 23.8℃的温度条件下，经过 12d 即可出蜂释放。

（5）预测害虫在地理上的分布：如果当地全年有效总积温不能满足某种昆虫完成 1 个世代所需总积温，此地就不能发生这种昆虫。只有全年有效积温之和，大于昆虫完成 1 个世代所需总积温的地区，昆虫才能发生。

（二）湿度对昆虫的影响

水是生物有机体的基本组织成分，是代谢作用不可少的介质。一般昆虫体内水分的含量占体重的 50% 左右，而蚜虫和蝶类幼虫可达 90% 以上。昆虫体内的水分主要来源于食物，其次为直接饮水、体壁吸水和体内代谢水。体内的水分又通过排泄、呼吸、体壁蒸发而散失。

昆虫对湿度的要求依种类、发育阶段和生活方式不同而有差异。最适范围，一般在相对湿度70%～90%左右，湿度过高或过低都会延缓昆虫的发育，甚至造成死亡。如松干蚧的卵，在相对湿度89%时孵化率为99.3%。相对湿度36%以下，绝大多数卵不能孵化。而相对湿度100%时卵虽然孵化，但若虫不能钻出卵囊而死亡。昆虫卵的孵化、蜕皮、化蛹、羽化，一般都要求较高的湿度，但一些刺吸式口器害虫如蚧虫、蚜虫、叶蝉及叶螨等对大气湿度变化并不敏感，即使大气非常干燥，也不会影响它们对水分的要求，如天气干旱时寄主汁液浓度增大，提高了营养成分，有利害虫繁殖。所以，这类害虫往往在干旱时为害严重。一些食叶害虫，为了得到足够的水分，常于干旱季节猖獗为害。

（三）温湿度对昆虫的综合作用

在自然界中温度和湿度总是同时存在、相互影响、综合作用的。而昆虫对温度、湿度的要求也是综合的，不同温湿度组合，对昆虫的孵化、幼虫的存活、成虫羽化、产卵及发育历期均有不同程度的影响。例如大地老虎卵在不同温湿度下的生存情况如表2－3。

表2－3　大地老虎卵在不同温湿度组合下的死亡率

温度（℃）	相对湿度（%）		
	50	70	90
20	36.67	0	3.5
25	43.36	0	2.5
30	80.00	7.5	97.5

从表2－3中可以看出大地老虎卵在高温高湿和高温低湿下死亡率均大。温度20～30℃、相对湿度50%的条件下，对其生存不利，而其适宜的温湿度条件为温度25℃、相对湿度70%左右。所以，我们在分析害虫消长规律时，不能单根据温度或相对湿度某一项指标，而要注意温湿度的综合影响作用。常以温湿系数来表示，公式为：

$$温湿系数=\frac{平均相对湿度}{平均温度}\quad 或\quad =\frac{降水量}{平均温度}$$

（四）光对昆虫的影响

昆虫的生命活动和行为与光的性质、光强度和光周期有密切的关系。许多昆虫对330～400nm的紫外光有强趋性，因此，在测报和灯光诱杀方面常用黑光灯（波长365nm）。还有一种蚜虫对550～600nm黄色光有反应，所以，白天蚜虫活动飞翔时利用“黄色诱盘”可以诱其降落。

光强度对昆虫活动和行为的影响，表现于昆虫的日出性、夜出性、趋光性和背光性等昼夜活动节律的不同。例如蝶类、蝇类、蚜类喜欢白昼活动。夜蛾、金龟甲等喜欢夜间活动。蛾类喜欢傍晚活动。有些昆虫则昼夜均活动，如天蛾、大蚕蛾、蚂蚁等。

（五）风对昆虫的影响

风对环境的温湿度有影响，可以降低气温和湿度，从而对昆虫的体温和水分发生影响。但风对昆虫的影响主要是昆虫的活动，特别是昆虫的扩散和迁移受风影响较大，风的强度、速度和方向，直接影响其扩散和迁移的频度、方向和范围。

二、土壤因素

土壤是昆虫的一个特殊生态环境，很多昆虫的生活都与土壤有密切的关系。如蝼蛄、蟋蟀、金龟甲、地老虎、叩头甲、白蚁等害虫，有些终生在土壤中生活，有些大部分虫态是在土中度过的。许多昆虫一年中的温暖季节在土壤外面活动，而到冬季即以土壤为越冬场所。土壤的理化性状，如温度、湿度、机械组成、有机质成分及含量以及酸碱度等，直接影响在土中生活的昆虫生命活动。

各种与土壤有关的害虫及其天敌，各有其最适于栖息的环境条件。人们掌握了这些昆虫的生活习性之后，通过土壤垦复、施肥、灌溉等措施，改变土壤条件，达到控制害虫目的。

三、生物因素

生物因素包括食物、捕食性和寄生性天敌、各种病原微生物等。

（一）食物

昆虫和其他动物一样，必须利用植物或其他动物所制成的有机物以取得生命活动过程所需要的能源，有没有必需的食物，关系到能不能在这个生境中生存的问题。存在的食物是否适合于这种昆虫的要求，又关系到这个生境中种群数量的问题。

食物直接影响昆虫的生长、发育、繁殖和寿命等。食物如果数量足，质量高，那么昆虫生长发育快，自然死亡率低，生殖力高。相反则生长慢，发育和生殖均受到抑制，甚至因饥饿引起昆虫个体大量死亡。

（二）昆虫的天敌

天敌是影响害虫种群数量的一个重要因素。天敌种类很多，大致可分为下列各类。

1. 病原生物

病原生物包括病毒、立克次体、细菌、真菌、线虫等。这些病原生物常会引起昆虫感病而大量死亡。如细菌中的苏云金杆菌和日本金龟芽孢杆菌随食物被蛴螬取食，进入昆虫消化及循环系统，迅速繁殖，破坏组织，引起蛴螬感染败血症而死。

2. 捕食性天敌昆虫

捕食性天敌昆虫的种类很多，常见的有螳螂、猎蝽、草蛉、瓢虫、食虫虻、食蚜蝇等。

3. 寄生性天敌昆虫

主要有膜翅目的寄生蜂和双翅目的寄生蝇，例如，用松毛虫赤眼蜂防治马尾松毛虫。

4. 捕食性鸟兽及其他有益动物

主要包括蜘蛛、捕食螨、鸟类、两栖类、爬行类等。鸟类的应用早为人们所见，蜘蛛的作用在生物防治中越来越受到人们的重视。

四、人为因素

人类生产活动是一种强大的改造自然的因素。但是由于人类本身对自然规律认识的局限性，生产活动不可避免的破坏了自然生态环境，导致了生物群落组成结构的变化，使某些以野生植物为食的昆虫转变为农艺作物害虫。但当人类一旦掌握了害虫的发生规律，通过现代科技手段，人类就可以有效的控制害虫的发生。

【思考题】

1. 名词解释：变态、世代、年生活史、龄期、趋性、休眠、滞育、性二型、多型现象、孵化、化蛹、羽化。
2. 昆虫的主要特征是什么？
3. 简述昆虫触角的构造及类型。
4. 昆虫咀嚼式口器与刺吸式口器的构造、为害特点及防治方法有何区别？
5. 常见昆虫足的类型有哪些？
6. 简述昆虫翅的构造及类型。
7. 常见农业昆虫目及科的主要特征各是什么？
8. 比较螨类与昆虫的主要形态区别？

【能力拓展题】

1. 昆虫体壁构造特点与药剂防治有何关系？
2. 举例说明昆虫的主要生殖方式，对防治有何作用？
3. 防治农业害虫为什么要提倡“治早，治小”？
4. 如何根据昆虫的习性进行防治？
5. 环境条件对昆虫的主要影响有哪些？

第三章　农艺作物病害基础知识

第一节　农艺作物病害的基本概念

一、植物病害的概念

农艺植物在生长发育过程中，或在贮藏及运输过程中，由于受其他生物的侵害或不适宜的环境条件的影响，使得正常的生理活动受到干扰，细胞、组织、器官遭到破坏，生长发育不正常，甚至死亡，这不仅降低了作物品质，而且造成经济损失。这种现象称为农艺作物病害。

农艺作物病害与一般的机械创伤不同，如农艺作物受到昆虫和其他动物的咬伤、刺伤，人为的机械损伤以及冰雹、大风等造成的伤害，都是植物在短时间内受外界因素作用而突然形成的，受害植物在表现受害特征前并没有发生病理程序，因此，它们都不能称为病害，而称为损伤。

农艺作物病害是植物和病原在一定环境条件下矛盾斗争的结果。其中，病原和植物是病害发生的基本矛盾，而环境则是促使矛盾转化的条件。因此，植物是否会发生病害，受三方面因素影响。

二、植物病害发生的原因

（一）病原

直接导致农艺作物病害发生的因素，称之为病原。病原有两大类，一类是生物性病原，另一类是非生物性病原。

1. 生物性病原

又称病原物，主要包括真菌、细菌、病毒、寄生性种子植物以及线虫、藻类和螨类等。这类病原所引起的病害为侵染性病害，具有传染性也称为传染性病害；是农艺作物病害研究的中心问题。

2. 非生物性病原

包括不适于农艺作物正常生活的一系列环境因素，如水分过多或过少、温度过高或过低、光照过强或过弱等。这类病原引起的病害没有传染性，故称为非侵染性病害或非传染性病害。这类病害当环境条件恢复正常时，就停止发生，并且有逐步恢复常态的可能。

（二）寄主

农艺作物侵染性病害的发生除了病原物外，还必须有感病的植物存在。当病原物侵染植物时，植物本身并不是完全处于被动状态，而是要对病原物进行积极的抵抗，但各种植物的抗逆性是不同的。遭受病原物侵染的植物称为感病植物，也称寄主。

（三）环境

植物病害发生的环境条件包括气候、土壤、栽培等非生物因素和人、昆虫、其他动物及植物周围的微生物区系等生物因素。

（四）病害三角

单有病原生物和植物两方面存在时，还不一定发生病害，因为病原生物可能无法接触到植物，或不能发挥其作用，也就不能影响植物。因此，还需要有合适的媒介和一定的环境条件来满足病原生物才能对植物构成威胁。这种需要有病原生物、寄主植物和一定的环境条件三者配合才能引起病害的观点，就称为“病害三角”（disease triangle）。

三、植物病害的分类

（一）按病因类型

植物病害按性质（病因）可分为侵染性病害和非侵染性病害两大类。

1. 侵染性病害

由生物因素引起的病害称侵染性病害。引起植物病害的生物因素主要是真菌、原核生物、病毒、线虫和寄生性种子植物等。凡是由这些生物性病原引起的植物病害都有侵染过程，能相互传染，故称为侵染性病害或传染性病害，也称寄生性病害。

2. 非侵染性病害

由非生物因素引起的病害称非侵染性病害。包括影响植物正常生长发育的各种不适宜的环境条件，主要指气候、土壤、营养等方面的条件。非生物因素引起的植物病害没有侵染过程，不能相互传染，故称为非侵染性病害或非传染性病害，也称生理性病害。

这种分类方法由于直接依据病害发生原因，利于防治策略的制定。

（二）按病原物种类

植物病害可分为真菌病害、细菌病害、病毒病害、类菌质体病害、线虫病害、寄生性种子植物病害。这种分类方法能够从病原物角度考虑，更利于对症治疗植物病害。

（三）按传播方式

分为气流传播病害、土传病害、水流传播病害、昆虫传播病害、种苗传播病害等。这种分类方法有利于依据传播方式考虑防治措施。

（四）按寄主作物

分为农作物病害、果树病害、蔬菜病害、花卉病害以及林木病害等。农作物病害又分为水稻病害、小麦病害、玉米病害、大豆病害等。这种分类方法便于统筹制定某种植物多种病害的综合防治计划。

（五）按发病器官

植物病害可分为叶部病害、果实病害、根部病害等。

另外，还可以按植物的生育期、病害的传播流行速度和病害的重要性等进行划分。如苗期病害、储藏期病害、流行性病害、主要病害、次要病害等。

四、植物病害的症状及类型

植物受病原物侵染后或不良环境因素影响后，在组织内部或外部表现出来的异常状态统称为植物病害的症状，症状又包括病状和病症。

（一）病状及其类型

感病植物本身表现的异常状态，称为病状。植物病害的病状可归纳为以下5种类型。

1. 变色

植物受害后局部或全株失去正常绿色称为变色。常见的变色有以下几种：

（1）花叶：叶片的叶肉部分呈现浓淡绿色不均匀的斑驳，形状不规则，边缘不明显，如花叶病毒病。

（2）褪色：叶片呈现均匀褪绿后形成明脉和叶肉褪绿等。缺素病和病毒病都可以发生此类病状。

（3）黄化：叶片均匀褪绿，色泽变黄，如豌豆黄顶病。

（4）着色：是指寄主某器官表现不正常的颜色，如叶片变红，花瓣变绿。

2. 坏死（病斑）

植物的细胞和组织受到破坏而死亡，形成各式各样的病斑。病斑的颜色不一，有褐斑、黑斑、灰斑、白斑等。病斑的形状不一，有圆形、椭圆形、梭形、轮纹形、不规则形等。在病害命名上，常常根据它的明显病状分别称为黑斑病、褐斑病、轮纹病、角斑病、条斑病。

3. 腐烂

植物的组织细胞受病原物的破坏和分解可发生腐烂。如根腐、茎基腐、穗腐、块茎和块根腐烂。据腐烂的程度可分为以下几种：

（1）由于细胞和组织被分解的程度不同，有时细胞的中胶层被病原物分泌的酶所分解，致使细胞分离，组织崩溃，造成软腐，如白菜软腐病。

（2）如果组织崩溃过程中水分迅速丧失或组织坚硬，含水量较少，称为干腐。如马铃薯干腐病。

（3）幼苗茎基部坏死腐烂，常缢缩呈线状，地上部迅速倒伏，子叶常保持绿色，称为猝倒，如蔬菜幼苗猝倒病。

（4）幼苗的根部或茎基部与地面接触处腐烂，全株枯死，称为立枯。本病多发生在幼苗后期阶段，病苗多不倒伏，如棉苗立枯病。

4. 萎蔫

指寄主植物局部或全部由于失水，丧失膨压，使其枝叶萎蔫下垂的现象称为萎蔫。

植物病害方面的萎蔫症状，主要是指植株的维管束组织受到病原物的毒害或破坏，影响水分向上输送，即使供给水分亦不能恢复常态。常分为以下3种：

（1）青枯：病株全株或局部迅速萎蔫。发病初期，病叶萎蔫现象早晚可恢复正常，但过数日后即行枯死。病株叶片色泽略淡，一般不发黄，故名青枯。如将距地面较近的茎基部作横切检查，其维管束部分呈褐色，并有乳白色菌脓溢出，如番茄青枯病。

（2）枯萎与黄萎：病状与青枯相似，但叶片多先从距地面较近处开始变黄，病情发展较慢，不迅速枯死。病茎基部维管束也变褐色，但没有乳白色溢出液，如番茄枯萎病。

5. 畸形

植物被病原物侵染后，在受害部位细胞数目增多，细胞的体积增大，表现为增生性病变；细胞数目减少，细胞的体积变小，表现为抑制性病变，使植物全株或局部呈现畸形。畸形多数是散发性的。叶片皱缩和茎、叶卷曲，大多是由病毒病引起的抑制性病变。残缺细叶、小叶、缩果、植株短小等，则是各种传染性和非传染性病原物所引起的抑制性症状。某些化学因素和病原物可以引起植物徒长。畸形可分为以下4种：

(1) 卷叶：叶片两侧沿叶脉向上卷曲，病叶较健叶厚，较硬和较脆，严重时呈卷筒状，如马铃薯卷叶病。

(2) 蕨叶：叶片叶肉发育不良，甚至完全不发育，叶片变线状或蕨叶状，如番茄蕨叶病。

(3) 丛生：茎节间缩短，叶腋丛生不定枝，枝叶密集丛生，形如扫帚状，如花生丛枝病。

(4) 瘤、瘿：受病植物组织局部细胞增生，形成不定形的畸形肿大，如玉米瘤黑粉病。

（二）病症及其类型

病症是指病原物在植物感病部位所表现的特征性结构，包括病原物的营养体和繁殖体，病症主要表现为5种类型。

1. 霉状物

感病部位产生各种霉。霉是真菌病害常见的病征，它是由真菌菌丝和着生孢子的孢子梗所构成。霉层颜色、形状、结构、疏密等变化较大。可分为霜霉、黑霉、灰霉、青霉、绿霉等。

2. 粉状物

是某些真菌一定量的孢子密集在一起所表现的特征。因着生形状、位置、颜色等不同，又可分为白粉、锈粉、黑粉等。

3. 粒状物

在病部产生大小、形状、色泽、排列等各种不同的颗粒状物。有的粒状物呈针头大小的黑点，埋生在寄主表皮下，部分露出，不易与寄主组织分离，包括真菌的分生孢子器、分生孢子盘、子囊壳、子座等，如小麦赤霉病；有些粒状物较大，长在寄主表面，包括闭囊壳和菌核，如小麦白粉病和大豆菌核病。

4. 脓状物

这是细菌所具有的特征性结构。在病部表面溢出含有许多细菌细胞和胶质物混合在一起的液滴或弥散成菌液层，具有黏性称为菌脓或菌胶团，白色或黄色，干涸时形成菌胶粒或菌膜。

5. 绵（丝）状物

在病部表面产生白色绵（丝）状物，这是真菌的菌丝体，或菌丝体和繁殖体的混合物，一般呈白色，各种真菌的菌丝体表现不一样，如鞭毛菌的菌丝体多数是疏松的多呈棉絮状；有的细密平展如栽绒状，如水稻纹枯病。

第二节　农艺作物病害的非侵染性病原

一、营养失调

营养缺乏、各种营养间的比例失调或营养过量等不适宜营养条件均可诱使植物表现各种病态，过去一般称为缺素症或多素症。缺素症指植物缺乏某种元素或某种元素的比例失调。当植物缺乏必要的大量元素和微量元素时，都会造成缺素症（表3－1）。

表3－1　常见缺素症病状表现

所缺元素	病状要点
氮	生长势差，叶色浅绿，从底部叶片逐渐黄枯，茎细弱
磷	生长势差，叶色蓝绿甚至发紫，下部叶片有时产生紫铜色或紫褐色斑点，茎短而细
钾	枝、茎细弱甚至枯死，老叶褪绿，叶尖变褐，叶缘枯焦或沿叶缘有许多褐色小斑，肉质组织尖部坏死
镁	先老叶后幼叶褪绿、斑驳，以后变为红斑，叶尖、叶缘向上卷，叶片呈勺状，有时落叶
钙	心叶扭曲，叶尖下钩，叶缘卷曲，叶心形状不规则，有褐色斑块。最后顶芽死亡，根系稀弱，造成许多果实的花蒂腐烂
硫	新叶浅绿或鲜黄，不产生任何斑点，颇似缺氮。但老叶不发黄
硼	顶芽幼叶基部变浅绿，最后崩解，茎叶扭曲，植株矮化，果实、肉质茎、根等表面开裂或心部腐坏，如甜菜心腐，萝卜褐心，菜花空茎，柑橘硬实，春小麦空粒等病害
铁	新叶白化，但主脉仍绿，有时脉间叶肉有褐斑，后叶片可能枯死或落叶
锰	叶片褪绿，但细脉呈正常绿色，叶肉上可出现坏死小斑，严重时叶片变褐枯死
锌	叶片脉间褪绿，后枯死变紫色，叶片少而小，节间短而茎丛生，结果减少，叶片逐渐由茎下部向上依次脱落，如苹果小叶病、葡萄硬实病、玉米白尖病等
铜	禾谷类作物新叶叶尖萎凋，边缘褪绿。有时叶片不能展平而萎凋，抽穗减少，即使抽穗亦矮化扭曲，柑橘和核果类枝梢干尖，叶缘烧焦，叶片褪绿，丛生。蔬菜停止生长

多素症指某些元素过量导致植物中毒，主要是微量元素过量所致，特别是硼和锌更容易造成毒害。土壤可溶性盐过量形成盐碱土，过量的钠盐引起土壤 pH 提高，导致植物的碱伤害，表现为褪绿、矮化、叶焦枯和萎蔫等。硼过量对很多蔬菜和果树有毒，会抑制种子的萌发，引起幼苗死亡。过量的锰引起棉花叶片皱缩，氟过量导致叶片焦枯等等。生产上可以通过调节植物营养预防此类病害的发生。

二、水分失调

水分是植物进行正常新陈代谢的必要条件，是合成营养物质所不可缺少的。土壤水分过多或不足都能使植株出现症状。天气干旱，土壤水分供给不足，会使植物的营养生长受到抑制，营养物质的积累减少而降低品质。缺水严重时，植株萎蔫，叶片变色，叶缘枯焦，造成落叶、落花和落果，甚至整株枯死。土壤水分过多，俗称涝害，会阻碍土温的升高和降低土壤的透气性，土壤中氧气含量降低，植物根系长时间进行无氧呼吸，引起根系腐烂，也会引起叶片变色、落花和落果，甚至死亡。

水分供给失调、变化剧烈时，对植株会造成更大的伤害。如先干旱后涝害，会使根菜类的根茎、果树的果实开裂，前期水分充足后期干旱则使番茄果实发生脐腐病，严重影响蔬果产品产量和品质。

三、温度不适

植物的生长发育都有适宜的温度范围，温度过高或过低，超过了它的适应能力，植物代谢过程将受到阻碍，就可能发生病理变化而发病。

低温对植物为害很大。轻者产生冷害，表现为植株生长减慢，组织变色、坏死，造成落花、落果和畸形果；0℃以下的低温可使植物细胞内含物结冰，细胞间隙脱水，原生质破坏，导致细胞及组织死亡。如秋季的早霜、春季的晚霜，常使植株的幼芽、新梢、花器、幼果等器官或组织受冻，造成幼芽枯死、花器脱落、不能结实或果实早落。

高温对植物的为害也很大。高温可使光合作用下降，呼吸作用上升，碳水化合物消耗加大，生长减慢，使植物矮化和提早成熟。干旱会加剧高温对植物的为害程度。

在自然条件下，高温常与强日照及干旱同时存在，使植物的茎、叶、果等组织产生灼伤，称日灼病，表现为组织褪色变白呈革质状、硬化易被腐生菌侵染而引起腐烂，灼伤主要发生在植株的向阳面。高温干旱常使辣椒大量落叶、落花和落果。

四、有毒物质的污染

空气、水源、土壤中的有毒物质（如工业废气、废水、汽车排放的烟尘和废气、农药等）都能直接或通过污染土壤、水源而为害植物。其受害程度和症状表现因植物的抗性和年龄、发育状况、以及形态构造等而异。如二氧化硫污染导致叶面斑驳或褪绿斑，植株矮化，提前落叶；氮化物污染后导致叶片漂白，脉间出现坏死斑，叶缘焦枯，小叶卷曲并提早落叶；农药和化肥使用浓度过高、用量过大或使用时期不适，急性症状表现为叶面或叶柄基部出现坏死斑点、条纹，叶片变黄、凋萎、脱落等；药害症状表现为生长缓慢，叶片变黄、脱落、扭曲或畸形等，着花减少，延迟结实，果实变小，籽粒不饱满，种子发芽不整齐、发芽率低等。

第三节　农艺作物病害的侵染性病原

一、植物病原真菌

（一）真菌的一般性状

真菌的生长和发育，一般先是经过一定时期的营养生长阶段，然后转入繁殖阶段，繁殖阶段是真菌产生各种类型孢子进行繁殖的时期。

1. 真菌的营养体

真菌的营养体指营养生长阶段的结构，除极少数真菌营养体是单细胞外（如酵母菌），典型的真菌营养体都是纤细的管状体，称为菌丝，菌丝直径一般为5～6μm，最小为0.5μm，多根菌丝交织集合成团称菌丝体。菌丝多数无色，有的呈粉色、黄色、绿色、褐色等。高等真菌的菌丝有隔膜，称为有隔菌丝，低等真菌的菌丝一般无隔膜称为无隔菌丝（图3－1）。

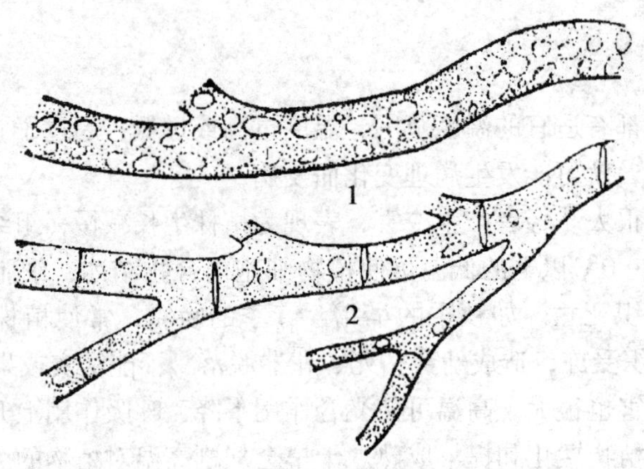

图3－1 真菌的菌丝体

1. 无隔菌丝 2. 有隔菌丝

（仿卢希平《植物病虫害防治》）

真菌的菌丝体在一定条件下可转变为特殊的结构，如菌核、子座和菌索等。这些变态结构在真菌的繁殖和传播上，以及对不良环境抵抗方面有着重要作用。

2. 真菌的繁殖体

真菌经过营养生长阶段后，即进入繁殖阶段，形成各种繁殖体即子实体。真菌的繁殖分为无性繁殖和有性生殖两种，无性繁殖产生无性孢子，有性生殖产生有性孢子。孢子的功能相当于高等植物的种子。

（1）*无性繁殖及无性孢子的类型*：无性繁殖是指真菌不经过性细胞或性器官的结合，直接从营养体上产生孢子的繁殖方式，所产生的孢子称为无性孢子（图3－2）。常见的无性孢子有以下几种：

游动孢子　是在游动孢子囊内产生的内生孢子，是鞭毛菌的无性孢子。游动孢子囊由菌丝或孢囊梗顶端膨大而成，球形、卵形或不规则形。游动孢子肾形、梨形，无细胞壁，具1～2根鞭毛，可在水中游动。

孢囊孢子　是在孢子囊内产生的内生孢子，是接合菌的无性孢子。孢子囊由孢囊梗的顶端膨大而成。孢囊孢子球形，有细胞壁，无鞭毛，释放后可随风飞散。

分生孢子　产生于菌丝分化而形成的分生孢子梗上，成熟后从孢子梗上脱落，是子囊菌、半知菌的无性孢子。分生孢子的种类很多，形状、大小、细胞数目、色泽、形成和着生的方式都有很大的差异。分生孢子梗散生或丛生，或着生在特定形状的结构中，如近球形、具孔口的分生孢子器和杯状或盘状的分生孢子盘。

厚垣孢子　是真菌菌丝的某些细胞膨大变圆、原生质浓缩、细胞壁加厚而形成的无性孢子，可以抵抗不良环境，条件适宜时萌发形成菌丝。

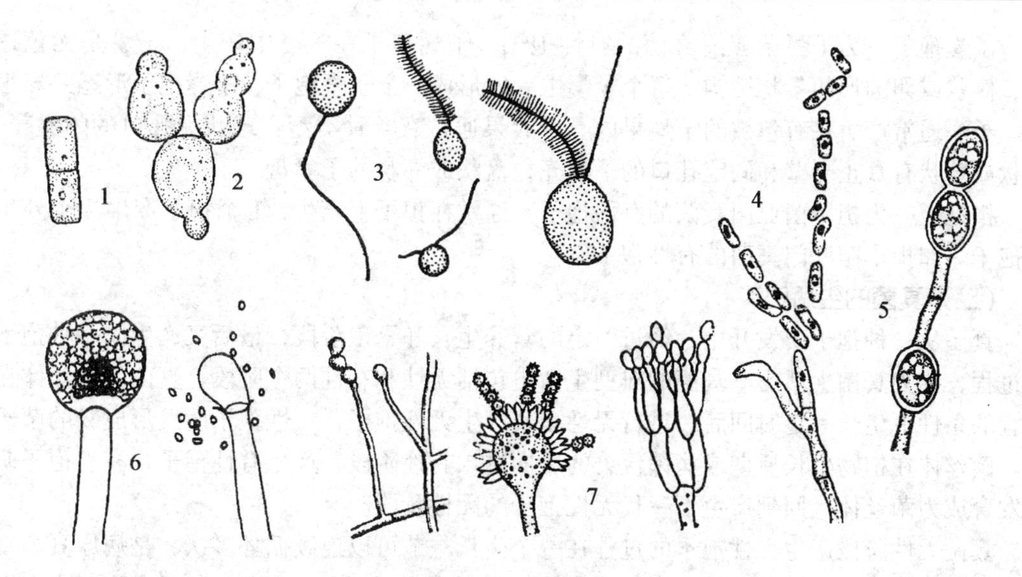

图3－2 真菌的无性繁殖及无性孢子

1. 酵母菌的裂殖 2. 酵母菌的出芽繁殖 3. 游动孢子 4. 节孢子 5. 厚垣孢子 6. 孢囊孢子 7. 分生孢子

（仿李阜棣《微生物学》）

粉孢子（节孢子） 由菌丝自分隔处断裂而形成的无性孢子，外观上呈粉末状，故称粉孢子。

芽孢子 从一个细胞生芽而形成的无性孢子。首先细胞产生小突起，并逐渐膨大成子细胞，当子细胞长到正常大小时，便脱离母细胞而独立成新个体，或不脱离母细胞，继续进行芽殖，产生新的芽孢子。

（2）有性生殖及有性孢子的类型：有性生殖指真菌通过性细胞或性器官的结合而产生孢子的生殖方式。有性生殖产生的孢子称为有性孢子（图3－3）。常见的有性孢子有以下几种：

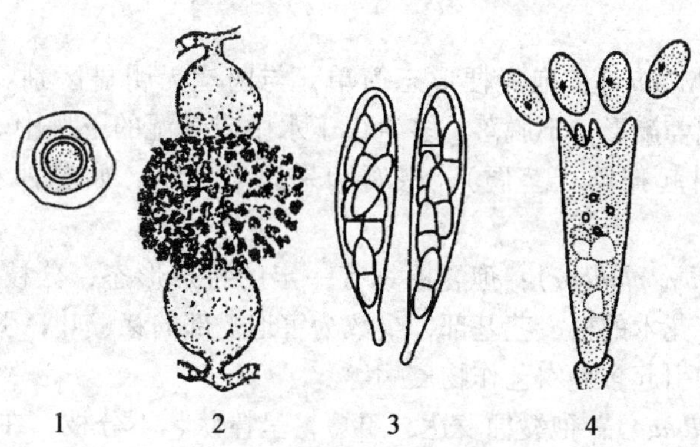

图3－3 真菌的有性孢子

1. 卵孢子 2. 接合孢子 3. 子囊孢子 4. 担孢子

（仿张学哲《作物病虫害防治》）

卵孢子 球形、厚壁，如鞭毛菌亚门卵菌的有性孢子。

接合孢子 为接合菌的有性孢子称为接合孢子。

子囊孢子　为子囊菌亚门真菌的有性孢子。子囊孢子在子囊中产生，子囊是无色透明、棒状或卵圆形的囊状结构。每个子囊中一般形成8个子囊孢子，子囊孢子形态差异很大。子囊通常产生在有包被的子囊果内。子囊果通常有4种类型：球状无孔口的闭囊壳，瓶状或球状有真正壳壁和固定孔口的子囊壳，盘状或杯状的子囊盘。

担孢子　为担子菌亚门真菌的有性孢子。通常在担子上产生，1个担子产生4个外生担孢子。如担子菌亚门真菌的有性孢子。

（二）真菌的生活史

真菌从一种孢子萌发开始，经过一定的营养生长和繁殖阶段，最后又产生同一种孢子的过程，称为真菌生活史。真菌的典型生活史包括无性和有性两个阶段。真菌的菌丝体在适宜的条件下生长一定时间后，进行无性繁殖产生无性孢子，无性孢子萌发形成新的菌丝体。菌丝体在植物生长后期或病菌侵染的后期进入有性阶段，产生有性孢子，有性孢子萌发发育成为菌丝体，回到产生下一代无性孢子的无性阶段。

真菌无性阶段产生无性孢子的过程在一个生长季节可以连续循环多次，是病原真菌侵染寄主的主要阶段，对病害的传播和流行起着重要作用。而有性阶段一般只产生一次有性孢子，其作用除了繁衍后代外，主要是度过不良环境，成为翌年病害初侵染的来源。

（三）农艺作物病原真菌的主要类群

真菌的分类目前多采用安思沃斯（Ainsworth，1973）分类系统，将真菌界分为黏菌门和真菌门。真菌门又分为5个亚门：鞭毛菌亚门、接合菌亚门、子囊菌亚门、担子菌亚门和半知菌亚门。

植物病原真菌主要有以下类群：

1. 鞭毛菌亚门

鞭毛菌亚门真菌的营养体是单细胞或者是没有隔膜的菌丝体，无性繁殖产生游动孢子囊，游动孢子囊释放出游动孢子，有性繁殖形成卵孢子。大多数生于水中，少数具有两栖和陆生习性，腐生或寄生。与农艺作物病害关系密切的鞭毛菌主要有腐霉属、疫霉属、白锈属和霜霉属。

（1）腐霉属（*Pythium*）：孢囊梗形态简单，与菌丝无明显区别。孢子囊形态各异，有圆筒形、近球形或姜瓣形，不脱落。多生存于水中或潮湿的土壤中。为害植物的幼根、幼茎基部或果实，引起猝倒（茎腐）、根腐和果腐等症状。如多种农艺作物的幼苗猝倒病。

（2）疫霉属（*Phytophthora*）：孢囊梗具有一定的特殊形态，分枝或不分枝，与菌丝有较明显区别。为害花木的根、茎基部，少数为害地上部的芽、叶，引起根腐、茎腐、芽腐、叶枯等病害。如引起多种农艺作物疫病等。

（3）白锈属（*Albugo*）：孢囊梗发达、粗短，呈棒状、不分枝，在寄主表皮下排成栅栏状。孢子囊串生。如萝卜白锈病等。

（4）霜霉属（*Peronospora*）：孢囊梗发达，二叉状锐角分枝，末端尖锐。为害植物叶片、嫩梢、幼果等，在病斑表面产生白色霜霉层。如葡萄霜霉病、大豆霜霉病等。

2. 接合菌亚门

接合菌亚门的真菌绝大多数为腐生菌，广泛分布于土壤、粪肥，能引起植物贮藏器官如果实、块根、块茎的霉烂。营养体为发达的无隔菌丝体；无性繁殖形成孢子囊，并在其中产生孢囊孢子，有性生殖产生接合孢子。该亚门真菌与农艺作物病害有关系的主要是根霉属。

根霉属（*Rhizopus*）：菌丝发达，有分枝，分布于基物表面和基物内。有匍匐丝和假根。孢囊梗生于假根的上方，二三根丛生，不分枝，顶端产生孢子囊，孢子囊球形，成熟后黑色，破裂后散发出大量孢囊孢子。为害贮藏期间的种实、球根、鳞茎等，引起软腐和霉烂症状。如甘薯软腐病（图3－4）。

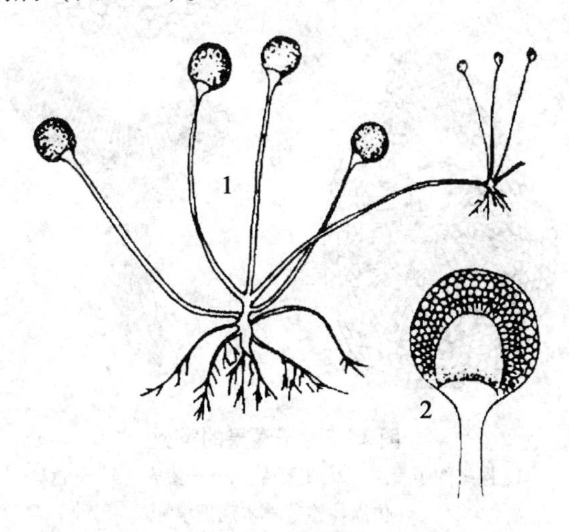

图3－4　根霉

1. 孢囊梗、孢子囊、假根和匍匐枝　2. 放大的孢子囊

（仿卢希平《植物病虫害防治》）

3. 子囊菌亚门

该亚门真菌结构较复杂，形态和生活习性差异很大。除酵母菌为单细胞外，大多数子囊菌有发达的菌丝体。无性繁殖在孢子梗上产生分生孢子，产生分生孢子的子实体有分生孢子器、分生孢子盘、分生孢子束等。有性繁殖产生子囊和子囊孢子，大多数子囊菌的子囊产生在子囊果内，少数是裸生的。常见的子囊果有子囊壳、闭囊壳、子囊腔和子囊盘（图3－5）。

引起农艺作物病害的子囊菌有以下几类：

（1）外囊菌属（*Taphrina*）：不形成子囊果，子囊裸生，平行排列在寄主表面成栅栏状，外囊菌为活养生物，在自然界都是寄生的，通常侵染木本植物的嫩叶、幼果和芽，引起缩叶（病叶肥厚皱缩）、袋果（病果肿大中空）、丛枝等畸形症状。如桃缩叶病、李袋果病、樱桃丛枝病等。

（2）白粉菌属（*Erysiphe*）：营养体和繁殖体大都生在植物体表面，菌丝以吸器伸入寄主细胞内吸取养料，菌丝体无色。无性繁殖发达，产生大量的分生孢子。白粉菌是活体营养生物，主要为害植物的叶片、嫩梢、花器和果实。由于白粉菌的菌丝体、分生孢子梗和分生孢子在寄主植物表面形成一层白色粉状物，故称为白粉病。如禾本科植物白粉病等（图3－6）。

（3）小煤炱菌属（*Meliola*）：小煤炱菌的性状与白粉菌相似，如菌体寄生在植物体表面，子囊果为闭囊壳。不同点是菌丝体暗色或黑色，未发现无性阶段。主要为害植物叶

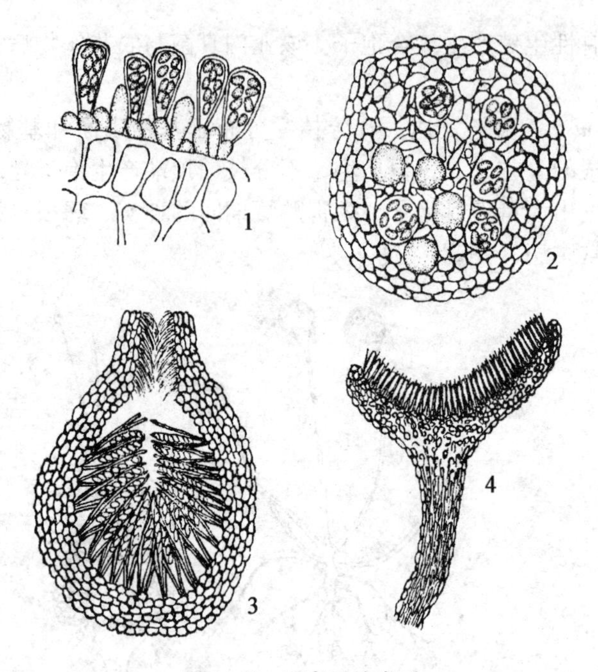

图3－5　子囊果的类型

1. 裸露的子囊层　2. 闭囊壳　3. 子囊壳　4. 子囊盘

（仿周仲铭《林木病理学》）

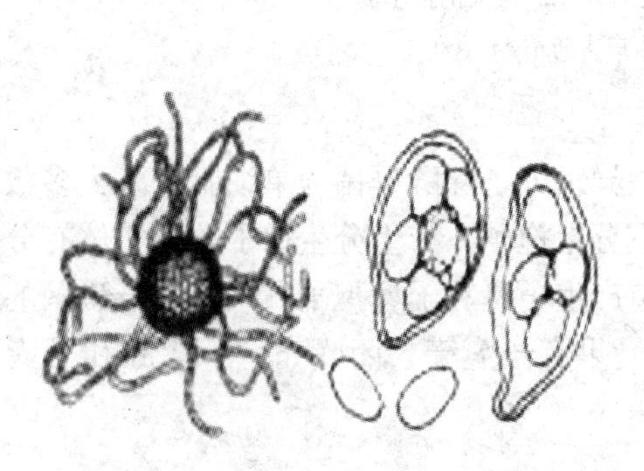

图3－6　白粉属

闭囊壳、子囊和子囊孢子

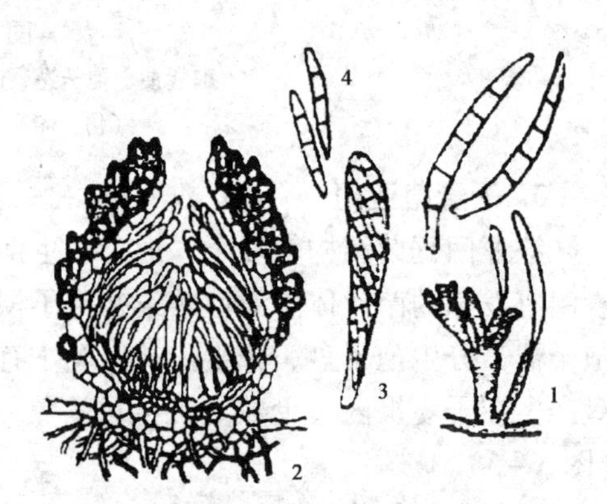

图3－7　赤霉属

1. 分生孢子　2. 子囊壳　3. 子囊

片，引起多种植物的煤污病，如山茶花煤污病、柑橘煤污病等。

（4）赤霉属（*Gibberella*）：子囊壳单生或群生于子座上，子囊壳壁蓝色或紫色；子囊孢子有2~3个隔膜，梭形，无色，引起大、小麦及玉米等多种禾本科植物赤霉病（图3－7）。

（5）黑腐皮壳属（*Valsa*）：子囊壳埋生子座基部，有长颈伸出子座；子囊孢子香肠形，单细胞，苹果黑腐皮壳（*V. mali*）引起苹果树腐烂病（图3－8）。

（6）黑星菌属（*Venturia*）：假囊壳大多在病残余组织的表皮层下形成，周围有黑色、多隔的刚毛，长圆形的子囊平行排列，成熟时伸长；子囊孢子椭圆形，双细胞大小不等。引起梨黑星病（*V. pyrina*）（图3－9）。

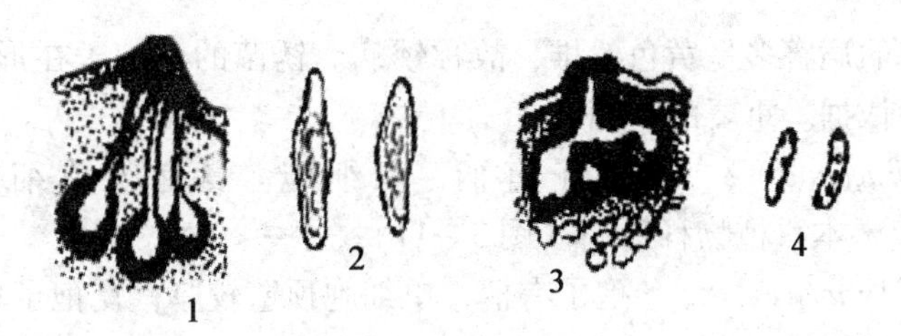

图3-8　黑腐皮壳属

1. 子囊壳　2. 子囊　3. 分生孢子器　4. 分生孢子

（7）核盘菌属（*Sclerotinia*）：具有长柄的子囊盘产生在菌核上；子囊孢子椭圆形或纺锤形，单细胞，无色，引起多种植物菌核病（图3-10）。

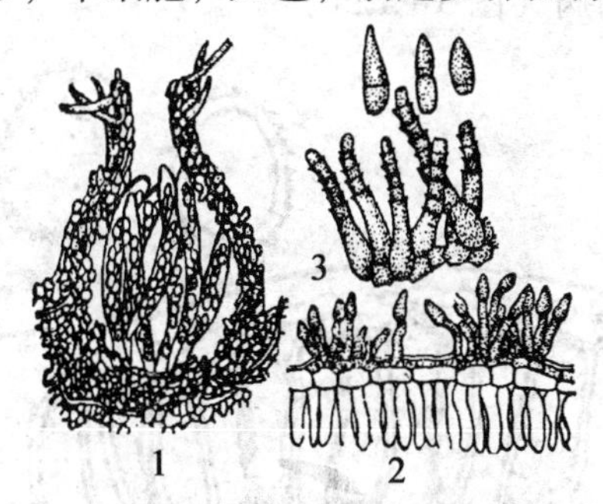

图3-9　黑星菌属

1. 子囊壳和子囊　2、3. 分生孢子

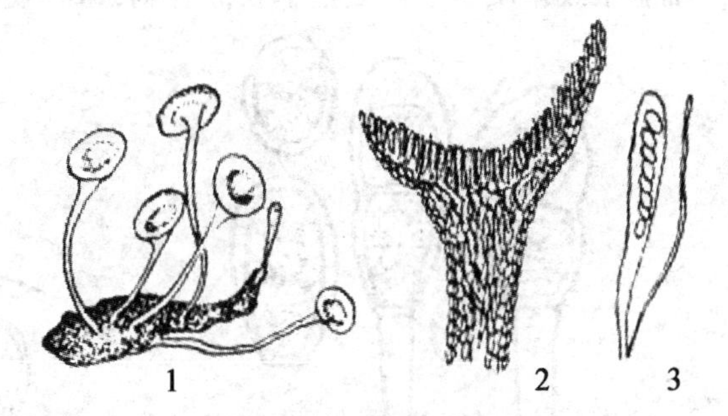

图3-10　核盘菌属

1. 菌核　2. 子囊盘　3. 子囊及侧丝

4. 担子菌亚门

担子菌亚门是最高等的真菌，营养体为发达的有隔菌丝体。菌丝体发育有两个阶段，由担孢子萌发产生的单核菌丝，称为初生菌丝。性别不同的初生菌丝结合，形成双核的次生菌丝。双核菌丝体可以形成菌核、菌索和担子果等机构。无性繁殖一般不发达。引起植物病害的主要担子菌有以下几类。

（1）锈菌类：锈菌是活体营养生物。典型的锈菌要经过5个发育阶段，并相应产生5种孢子类型，除担孢子外，还有单核的性孢子和双核的锈孢子、夏孢子、冬孢子。这5种孢子产生的先后时间顺序是：性孢子、锈孢子、夏孢子、冬孢子、担孢子。锈菌生活史的5个发育阶段分别用0、Ⅰ、Ⅱ、Ⅲ、Ⅳ表示（表3-2）。

表3-2　典型的锈菌有5个发育阶段和5种孢子类型

发育阶段	产孢结构	孢子
0单核	性孢子器	性孢子
Ⅰ双核	锈孢子器	锈孢子
Ⅱ双核	夏孢子堆	夏孢子
Ⅲ双核二倍体	冬孢子堆	冬孢子
Ⅳ单核	担子	担孢子

锈菌有单主寄生和转主寄生，如红花锈菌、亚麻锈菌为单主寄生，如海棠锈病菌为转

主寄生。锈菌引起的病害多呈黄色粉堆，故称锈病。锈菌的冬孢子在形态上变化都很大，是锈菌分类的主要依据。重要的锈菌有：

柄锈菌属（*Puccinia*） 冬孢子有柄，双细胞，夏孢子单细胞，如禾柄锈菌（*P. graminis*）引起禾本科植物秆锈病（图3－11）。

单胞锈菌属（*Uromyces*） 冬孢子有柄，单细胞顶壁较厚；夏孢子单细胞，有刺或瘤状突起。瘤顶单胞锈菌（*U. appendiculatus*）引起菜豆锈病。

多胞锈菌属（*Phragmidium*） 冬孢子三至多细胞，壁厚，表面光滑或有瘤状突起，柄的基部膨大，玫瑰多胞锈菌（*P. rosae-multiflorae*）引起玫瑰锈病。

栅锈菌属（*Melampsora*） 冬孢子单细胞，无柄排列成整齐的一层，着生于寄生表皮细胞下或角质层下。夏孢子表面有刺，如引起亚麻锈病（图3－12）。

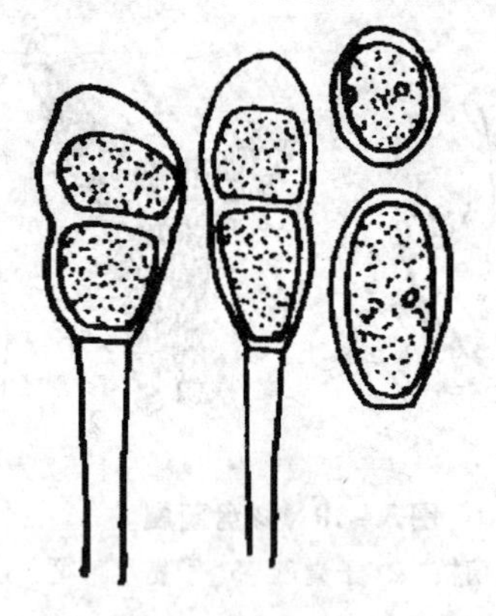

图3－11 柄锈菌属

冬孢子和夏孢子

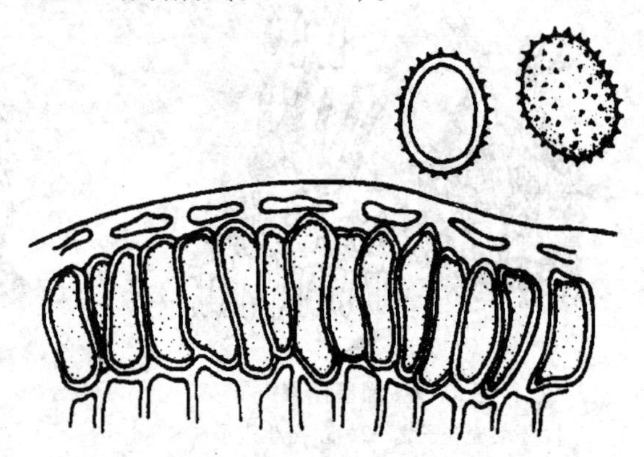

图3－12 栅锈菌属

冬孢子堆和夏孢子

（2）黑粉菌类：黑粉菌因形成大量黑色的粉状冬孢子而得名，由黑粉菌引起的植物病害叫黑粉病。冬孢子圆球形，萌发形成担子和担孢子。常见的黑粉菌有：

黑粉菌属（*Ustilago*） 孢子堆外面没有膜包围，冬孢子散生，冬孢子表面光滑或有纹饰，萌发时产生有横隔的担子；担子侧生担孢子，有的萌发直接产生芽管（图3－13）。如小麦散黑粉菌（*U. tritici*）引起小麦散黑穗病。

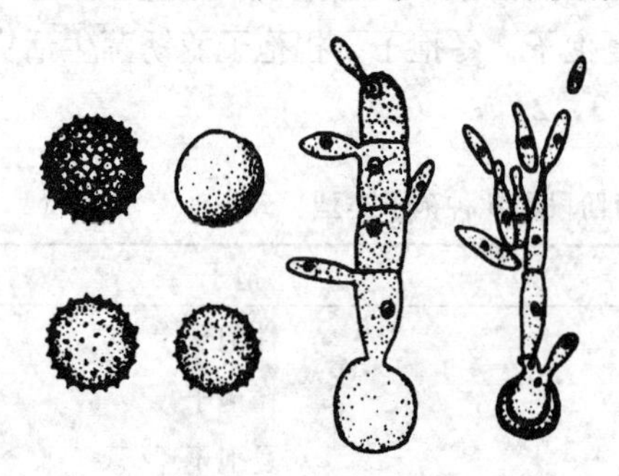

图3－13 黑粉菌属

冬孢子和冬孢子萌发

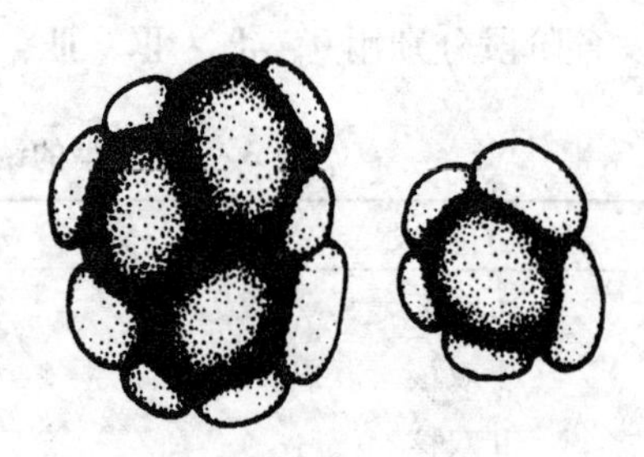

图3－14 条黑粉菌属

冬孢子与不孕细胞结合的孢子球

条黑粉菌属（*Urocystis*） 冬孢子结合成外有不孕细胞的孢子球，冬孢子褐色，不孕细胞无色（图3－14），如小麦条黑粉菌（*U. tritici*）引起小麦秆黑粉病。

腥黑粉菌属（*Tilletia*）　孢子堆大都产生在植物的子房内，常有腥味，冬孢子萌发产生无隔膜的先菌丝，顶端产生"H"的担孢子，如小麦网腥黑粉菌（*T. caries*）、小麦光腥黑粉。

5. 半知菌亚门

半知菌亚门真菌菌丝发达，有隔膜，无性繁殖产生分生孢子。多数种类有性阶段尚未发现，少数发现有性阶段大多属子囊菌，部分为担子菌。着生分生孢子的结构类型多样，有些种类分生孢子梗散生或呈束状，或着生在分生孢子座上。有些种类形成孢子果，分生孢子梗和分生孢子着生在近球形、具孔口的分生孢子器中，或盘状的分生孢子盘上。按分生孢子梗着生的形式，其无性繁殖的子实体分为4类：即孢梗束、分生孢子座、分生孢子器和分生孢子盘。

与植物病害有关的半知菌有：

（1）梨孢属（*Pyricularia*）：分生孢子梗无色，细长，不分枝，呈曲膝状；分生孢子梨形至椭圆形，2~3个细胞（图3－15），如稻梨孢（*P. oryzae*）引起稻瘟病。

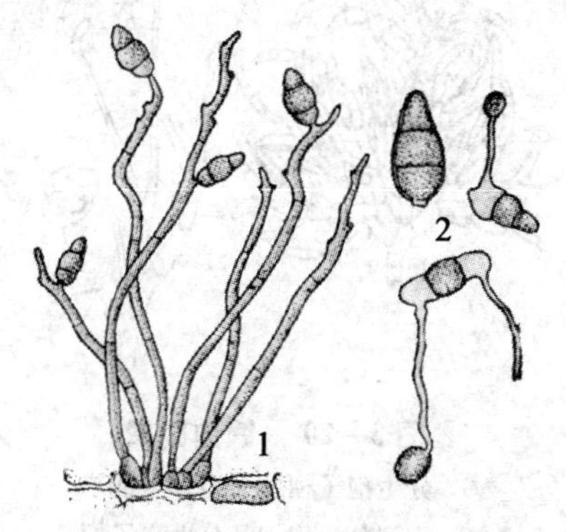

图3－15　梨孢属

分生孢子梗和分生孢子

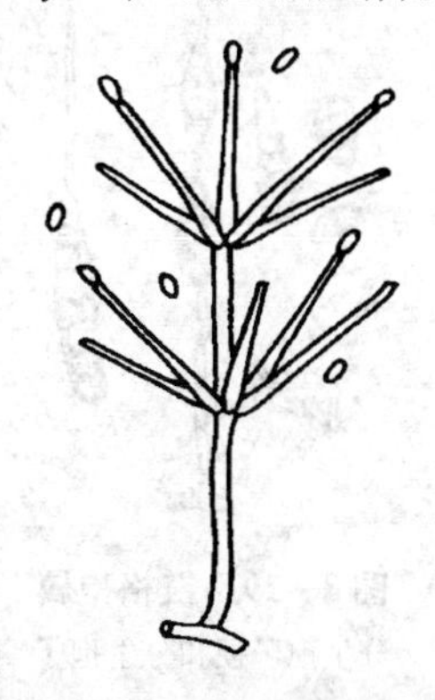

图3－16　轮枝孢属

分生孢子座和分生孢子

（2）轮枝孢属（*Verticillium*）：分生孢子梗轮状分枝，产孢细胞基部略膨大，分生孢子单细胞，卵圆形至椭圆形，单生或聚生（图3－16），如大丽轮枝孢菌（*V. dahliae*）、黑白轮枝孢菌（*V. albo-atrum*）引起棉花黄萎病。

（3）葡萄孢属（*Botrytis*）：分生孢子梗顶端细胞膨大呈球形，上面有许多小梗，分生孢子单胞无色椭圆形，着生于小梗上聚成葡萄穗状。常产生不规则形的小菌核，黑色（图3－17），如灰葡萄孢（*B. cinerea*）引起多种植物灰霉病。

（4）尾孢属（*Cercospora*）：曲膝状的分生孢子梗常生于小型子座上，分生孢子多细胞，线形、鞭形至蠕虫形（图3－18），如花生尾孢（*C. arachidicola*）引起花生褐斑病。

（5）链格孢属（*Alternaria*）：分生孢子有纵横隔膜（图3－19），如大孢链格孢（*A. macrospora*）引起棉花轮纹斑病。

（6）平脐蠕孢属（*Bipolaris*）：分生孢子通常呈长梭形，直或弯曲，深褐色；脐点略突起，基部平截，如玉蜀黍平脐蠕孢（*B. maydis*）引起玉米小斑病。

（7）突脐蠕孢属（*Exserohilum*）：分生孢子梭形至圆筒形或倒棍棒形，直或弯曲，深褐色。脐点强烈突出，如大斑突脐蠕孢（*E. turcicum*）引起玉米大斑病。

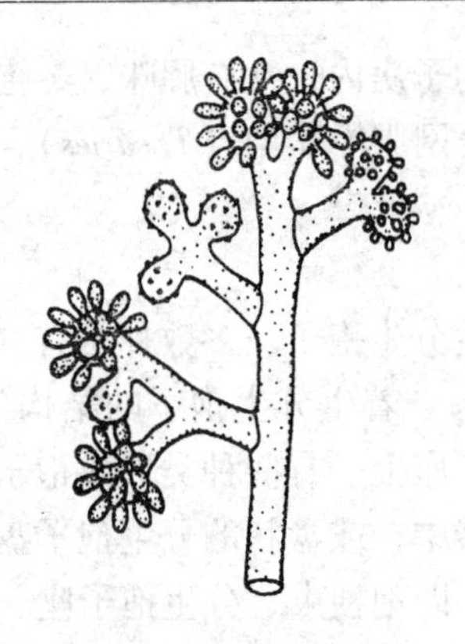

图 3-17　葡萄孢属
分生孢子梗和分生孢子

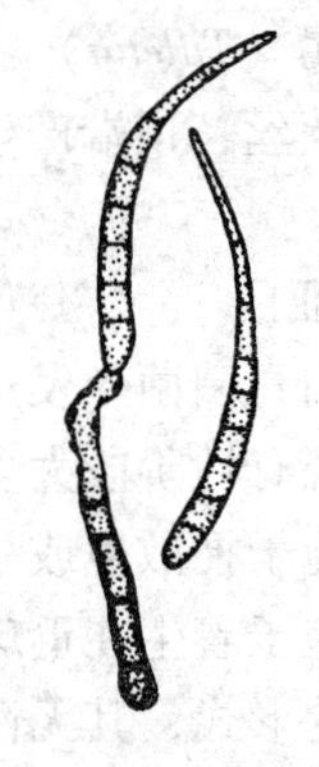

图 3-18　尾孢属
分生孢子梗和分生孢子

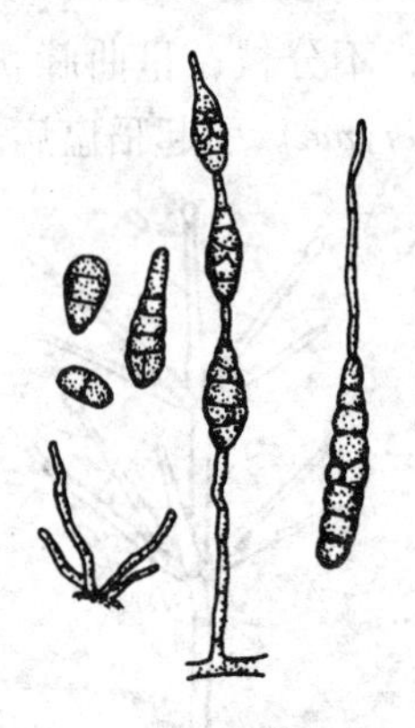

图 3-19　链格孢属
分生孢子梗和分生孢子

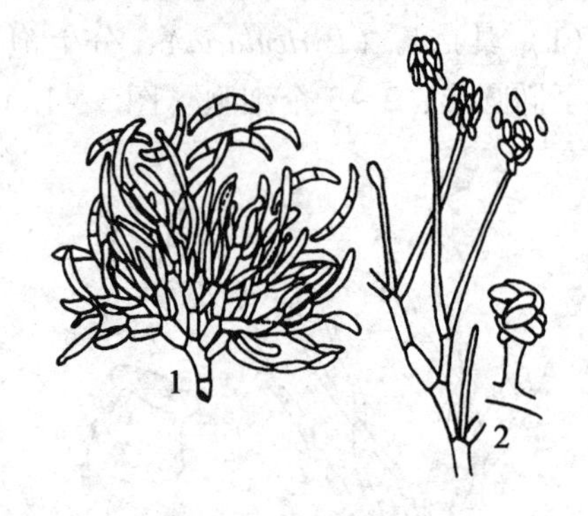

图 3-20　镰孢菌属
1. 分生孢子梗及大型分生孢子
2. 小型分生孢子及分生孢子梗

（8）镰孢菌属（*Fusarium*）：分生孢子梗聚集形成垫状的分生孢子座。大型分生孢子镰刀形，两端尖，稍弯，细长，多细胞。小型分生孢子卵圆形，单胞。聚生形成粉红色（图 3-20），如禾谷链孢菌（*F. graminearum*）引起麦类赤霉病。

（9）叶点霉属（*Phyllosticta*）：分生孢子器黑色，扁球形至球形，有孔口。分生孢子梗极短，分生孢子极小，卵形或椭圆形，单细胞，无色（图 3-21），如棉小叶点霉（*P. gossypina*）引起棉花褐斑病。

图 3-21　叶点霉属
分生孢子器及分生孢子

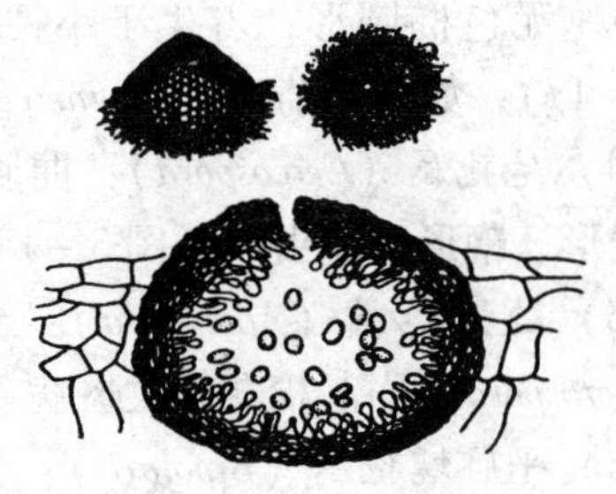

图 3-22　茎点霉属
分生孢子器及分生孢子

（10）茎点霉属（*Phoma*）：分生孢子器有明显的孔口，分生孢子梗极短，分生孢子单细胞，很小，卵形至椭圆形（图3－22），如甜菜茎点霉（*P. betae*）引起甜菜蛇眼病。

（11）壳针孢属（*Septoria*）：分生孢子器内分生孢子多细胞，细长筒形、针形或线形，直或微弯，无色（图3－23），如颖枯壳针孢（*S. nodorum*）引起小麦颖枯病。

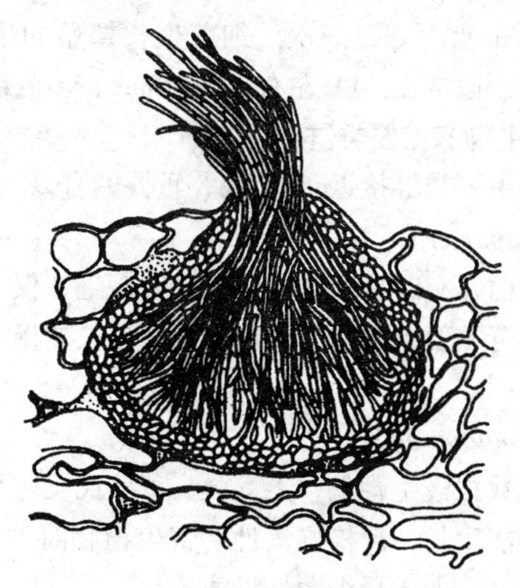

图3－23　壳针孢属

分生孢子器和分生孢子

（12）丝核菌属（*Rhizoctonia*）：菌核褐色或黑色，形状不一，表面粗糙，菌核外表和内部的颜色相似。菌丝多为直角分枝，褐色，在分枝处有缢缩（图3－24），如立枯丝核菌（*R. solani*）引起多种植物立枯病。

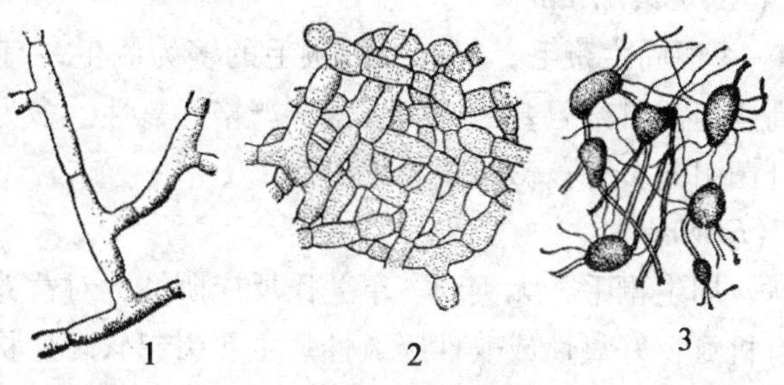

图3－24　丝核菌属

1. 直角状分枝的菌丝　2. 菌核纠结的菌组织　3. 菌核

二、植物病原原核生物（植物细菌）

（一）植物病原原核生物（植物细菌）的一般性状

原核生物是无真正的细胞核（仅有核质而无核膜）的单细胞生物，不含叶绿素，不能自己制造养料，必需从有机物或动物、植物体上吸取养料来维持其生命活动，属异养生物。原核生物的成员很多，主要有两种可引起植物病害，一种是结构上具有细胞膜和细胞壁的细菌，另一种是无细胞壁，仅有细胞质膜包围的菌原体。细菌很小，其基本形态可分为球状、杆状和螺旋状3种。植物病原细菌全部都是杆状菌，大小为（1～3）μm×

(0.5～0.8) μm。绝大多数植物病原细菌从细胞膜长出细长的鞭毛，伸出细胞壁外，是细菌运动的工具。鞭毛通常为3～7根。

细菌的繁殖方式很简单，一般是裂殖，细菌繁殖的速度很快，在适宜条件下1h分裂一至数次，有的只要20min就能分裂一次。细菌生长繁殖的最适温度一般为26～30℃，能耐低温，对高温较敏感，通常在50℃左右处理10min，多数细菌死亡。

（二）植物病原原核生物的主要类群

植物病原原核生物的主要类群接近20个属，重要的有以下6个属：

1. 棒形杆菌属（*Clavibacter*）

菌体杆状，直或稍弯曲，有时呈棒状。一般没有鞭毛，仅个别种有极生单鞭毛，无荚膜。革兰氏反应阳性，对营养要求严格，在培养基上生长较慢。寄生于植物时主要造成萎蔫症状，如马铃薯环腐病菌。

2. 假单胞杆菌属（*Pseudomonas*）

菌体单生，杆状，具数根极生鞭毛，无荚膜。革兰氏反应阴性，对营养要求不高，供给简单的有机碳源一般都能生长，严格好氧性。寄生植物时主要引起植物叶枯或叶斑病，个别引起萎蔫、腐烂和肿瘤。如大豆细菌性疫病菌。

3. 黄单胞杆菌属（*Xanthomonas*）

菌体单生、杆状，仅有一根极生鞭毛，无荚膜。革兰氏反应阴性，对营养要求不高，供给有机碳源及无机盐均能生长良好，严格好氧性。寄生植物后引起叶斑和叶枯症状，少数引起萎蔫和腐烂，如水稻白叶枯病菌。

4. 土壤杆菌属（*Agrobacterium*）

菌体杆状，具1～4根周生鞭毛，仅有一根鞭毛的多为侧生，有荚膜。革兰氏反应阴性，对营养要求不高，但需供给氨基酸或生长素，严格好氧性。多为植物病原细菌，引起肿瘤，如根癌土壤杆菌引起多种蔷薇科植物根癌病。

5. 欧氏杆菌属（*Erwinia*）

菌体单生、杆状，周生鞭毛，无荚膜。革兰氏反应阴性，对营养要求严格，需要特殊的生长物质或供给有机氮，好氧性或兼性厌氧性。主要引起软腐症状，如胡萝卜欧氏菌能侵染十字花科、禾本科、茄科等20多科的数百种果树蔬菜和大田作物，引起软腐病。

6. 植原体属（*Phytoplasma*）

无细胞壁，菌体的基本形态为圆球形或椭圆形，也可变为杆状、哑铃形或丝状，80～1 000nm。目前，有300多种植物能被植原体引起病害，如枣疯病、泡桐丛枝病、水稻黄萎病等。

三、植物病原病毒

农艺作物病毒是仅次于真菌的重要病原物，由病毒引起的植物病害称为病毒病。感染病毒病后，轻者影响品质，重则影响产量，品种逐年退化，甚至毁种。已对农艺作物生产构成潜在的威胁。病毒是一类结构简单，非细胞结构的专性寄生物。寄生植物的称为植物病毒，寄生动物的称为动物病毒，寄生细菌的称为噬菌体。

（一）植物病毒的一般性状

形态完整的病毒个体称作病毒粒体，高等植物病毒粒体主要为杆状、线状和球状等。植物病毒多为线状和杆状（烟草花叶病毒），少数为球状。病毒个体很小，用纳米来度量，病毒大小差异悬殊，直径在10～300nm之间，大多在100nm左右。

植物病毒粒体由核酸和蛋白质衣壳构成。核酸是病毒的遗传物质，主导病毒的感染、增殖、遗传和变异。蛋白质衣壳具有保护核酸免受核酸酶和紫外线破坏的作用。病毒通过复制增殖的方式进行繁殖。

植物病毒在活体外表现的一些生物学特性，具有一定的稳定性，是病毒分类和鉴定的依据之一。

稀释限点（Dilution End Point，DEP）　病毒汁液保持侵染力的稀释限度。它反映了病毒的体外稳定性和侵染能力。

钝化温度（Thermal lnactivation Point，TIP）　将病组织汁液在不同温度下处理10min，使病毒失去侵染力的最低处理温度，用摄氏温度表示。TIP最低的病毒是番茄斑萎病毒，只有45℃；最高的是烟草花叶病毒，为97℃；而大多数植物病毒在55～70℃之间。

体外存活期（Longevity in vitro，LIV）　在室温（20～22℃）下，病毒抽提液保持侵染力的最长时间。大多数病毒的存活期在数天到数月。

（二）植物病毒的传播与侵染

植物病毒是严格的细胞内专性寄生物，既不能主动离开寄主植物活细胞，也不能主动侵入寄主细胞或从植物的自然孔口侵入，除花粉传染的病毒外，植物病毒只能依靠介体或非介体传播，从传毒介体或机械所造成的、不足以使细胞死亡的轻微伤口侵入。植物病毒的传播方式有以下几种：

1. 昆虫和螨类介体传播

大多数植物病毒是通过昆虫传播的，主要是刺吸式口器的昆虫，如蚜虫、叶蝉和飞虱等。少数咀嚼式口器的甲虫、蝗虫也可传播病毒，有些螨类也是病毒的传播媒介。

2. 线虫和真菌传播

线虫和真菌传播过去称为土壤传播，现已明确了烟草花叶病毒可在土壤存活较久外，土壤本身并不传毒，主要是土壤中的某些线虫或真菌传播病毒。

3. 种子和其他繁殖材料传播

大多数植物病毒是不通过种子传播的，只有豆科、葫芦科和菊科等植物上的某些病毒可以通过种子传播。有些植物种子是由于带有病株残体或病毒的颗粒而传播。感染病毒的块茎、块根、插条、砧木和接穗等无性材料都可以传播病毒。极少数植物病毒可通过病株花粉的授粉过程将病毒传播给健株。

4. 嫁接传播

所有植物病毒凡是寄主可以进行嫁接的均可通过嫁接传播。

5. 汁液传播（机械传播）

是病毒通过机械造成的轻微伤口进入健株体内的传播方式。人工移苗、整枝、修剪、打杈等农事操作过程中，手和工具沾染了病毒汁液可以传播病毒；大风使健株与邻近病株相互摩擦，造成微小的伤口，病毒随着汁液进入健株。

病毒通过各种方式侵入寄主植物体后，在植物体内分布因病毒种类和寄主植物不同而不同，一般旺盛生长的茎尖、根尖分生组织中很少含有病毒。利用病毒在植物体内分布的这个特点将茎端进行组织培养，可以得到无病毒的植株。

（三）重要植物病毒及其所致病害

1. 烟草花叶病毒（TMV）

（1）粒体形状：杆状，18nm×300nm。

（2）体存活期：一般在几个月以上，在干燥的叶片中可以存活50多年。

（3）钝化温度：90℃左右。

（4）稀释限点：10^{-7}～10^{-4}。

（5）症状：幼苗被侵染后，新叶的叶脉颜色变浅，呈半透明的“明脉症”，而后形成黄绿相间的花叶症；苗期侵染的植株发育缓慢，几乎没有经济价值。大田期植株发病病叶上还会形成疱斑，厚薄不匀；叶片也会出现各种畸形，如叶缘反卷、皱缩扭曲，叶缘缺刻或成带状。

（6）传播途径：汁液接触传播，在农事操作中沾染了病株汁液的手或工具通过接触烟苗的微伤口侵入。混有病株残体的肥料、种子、土壤和带病的其他寄主植物及野生植物，甚至烤过的烟叶飞烟末都可以成为病害的初侵染来源。

2. 黄瓜花叶病毒（CMV）

（1）粒体形状：球状，直径28nm，为三分体病毒。

（2）体存活期：1～10d。

（3）钝化温度：55～70℃。

（4）稀释限点：10^{-6}～10^{-3}。

（5）症状：花叶症状是最基本的特征，在番茄等植物上表现蕨叶畸形也十分常见。

（6）传播途径：蚜虫，少数种类也可通过种子传播。

3. 马铃薯Y病毒（PVY）

（1）粒体形状：线状，长750nm，直径为11～15nm。

（2）体存活期：2～4d。

（3）钝化温度：50～65℃。

（4）稀释限点：10^{-6}～10^{-2}。

（5）症状：侵染马铃薯后，引起下部叶片轻花叶，上部叶片变小，脉间褪绿花叶，叶片皱缩下卷，叶背部叶脉上出现少量条斑。侵染番茄后引起叶片花叶、皱缩，茎和叶柄、叶脉上出现大小不等的坏死条斑。在烟草上，侵染造成明脉、斑驳，随后脉间颜色变淡，叶脉两侧的颜色加深，形成脉带，以叶片基部症状更为明显，并伴有卷叶现象；坏死株系侵染后，则引起叶脉变褐、坏死，形成闪电状坏死症状。分别引起皱缩花叶、坏死条斑和脉带花叶等症状。该病毒主要侵染茄科作物如马铃薯、番茄、烟草等。

（6）传播途径：主要以蚜虫进行非持久性传播，绝大多数可以通过机械传播，个别可以种传。

四、植物病原线虫

线虫是一类低等动物，属于线形动物门，线虫纲。在自然界分布广，种类多。一部分可寄生在植物上引起植物线虫病害。同时，线虫还能传播其他病原物，如真菌、病毒、细菌等，加剧病害的严重程度。此外，还有利用线虫捕食真菌、细菌的。

（一）线虫的一般性状

线虫体呈圆筒状、细长，两端稍尖，形如线状，多为乳白色或无色透明。植物线虫大多虫体细小，需要用显微镜观察。线虫体长一般为0.5～2mm，宽约0.03～0.05mm。雌雄同型线虫的雌成虫和雄成虫都是线形，雌雄异型线虫的雌成虫为柠檬形或梨形，但它们在幼虫阶段都是线状的。

植物线虫的生活史包括卵、幼虫、成虫3个阶段。幼虫有4个龄期，2龄幼虫从卵内孵出，开始侵染寄主。适宜条件下，多数线虫1年可以完成多代，少数线虫1年1代。

植物病原线虫多以幼虫或卵在土壤、田间病株、带病种子（虫瘿）和无性繁殖材料、病残体等场所越冬，在寒冷和干燥条件下，还可以休眠或滞育的方式长期存活。低温干燥条件下，多数线虫的存活期更长。

（二）植物线虫的侵染与致病

植物寄生线虫都是专性寄生的，只能在活体组织或细胞内取食和繁殖，个别种类能寄生真菌。线虫寄生植物的方式有外寄生和内寄生。外寄生是虫体大部分留在植物体外，仅以头部穿刺到寄主的细胞和组织内吸食，类似蚜虫吸食方式。内寄生是虫体进入组织内吸食，有的固定在一处寄生，但多数在寄生过程中是移动的。

线虫靠口针刺入寄主细胞吸食营养，在取食过程中，线虫除分泌唾液外，有时还分泌毒素或激素类物质，对植物生长和发育造成影响：刺激寄主细胞增大，形成巨型细胞；刺激细胞分裂，使寄主组织形成瘤肿和根部的恶性分枝；抑制根茎顶端分生组织细胞的分裂，导致植株矮化；溶解中胶层，使植物组织细胞离析，造成植物组织溃烂坏死。

线虫所造成的伤口常是某些病原菌的侵入途径，对植物造成更大伤害，线虫还可能传播病毒病。

（三）植物病原线虫的主要类群

1. 异皮线虫属（*Heterodera*）

为植物根和块根的寄生线虫。雌雄异型。雄虫细长蠕虫形，透明而柔软。雌虫2龄以后逐渐膨大呈梨形、柠檬形或球形，金黄色、黑褐色，坚硬而不透明。卵一般不排出体外，整个雌虫变成一个卵袋，称为胞囊。本属线虫主要在根部皮层组织内为害，破坏寄主的生长发育，但被害部分不形成根结。至生长后期，胞囊自病株根部脱落，留在土壤中越冬，如大豆胞囊线虫（*H. glycines*）。

2. 根结线虫属（*Meloidogyne*）

主要寄生于植物根系内部，并形成根结。雌雄异型。雌成虫梨形或球形，卵产在尾端分泌的胶质卵囊内，成熟雌虫形成胞囊。卵在卵囊或根结内的雌虫体中可以抵抗不良环境，并成为第二年的侵染来源。根结线虫能引起多种植物病害，如花生根结线虫（*M. arenaria*）引起花生根结线虫病等。

3. 粒线虫属（*Anguina*）

多数寄生于禾本科植物的地上部，在茎叶上形成瘿瘤，或使子房转变成虫瘿。雌雄虫体均为圆筒形，但雌虫粗状，头部稍钝，尾端尖锐，虫体向腹面卷曲。雄虫交合刺成对，交合伞几乎包围尾端，如小麦粒线虫（*A. tritici*）。

4. 茎线虫属（*Ditylenchus*）

在植物地上部分或块茎、鳞茎上寄生，有时也能侵染根部，为害症状组织坏死。雌雄虫均呈线形。吻针稍短，具有明显的基部球。尾部长圆锥形，末端渐细，侧线4条。如马铃薯茎线虫（*D. destructor*）引起甘薯茎线虫病。

5. 滑刃线虫属（*Aphelenchides*）

主要寄生在植物地上部，属于外寄生线虫类型。雌雄成虫均为线形，一般不超过1mm。吻针细小，基部明显，滑刃型食道。如贝西滑刃线虫（*A. besseyi*）引起水稻干尖线虫病。

五、寄生性种子植物

（一）寄生性种子植物的寄生性

一些由于缺乏叶绿素或根系，叶片退化，必须寄生在其他植物上以获得营养物质的植物，称为寄生性植物。大多数寄生性植物可以开花结籽，因此，又称为寄生性种子植物。

根据寄生性种子植物对寄主植物的依赖程度，可将其分为全寄生和半寄生两类。

全寄生：寄生植物吸根中的导管和筛管分别与寄主植物的导管和筛管相连，从寄主植物夺取所需要的所有生活物质的寄生方式称为全寄生，例如列当和菟丝子，它们的叶片退化，叶绿素消失，根系也退变成吸根。

半寄生：槲寄生和桑寄生等植物的茎叶内有叶绿素，自已能制造碳水化合物，但根系退化，以吸根的导管与寄主维管束的导管相连，吸取寄主植物的水分和无机盐，寄生物对寄主的寄生关系主要是水分的依赖关系，这种寄生方式称为半寄生。

寄生性种子植物对寄主植物的致病作用主要表现为对营养物质的争夺。一般来说，全寄生的比半寄生的致病力要强，如菟丝子和列当主要寄生在一年生草本植物上，可引起寄主植物黄化和生长衰弱，严重时造成大片死亡，对产量影响很大。而半寄生的如槲寄生和桑寄生等则主要寄生在多年生的木本植物上，寄生初期对寄主无明显影响，当群体较大时会造成寄主生长不良和早衰，发病速度较慢。除了争夺营养外，还能将病毒从病株传到健株上。

（二）常见的寄生性种子植物

1. 菟丝子

是菟丝子科菟丝子属（*Cuscuta*）植物的总称，约有170种，其中以中国菟丝子（*C. chinensis*）和日本菟丝子（*C. japonicus*）最常见。中国菟丝子主要为害草本植物，日本菟丝子主要为害木本植物。

菟丝子种子成熟后落入土中或混杂于寄主植物种子内越冬。第二年当寄主植物生长后，种子开始萌发，菟丝子幼茎在空中来回旋转，遇到适当的寄主就缠绕在上面，在接触处形成吸盘伸入寄主。吸盘进入寄主组织后，部分组织分化为导管和筛管，分别与寄主的导管和筛管相连，吸收养分和水分。当寄生关系建立以后，菟丝子下部的茎逐渐萎蔫与土壤分离，靠上部的茎不断缠绕寄主，并向四周蔓延扩展为害。

2. 列当

是列当科列当属（*Orobanche*）植物的总称。分布于新疆、甘肃、内蒙古、河北、吉林等地，在我国主要有埃及列当和向日葵列当两种。列当是一年生根寄生草本植物，种子萌发时形成线状幼芽，侵入寄主根部，吸取水分和养料。如向日葵列当。

寄生性种子植物的防除可采用加强检疫、人工拔除、与非寄主轮作、种植诱发植物、施用除草剂等措施。

第四节　植物侵染性病害的发生和发展

一、病原物的寄生性和致病性

（一）病原物的寄生性

寄生性指病原物从寄主体内获得营养的能力。根据寄生性强弱，将病原物分为以下几类：

1. 活体营养生物

在自然条件下只能从活的寄主细胞和组织中获得营养，也称专性寄生物。植物病原物中，所有植物病毒、类菌原体、寄生性种子植物，大部分植物病原线虫、霜霉菌、白粉菌和锈菌等都是专性寄生物。

2. 半活体营养生物

这类病原物同活养生物一样，侵染活组织，并在其中吸收营养，但组织死亡后，还能继续发展和形成孢子。大多数真菌和叶斑性病原细菌属于这一类。

3. 死体营养生物

在侵入寄主活组织以前先将细胞杀死，然后侵入并从中获得营养物质，进行腐生生活的生物。如立枯丝核菌和胡萝卜软腐欧氏菌。

（二）病原物的致病性

健康植物的细胞和组织进行着正常有序的代谢活动。病原物侵入后，寄主植物细胞的正常生理功能遭到破坏。病原生物对植物的影响，除了夺取寄主的营养物质和水分外，还对植物施加机械压力以及产生对寄主的正常生理活动有害的代谢产物如酶、毒素和生长调节物质等。

致病性是病原物所具有的破坏寄主组织和引起病害的能力。病原物的致病性，只是决定植物病害严重性的一个因素，病害发生的严重程度还与病原物的发育速度、传染效率等因素有关。在一定条件下，致病性较弱的病原物也可能引起严重的病害，如霜霉菌的致病性较弱，但引起的霜霉病是多种作物的重要病害。

二、寄主植物的抗病性

（一）植物的抗病性类型

植物对病原物侵染及所造成损害的抵抗能力称为抗病性。不同植物的抗病性有差异，按照抗病能力的大小，抗病性被分为以下几种类型：

1. 免疫

在适合发病的条件下，寄主植物不被病原物为害，不表现可见症状的现象。

2. 抗病

寄主植物对病原物的反应表现发病轻微，发病极轻称为高抗，中等程度感染和受害称为中抗。

3. 耐病

植物可忍耐病原物侵染，虽然表现发病较重，但对植物的产量和品质没有明显影响。

4. 感病

寄主植物发病严重，对产量和品质影响显著。

5. 避病

寄主植物本身是感病的，但由于形态、物候或其他方面的特性而避免了发病。

（二）植物的抗病性机制

植物的抗病性有先天具有的抗病性，即被动抗病性，也有病原物侵染后触发的抗病性即主动抗病性。

1. 物理的被动抗病性

植物天生具有的物理结构方面表现的抗病性，例如植物表皮细胞上的蜡质和角质的数量、表皮细胞壁的结构、气孔和皮孔的形状、大小等，都与物理被动抗病性有关。

2. 化学的被动抗病性

植物天生固有的在生理生化方面表现出来的抗病性，如植物体表的分泌物，有的对病原物有直接毒害作用；植物体内的酶抑制剂、抗菌物质等都对病原物有影响。

3. 物理的主动抗病性

植物被病原物侵染后，从组织结构、细胞结构等方面表现出来的抗病性。如植物细胞壁下乳突的形成、木栓层、离层的形成等都是物理主动抗病性的反映。

4. 化学的主动抗病性

植物受病原物侵染后，在生理生化方面表现出来的抗病性。如植物保卫素的形成、过敏性反应、解毒酶等都是植物表现出来的化学主动抗病性。

三、植物病害的侵染过程

植物侵染性病害发生的过程，简称病程。即从病原物同寄主接触开始，到寄主呈现症状的整个过程。侵染过程包括接触、侵入、潜育和发病 4 个时期。

（一）接触期

从病原物与寄主接触到开始萌发为止称接触期。病毒、类菌质体和类病毒的接触和侵入是同时完成的，细菌从接触到侵入几乎是同时完成，真菌接触期的长短不一，从孢子接触到萌发侵入，在适宜的环境条件下，一般几小时就可以完成。接触期，病原物依靠气流、雨水或人为等方式，被带到与寄主接触的部位。

（二）侵入期

病原物从侵入到与寄主建立稳定的寄生关系为止称侵入期。植物的病原物除极少数是体外寄生外，绝大多数都是体内寄生物。病原物顺利地完成接触期，并通过一定的途径侵入到寄主植物体内。

1. 侵入途径

真菌可通过3种方式侵入：伤口、自然孔口和直接。细菌只能从自然孔口和伤口侵入；病毒是一类活体营养生物，只能从寄主植物的轻微伤口侵入；植物线虫可直接侵入，也可从伤口和裂口侵入；寄生性种子植物的桑寄生、槲寄生和菟丝子都是直接侵入寄主的。

2. 影响侵入的环境条件

温度和湿度影响侵入的主要环境条件，它们既影响病原物同时也影响寄主植物。湿度对真菌和细菌等病原物的影响最大。在植物的生长季节，温度一般都能满足病原物侵入的需要，而湿度的变化较大，常常成为病害发生的限制因素。所以在潮湿多雨的气候条件下病害严重，而雨水少或干旱季节病害轻或不发生。

如果使用保护性杀菌剂，必须在病原物侵入寄主之前使用，也就是在田间只有少数植株发病时期使用，这样才能收到理想的防治效果。

（三）潜育期

潜育期指病原物侵入寄主后建立寄生关系到出现明显症状为止的阶段。潜育期是寄主植物调动各种抗病因素积极抵抗病原物繁殖和扩展的时期。温度影响病害潜育期的长短。在病原物生长发育的最适温度范围内，潜育期最短。潜育期的长短还与寄主植物的生长状况密切相关。在潜育期采取有利于植物正常生长的栽培管理措施或使用合适的杀菌剂可减轻病害的发生，潜育期的长短与病害流行关系密切，有再侵染的病害，潜育期越短，再侵染的次数越多，病害流行的可能性越大。

（四）发病期

发病期指病害出现明显症状到寄主生长期结束的阶段。在发病期病原物开始产生大量繁殖体，加重为害或病害开始流行。病原真菌在受害部位产生孢子，细菌产生菌脓。孢子形成的早晚不同，如霜霉病、白粉病、锈病、黑粉病的孢子和症状几乎是同时出现的，一些寄生性较弱的病原物，往往在植物产生明显的症状后才出现繁殖体。

四、病害的侵染循环

病害的侵染循环指侵染性病害从一个生长季节开始发生，到下一个生长季节再度发生的过程。包括病原物的越冬（越夏）、病原物的传播以及病原物的初侵染和再侵染等环节，切断其中任何一个环节，都能达到防治病害的目的。

（一）病原物的越冬与越夏

当寄主植物停止生长进入休眠阶段，病原物也将度过寄主植物的休眠期潜伏越冬或越夏，而成为下一个生长季节的初侵染来源。病原物越冬和越夏情况直接影响下一个生长季节的病害发生。越冬和越夏时期的病原物相对集中，且处于相对静止状态，所以在防治上是一个关键时期。病原物越冬越夏场所有：病株、种苗木和其他繁殖材料、病植物残体、土壤、粪肥。

（二）病原物的传播

病原物从越冬场所到达新的侵染地，从一个病程到另一个病程，病原物都要通过一定的途径传播。病原物依靠自身的运动（如细菌的鞭毛游动、线虫的蠕动等）进行传播的方式是主动传播，但自然条件下一般以被动传播为主，主要有气流传播、水流传播、人为传播（人类的经济活动和农事操作等）、昆虫和其他介体传播等。

（三）初侵染和再侵染

病原物越冬（越夏）后，在一个生长季节内所进行的第一次侵染过程称为初侵染。在同一生长季节内，由初侵染所产生的病原物通过传播又侵染健康的植株称再侵染。有些病害只有初侵染，没有再侵染，如玉米丝黑穗病，小麦散黑穗病；有些病害不仅有初侵染，还有多次再侵染，如霜霉病、白粉病等。对于只有初侵染的病害，只要注意控制初次侵染，就能达到事半功倍的效果。对于发生再侵染的病害，注意控制初侵染的前提下，还要加强对再侵染各个环节的控制。

五、植物病害的流行

（一）病害流行的概念

指在一定时间和空间内病害在植物群体中大量严重发生，并造成重大经济损失的现象。病害流行主要是研究植物群体发病及其在一定时间和空间内数量上的变化规律。

（二）病害流行的条件

任何植物侵染性病害的发生和流行的条件包括以下3个方面：

1. 病原物方面

要有大量的致病力强的病原物存在，才能造成广泛地侵染。感病植物长年连作，转主寄主的存在，病株及病株残体处理不当，都有利于病原物的逐年积累。对于那些只有初侵染而没有再侵染的病害，每年病害流行程度主要决定于病原物群体的最初数量。借气流传播的病原物比较容易造成病害的流行。从外地传入的新的病原物，由于栽培地区的寄主植物对它缺乏适应能力，从而表现出极强的致病力，往往容易造成病害的流行。

2. 寄主植物方面

病害流行必须有大量的感病寄主存在，感病品种大面积连年种植可造成病害流行。尤其是大面积种植同一感病品种，即品种单一化或遗传同质化，更容易导致病害在短期内大流行。

3. 环境条件方面

环境条件同时作用于寄主植物和病原物，当环境条件有利于病原物而不利于寄主植物的生长时，可导致病害的流行。最为重要的环境条件是气象因素，如温度、湿度、降水、光照等。这些因素不仅对病原物的繁殖、侵入、扩展造成直接影响，而且也影响到寄主植物的抗病性。

【思考题】

1. 解释下列名词：症状、病症、病状、初侵染、再侵染、病程、侵染循环、寄生性、致病性、抗病性。

2. 植物病害的病原有哪几类？分别包括哪些？

3. 植物病害的症状类型有哪些？

4. 病原物的越冬（越夏）场所有哪些？

5. 病原物的侵入途径有哪些？真菌、细菌、病毒分别通过哪些途径侵入寄主？
6. 什么叫病害的流行？植物病害流行的条件有哪些？
7. 画出侵染循环模式图。

【能力拓展题】

1. 病原物的侵染过程人为的分为哪几个时期？保护剂在哪个时期使用效果好？
2. 侵染性病害和非侵染性病害在田间表现有何不同？谈谈弄清二者的区别的重要性。
3. 病原物的传播方式有哪些？如何通过切断病原物的传播防治农艺作物病害？

第四章　农田杂草基础知识

第一节　农田杂草的概念及分类

一、农田杂草的概念

农田杂草是伴随着人类的生产活动而产生的，它们的存在是长期适应气候、土壤、作物、耕作栽培制度与栽培作物竞争的结果。没有人类或者没有人类的生产，就不存在农田杂草。通常，在人们心目中，农田杂草是指那些分布广、为害明显、极需铲除的、非人工种植的植物。所以，对农田杂草的概念可以这样定义：农田杂草是生长在农田、为害作物的、非人工有意识栽培的野生草本植物。这不仅指通常人们所说的草，也指生长在栽培作物田中非人们有意识栽培的其他作物，例如，在大豆田中生长的小麦或玉米。

农田杂草是一类特殊的植物，它既不同于自然植被的植物，也不同于栽培作物；它既有野生植物的特性，又有栽培作物的某些习性。例如，稻田中的稗草，能够大量结实，自动脱粒性、再生性及抗逆性均很强，这是它所保持的野生植物特性；但另一方面，由于它长期与水稻共生，因而发芽、出苗时期及特性又与水稻近似，而且由于水稻栽培类型的不同，在生态类型中也形成了早、中、晚稗类型。

二、农田杂草的分布与为害

（一）农田杂草的分布

全世界广泛分布的杂草有50 000多种，每年约8 000种对作物造成不同程度的损失，而生长在主要作物田的农田杂草约250种，其中为害最严重的有76种，这些农田杂草由于国家、地区、气候与土壤条件、作物栽培方式的不同，其分布存在明显的差异，这些杂草都具有难以防治的生态特性。

中国地域辽阔，地区间气候、土壤、作物种类、复种指数及轮作、耕作情况差异较大，因而杂草种类繁多。据调查中国农田杂草共有580种，其中恶性杂草15种，主要杂草31种，区域性杂草23种。其中分布面广，为害严重的主要有稗草、马唐、野燕麦、看麦娘、扁秆藨草、牛繁缕、眼子菜、藜、苋、鸭跖草、本氏蓼、酸模叶蓼、节蓼、萹蓄、龙葵、水棘针、风花菜、铁苋菜、苍耳、刺菜、大蓟、问荆、苣荬菜、苦菜、芦苇等。

（二）农田杂草的为害

目前，全世界每年因杂草为害给农业生产造成了巨大的损失，杂草对作物的为害主要有以下几方面：

1. 与作物争水、争肥、争光、争空间

杂草在长期自然选择中，形成了对环境条件的广泛适应性，它们生育迅速、繁茂，竞争能力要比作物大得多。杂草的根系庞大，对水、肥的竞争强，如生产1kg小麦干物质需水513kg，而藜和猪殃殃形成1kg干物质分别需耗水658kg和912kg，野燕麦耗水比小麦多1.5倍。据测定，每平方米有一年生杂草100～200株时，则每公顷吸收氮60～140kg，磷20～30kg，钾100～140kg，这样数量的养分足以生产3 000kg小麦。由于杂草丛生，侵占了作物生长所需的空间，使作物生长受挤，严重影响了作物枝叶的茂盛生长和光合作用，并妨碍作物通风、透气，同时使土壤表层温度降低，严重影响作物生长。如水稻田中的稗草、小麦田中的藜、大蓟等常高出作物，影响光合作用，杂草的地下根系对作物生长为害很大，特别是作物出苗后一个月以内出土的杂草，其根系对作物根系的生长威胁最大，若不防治将严重影响作物的产量。

2. 产生抑制物质、阻碍作物生长

有些杂草分泌物对作物有毒害作用，如匍匐冰草根系的分泌物抑制小麦的生长；母菊根系分泌物抑制大麦生长；野燕麦根系分泌物抑制玉米生长。

3. 增加病虫害传播

杂草抗逆性强，不少是越年生或多年生植物，其生育期较长，田间许多杂草都是病、虫害的中间寄主，当作物出苗后，病原物及害虫便迁移到作物上为害，例如，棉蚜先在多年生的刺儿菜、苦苣菜、紫花地丁及越年生的荠菜、夏至草等杂草上越冬，当棉花出苗后再移到棉苗上为害。藜是甜菜象鼻虫的栖息处，野生大豆是大豆霜霉病和大豆紫斑病的中间寄虫；牛筋草、马唐传播稻瘟病。湖北省小麦密植时，丛矮病仅田边发生，自小麦行间套种棉花、玉米后，土地不再耕翻，杂草丛生，有利于传毒昆虫灰飞虱的滋长和活动，于是丛矮病逐年加重，恢复密植后，丛矮病显著减少。

4. 增加生产费用和劳动力

田间杂草过多，必然要增加人力，财力的浪费。中国国农田除草用工达50亿～60亿个劳动日，相当于1 400万～1 600万人常年从事除草工作，除草工作量占农田总用工量的1/3～1/2。中国每年都要花费大量外汇进口除草剂，在黑龙江省，大豆田除草剂的费用平均在每公顷150元以上。

5. 毒害人畜

有些杂草含有对人畜有毒的物质，如麦仙翁、毒麦和某些千里光属杂草的种子混入小麦中，制成的面粉有毒，人吃了含有4%毒麦的面粉就有中毒致死的危险；误食了混有大量苍耳籽的大豆加工品，同样会引起中毒；豚草的花粉可使有些人引起“花粉过敏症”，使患者出现哮喘、鼻炎、类似荨麻疹等症状。有些杂草还可以使牲畜中毒，如毛茛中有毛茛油，可引起牛羊口腔及胃黏膜发炎肿胀、瞳孔放大、耳舌等发生痉挛现象。据估计，美国加利福尼亚州每年有8%的牧牛被有毒植物杀死。

6. 降低农畜产品的产量和质量

由于杂草在土壤养分、水分、作物生长空间和病虫害传播等方面直接、间接为害作物，因此最终将影响作物的产量和质量。如水稻的夹心稗对产量影响极明显。据试验，一丛水稻夹有1、2及3株稗草时，水稻相应减产35.3%、62%和88%。草害严重的地块，粮食籽粒变小，外观不良，受野燕麦为害的小麦植株，生长瘦弱，穗小粒少，籽粒干瘪，同时蛋白质含量降低，出粉率低，受野燕麦为害的大豆百粒重下降，龙葵的浆果在收获时还可混入大豆，将大豆染成紫色，造成大豆降级，影响出口。有些杂草如遏兰菜等，奶牛误食后会使牛奶有异味，严重影响食用价值。

7. 妨碍农事操作，加大收割损失

具有根茎的杂草如芦苇等常常造成耕作困难，影响机械操作；杂草过多，易使作物生长不良，倒伏，在机械收割过程中易造成裹粮损失，加大了收割损失和难度。

8. 影响水利设施

水渠两旁长满杂草，使水流减缓，泥沙淤积；且为鼠类栖息提供了条件，使渠坝受损。

事物往往具有两面性，杂草有其为害的一面，但有时也有有益于人的一面，可以开发利用，如香附子能治胃腹胀病，益母草能利尿、外用能消肿，猪毛草能治高血压病等。多种杂草都是很好的药材资源，荠菜、苋菜、独行菜的幼苗嫩叶是营养极好而味美的蔬菜；马唐、苋是上好的饲草，白草籽可以酿酒，芦苇是造纸的原料；杂草具有较强的抗逆性，对环境有很强的适应能力，因而具有可贵的基因，是育种工作极有利用潜力的基因库。浮萍有富集镉的能力，凤眼莲是富集锌的水生植物，有消除污染、美化环境的功能；紫花地丁、冬葵、虞美人、凤眼莲等都具有美丽的花朵，供人们欣赏，田野中不同季节都有不同种类开花的杂草，可以把大自然点缀得更有生气，具有观赏价值。有些多年生杂草的根系发达，可以固土、固沙、防止雨水冲刷。因此，应全面衡量当地的杂草，掌握其利弊，因地制宜地将杂草为害控制在最小的程度。

三、农田杂草的分类

农田杂草种类很多，形态习性各异，面对如此繁杂的杂草，要对它们进行研究和防除，必须认识杂草。

（一）植物学分类

根据植物系统进行分类，按植物类群等级给予一定的名称，即界、门、纲、目、科、属、种，种是分类上的基本单位。如果种内的某些植物个体之间又有显著的差异时，可根据差异大小，再分为亚科、变种、变型等，例如，稗草属于植物界、被子植物门、单子叶植物纲、禾本目、禾本科、稗属，稗草又有变种稻稗。

（二）根据生物学习性分类

1. 一年生杂草

指在一年内完成生活史的杂草，一般在春、夏季发芽出苗，到夏、秋季开花、结果之后死亡。这类杂草都用种子繁殖，幼苗不能越冬。它们是农田杂草的主要类群。如稗草、狗尾草、苍耳、龙葵等。

在我国东北及内蒙古地区，一年生杂草由于萌发时期不同，又可分为：

早春性杂草：在气温和地温较低条件下，一般在4月下旬至5月上旬，气温5～10℃即可发芽出土。如小叶藜、扁蓄、蒿、苋等。

晚春杂草：一般在5月中旬至6月上旬，气温在10～15℃开始发芽，是农田中最主要的杂草，如稗、马唐、鸭跖草、狗尾草、苍耳等。

2. 越年生或二年生杂草

此类杂草需要两个年度才能完成其生育期，一般在夏、秋季发芽，以幼苗或根芽越冬，次年夏、秋季开花，结实后死亡。依靠种子繁殖，如飞蓬、益母草、黄花蒿、荠菜等。

3. 多年生杂草

可连续生存3年以上，一生中能多次开花、结实；通常第一年只生长不结实，第二年起结实。北方的种类冬季地上部分枯死，依靠地下营养器官越冬，次年又长出新的植株，所以，多年生杂草不仅依靠种子繁殖，还能利用地下营养器官进行营养繁殖；营养繁殖甚至是更主要的繁殖方式。依靠营养繁殖特性的不同，多年生杂草又分为以下几个类型：

（1）根茎杂草：地下茎上有节，节上的叶退化，在适宜的条件下每个节生一个或数个芽，从而形成新枝。凡是有节的根茎的断段，都可以长成新的植株并进行繁殖，如芦苇、狗牙根、两栖蓼等。

（2）根芽杂草：此类杂草有大量分枝和入土较深的根系，根上着生大量芽，由芽生出新的萌芽枝，而在直根中则积累大量营养物质供根芽出土所需。任何根的断段均易产生不定芽，如苣荬菜、苦苣菜、田蓟、田旋花等。

（3）直根杂草：此类杂草既有主根，又有很多小侧根，主根入土很深，其下段很小或完全不分枝，在根颈处生出大量的芽，这些芽一露出地面便形成强大的株丛，而由一小段根也可成为新株，这类杂草多以种子繁殖为主，如车前、羊蹄、蒲公英等。

（4）球茎杂草：在土壤中形成球茎，并靠球茎进行繁殖，如香附子，其种子繁殖能力弱小，主要靠地下茎繁殖，地下茎膨大，呈圆球状，长1～3cm，球茎长出吸收根和地下茎，地下茎延伸一定长度后，顶端又膨大并发育成新的球茎，在新的球茎上又长出新株，因而繁殖速度快。

（5）鳞茎杂草：在土壤中形成鳞茎，到生育的第三年鳞茎便成为主要繁殖器官，如野蒜。

4. 寄生杂草

不能进行或不能独立进行光合作用，制造养分的杂草，必须寄生在别的植物上，靠特殊的吸收器官吸取寄主的养分而生活。如菟丝子、向日葵列当等。

（三）根据生态学特性分类

根据农田环境中水分含量的不同，可分为旱田杂草和水田杂草 。

从生态学观点看，旱田杂草绝大多数都是中生类型的杂草；水田杂草则可再分为：

1. 湿生型杂草

喜生长于水分饱和的土壤，也能生长在旱田，长期淹水对幼苗生长不利，甚至死亡，如稗、灯心草等，是稻田的主要杂草，为害严重。

2. 沼生型杂草

根及植物体的下部浸泡在水层下，植物体的上部挺出水面，缺乏水层时生长不良，甚至死亡，如鸭舌草、荆三棱、香蒲等，也是稻田的主要杂草，为害严重。

3. 沉水型杂草

植物体全部沉没在水中，根生于水底土中或仅有不定根生长于水中，如金鱼藻、菹草、小茨藻等，是低洼积水田中常见的为害较重的杂草。沉水型杂草中有的是绿色的低等植物，如轮藻、水绵等，特称为藻类型杂草。

4. 浮水型杂草

植物体或叶漂浮于水面或部分沉没于水中，根不入土或入土，如浮萍、眼子菜等。此类杂草布满水面时，除吸收养分外，还会降低水温和地温，影响作物生长和减产。

（四）根据杂草防除需要分类

杂草对不同的除草剂表现出敏感性的差异，这种差异性是除草剂选择性的生理基础，也是在除草时选择不同除草剂防除不同杂草的依据，这种分类方法具有重要的实践意义，它打破了植物学的分类方法，是从生产的实践情况予以分类的。

1. 禾本科杂草

这类杂草多数以种子繁殖，胚有一个子叶、叶形狭窄，茎秆圆筒形，有节，节间中空，平行脉，叶子竖立无叶柄，生长点不外露，须根系，如稗草、狗尾草等。

2. 双子叶或阔叶杂草

此类杂草有两片子叶，生长点裸露，叶形较宽。叶子着生角度大，网状脉，有叶柄，直根系。如苍耳、藜、苋等。双子叶杂草又可分为大粒和小粒两种，大粒双子叶杂草种子直径超过2mm，发芽深度可达5cm，小粒双子叶杂草种子直径小于2mm，一般在0～2cm土层发芽。

3. 莎草科杂草

此类杂草也是单子叶，但茎为三棱形，个别圆柱形，无节，通常实心，叶片狭长而尖锐，竖立生长，平行叶脉，叶鞘闭合成管状。如异型莎草、牛毛草等。

第二节　农田杂草防除的原理及方法

一、农田杂草防除的原理

农田使用除草剂的目的是消灭杂草，保护作物。除草剂除草保苗是人们利用了除草剂的选择性，并采用一定的人为技术的结果。这种杀草保苗的选择性，归纳起来有3个方面，即生物原因、非生物原因和技术方面原因。

（一）生物原因形成的选择性

1. 形态上的选择

利用植物外部形态上的不同获得选择性。如单子叶植物和双子叶植物，外部形态上差别很大，造成双子叶植物容易被伤害。如在禾本科作物田里施用2,4-D类防除双子叶杂草，在一定程度上就是利用这种选择性。

2. 生理生化上的选择

不同植物对同一种除草剂的反应往往不同。有的植物体内，由于具有某种酶类的存在，可以将某种有毒物质转化为无毒物质，因而不会产生毒害，这种解毒作用或钝化作用可以被利用。如敌稗能安全地用于稻田除稗，主要是水稻幼苗体内含有较多的酰胺水解酶，能迅速水解敌稗为无毒物，而稗草幼苗却无此能力致使毒杀。

（二）非生物原因形成的选择性

1. 时差选择

有些除草剂残效期较短，但药效迅速。利用这一特点，在播种前或播种后出苗前施药，可将已发芽出土的杂草杀死，而无害于种子及以后幼苗的生长。如草甘膦用于农田作物播种或插秧之前，可杀死已萌发的杂草，而由于它在土壤中可迅速钝化，因此，不杀伤作物。

2. 位差选择

利用植物根系深浅不同及地上部分的高低差异进行化学除草，称为位差选择。一般情况下，一般作物的根系在土壤中的分布较深，而大多数杂草根系在土壤表层分布较多。利用这一特点可将除草剂施于土壤表层以防除杂草，如用乙草胺等在大豆播后苗前施于土层表面，就能杀死刚萌发的杂草，而对作物安全。又如百草枯和杀草快，对植物的光合作用具有强烈的抑制作用，入土失效，对根无效，对地上部无叶绿素的枝干部分也不起作用，因而可用于果园等区域消灭杂草。

3. 量差选择

利用苗木与杂草耐药能力上的差异获得选择性。一般木本植物根深叶茂，植株高大，抗药力强；杂草则组织幼嫩，抗药能力差。如用药量得当，也可获得杀草保苗的效果。

（三）采用适当的技术措施获得选择性

1. 采用定向喷雾保护苗木

如采用伞状喷雾器，只向杂草喷药，注意避开苗木。

2. 在已经移栽的苗上，采用遮盖措施进行保护（小苗可用塑料罩，盖苗保护）

避免药剂接触苗或其他栽培植物。对除草剂之所以有抗性，主要是上述某些选择性作用的结果。然而这些抗性是有条件的，条件变了，苗也可能受到伤害。

二、除草剂使用方法

除草剂剂型有水剂、颗粒剂、粉剂、乳油等。水剂、乳油主要用于叶面喷雾处理，颗粒剂主要用于土壤处理，粉剂应用较少。

（一）叶面处理

叶面处理是将除草剂溶液直接喷洒在杂草植株上。这种方法可以在播种前或出苗前应用。也可以在出苗之后进行处理，但苗期叶面处理必须选择对苗木安全的除草剂。如果是灭生性除草剂，必须有保护板或保护罩之类将苗木保护起来，避免苗木接触药剂。叶面处理时，雾滴越细，附着在杂草上的药剂越多，杀草效果越高。但是雾滴过细，易随风产生飘移，或悬浮在空气中。对有蜡质层的杂草，药液不易在杂草叶面附着，可以加入少量展着剂，以增加药剂附着能力，提高灭草效果。展着剂有羊毛脂膏、农乳 6201、多聚二乙醇、柴油、洗衣粉等。

（二）土壤处理

土壤处理是将除草剂施于土壤中（毒土、喷浇），在播种之前处理或在播后苗前处理。土壤处理多采用选择性不强的除草剂，但在作物生长期则必须用选择性强的除草剂，以防作物受害。土壤处理应注意两个问题：一是要考虑药剂的淋溶，在沙性强、有机质含量少、降水量较多的情况下，药剂会淋溶到土壤的深层，苗木容易受害，施药量应适当降低；二是土壤处理要注意除草剂的残效期（指对植物发生作用的时间期限）。除草剂种类不同，残效期也不同，少则几天，如五氯酚钠 3 ~ 7d，除草醚 20 ~ 30d，多则数月至 1 年以上，如西玛津残效期可达1~2年。对残效期短的，可集中于杂草萌发旺盛期使用，残效期长的，应考虑后茬作物的安全问题。

【思考题】

1. 举例说明农田杂草有哪些为害？
2. 农田杂草如何分类？
3. 说明土壤处理防除农田杂草应注意哪些问题？

【能力拓展题】

1. 结合农田杂草的防除原理，说明如何安全有效地防除杂草。
2. 除草剂不同的使用方法对杂草和作物有怎样的影响？

第五章　农艺作物病虫草害调查统计和预测预报

第一节　病虫草害调查统计

防治病虫草害首先要求对病虫草种类、发生情况和为害程度等进行实践调查，通过调查，可以及时准确地掌握病虫草害发生动态，还能积累资料，为制定防治规划和长期预测提供依据。

一、调查统计的原则和内容

（一）调查统计的原则

1. 要有明确的调查目的

根据生产实际需要确定调查目的。有了明确的目的，才能决定调查内容，并根据不同内容，确定调查时间、地点，拟定调查项目，调查方法，并设计必要的记载统计表格。

2. 了解病虫草害的基本情况

田间调查必须了解生产实际情况，如栽培品种、播种时间、施肥、灌溉、防治情况等，这些基本情况与病虫草害数量变化的关系是十分密切的。

3. 采取正确的取样方法

选点要有代表性，随机取样，使调查结果能反映病虫草发生的实际情况。

4. 认真记载，准确统计

在调查中需要认真记载、力求简明翔实。对调查的数据，要进行科学整理，准确统计，实事求是的分析，作出正确的结论。

（二）调查统计的内容

病虫草害调查一般分普查和专题调查两类。普查主要是了解一个地区或某一作物上病虫发生的基本情况，如病虫种类、发生时间、为害程度、防治情况等。通过普查，可以掌握全盘，克服工作的盲目性。在此基础上，再根据一定目的，有针对性地进行专题调查，以获得必要的数据，从中发现问题，进一步开展试验研究，验证补充，不断提高对病虫规律的认识水平。在防治病虫害过程中，最常进行调查的内容有：

1. 病虫草发生及为害情况调查

主要是了解一个地区一定时间内病虫种类、发生时期、发生数量及为害程度等。对于当地常发性或暴发性的重点病虫，则可详细调查记载害虫各虫态的始发期、盛发期、末期和数量消长情况或病害由发病中心向外扩展趋势及严重程度的增长趋势等，为确定防治对象和防治适期提供依据。

2. 病虫、天敌发生规律的调查

如调查某一病虫或天敌的寄主范围、发生世代、主要习性以及在不同农业生态条件下数量变化的情况等，为制定防治措施和保护天敌提供依据。

3. 病虫害越冬情况调查

调查病虫的越冬场所、越冬基数、越冬虫态和病原越冬方式等，为制定防治计划和开展病虫长期预报等积累资料。

4. 病虫防治效果调查

包括防治前后病虫发生程度的对比调查；防治区与不防治区的对比调查和不同防治措施的对比调查等，为寻找有效的防治措施提供依据。

二、田间调查的方法

（一）病虫的田间分布型

常见的病虫田间分布型有：

1. 随机分布

通常呈稀疏分布，而每个个体之间的距离不等，但又较均匀，调查取样时每个个体出现的机率相等。如玉米螟卵块在田间的分布，稻瘟病等流行期多属这一类型。

2. 核心分布

呈不均匀分布，即病虫在田间分布呈多数小集团，形成核心，并自核心作放射状蔓延。如三化螟幼虫在田间的分布，马铃薯晚疫病等由中心病株向外蔓延的初期都属于此类型。

3. 嵌纹分布

也为不均匀分布，病虫在田间的分布呈不规则的疏密相间状态。如棉红蜘蛛在虫源田四周的棉田内分布多属此类型。

（二）取样的原则

1. 所采样点必须能代表当地当时不同环境，不同品种及不同生长情况等各种类型田块或植株。

2. 取样方法要根据各种害虫或病原在田间的分布类型和发生情况具体加以确定。

3. 在某些因子的对比试验时，除该因子外，应使其他因子条件基本一致，这样才能显出该因子的作用。

（三）取样的方法

取样方法很多，但在大田调查中，用得最多的是随机取样法。随机取样的方式一般有5种：

1. 五点取样法

按面积、长度或植株为单位选取样点，每块田取5点。

2. 对角线取样法

可分单对角线和双对角线两种，与五点取样相似。适于病虫在田间分布比较均匀的随机分布型。

3. 棋盘式取样法

取样数较多，适用于田块较大或较长方形田块。也适用于随机分布型或核心分布型的病虫。

4. 平行线或抽行式取样法

适于成行的作物田或害虫在田间呈核心分布型的取样。

5. “Z”字形取样法

适宜于田间分布不均匀的嵌纹分布型取样。

（四）取样的单位及数量

取样单位，由于病虫害种类、害虫发育阶段及作物种类或栽植方式等而有不同，常用的单位有：

1. 面积

适用于调查地下害虫数量或密度大田作物中的病虫害。

2. 长度

适用于调查条播密植或垄作上的病虫数量和受害程度。

3. 植株或植株一部分有病虫害

适用于枝干及虫体小、密度大的害虫或全株性病害。如立枯病、枯萎病、根腐病、黑穗病以及地下害虫为害的幼苗等毛豆以植株为单位；叶斑病、果腐病、虫食子粒等，则常以叶片、果实、子粒等为单位。

4. 容积和重量调查

储粮害虫都以容积或重量为取样单位。

此外，根据某些害虫的不同特点，可采用特殊的调查统计器具，如按捕虫网捕一定的网数，统计捕得害虫的数量，则是以网次为单位；利用诱蛾器、黑光灯、草把统计诱得虫量是以每个诱器为单位统计虫数。

取样的数量决定于害虫分布程度和虫口密度大小。一般虫口密度大时，样点数可以少些，而每个样点的面积可以大一些。反之，则应适当增加点数，每个样点面积则可以小一些。在检查害虫发育进度时，检查所捕得虫数不能过少，一般应有活虫数 20～50 头，否则虫数少，所得到的百分比误差太大。

三、病虫草害调查的记载方法

病虫害调查记载是调查中一项重要的工作，无论哪种内容的调查都应有记载。

记载是分析情况、摸清问题和总结经验的依据。记载要准确、简要、具体，一般都采取表格形式。表格的内容、项目可根据调查目的和调查对象设计。对测报等调查，最好按照统一规定，以便于积累资料和分析比较。

通常在进行群众性的预测调查时，常先进行病虫发生情况的调查，根据虫（病）情，再来确定需防治的田块和防治时期，即所谓“两查两定”。例如，防治菜青虫要进行：查卵块，定防治田块，卵块多的定为防治田块。如调查黏虫发生情况，通常要查幼虫数量，查幼虫龄期，定防治田块，定防治日期。调查小麦条锈病的发生情况，通常是查病斑类型，查发病程度，定防治田块，定施药时期。

四、调查资料的计算和整理

调查中获得一系列数据和资料，必须进行整理、比较和分析，才能更好地反映实际结果和说明问题。

（一）常用于调查计算的公式

用于反映病虫发生和为害程度的统计计算方法，一般是求出各调查数据的平均数和百分数。计算公式如下：

1. 被害率

主要反映病虫为害的普遍程度。根据不同的调查对象，采取不同的取样单位。在病害方面，有病株率、病果率、病叶率等；虫害方面则为被害率，例如虫株率、白穗率、卷叶率等。

$$\text{发病率或被害率}(\%)=\frac{\text{发病(有虫、草)单位数}}{\text{调查单位数}}\times 100\%$$

2. 虫口密度

表示在一个单位内的虫口数量，通常折算出每亩虫数。

$$\text{虫口密度}=\frac{\text{调查总虫数}}{\text{调查总单位数}}\times \text{每亩单位数}$$

虫口密度也可用百株虫数表示：

$$\text{虫口密度}(\%)=\frac{\text{调查总虫数}}{\text{调查总单位数}}\times 100\%$$

3. 被害指数

在植株局部被害情况下，各受害单位的受害程度是有差异的。因此，被害率就不能准确地反映出被害的程度，对于这一类病（虫）情的统计，可按被害严重度分级，再求出病情指数。

$$\text{被害指数}(\%)=\frac{\sum(\text{各级被害数}\times\text{相对级数值})}{\text{调查总单位数}\times\text{被害最高级}}\times 100\%$$

$$\text{病情指数}(\%)=\frac{\sum(\text{各级病叶数}\times\text{相对级数值})}{\text{调查总单位数}\times\text{被害最高级}}\times 100\%$$

病情指数的数值，要比发病率更能代表受害的程度。在害虫方面，也可以用分级记载的方法，统计计算其严重率或虫害指数，用以更准确地反映受害程度。

例如，对食叶害虫分3级的标准一般是：

1级：受害轻，叶子被吃去25%以下；

2级：受害中等，叶子被吃掉25%～50%；

3级：受害严重，叶子被吃去50%以上。

4. 损失情况估计

除少数病虫其为害率造成的损失很接近实际情况外，一般病虫的病情（虫害）指数和被害率都不能完全说明实际损失程度，因为损失主要表现在产量或经济收益的减少。因此，病虫为害造成的损失通常用生产水平相同的受害田和未受害田的产量或经济总产值的对比来计算，也可用防治区与不防治的对照区的产量或经济总产值的对比来计算。

$$损失率(\%)=\frac{未受害田平均产量或产值-受害田平均产量或产值}{未受害田平均产量或产值}\times 100\%$$

此外，也可根据历年资料中具体病虫为害程度与产量的关系，通过实地调查获得的虫口和被害率等估计损失。测定被害率和产量损失的关系是一件细致而复杂的工作，不仅不同病虫为害特性和造成损失的大小有关，病虫发生的早晚、作物品种的抗、耐能力和栽培管理技术水平不同，都会影响损失的程度。在进行损失估计时，应做多方面的调查了解和全面分析，才能得出较可靠的结论。

（二）调查资料的整理

调查取得大量资料后，要注意去粗取精、综合分析，从中总结经验，进一步指导实践。

为了使调查材料便于整理和分析，调查工作必须按计划进行，调查记录要尽量精确、清楚，有特殊情况应注明。调查记载的资料，要妥善保存、注意积累，最好建立病虫档案，以便总结病虫发生规律，指导测报和防治。

第二节　病虫害的预测预报

一、预测预报的内容及种类

（一）预测预报的内容

预测的内容决定于防治工作的需要，大致可分为以下 3 个方面：

1. 发生时期的预测

防治病虫，消灭为害，关键在于掌握好防治的有利时机。病虫发生时期因地制宜，即使是同种病虫、同一地区也常随每年气候条件而有所不同。所以，对当地主要病虫进行预测，掌握其始发期、盛发期和盛末期，抓住有利防治时机，及时指导防治具有重要意义。

2. 发生数量的预测

病虫害发生的数量是决定是否需要进行防治和判断为害程度、损失大小的依据。在掌握了发生数量之后，还要参考气候、栽培品种、天敌等因素，综合分析，注意数量变化的动态，及时采取措施，做到适时防治。

3. 发生趋势的预测

主要是预测病虫分布和蔓延的动向。许多危险性病虫，如黏虫、棉蚜、小麦锈病等都有它的发生基地，由此逐渐扩展。了解病虫发生动向有利于做好防治准备，及时把病虫消灭于蔓延之前。

（二）病虫害预测的种类

依时间的长短，一般分为短期、中期和长期 3 类。

短期预测　预测近期内病虫发生的动态，如对某种病虫的发生时间、数量以及为害情况等。

中期预测　一般是根据近期内病虫发生的情况，结合气象预报、栽培条件、品种特性等综合分析，预测下一段时间的发生数量、为害程度和扩散动向等。预测的时间和范围依病虫种类而定。对于重点病虫则在全面发生期，都应进行中期预测。

长期预测　一般是年度或季节性预测。通常是在头一年末或当年年初，根据历年病虫害情况积累的资料，参照当年病虫害发生的有关因素，如作物品种、环境条件、病虫数量及其他有关地区前一时期病虫发生的情况等，来估计病虫发生的可能性及严重程度，供制定年度防治计划时参考。长期预测因时间长、地区广，进行起来较复杂，须有较长时间的参考资料和积累较丰富的经验，同时对于病虫发生的规律要有较深刻的了解。

预报的种类依其性质，一般在一定范围内通报、补报及警报等。

通报　即一般预报。主要针对某些重要病虫在进行预测分析之后，编写出病虫情报，印成书面材料，通报出去。其目的是让有关单位能事先了解到病虫发生情况和发生趋势，有更多的时间作好预防准备，并供编订或修订防治计划，安排防治措施的参考依据。

补报　属于补充性质的预报。一般在发出虫（病）情通报之后，还要根据实际情况，如气象条件，病虫消长等情况的变化，发出一次或几次补充预报，其目的在于进一步准确地提供虫（病）情，正确指导防治。

警报　属于紧急性质的预报。即当所预测的虫（病）情已达到防治指标时，要立即发出警报，及时组织开展防治工作。

二、害虫的主要预测方法

（一）发育进度预测法

又称历期预测法。历期是指各虫态在一定温度等条件下完成其发育所需天数。这种预测法是通过对前一虫态田间发育的进度，如化蛹率、羽化率、孵化率等的系统调查，当调查到其百分率达到始盛期、高峰期、盛末期的标准时，分别加上当时气温下各虫期的历期，即可推算出后一虫期的发生时期。

与历期预测法相似的是期距预测法。害虫由前一个虫态发育到后一个虫态或由前一世代发育到下一世代，都要经过一定的时间，这一时期所需天数称为期距。通过调查研究掌握病虫发生时期，加上期距天数，推断出后一阶段害虫的发生时期。但期距的长短，常因营养条件、气候条件等影响而发生一定的变化。利用期距法预测害虫的发生，应根据各地历年观察的有关期距的平均数和置信区间，即用统计方法求出一定可靠程度的估计范围，再参考当年气象预报等条件来估计。

（二）物候预测法

物候是指自然界各种生物出现季节的规律性，如燕子飞来、柳絮飞扬等，这些现象反映了大自然气候已达到一定节令的温湿度条件。由于害虫的发生也受到自然界气候的影响，所以它们的某一发育阶段也只有在一定节令时才会出现。由于长期适应的结果，病虫的发生常与寄主的发育阶段相一致，例如，麦茎蜂是在小麦抽穗期产卵。这些都可作为预测调查和指导防治的重要参考。

（三）有效积温预测法

主要用来预测害虫某一虫态的发生时期或害虫发生的世代数，及控制害虫的发育进度。有效积温公式：$K = N(T - C)$。

（四）诱集预测法

诱集法主要是利用害虫的趋光性、趋化性及取食、潜藏、产卵等习性，进行诱集的方法。

1. 灯光诱集预测法

以黑光灯的诱集效果为最高。黑光灯对多种蛾类如夜蛾、螟蛾、天蛾以及蝼蛄、叶蝉、金龟甲等都有很强的诱集力。每天天黑开灯或设自动开关装置，翌日早晨关灯，收回诱集的害虫，进行鉴别分析。并应严防灯下害虫聚集发生的现象。

2. 食物诱集预测法

利用害虫对某种气味的强烈趋化性，以诱集预测害虫发生期和数量消长情况，如预测调查黏虫、小地老虎、甘蓝夜蛾等成虫的发生时期和数量，一般都用糖醋液作为诱蛾剂，液中加入总液量1%的杀虫剂。白天加盖，傍晚打开，翌晨检查蛾量。设置时间原则上应在历年发蛾始期前7～10d开始，直到发蛾末期为止。诱集到的成虫要鉴别雌雄，逐日记载。并在各代成虫发生初、末期每3d一次；盛期1d一次，剖腹20头雌蛾，检查抱卵情况，借以推测田间卵量增减情况。同时观察记载气象情况，作为预测害虫发生的参考条件。

3. 性诱预测法

利用雌虫的性信息素来诱集雄虫的方法，叫性诱预测法。许多害虫都可用此法进行预测，如黏虫、小地老虎、棉铃虫及金龟甲等害虫。

三、病害的主要预测法

（一）孢子捕捉预测法

对一些病原孢子由气流传播、发病季节性较强，又容易流行成灾的真菌性病害，可用捕捉空中孢子的方法预测其发生动态。如小麦锈病、玉米大斑病、马铃薯晚疫病、小麦赤霉病等，都可以用孢子捕捉法来预测病害发生的时期和发生的程度。

为了便于了解孢子的密度情况，可以按下式将查到的孢子数换算成以平方米为单位的孢子数。

$$1\text{m}^2\ \text{面积的孢子数} = \frac{\text{全玻片孢子数}}{\text{玻片面积}(\text{cm}^2)} \times 10\ 000$$

（二）预测圃观察法

在大田外，单独开辟出一块地，针对本地区为害严重的某些病害，种植一些感病品种和当地普遍栽培的品种作物，经常观察病害的发生情况。预测圃里的感病品种容易发病，由此可以较早地掌握病害开始发生的时期和条件，有利于及时指导大田普查。但必须注意与大田隔离，防止菌原向大田蔓延，造成损失。预测圃内种植当地普遍栽培的品种，可以反映大田的正常病情，了解病情发展的快慢，推断病害可能发生为害的程度，作为指导防治的依据。

（三）气象指标预测法

从气象条件与病害流行的关系出发，总结某些主要影响病害流行的气象因素，在关键时期与流行的直接关系。再按照这些有利病害流行的气象条件能否出现及何时出现，来预测病害的发生情况。例如，马铃薯晚疫病的流行与温度、湿度的关系最为密切，经多年观察，英国标蒙等将马铃薯晚疫病的气象指标规定为48h内气温不低于10℃，相对湿度不低于75%。参照此指标可以推测中心病株的出现时期，即约在15~22d后可能会出现中心病株。又如小麦赤霉病的气象指标，是以开花灌浆期间15℃以上的雨日数作为指标。凡占总日数的70%以上时为大流行年；50%~70%时为中度流行年；40%以下时为轻病年。

【思考题】

1. 常见的病虫田间分布型有哪几种？
2. 被害率、虫口密度、病情指数、损失率如何计算？
3. 说明病害的主要预测方法和害虫的主要预测方法有哪些？

【能力拓展题】

1. 如何用有效积温法预测害虫的发育进度？
2. 谈谈你是如何理解病虫害调查统计的意义的？

第六章　农艺作物病虫害防治原理及方法

第一节　农艺作物病虫害综合治理的概念

人们一直在寻找一种理想的防治病虫害的方法。19世纪以来，人们对生物防治有了极大的兴趣。20世纪40年代，人工合成有机杀虫剂和杀菌剂等的出现，使化学防治成为防治病虫害的主要手段。化学防治方法具有使用方便、价格便宜、效果显著等优点。但是经长期大量使用后，产生的副作用越来越明显，不仅污染环境，而且使病虫害产生抗药性以及大量杀伤有益生物。人们终于从历史的经验认识到依赖单一方法解决病虫害的防治问题是不完善的。为了最大限度地减少防治有害生物对环境产生的不利影响，人们提出了"有害生物综合治理"，简称IPM的防治策略。

一、综合治理的含义

植物病虫害的防治方法很多，每种方法各有其优点和局限性，依靠某一种措施往往不能达到防治目的。我国确定了"预防为主，综合防治"的植保工作方针。提出在综合防治中，要以农业防治为基础，因地因时制宜，合理运用化学防治、农业防治、生物防治、物理防治等措施，达到经济、安全、有效地控制病虫为害的目的。

1986年11月，中国植保学会和中国农业科学院植保所在成都联合召开了第二次农作物病虫害综合防治学术讨论会，提出综合防治的含义是："综合防治"是对有害生物进行科学管理的体系，它从农业生态系总体出发，根据有害生物与环境之间的相互联系，充分发挥自然控制因素的作用，因地制宜协调应用必要的措施，将有害生物控制在经济允许水平之下，以获得最佳的经济、生态和社会效益。即以农业生态全局为出发点，以预防为主，强调利用自然界对病虫的控制因素，达到控制病虫发生的目的；合理运用各种防治方法，相互协调，取长补短，在综合各种因素的基础上，确定最佳防治方案，利用化学防治方法时，应尽量避免杀伤天敌和污染环境；综合治理不是彻底干净消灭病虫害，而是把病虫害控制在经济允许水平以下；综合治理并不降低防治要求，而是把防治措施提高到安全、经济、简便、有效的水平上。

二、综合治理的原则

1. 从农业生态学观念出发

认为植物、病原（害虫）、天敌三者之间相互依存，相互制约。它们同在一个生态环境中，又是生态系统的组成部分，它们的发生和消长又与其共同所处的生态环境的状态密切相关。综合治理就是在作物播种、育苗、移栽和管理的过程中，有针对性地调节生态系统中某些组成部分，创造一个有利于植物及病害天敌生存，不利于病虫发生发展的环境条件，从而预防或减少病虫的发生与为害。

2. 从安全的观念出发

认为生态系统的各组成部分关系密切，要针对不同的防治对象，又考虑对整个生态系统的影响，协调选用一种或几种有效的防治措施，如栽培管理、天敌的保护和利用、物理机械防治、药剂防治等措施。对不同的病虫害，采用不同对策。各项措施要协调运用，取长补短，又要注意实施的时间和方法，以达到最好的效果。同时要将对农业生态系统的不利影响降到最低限度。

3. 从保护环境、促进生态平衡有利于自然控制病虫害的观念出发

认为植物病虫害的综合治理要从病虫害、植物、天敌、环境之间的自然关系出发，科学的选择及合理的使用农药，特别要选择高效、无毒或低毒、污染轻、有选择性的农药，防止对人畜造成毒害，减少对环境的污染，保护和利用天敌，不断增强自然控制力。

4. 从提高经济效益的观念出发

认为防治病虫害的目的是为了控制病虫害的为害，使其为害程度不足以造成经济损失，即经济允许水平（经济阈值）。根据经济允许水平确定防治指标，为害程度低于防治指标，可不防治；否则要及时防治。

三、综合治理方案的制定

首先，要调查作物病虫害种类，确定主要防治对象和重要天敌类群；明确主要防治对象的防治指标；熟悉主要防治对象、主要天敌类群的发生规律、种群数量变动规律、相互作用及与各环境因子的关系；提出综合治理的措施，力求符合“安全、有效、经济、简便”的原则；不断改进和完善综合治理方案。

第二节　作物病虫害综合治理的基本方法

一、植物检疫

（一）植物检疫的意义

植物检疫能阻止危险性有害生物随人类的活动在地区间或国际间传播蔓延。随着社会经济的发展，植物引种和农产品贸易活动的增加，危险性的有害生物也会随之扩散蔓延，造成巨大的经济损失，甚至酿成灾难。如19世纪30年代，欧洲从南美洲引种马铃薯，随种薯带入马铃薯晚疫病菌，并在欧洲温暖潮湿的气候环境下暴发流行，导致爱尔兰大饥饿。美国从亚洲引种时将栗疫病带入造成流行，几乎毁掉了美国东部一带的全部栗树。

植物检疫不仅能阻止农产品携带危险性有害生物出、入境，保证其安全性，还可指导农产品的安全生产以及与国际植检组织的合作与谈判，使本国农产品出口道路畅通，以维护国家在农产品贸易中的利益。

我国加入世界贸易组织后，发达国家的农产品会大量销往我国，传带危险性病虫害的机率也大大增加，给农业生产带来严重的威胁。我国植物检疫面临极其严峻的新形势和承担着更为严重的任务，植物检疫在控制病虫害方面的作用将越来越大。园林植物病虫害的分布具有明显的区域性，但也存在着扩大分布的可能性。病虫害在原产地由于植物的抗虫（病）性和长期形成的农业生态体系的抑制等原因，其发生和为害常较轻。但如果传到新地区，当地植物往往对新传入的病虫害没有抵抗能力，如果环境条件适宜它们的生活，经过一段时间的发展，这种传入病虫害就会在新环境下暴发为害，甚至比原产地更为严重，给人类造成巨大的经济损失，甚至酿成灾难。美国白蛾于1979年传播到辽宁，1984年传播到陕西，目前，已经分布在辽宁、陕西、山东、河北、天津、上海等省市，给当地农作物造成带来严重为害。

目前，全球经济一体化趋势使各国间贸易大大加强，一些国家为了保护本国的市场，常使用关税壁垒和技术壁垒措施阻止他国产品进口，而携带危险性有害生物、农药残留超标往往形成植物产品贸易最大的技术壁垒。因此，加强植物检疫可以促进植物产品贸易公平、健康地发展，维护国家的利益和民族的尊严。

（二）植物检疫工作的范围及内容

植物检疫工作的范围就是根据国家所颁布的有关植物检疫的法令、法规、双边协定和农产品贸易合同上的检疫条文等要求开展工作。对植物及其产品在引种运输、贸易过程中进行管理和控制，目的是达到防止危险性有害生物在地区间或国家间传播蔓延。确定植物检疫对象的原则，一是国内或当地尚未发现或局部已发生而正在消灭的；二是一旦传入对作物为害性大，经济损失严重，目前尚无高效、简易防治方法的；三是繁殖力强、适应性广、难以根除的；四是可人为随种子、苗木、农产品及包装物等运输，作远程距离传播的。

植物检疫分对内检疫和对外检疫。对内检疫的主要任务是防止和消灭通过地区间的物资交换、调运种子、苗木及其他农产品贸易等而使危险性有害生物扩散蔓延，故又称国内检疫。对外检疫是国家在港口、机场、车站和邮局等国际交通要道，设立植物检疫机构，对进出口和过境应施检疫的植物及其产品实施检疫和处理，防止危险性有害生物的传入和输出。

（三）植物检疫实施

1. 检疫检验

由有关植物检疫机构根据报验的受验材料抽样检验。除产地植物检疫采用产地检验（田间调查）外，其余各项植物检疫主要进行关卡抽样室内检验。

（1）抽查与取样的原则和数量：抽查取样以“批”为单位，在检疫检验时，把同一时间来自同一国家或地区、经同一运输工具、具有同一品名（或品种）的货物统称为一批；有时也以一张检疫证书或报验单上所列的货物作为一批。

（2）抽查件数：种苗类：按一批货物总件数的5%～20%抽查；谷物、油料和豆类：按总件数的0.1%～5%抽查，散装的货物以100kg作为一件计算；棉麻纤维类：按总件数的1%～10%抽查；生药材和烟叶类：按总件数的0.5%～5%抽查；干果、干菜、鲜果和蔬菜类：按总件数的0.2%～5%抽查；原木、藤、竹类：按总件数的0.5%～5%抽查。其他植物产品可参照抽查。按上述比例抽查的最低数量，苗木不得少于10种各100株，其余各类不得少于5件。在抽件检查时，注意货物不同部位的代表性，采用对角线、棋盘式或随机多点取样。对抽件检查的货物，在现场开件进行目测或过筛检查。同时，还要仔细检查货物表层、包装外部、堆存场所、铺垫材料、运输工具等地方，观察有无害虫的排泄物、分泌物、蜕壳和蛀孔等为害痕迹。

（3）代表样品：抽件检查拣取代表样品，混匀装于容器内，并附上记录标签，带回室内检验。代表样品的数量根据货物的种类和用途而定。块根、块茎及红枣等取2 000～2 500g；花生、玉米、大豆、蚕豆等取1 000～1 500g；稻谷、大米、麦类、绿豆等取1 000g；小米、芝麻、油菜籽等取500g；蔬菜、牧草等种子取100g；细小的树木种子取10～30g；生药材和其他植物产品参照办理。

2. 常用的检验方法

（1）直接检验：对植物及其产品、包装材料、运载工具、放置场所和垫铺物料等受检材料进行检测。

（2）诱器检疫：即利用特异性诱集剂置于诱捕器中，以诱测检疫性的害虫。

（3）过筛检验：现场和室内检验均可用。

（4）比重检测：用于检测种子、谷粒、豆类中的内蛀性害虫及菌瘿、菌核、病秕籽粒和菟丝子等。

（5）染色检验：用特殊的化学药品处理被病虫为害的植物或植物器官使其染上特有的颜色，或使病原物本身染上特有颜色，以检验病虫种类，多用于害虫、病毒及细菌的检验。

（6）X光透视检验：农用X射线仪专用于检测种子或植物茎秆等组织内的害虫。

（7）洗涤检验：用蒸馏水洗涤种子，经离心处理后检查沉淀液中的病原真菌孢子和线虫。

（8）保湿萌芽检验：种子通过保湿萌芽处理，如带有病菌，在种子萌芽时即开始为害，由此可检验出带菌情况。

（9）分离培养及接种检验：主要用来检验潜伏于种子、苗木或其他植物产品内部不易发现和鉴定的病原菌；或外表虽有病斑但无病原菌可供鉴定时均可采用此方法。

（10）噬菌体检验：利用噬菌体在某种病原细菌平面培养基上产生的噬菌斑来检验病原细菌。除上述方法外，还有电镜检验、血清学检验、DNA探针检验以及指示植物接种检验等。有些检疫检验需在隔离场圃中进行。

3. 检疫处理

必须符合检疫法规的规定及检疫处理的各项管理办法、规定和标准。其次，是所采取的处理措施是必不可少的，还应将处理所造成的损失降到最低水平。在产地或隔离场圃发现有检疫对象，应由官方划定疫区，实施隔离和根除扑灭等控制措施。关卡检验发现检疫对象时，常采用退回或销毁货物、除害处理和异地转运等检疫处理措施。对关卡抽样检验，发现有禁止或限制入境的检疫对象，而货物事先又未办理入境审批手续；或虽已办理入境审批手续，但现场查出有禁止入境的检疫对象，且没有有效、彻底的处理方法；或农产品已被为害而失去使用价值的，均应作退回或销毁处理。对正常调运的货物而被检验出有禁止或限制入境的检疫对象，经隔离除害处理后，达到入境标准的，可签证放行，或根据具体情况指定使用范围，控制使用地点、限制使用时间或改变用途。

除害处理的方法主要有机械处理、热处理、微波或射线处理等物理方法和药物熏蒸、浸泡或喷洒处理等化学方法。

调运植物检疫的检疫证书应由省植保（植检）站及其授权检疫机构签发。口岸植物检疫由口岸植物检疫机关根据检疫结果评定和签发“检疫放行通知单”或“检疫处理通知单”。

二、农业防治

农业防治是在全面分析植物、有害生物与环境因素三者相互关系的基础上，运用各种农业措施，压低有害生物的数量，提高植物抗性，创造有利于作物生长发育而不利于有害生物发生的农田生态环境，直接或间接地消灭或抑制有害生物发生与减少为害的方法，是最经济、最基本的防治方法。但这种防治方法效果有局限性，当有害生物大发生时，还必须采用其他防治措施。

（一）选用抗病虫的作物品种

理想的作物品种应具有良好的农艺性状，又对病虫害、不良环境条件有综合抗性。在生产上，具有抗（耐）病（虫）性的品种在有害生物的综合治理中发挥了重要作用。培育抗病、抗虫品种的方法有系统选育、杂交育种、辐射育种、化学诱变、单倍体育种和转基因育种等。

（二）使用无病虫害的繁殖材料

生产和使用无病虫害种子、秧苗、种薯以及其他繁殖材料，执行无病种子繁育制度，在无病或轻病地区建立种子生产基地和各级种子田，生产无病虫害种子、秧苗、种薯以及其他繁殖材料，并采取严格防病和检验措施，可以有效防止病虫害传播和压低病、虫源基数。如马铃薯种薯生产基地应设置在气温较低的高海拔或高纬度地区，生长期注意治蚜防病毒病，及时拔除病株、杂株和劣株。

播种前要进行选种，用机械筛选、风选或用盐水、泥水漂选等方法汰除种子间混杂的菌核、菌瘿、粒线虫虫瘿、植物病残体、病秕粒和虫卵。对种子表面和内部带菌的要进行种子处理，如温汤浸种或选用杀菌剂处理。

（三）加强栽培管理

1. 建立合理的种植制度

单一的种植模式为病虫害提供了稳定的生态环境，容易导致病虫害猖獗。合理轮作有利于作物生长，提高抗病虫害能力，又能恶化某些病虫害的生存环境，达到减轻病虫为害的目的。轮作是防治土传病害和在土壤中越冬的害虫的关键措施，如棉花枯萎病、棉花黄萎病、小麦全蚀病和麦类根腐病、马铃薯环腐病、豆科作物的线虫病、地老虎、金龟甲、蝼蛄等。与非寄主作物轮作，在一定时期内可以使病虫处于“饥饿”状态而削弱共致病力或减少病原及害虫的基数。轮作方式及年限因病虫害种类而异。对一些地下害虫实行水旱1～2年轮作，土传病害轮作年限再长一些，可取得较好的防治效果。合理的间套种能明显抑制某些病虫害的发生和为害，如麦棉套种，麦收后能增加棉田的瓢甲数量，减轻棉蚜为害。

2. 中耕和深耕

适时中耕和作物收获后及时深耕，不仅可以改变土壤的理化性状，有利于作物的生长发育，提高抗性，还可以恶化在土壤中越冬的病原菌和害虫的生存环境，达到减少初侵染源和害虫虫源的目的。深耕可将病虫暴露于表土或深埋土壤中，机械损伤害虫，达到防治病虫害的目的。

3. 覆盖技术

通过地膜覆盖，达到提高地温、保持土壤水分，促进作物生长发育和提高作物抗病虫害的目的。地膜覆盖栽培可以控制某些地下害虫和土传病害。将高脂膜加水稀释后喷到植物体表，形成一层很薄的膜层，膜层允许氧和二氧化碳通过，真菌则不能在植物组织内扩展，从而控制了病害。高脂膜稀释后还可喷洒在土壤表面，抑制土壤中的病原物，减少发病的几率。

4. 合理密植

合理密植有利于作物生长发育。密度过大，造成田间郁蔽，通风透光不良，作物徒长，抗性降低，有利于病虫害发生为害。如水稻过度密植，有利于稻飞虱、稻叶蝉等大量发生。作物种植密度过大易使田间湿度增大，有利于病害发生。

5. 加强田间管理

田间管理可以改善作物生长发育条件，又能有效控制病虫害的发生。合理施肥和追肥有利于作物生长，提高作物抗病虫能力。如果氮肥施用过多，作物徒长，有利于病虫害发生。灌水量过大和灌水方式不当，不仅使田间湿度增大，有利于病害发生，而且流水还能传播病害。中耕除草，既可疏松土壤、增温保墒，又可清除杂草，恶化病虫的滋生条件，还能直接消灭部分病虫。清洁田园能减少病虫基数，减轻下一季作物病虫害的发生。

总之，植物栽培技术是贯穿于农业生产的每个环节中，技术措施多种多样，在实践中，必须结合当地的生产实际，因地、因病虫的发生特点综合考虑，以达到兴利抑弊的目的。

三、生物防治

生物防治是以有益生物及其代谢产物控制有害生物种群数量的方法。生物防治不仅可以改变生物种群组成成分，而且可以直接消灭病虫害，对人、畜、植物也比较安全，不伤害天敌，不污染环境，不会引起害虫的再猖獗和产生抗性，对一些病虫害有长期的控制作用。但是，生物防治也存在着一些局限性，不能完全代替其他防治方法，必须与其他防治方法有机地结合在一起。

（一）利用天敌昆虫防治害虫

1. 捕食性天敌昆虫的利用

常见的捕食性天敌昆虫有蜻蜓、螳螂、猎蝽、草蛉、虎甲、步甲、瓢甲、胡蜂、食虫虻、食蚜蝇等。这些昆虫在其生长发育过程中捕食量很大。利用瓢虫可以有效地控制蚜虫；1 只草蛉 1d 可捕食几十甚至上百只蚜虫，利用草蛉取食蚜虫、蓟马、棉铃虫卵、玉米螟卵、白粉虱等都有明显的防治效果。

2. 寄生性天敌昆虫的利用

常见的寄生性天敌昆虫主要是寄生蜂和寄生蝇类，它们寄生在害虫各虫态的体内或体表，以害虫的体液或内部器官为食，使害虫死亡。在自然界，每种害虫都有数种甚至上百种寄生性天敌昆虫，如玉米螟的寄生蜂有 80 多种。

3. 天敌昆虫的利用途径

（1）*保护和利用本地天敌昆虫*：害虫的自然天敌昆虫种类虽然很多，但实际控制作用受各种自然因素和人为因素的影响，不能很好地发挥控制害虫的作用。为了充分发挥自然天敌对害虫的控制作用，必须有效保护天敌昆虫，使其种群数量不断增加。

良好的耕作栽培制度是保护利用天敌的基础，如北方地区实行棉麦套作，小麦成熟时，麦蚜数量减少，而棉花正值苗期，棉蚜数量逐渐增加，为麦蚜的天敌提供了食物。麦蚜的天敌大量迁入棉田取食棉蚜，有效地控制了棉蚜种群数量。保护天敌安全越冬，合理、安全使用农药等措施，都能有效地保护天敌昆虫。

（2）*天敌昆虫的大量繁殖和释放*：通过室内的人工大量饲育天敌昆虫，按照防治需要，在适宜的时间释放到田间消灭害虫，见效快。如利用赤眼蜂防治稻纵卷叶螟取得了很好效果。

（3）*引进天敌昆虫*：从国外或外地引进天敌昆虫防治本地害虫，是生物防治中常用的方法。我国曾引进澳洲瓢虫防治柑橘吹绵蚧取得成功。

（二）利用微生物及其代谢产物防治作物病虫害

利用病原微生物防治病虫害，对人、畜、作物和水生动物安全，无残毒，不污染环境，微生物农药制剂使用方便，并能与化学农药混合使用。

1. 利用微生物防治害虫

目前，在生产上应用的昆虫病原微生物包括真菌、细菌和病毒。

（1）*真菌*：已知的昆虫病原真菌有 530 多种，在防治害虫中经常使用的真菌有白僵菌和绿僵菌等。被真菌侵染致死的害虫，虫体僵硬，体上有白色、绿色等颜色的霉状物。真菌主要用于防治玉米螟、稻苞虫、地老虎、斜纹夜蛾等害虫，已取得了显著成效。但在饲养桑蚕的地区不宜使用。

（2）*细菌*：在已知的昆虫病原细菌中，作为微生物杀虫剂在农业生产中使用的有苏云金杆菌和乳状芽孢杆菌。被昆虫病原细菌侵染致死的害虫，虫体软化，有臭味。苏云金杆菌主要用于防治鳞翅目害虫，乳状芽孢杆菌用于防治金龟甲幼虫。

（3）*病毒*：已发现的昆虫病原病毒主要是核多角体病毒（NPV），质型颗粒体病毒（CPV）和颗粒体病毒（GV）。被昆虫病原病毒侵染死亡的害虫，往往以腹足或臀足粘附在植株上，体躯呈“一”字形或“V”字形下垂，虫体变软，组织液化，胸部膨大，体壁破裂后流出白色或褐色的黏液，无臭味。我国利用病毒防治棉铃虫、菜青虫、黄地老虎、桑毛虫、斜纹夜蛾、松毛虫等都取得了显著效果。但是，昆虫病毒只能在寄主活体上培养，不能用人工培养基培养。一般在从田间捕捉的活虫或室内大量饲养的活虫上接种病毒，当害虫发生时，喷洒经过粉碎的感病害虫稀释液。也可将带病毒昆虫释放于害虫的自然种群中传播病毒。

在自然界，除可利用天敌昆虫和病原微生物防治害虫外，还有很多有益动物能有效地控制害虫。如蜘蛛是肉食性动物，主要捕食昆虫，农田常见的有草间小黑蛛、八斑球腹蛛、拟水狼蛛、三突花蟹蛛等，主要捕食各种飞虱、叶蝉、螨类、蚜虫、蝗蝻、蝶蛾类卵和幼虫等。很多捕食性螨类是植食性螨类的重要天敌，如植绥螨种类多，分布广，可捕食果树、棉花、豆类、茶叶、蔬菜等作物上的多种害螨。两栖类动物中的青蛙、蟾蜍等捕食多种农作物害虫，如直翅目、同翅目、半翅目、鞘翅目、鳞翅目等。大多数鸟类捕食害虫，如家燕能捕食蚊、蝇、蝶、蛾等害虫。有些线虫可寄生地下害虫和钻蛀性害虫，如斯氏线虫和格氏线虫，用于防治玉米螟、地老虎、蛴螬、桑天牛等害虫。此外，多种禽类也是害虫的天敌，如稻田养鸭治虫等。

2. 利用微生物及其代谢产物防治作物病害

通过微生物的作用减少病原物的数量，促进作物生长发育，达到减轻病害，提高农作物产量和质量的目的。

（1）抗生作用的利用：一种微生物产生的代谢产物抑制或杀死另一种微生物的现象，称为抗生作用（颉颃作用）。具有抗生作用的微生物称为抗生菌。抗生菌主要来源于放线菌、真菌和细菌。利用颉颃微生物防治植物病害的例子很多，如利用抗生菌“5406”防治棉花苗期病害。

（2）交互保护作用的利用：在寄主植物上接种亲缘相近而致病力较弱的菌株，能保护寄主不受致病力强的病原物的侵害的现象称为交互保护作用。主要用于植物病毒病的防治。

（3）利用真菌防治植物病原真菌：如木霉菌可以寄生在立枯丝核菌、腐霉菌、小菌核菌和核盘菌等多种植物病原真菌上，利用木霉菌处理棉花种子，可有效减轻棉花黄萎病的发生。

（三）利用昆虫激素防治害虫

昆虫分泌的、具有活性的、能调节和控制昆虫各种生理功能的物质称为激素。由内分泌器官分泌到体内的激素称内激素；由外激素腺体分泌到体外的激素称外激素。

1. 外激素的应用

已经发现的外激素有性外激素、集结外激素、追踪外激素及告警外激素，其中性外激素广泛用于害虫测报和害虫防治，如小菜蛾性诱剂和棉铃虫性诱剂等。

2. 内激素的应用

昆虫的内激素主要有保幼激素、蜕皮激素及脑激素。利用保幼激素可改变害虫体内激素的含量，破坏害虫正常生理功能，造成畸形、死亡等，如利用保幼激素防治蚜虫和棉红蝽等。

四、物理防治和机械防治

指利用各种物理因子，人工和器械防治有害生物的方法。此种防治见效快，防治效果好，不发生环境污染，可作为有害生物的预防和防治的辅助措施，也可作为有害生物在发生时或其他方法难以解决时的一种应急措施。

（一）物理防治措施

1. 温度处理

各种有害生物对环境温度都有一定要求，在超过其适宜温度范围的条件下，均会导致失活或死亡。根据这一特性，可利用高温或低温来控制和杀死有害生物，如豌豆、蚕豆用沸水浸种、日光晒种可杀死豌豆象和蚕豆象而不影响发芽率和品质。温汤浸种是利用一定温度的热水杀死病原物，如将棉籽放在55～60℃温水中浸30min可以预防炭疽病。感染病毒病的植株，在较高温度下处理较长的时间，可获得无病毒的繁殖材料。北方利用储粮害虫抗冻能力较差的特性，可在冬季打开仓库门窗通风防治储粮害虫等。

2. 光波的利用

利用害虫的趋光性，可以设置黑光灯、频振杀虫灯、高压电网灭虫灯或用激光的光束杀死多种害虫。

3. 微波辐射技术的利用

微波辐射技术是借助微波加热快和加热均匀的特点，来处理某些农产品和植物种子的病虫。辐射法是利用电波、γ射线、X射线、红外线、紫外线、超声波等电磁辐射技术处理种子、土壤，可杀死害虫和病原微生物等。例如直接用 32.2×10^4R 的 ^{60}Co γ 射线照射处理贮粮害虫黑皮蠹、玉米象、谷蠹、拟谷盗等，经 24h 辐射，绝大多数即行死亡，部分未被杀死的害虫，虽可正常生活和产卵，但生殖力受到损害，所产的卵粒不能孵化。

（二）机械防治措施

1. 捕杀法

根据害虫生活习性，利用人工或简单的器械捕捉或直接消灭害虫的方法称为捕杀法。如人工围打有群集习性的蝗蝻、振落捕杀有假死习性的金龟甲、甜菜夜蛾等；用钢丝勾杀树干中的天牛幼虫；用拉网捕杀小麦吸浆虫或草地螟；用拍板拍杀结苞的稻苞虫；用黏虫兜等捕杀黏虫和黏胶板黏捕跳甲成虫；人工扒土捕杀地老虎幼虫；人工摘除卵块等。

2. 诱杀法

利用害虫的趋性，除用灯光诱杀外，还可利用害虫的趋化性，采用食饵诱杀，如利用糖、酒、醋毒液防治夜蛾类害虫。利用害虫的栖息或群集习性进行潜所诱杀，如利用草把诱蛾的方法诱杀黏虫。利用害虫的趋色习性，进行黄板诱杀。如防治多种蚜虫、斑潜蝇等。

3. 阻隔法

人为设置各种障碍，切断各种病虫侵染途径的方法，称为阻隔法。如树干涂胶、套袋、防虫网、粮面压盖，纱网阻隔，土壤覆膜或盖草等方法，能有效地阻止害虫产卵、为害，也可防止病害的传播蔓延。甚至可因覆盖增加了土壤温、湿度，加速病残体腐烂，减少病害初侵染来源而防病。

4. 汰选法

利用害虫体形、体重的大小或被害种子与正常种子大小及比重的差异，进行器械或液相分离，剔出带病虫种子的方法。常用的有风选、筛选、盐水选种等方法。如剔除大豆菟丝子种子，一般采用筛选法；剔除小麦线虫病的虫瘿，油菜菌核病的菌核，常用盐水选种法。

五、化学防治

化学防治是指应用各种化学农药来控制为害农作物有害生物种群数量的一种方法。化学防治的重要性具体体现在：第一，防治效果显著；第二，在病虫害综合治理体系中缺乏更有效、更可靠的化学控制方法；第三，化学防治具备其他防治方法所不具备的优点。快速高效，使用方法简单且多样化，不受地域条件限制，易于机械化操作。

但是化学防治也有局限性，能够引起有害生物产生抗药性，杀害非靶体生物，破坏生态平衡，污染环境以及影响人类健康。

【思考题】

1. 各种农艺作物病虫害的防治方法有哪些优缺点？
2. 如何利用天敌昆虫防治害虫？
3. 利用农业技术防治有害生物主要的措施有哪些？
4. 请列举并比较捕杀法、阻隔法和诱杀法的优缺点。

【能力拓展题】

1. 某企业迫切需要引进一种农作物品种，可它的产地却在疫区，你认为首先要解决的问题是什么，请你为这家企业设计一个安全的又能达到目的的计划。

2. 针对某一个区域，你认为应该从哪些方面来开展病虫害的防治，请设计一个综合防治方案。

第七章　农药基础知识

第一节　农药的分类

一、按防治对象分类

可分为杀虫剂、杀螨剂、杀菌剂、杀线虫剂、杀鼠剂、除草剂、植物生长调节剂等。

二、按原料来源和化学成分分类

可分为无机农药和有机农药两大类，在有机农药中又可分为人工合成的有机农药和天然有机农药两类。

三、按作用方式分类

（一）杀虫剂

1. 胃毒剂

通过昆虫取食而进入消化系统引起昆虫中毒死亡的药剂。如敌百虫，这类药剂适合于防治咀嚼式口器和舐吸式口器的害虫。

2. 触杀剂

通过体壁及气门进入昆虫体内引起昆虫中毒死亡的药剂。如大多数有机磷杀虫剂、拟除虫菊酯类杀虫剂。这类药剂对各种口器的害虫均适用，但对体被蜡质分泌物的介壳虫、木虱、粉虱等效果差。

3. 内吸剂

被植物的根、茎、叶或种子吸收进入植物体内，并在植物体内传导运输到其他部位，使昆虫取食或接触后引起中毒死亡的药剂。如氧化乐果、吡虫啉等。这类农药对刺吸式口器的害虫特别有效。

4. 熏蒸剂

以气体状态通过昆虫呼吸系统进入体内引起昆虫中毒死亡的药剂。如磷化铝、溴甲烷等。熏蒸剂一般在密闭条件下使用，防治隐蔽性害虫、种实害虫等。

5. 拒食剂

使昆虫产生厌食、拒食反应，因饥饿而死亡的药剂。

6. 驱避剂

通过其物理、化学作用（如颜色、气味等）使昆虫忌避或发生转移，从而达到保护寄主植物升特殊场所目的的药剂。

7. 引诱剂

通过其物理、化学作用（如光、颜色、气味、微波信号等）可将昆虫引诱到一起集中消灭的药剂。

8. 不育剂

药剂进入昆虫体内，可直接干扰或破坏昆虫的生殖系统，不产卵或卵不孵化或孵化的子代不能正常生育。

9. 昆虫生长调节剂

扰乱昆虫正常生长发育，使昆虫个体生活能力降低死亡或种群数量减少的药剂，包括几丁质合成抑制剂、保幼激素类似物、蜕皮激素类似物等。

实际上，多数杀虫剂往往兼具几种杀虫作用。如敌敌畏具有触杀、熏蒸、胃毒3种作用，但以触杀作用为主。在选择使用农药时，应注意其主要的杀虫作用。

（二）杀菌剂

1. 保护性杀菌剂

在植物发病前（即当病原菌接触寄主或侵入寄主之前），施用于植物可能受害部位，以保护植物不受侵染的药剂。如波尔多液、代森锰锌等。

2. 治疗性杀菌剂

在植物被侵染发病后，能够抑制病原菌生长或致病过程，使植物病害停止扩展的药剂。如三唑酮、甲基硫菌灵等。

3. 铲除性杀菌剂

对病原菌有强烈的杀伤作用的药剂。因作用强烈，有的不能在植物生长期使用，有的需要注意施药剂量或药液的浓度。多用于休眠期的植物或未萌发的种子，或处理植物或病原菌所在的环境。如石硫合剂、五氯酚钠等。

（三）除草剂

1. 内吸型除草剂

施用后通过内吸作用传至植物的其他部位或整个植株，使之中毒死亡的药剂。如草甘膦等。

2. 触杀型除草剂

不能在植物体内传导移动，只能杀死所接触到的植物组织的药剂，如百草枯等。

按除草剂对植物作用的性质还分为选择性除草剂和灭生性除草剂，前者指在一定的浓度和剂量范围内杀死或抑制部分植物而对另外一些植物安全的除草剂，如2,4-D等；后者指在常用剂量下可以杀死所有接触到药剂的绿色植物体的除草剂，如百草枯等。

第二节 常见农药剂型

一、粉剂（D）

由农药原药和填充料（陶土、黏土等），经过机械粉碎至一定细度而制成的。粉剂供喷粉、拌种、制作毒饵和土壤处理用，长期贮藏会吸潮结块，影响分散性。粉剂的优点是使用方便，施药工效高，不受水源限制。特别适用于缺水地区、大棚温室和防治暴发性病虫害。但喷粉污染周围环境，不易附着作物体表，用量大，持效期短。因此，目前使用粉剂受到很大限制。

二、可湿性粉剂（WP）

由原药和填充料加湿润剂，按一定比例混合，经机械粉碎至一定细度而制成。对水后能被水湿润，形成悬浊液。主要用于喷雾，不可直接喷粉。可湿性粉剂长期贮藏，特别是高温贮藏，悬浮率会下降。可湿性粉剂包装低廉，便于运输，防治效果比同一种农药的粉剂高，持效也较长。但在同等有效成分下，药效不如乳油。

三、乳油（EC）

由原药、有机溶剂和乳化剂等按一定比例混溶调制而成的半透明油状液体。乳油加水稀释后即成为稳定的乳浊液，适用于喷雾、涂茎、拌种、撒毒土等。在正常条件下贮存，具有一定的稳定性，长期存放会有沉淀或分层。乳油的优点是使用方便，有效成分含量高，喷洒时展着性好，持效期较长，防效优于同种药剂的其他常规剂型。其缺点是污染环境，易造成植物药害和人、畜中毒。

四、颗粒剂（G）

由农药原药、载体（陶土、细沙等）和助剂制成的颗粒状制剂。颗粒剂长期贮存，颗粒会破碎，粘附在载体上的药剂会脱落。颗粒剂的优点是使用时飘移性小，不污染环境，可控制农药释放速度，持效期长，使用方便。同时，也能使高毒农药低毒化，对施药人员较安全。

五、悬浮剂（SC）又称胶悬剂

农药原药和载体及分散剂混合，在水或油中进行超微粉碎而成的黏稠可流动的悬浮体，加水稀释即成稳定的悬浮液。悬浮剂兼有可湿性粉剂和乳油的优点。

六、可溶性粉剂（SP）

由水溶性原药加水溶性填料及少量助剂混合制成的可溶于水的粉状制剂。对水形成水溶液。该剂型具有使用方便，包装和贮藏运输经济安全，无有机溶剂污染环境等优点。

七、水分散粒剂（WG）

由固体农药原药、湿润剂、分散剂、增稠剂等助剂和填料加工造粒而成，遇水能很快崩解分散成悬浊液。该剂型的特点是流动性能好，使用方便，无粉尘飞扬，而且贮存稳定性好，具有可湿性粉剂和胶悬剂的优点。

八、水剂（AS）

利用某些原药能溶解于水中而又不分解的特性，直接用水配制而成。其优点是加工方便，成本较低，但不易在植物体表湿润展布，黏着性差，长期贮存易分解失效。使用时应加少量湿润剂以提高防效。

九、烟剂（FU）

由农药原药与助燃剂和氧化剂配制而成的细粉状或块状物，用火点燃后可燃烧发烟。其优点是使用方便、节省劳力，可扩散到其他防治方法不能达到的地方。适用于防治林地、仓库和温室大棚的病虫害。

十、种衣剂（SD）

由农药原药、分散剂、防冻剂、增稠剂、消泡剂、防腐剂、警戒色等均匀混合，经研磨到一定细度成浆料后，用特殊的设备将药剂包在种子上。该剂型防治地下害虫、根部病害和苗期病虫害效果好，既省工、省药，又能增加对人、畜的安全性，减少对环境的污染。

此外，还有微胶囊剂、片剂、熏蒸剂、气雾剂等剂型，近些年还出现一些新剂型，如热雾剂、展膜油剂、撒滴剂、微乳剂、固体乳油、泡腾片剂等。

第三节　农药的施用方法

一、喷雾法

喷雾是借助于喷雾器械将药液均匀地喷布于防治对象及被保护的寄主植物上，是目前生产上应用最广泛的一种方法。此法适用于乳油、水剂、可湿性粉剂、悬浮剂、可溶性粉剂等农药剂型，可作茎叶处理和土壤表面处理，具有药液可直接接触及防治对象、分布均匀、见效快、防效好、方法简便等优点，但也存在易飘移流失，对施药人员安全性较差等缺点。

喷雾时要求均匀周到，使目标物上均匀地有一层雾滴。在实际生产应用中，通常分为常量喷雾（大于450L/hm^2）、低容量喷雾（15～450L/hm^2）和超低容量喷雾（小于15L/hm^2）3种。

1. 常量喷雾

是一种针对性喷雾法，使用器械为手动喷雾器。常量喷雾对生物体表面覆盖密度高，因此，适用于喷洒各类液体药剂，尤其适于喷洒保护性的杀菌剂、触杀性的杀虫剂、杀螨剂、除草剂。对那些体小、活动性小以及隐蔽为害的害虫防治效果好。同时，还适于小面积作业。但常量喷雾的主要缺点是工效低，劳动强度大。

2. 低容量喷雾

是一种针对性和飘移性相结合的喷雾方法，使用器械为机动喷雾机。低容量喷雾省药、省工，适宜喷洒内吸性的杀虫剂、杀菌剂等，但不宜用于喷洒除草剂和高毒农药。低容量喷雾适于林木、果园及农作物的大面积病虫害防治。

3. 超低容量喷雾

是一种飘移累积性喷雾，使用器械为机动超低容量喷雾机。适用于喷洒低毒的内吸剂，或喷洒低毒的触杀剂以防治具有相当移动能力的害虫，不适用于喷洒保护性杀菌剂和除草剂。

二、喷粉法

喷粉是利用喷粉器械产生的风力，将粉剂均匀地喷布在目标植物上的施药方法。此法最适于干旱缺水地区使用，当前在温室大棚应用增多。喷粉具有工效高、方法简便、防治及时等优点。其缺点是易造成环境污染。

三、土壤处理

土壤处理是将药粉用细土、细沙等混合均匀，撒施于地面，然后进行耧耙翻耕等。主要用于防治地下害虫或某一时期在地面活动的害虫。其优点是药剂不飘移，对天敌影响小。缺点是撒施难于均匀，施药后需要不断提供水分，药效才能得到发挥。

四、种子处理法

1. 拌种

拌种是指用一定量的药剂与种子搅拌均匀，用以防治种子传播的病害和地下害虫。此法用药少、工效高、防效好、对天敌影响小。拌种用的药量，一般为种子重量的0.2%～0.5%。

2. 闷种

把稀释好的药液均匀地喷洒在种子上，并搅拌均匀，盖上席子等覆盖物，堆闷1d后晾干即可播种。

3. 浸种和浸苗

是指将种子或幼苗浸泡在一定浓度的药液里，经过一定时间使种子或幼苗吸收药剂，用以消灭其上所带的病菌或虫体。具有用工少、用药量少、对天敌影响小等优点。

五、毒饵法

毒饵法是利用害虫、鼠类喜食的饵料与具有胃毒作用的农药混合制成的毒饵，引诱害虫、鼠类前来取食，将其毒杀而死。常用的饵料有麦麸、米糠、豆饼、花生饼、玉米芯、菜叶等。主要用于防治地下害虫和害鼠，防治效果高，但对人、畜安全性较差。

六、熏蒸法

熏蒸法是利用熏蒸剂或易挥发的药剂产生的有毒气体来杀死害虫或病菌的方法。熏蒸一般应在密闭条件下进行。主要用于防治温室大棚、仓库、蛀干害虫、土壤和种苗上的病虫。该方法具有防效高、作用快等优点，但室内熏蒸时要求密封，施药条件比较严格，施药人员须做好安全防护。

七、烟雾法

烟雾法是利用喷烟机具把油状农药分散成烟雾状态达到杀虫灭菌的方法。由于烟雾粒子很小，沉积分布均匀，防效高于一般的喷雾法和喷粉法，但烟雾法对天敌影响较大。

八、涂抹法

涂抹法是将有内吸作用的药剂直接涂抹或擦抹作物或杂草而取得防治效果。该施药法用药量低、防治费用少，但费工。

九、根区施药

根区施药是将内吸性药剂埋于植物根系周围，通过根系吸收运输到树体全身，当害虫取食时使其中毒死亡。如用3%呋喃丹颗粒剂埋施于根部，可防治多种刺吸式口器的害虫。

十、注射法、打孔法

用树干注射机或兽用注射器将内吸性药剂注入树干内部，使其在树体内传导运输而杀死害虫。打孔法是用木钻、铁钎等利器在树干基部向下打一个45°角的孔，深约5cm，然后将5~10ml的药液注入孔内，再用泥封口。所用药剂一般稀释2~5倍。

第四节　农药浓度与计算

一、农药用量表示方法

配制农药常遇到农药的用量和农药的浓度两个问题，农药用量是单位面积农田（果园、林地）里防治某种有害生物所需要的药量；农药的使用浓度是指农药制剂的重量

（或容积）与稀释剂的重量（或容积）之比，一般用稀释倍数表示。

（一）农药有效成分用量表示法

国际上已普遍采用单位面积有效成分（a. i）用量，即（a. i，g/hm^2）表示方法。

（二）农药商品用量表示法

该表示法比较直观易懂，但必须标明制剂浓度，一般表示为 g/hm^2（或 ml/hm^2）。

（三）稀释倍数表示法

这是针对常量喷雾而沿用的习惯表示方法。一般不指出单位面积用药液量，应按常量喷雾施药。

（四）百万分浓度

表示 100 万份药液中含农药有效成分的份数，通常表示农药加水稀释后的药液浓度，用 mg/kg 或 mg/L 表示。多用于表示植物生长调节剂的使用浓度。

（五）百分浓度表示法

通常表示制剂的含药量，但也有以百分浓度表示农药的使用浓度。

二、农药使用浓度换算

（一）农药有效成分量与商品量的换算

农药有效成分量 = 农药商品用量 × 农药制剂浓度(%)

（二）百万分浓度与百分浓度（%）换算

百万分浓度 = 百分浓度(%) ×10 000

（三）稀释倍数换算

1. 内比法（稀释倍数小于 100）：

稀释倍数 = 原药剂浓度 ÷ 新配制药剂浓度

药剂用量 = 新配制药剂重量 ÷ 稀释倍数

$$稀释剂用量(加水或拌土量) = \frac{原药剂用量 \times (原药剂浓度 - 新配药剂浓度)}{新配药剂浓度}$$

2. 外比法（稀释倍数大于 100）：

稀释倍数 = 原药剂浓度 ÷ 新配制药剂浓度

稀释剂用量 = 原药剂用量 × 稀释倍数

三、农药制剂用量计算

（一）已知单位面积上的农药制剂用量，计算农药制剂用量

农药制剂用量(g 或 ml) = 每公顷农药制剂用量(g 或 ml) × 施药面积(hm^2)

（二）已知单位面积上的有效成分用量，计算农药制剂用量

$$农药制剂用量(g 或 ml) = \frac{单位面积有效成分用量(g 或 ml)}{制剂的有效成分百分含量} \times 施药面积$$

（三）已知农药制剂要稀释的倍数，计算农药制剂用量

$$农药制剂用量(g 或 ml) = \frac{要配制的药液量(g 或 ml)}{稀释倍数}$$

第五节　影响药效的因素

一、农药毒性与药效

（一）毒性

农药毒性是指农药对人、畜、有益生物等的毒害性质。农药毒性可分为急性毒性、亚急性毒性和慢性毒性。急性毒性是指一次服用或接触大量药剂后，迅速表现出中毒症状的毒性。衡量农药急性毒性的高低，通常用致死中量（LD_{50}）来表示。致死中量（LD_{50}）是指药剂杀死供试生物种群 50% 时所用的剂量，单位为 mg（药量）/kg（供试生物体重）。我国按原药对动物（一般为大白鼠）急性毒性（LD_{50}）值的大小分为 5 级（表 7－1）。亚急性毒性和慢性毒性是指低于急性中毒剂量的农药，被长期连续通过口、皮肤、呼吸道进入供试动物体内，3 个月内对供试动物内脏（肾、肝、肺、脑等）的影响称为亚急性毒性，进入供试动物体内 6 个月以上对其产生有害影响尤其是三致作用（致癌、致畸、致突变）的称为慢性毒性。

表 7－1　农药急性毒性分级

毒性级别	经口 LD_{50}（mg/kg）	经皮（mg/kg）
剧毒	<5	<20
高毒	5～50	20～200
中等毒	50～500	200～2 000
低毒	500～5 000	2 000～5 000
微毒	>5 000	>5 000

（二）药效

1. 定义

药效是药剂本身和其他因素对有害生物综合作用的结果。药剂的作用效果与剂型、寄主植物、有害生物防治对象、使用方法以及各种田间环境因素有着密切关系。

2. 表示方法

根据防治对象、作物种类、防治情况来制定，常以调查防治前后有害生物种群数量的变化或防治前后为害情况大小或作物产量来表示。

杀虫剂的药效表示方法有死亡率、种群减退率、作物被害率、保苗效果。

杀菌剂的药效表示方法有发病率、病情指数、病情变化率。

除草剂的药效表示方法有杂草覆盖度、干重或鲜重减少率、作物产量。

（1）杀虫剂药效结果统计：在防治前、后分别调查活虫数，以害虫死亡率或虫口减退率表达防治效果，其公式为：

$$\text{害虫死亡率(或虫口减退率)}=\frac{\text{防治前活虫数}-\text{防治后活虫数}}{\text{防治前活虫数}}\times 100\%$$

若害虫的自然死亡率（对照区死亡率）低于5%，则上式的计算结果基本上反映了药剂的真实效果，若自然死亡率在5%～20%之间，则应以下列校正虫口减退率予以更正，若自然死亡率大于20%，则试验失败。

$$校正害虫死亡率或校正虫口减退率(\%)=\frac{处理区虫口减退率-对照区虫口减退率}{1-对照区虫口减退率}\times 100\%$$

（2）杀菌剂药效结果统计：杀菌剂药效试验结果的统计也因病害种类及为害性质而异。一般要调查对照区和处理区的发病率和病情指数，按公式计算防治效果。

$$相对防治效果(\%)=\frac{对照区病情指数(或发病率)-处理区病情指数(或发病率)}{对照区病情指数(或发病率)}\times 100\%$$

$$绝对防治效果(\%)=\frac{对照区病情指数增长值-处理区病情指数增长值}{对照区病情指数增长值}\times 100\%$$

其中，病情指数增长值＝检查药效时病情指数－施药时的病情指数

（3）除草剂防治效果计算：一般施药后10d、20d、30d各调查1次，以对角线取样法各取3～5点，每点不少于1m^2，统计各点内各种杂草株数（或鲜重），平均后按以下公式计算除草效果：

$$除草效果=\frac{对照区杂草株数(或鲜重)-处理区杂草株数(或鲜重)}{对照区杂草株数}\times 100\%$$

二、影响药效的因素

（一）农药自身的影响

农药的化学成分、理化性质、作用机制、使用剂量及加工性状都直接或间接地影响药效。例如氰戊菊酯对鳞翅目幼虫效果好，对同翅目、直翅目、半翅目等也有效，但对螨类无效。应根据防治对象、作物种类和使用时期，选择合适的农药品种、剂型和使用剂量。

（二）防治对象的影响

不同病原菌或害虫的生活习性有差异，即使是同一种病原菌或害虫，由于所处的发育阶段不同，对不同农药或同一类农药的反应也不同，常表现在药效上的差异。例如2,4-D对大多数阔叶杂草有效，对禾本科杂草无效；噻螨酮对幼螨、若螨和卵都有效，对成螨无效。

（三）环境因素的影响

温度、湿度、降雨、风、光照、土壤条件等环境因素，直接影响病原菌、害虫等有害生物的生理活动以及农药性能的发挥，从而影响药效。例如，甲草胺、乙草胺同样的使用剂量，干旱时除草效果差，在适宜的土壤湿度条件下，除草效果高；氟乐灵易挥发和光解，光照加速降解，降低活性；茎叶处理除草剂，施药后下雨，杂草茎叶上的除草剂就会被冲刷掉，从而降低药效；马拉硫磷在气温低时杀虫毒力降低，因此，在春、秋季低温时使用药液浓度要高一些才能达到预期效果。

三、有害生物的抗药性

（一）抗药性的类型

一个地区长期使用同一种药剂防治某种有害生物，会出现毒力逐渐下降，甚至丧失对

该种防治对象的使用价值，这种现象说明了该有害生物对某种农药可能产生抗药性。所谓抗药性即农业有害生物的一个品系（或小种）对杀死其正常种群大多数个体的某种农药的常用剂量显著地具有忍耐能力。有害生物对一种药剂产生抗药性后，对另一种未用过的药剂也产生抗药性的现象称交互抗性；相反，对一种药剂产生抗药性后，反而对另一种未用过的药剂变得更为敏感，这种抗药性称为负交互抗性。了解各类药剂间的交互抗性和负交互抗性的情况，对于筛选新药、混剂的配伍和克服害虫、病原菌的抗药性具有重要的指导作用。

（二）抗药性机理

1. 昆虫的抗药性机理

（1）昆虫体内代谢杀虫剂的能力增强。

（2）昆虫靶标部位对杀虫剂的敏感性降低。

（3）杀虫剂穿透昆虫表皮的速率降低。

（4）改变昆虫行为习性的结果。

2. 病原菌的抗药性机理

（1）病原物的抗药性由遗传基因决定的，目前的抗性大多数属于单基因突变。

（2）降低亲和性是病原物产生抗药性的最重要的生化机制。

（3）补偿作用或改变代谢途径。

3. 除草剂的抗药性机理

（1）除草剂作用位点的改变。

（2）杂草对除草剂解毒能力的提高。

（3）除草剂及其有毒代谢物的屏蔽作用和隔离作用被认为是杂草对除草剂抗性的一个重要方面。

（三）抗药性的预防和克服

1. 轮换用药

不要长期单用一种药剂，这样可打断生物种群中抗性种群的形成过程。应尽量选择不同作用机制的农药轮换使用。

2. 混合用药

混剂可减缓抗药性的发展速度。如菊酯类与有机磷混用，瑞毒霉与代森锰锌混用等。但混合药剂也不能长期单一使用，必须轮换用药，否则也有可能引起抗药性。

3. 间断使用或停用

一种药剂发生抗药性后，如果停用一段时间，抗药性有可能减退甚至消失。

4. 利用增效剂

增效剂可增强农药的湿润、展着、渗透能力，加快农药的穿透速度，提高杀虫效果，防止或延缓抗性的产生。如消抗液与有机农药混用防治棉铃虫效果可明显提高。

5. 采用正确的施药技术

要严格控制用药数量、浓度和次数，掌握用药适期，提高施药技术。

6. 综合治理

预防抗药性的根本办法是综合防治，即积极利用生物防治及农业防治措施等，尽可能少地用化学药剂，逐步建成稳定的生态体系。

第六节　农药的科学合理使用

农药的科学使用是在掌握农药性能的基础上，合理用药，充分发挥其药效作用，防止有害生物产生抗药性，并保证对人、畜、植物及其他有益生物的安全，做到经济合算，增产增收。几十年来，我国农业生产实践经验证明，安全合理使用农药，应着重做好以下3方面的工作：一是要充分发挥农药的药效；二是采取有效的对策，克服有害生物的抗药性；三是要积极防止农药对植物、有益生物和人、畜产生毒害。

一、针对防治对象，对症用药

作物的病、虫、草害种类很多，其发生为害的规律和特点各有差异，而农药的种类也很多，由于性能不同，都有各自的有效防治对象。因此，在选用农药时，应根据防治对象的种类和特点，选用最经济有效的农药。尽可能选用高效、低毒、低残留的农药。用药前应搞清所用农药的毒性级别，谨慎使用。在使用剧毒或高毒农药时，要严格按照《农药安全使用规定》的要求执行，不能超范围使用。

二、抓住关键时刻，适时施药

适时施药，是做好病、虫、草防治工作的关键。病、虫、草在不同的生长发育阶段，对药剂的抵抗力有很大的差别，必须先了解病、虫、草最敏感的阶段或最薄弱的环节进行施药，才能取得最好的防治效果。害虫、杂草在不同的生长发育阶段和病原菌在不同的侵染阶段，对农药的抵抗力有很大的差别。如害虫的低龄幼虫期或若虫期的抗药力低于蛹、卵、高龄幼虫和成虫期；病原菌孢子萌发期的抗药力低于病原菌休眠期；杂草种子萌发初期和幼苗阶段组织幼嫩，对除草剂较敏感。不能适期施药，往往造成农药和劳力的极大浪费。通常在病、虫、草害发生的初期施药，防治效果较为理想。

三、选用适当的方法和浓度科学用药

根据病虫害的发生规律，选用适当的方法施药，也是合理用药的重要内容。病虫为害传播的方式不同，就要选择恰当的施药方法才能有效。施药的方法有很多，无论选择哪一种方法，都要针对靶标施药，并做到均匀施药，保证施药质量。如防治地下害虫应考虑撒施毒谷、毒土、拌种等方法；防治气流传播的病害应考虑用喷雾、撒粉等方法；防治种子或土壤传播的病害，则可考虑采用种子处理或土壤处理等方法。

另外，施药的浓度和药量要适当，不宜任意加大或减少。在施药时，为了使药剂能均匀地分布在作物上，使药剂与害虫或病原菌接触的几率更多，要求在单位面积上有足够的药量。具体的用药量要根据不同的作物、不同的生育期和不同的施药方法而定。一般在作物的苗期要比生育的中、后期用药量少些。同时，注意农药安全间隔期问题及控制农药残留污染，农药安全间隔期为最后一次施药至作物收获时所规定的间隔天数，即收获前禁止

使用农药的日期。大于安全间隔期施药，收获农产品中的农药残留量不会超过规定的允许残留限量，可以保证食用者的安全，我国制定的《农药合理使用准则》中对农药的安全间隔期作了明确的规定。

四、避免药害，安全用药

在使用农药防治作物病、虫、草害时，如农药品种、剂型、用量或使用方法等不当，即可能对作物产生药害，也可能导致人、畜中毒或造成对环境的污染等。

作物的药害是指因使用农药不当而引起作物发生的各种病态反应，包括作物体内生理变化异常、生长停滞、果实丧失固有风味、植株变态甚至死亡等一系列症状。植物药害一般分为急性药害、慢性药害和残留药害3种类型。特别是除草剂，其防治对象杂草与作物之间生理特性比较接近，若选择性差，易对作物产生药害。作物发生药害时作物表现的症状有发育周期改变，出苗推迟，生长发育延迟；缺苗；颜色变化，整体的植物组织白化、叶面斑点、穿孔，叶缘发白；植物组织形态异常，发生扭曲；枯萎；产量受损，品质受影响等等。

（一）引起药害的原因

1. 药剂的理化性质

一般无机的、水溶性强的药剂容易产生药害，植物性药剂、微生物药剂对植物最安全；菊酯类，有机磷类对植物比较安全。除草剂和植物生长调节剂产生药害的可能性要大些。剂型不同引起药害程度也不同，一般油剂、乳油（剂）比较容易引起药害，可湿性粉剂次之，粉剂、颗粒剂比较安全。

2. 植物的耐药力

不同植物或品种、不同发育阶段其耐药力不同，如植物发芽期、幼苗期、花期、孕穗期以及嫩叶、幼果对药剂比较敏感，容易产生药害。

3. 农药的质量

制剂加工质量差，或分解失效，都容易产生药害。

4. 农药使用方法不当

农药使用浓度过高、使用量过大、混用不当、雾滴粗大、喷粉不匀等均会引起药害。如稻田使用丁草胺，茎叶喷雾比拌土措施容易产生药害。

5. 气候条件

药害与温度、湿度和土壤环境条件有关，一般温度高、湿度大、日照强时易产生药害。

（二）药害补救措施

药害一旦发生，要积极采取措施加以补救，常用的补救措施有以下几种：

1. 喷水淋洗

如属叶面和植株喷洒后引起的药害，且发现及时，可迅速用大量清水喷洒受害部位，反复喷洒2~3次，并增施磷钾肥，中耕松土，促进根系发育，以增强作物的恢复能力。

2. 施肥补救

对叶面药斑、叶缘枯焦或植株黄化的药害，可增施肥料，促进植物恢复生长，减轻药害程度。喷某些叶面肥，可缓解药害程度，使植物快速恢复健壮。

3. 排灌补救

对一些水田除草剂引起的药害，适当排灌可减轻药害程度。

4. 激素补救

对于抑制或干扰植物生长的除草剂，如2,4-D、二甲四氯等在发生药害后，可喷施赤霉素（GA）缓解药害程度。

第七节　农药的管理与销售

农药是用于防治有害生物，通常对人、畜有毒的特殊商品，如果使用不合理，将会给环境、人、畜和其他生物带来严重的、直接的或潜在的为害，甚至影响生态平衡。为了防止农药对生态环境的不良影响，防止农药通过饮用水、植物、动物进入人、畜体内，造成急性或慢性中毒，农药商品的生产、经营和使用必须受到专门管理部门的监督和约束。农药管理是指在流通和消费领域中通过法律和法规的形式对农药生产、经营及使用过程实施科学监督，是为了保证农药质量，防止农药在生产、经营、使用过程中对人畜、环境产生为害，使其在农林业生产中发挥最大效益所制定的法律、法规或技术规范。因此，农药商品的生产、经营和使用受到国家或地方行政机关制订的法规监督和制约。农药商品具有合理的规格和科学的质量标准，以保证其安全性和有效性，从而有益于农业生产的稳步提高，保护人民的健康和生存环境。根据中华人民共和国《农药管理条例》和《农药管理条例实施办法》规定，我国农药管理工作主要执行4项制度，即农药登记制度、农药生产许可制度、农药经营管理制度、农药质量标准管理制度。

1. 农药标签

指印刷或粘贴在农药包装上，介绍农药产品性能、使用方法、毒性、注意事项、生产厂家等内容的文字、图示或技术资料。由于农药产品上所贴附或直接印制的标签是经农药登记管理部门严格审查批准后印制的，农药标签上的内容应反映了包装内的农药产品的基本属性，因此农药标签是指导使用者安全合理使用农药产品的依据，也是具有法律效力的一种凭据。

一个规范的农药标签要求文字简洁、图例规范、内容完整。2007年12月，根据《农药管理条例》《农药管理条例实施办法》制定的《农药标签和说明书管理办法》，自2008年1月8日起施行。标签的内容应包括农药名称、有效成分及含量、剂型、农药登记证号或农药临时登记证号、农药生产许可证号或者农药生产批准文件号、产品标准号、企业名称及联系方式、生产日期、产品批号、有效期、重量、产品性能、用途、使用技术和使用方法、毒性及标识、注意事项、中毒急救措施、贮存和运输方法、农药类别、象形图及其他经农业部核准要求标注的内容。

（1）*农药名称*：指农药里的有效成分或制成的商品制剂的名称，包括化学名称、试验代号、通用名称和商品名称。我国农药标签上的农药名称应当使用通用名称或简化通用名称，直接使用的卫生农药以功能描述词语和剂型作为产品名称。农药名称应以醒目大字表示，并位于整个标签的显著位置。

农药化学名称是指按农药有效成分的化学结构，根据国际纯化学和应用化学联合会

（IUPAC）等规定的规则给出的化合物名称，它明确表达了化合物的结构且是惟一的。如敌百虫的化学名称是O，O-二甲基-O-（2，2，2-三氯-1-羟基乙基）膦酸酯。

试验代号是农药开发单位在开发期间，为方便或因暂时保密工作而使用的名称。如SYP-L190是由沈阳化工研究院开发的杀菌剂氟吗啉的试验代号。

农药通用名称是指标准化机构规定的农药活性成分的名称。同一农药活性成分各国所制定的通用名称不尽相同，为了便于国际交流，国际标准化组织（ISO）为农药活性成分制定了国际通用名称，英文通用名称的第一个字母小写，如敌百虫的通用名称为trichlorfon。中文通用名称是由我国国家质量技术监督局颁布，在中国境内通用的农药中文名称。

农药商品名称是指农药生产企业为其产品在工商管理机构登记注册所用的名称。同一种农药活性成分可以加工成不同的制剂形态，也可以有不同的商品名称，如苯磺隆的商品名称有巨星、阔叶净等。商品名称一经注册或登记，就受到法律的保护。国际上英文商品名称第一个字母要大写，如百菌清的英文商品名称有Bravo、Daconil、Dacotech等。

（2）*农药类别*：按农药的防治对象把农药分为杀虫剂、杀菌剂、除草剂、杀螨剂、杀鼠剂、昆虫生长调节剂等。

（3）*净重或净含量*：在标签的显著位置应注明产品的净重或净含量，供消费者购买和使用时选择和参考，也可供有关监督部门检查的依据。应当使用国家法定计量单位表示，液体农药产品也可以体积表示。单位用克（g）或千克（kg）以及毫升（ml）或升（L）。

（4）*毒性标志*：应在显著位置标明农药产品的毒性等级及其标志，按照我国农药急性毒性分级标准，农药分为剧毒、高毒、中等毒、低毒、微毒5个级别。

（5）*生产日期、产品批号和质量保证期*：农药产品的生产日期、批号是确定产品生产时间，判断产品是否在质量保证期内和初步判定产品质量的一个重要标志。生产日期应当按照年、月、日的顺序标注，年份用四位数字表示，月、日分别用两位数表示。质量保证期是确保产品质量的期限，农药产品的质量保证期一般为两年。

（6）*生产企业名称和地址*：标签上应标明生产企业的名称、地址、邮政编码以及联系电话。进口农药产品应当用中文注明原产国（或地区）名称、生产者名称以及在我国办事机构或代理机构的名称、地址、邮政编码、联系电话等。

（7）*使用说明*：使用说明应包括产品特点、适用作物、防治对象、使用时期、使用剂量和施药方法等。

（8）*注意事项*：包括注明该农药不能与哪些物质混合使用；注明该农药贮存特殊要求；注明该农药限用的条件、作物和地区；注明使用该农药已制定国家标准的安全间隔期、一季作物最多使用的次数；注明使用该农药时需穿戴的防护用品及安全预防措施；注明施药器械的清洗方法、残剩药剂的处理方法；注明该农药中毒所引起的症状、急救措施、可使用的解毒药剂和医生的建议；为便于购买和使用者理解文字内容，有的农药标签还附上一些象形图，分为贮存、操作、忠告、警告4部分。

2. 农药标签的识别

农药标签上除了文字说明外，还有一些含有特定意义的标志，正确理解这些标志的含义，有助于标签更直观的理解。

（1）*农药类别特征颜色标志带*：不同类别的农药采用在标签底部加一条与底边平行

的、不退色的特征颜色标志带表示。除草剂用“除草剂”字样和绿色带表示；杀虫（螨、软体动物）剂用“杀虫剂”或“杀螨剂”、“杀软体动物剂”字样和红色带表示；杀菌（线虫）剂用“杀菌剂”或“杀线虫剂”字样和黑色带表示；植物生长调节剂用“植物生长调节剂”字样和深黄色带表示；杀鼠剂用“杀鼠剂”字样和蓝色带表示；杀虫/杀菌剂用“杀虫/杀菌剂”字样、红色和黑色带表示。农药种类的描述文字应当镶嵌在标志带上，颜色与其形成明显反差。

（2）农药毒性的标志：农药是有毒的化学品，为安全起见，在标签上印有有毒性标志，以引起使用者的警觉。按照我国农药急性毒性分级标准，农药毒性分为剧毒、高毒、中等毒、低毒、微毒5个级别。

①剧毒：以“　”标识和“剧毒”字样表示。②高毒：以“　”标识和“高毒”字样表示。③中等毒：以“　”标识和“中等毒”字样表示。④低毒：以“　”标识表示。⑤微毒：以“微毒”字样表示。

标识应当为黑色，描述文字应当为红色。由剧毒、高毒农药原药加工的制剂产品，其毒性级别与原药的最高毒性级别不一致时，应当同时以括号标明其所使用的原药的最高毒性级别。

（3）象形图：联合国粮农组织（FAO）和国际农药生产者协会（GIFAP）设计了一套农药标签象形图，作为标签上文字说明的一种辅助形式。《农药标签和说明书管理办法》第二十一条规定象形图应当根据产品实际使用的操作要求和顺序排列，包括贮存象形图、操作象形图、忠告象形图、警告象形图，象形图应当用黑白两种颜色印刷，一般位于标签底部，其尺寸应当与标签的尺寸相协调。

①贮存象形图：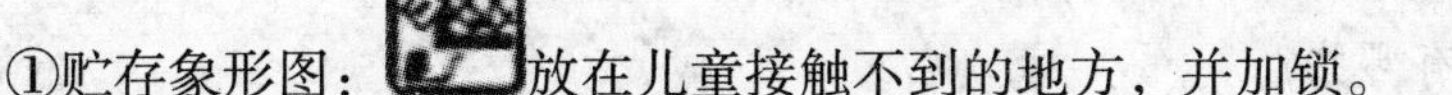放在儿童接触不到的地方，并加锁。

②操作象形图：这组图不会单独出现在标签上，而是与其他忠告象形图搭配使用。

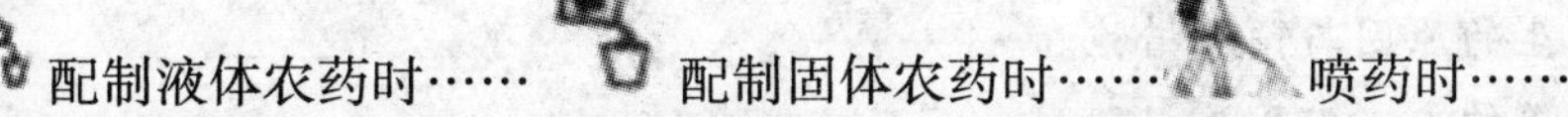

配制液体农药时……　配制固体农药时……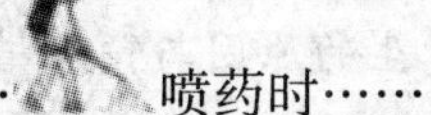喷药时……

③忠告象形图：这组图与安全操作和施药有关，包括防护服和安全措施。

戴手套　戴防护罩　用药后需清洗

戴口罩　穿胶鞋　戴防毒面具

④警告象形图：这组图与标签安全内容相一致时，应单独使用。如当药液与喷雾对鱼有毒时，标签上会出现对鱼有害的象形图。

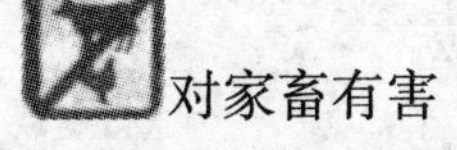对家畜有害　对鱼有害，不要污染湖泊、河流、池塘和小溪

3. 假劣农药及识别

假劣农药的为害十分严重，往往使用药者浪费资金、人力，更导致因防治效果不好，农作物的病虫害得不到有效控制，严重时导致作物的药害。

假农药包括以非农药冒充农药，即产品经检测不含有农药有效成分的；以此种冒充他种农药，即产品中的农药成分与标签标示的完全不同；所含有效成分的种类、名称与产品标签或说明书上注明的农药有效成分的种类、名称不符的。

劣质农药包括不符合农药产品质量标准的；失去使用效能的；混有导致药害等有害成分的。

识别假劣农药，以避免购买与使用假劣农药，是保证农业生产顺利进行的前提之一。假劣农药的识别可参照以下方法：

(1) 外观：乳油和水剂出现分层、严重沉淀、混浊、悬浮物；悬浮剂经摇晃后仍有沉淀；粉剂和可湿性粉剂出现严重吸潮、结块或有较大的颗粒等现象；粉剂颗粒颜色不一致；粉剂手感细度不均匀；颗粒剂颗粒大小差异较大；有石头、沙子、纸片等异物；相同计量的产品规格不同，有大有小，有多有少；内外包装破损；农药散装。

(2) 标签：无标签；无"三证"或"三证"不全；无出厂检验合格证；无生产日期或批号；无生产厂名、地址、邮政编码；无质量保证期或已超过质量保证期；无使用说明书；无毒性标志；无剂型名称，无有效成分含量；无净重或净含量；无施药方法和用药剂量；无施药时期和防治对象；标签残缺不清；假冒农药登记证号。

(3) 成分：农药中除标明成分外，还检验出含有国家禁止生产、销售、使用的农药成分或检出其他有害成分，造成保护对象受害等。

(4) 施用：无药效或药效极差；致使农作物生长受到抑制、生产药害或死亡。

【思考题】

1. 杀菌剂、杀虫剂、除草剂按作用方式可分为哪几类，各自有何应用特点？
2. 说明农药常用剂型及其剂型代码，比较不同农药剂型的特点。
3. 影响药效的因素有哪些？
4. 说明农药使用浓度的换算方法。
5. 农药科学使用应遵循的原则。
6. 药害产生的原因与预防措施。
7. 农药标签的主要内容及识别。

【能力拓展题】

1. 不同的农药施用方法对田间防效有如何影响？
2. 生产上使用农药，有的按使用倍数用药，有的则按单位面积用药量，谈谈你对此问题的看法。

第八章　水稻病虫草害防治技术

第一节　水稻病害防治技术

水稻侵染性病害（Rice infectiona disease）全世界报道近 200 种，引起巨大损失的主要有稻瘟病、纹枯病、稻白叶枯病和东格鲁病。据估计，全世界水稻每年因病害造成的产量损失平均约为 10% ~15% 。

东北地区，苗期病害主要为立枯病、恶苗病和绵腐病，立枯病和恶苗病主要发生在育苗期（薄膜棚育苗），绵腐病主要发生在水稻直播田的苗期。由于推广了抗病品种，稻瘟病一般发生较轻，但有些地区、有的年份发生也较重。叶鞘腐败病、纹枯病、秆腐菌核病有逐年加重趋势。稻白叶枯病、稻干尖线虫病和稻曲病属于检疫对象。

一、水稻苗期病害

水稻苗期多种生理性病害和侵染性病害总称为烂秧。生理性烂秧主要有烂种、烂芽、死苗等。侵染性烂秧主要有绵腐病、立枯病等。

【症状】

1. 水稻生理性烂秧症状

（1）*烂种*：播种后未发芽即腐烂，或幼芽陷入秧板泥层中腐烂而死。症状为播种后谷壳色深，根芽短，最后腐烂。主要原因是种子在贮藏期间保管不好而失去发芽力，或浸种催芽过程中换水不勤、温度过高引起烂种。

（2）*烂芽*：烂芽分为漂秧和黑根两种。漂秧是指稻种出芽后长时间不能扎根，使稻芽漂浮倾倒，最后腐烂死亡。造成漂秧的原因是催芽过长或秧田水层深导致缺氧，使苗根短且细而形成漂秧。黑根是指种根变黑，种芽枯黄停止生长。造成黑根的原因是秧田施用过多的绿肥或未腐熟的有机肥作基肥，用或硫铵作基肥，蓄水过深，造成低温缺氧，有机物分解产生大量硫化氢、硫化铁等还原性物质，毒害稻苗使种根变黑，种芽枯死。

（3）*死苗*：多在 2 ~3 叶期在苗床上成片发生，分青枯死苗和黄枯死苗两种。青枯死苗发生在秧田出苗后，若遇持续低温阴雨，之后天气暴晴，秧田未及时灌水，导致叶色青绿、心叶纵卷成筒状或针状，最后整株萎蔫死亡。保护地育秧若不经炼苗而突然揭膜，也导致青枯死苗现象。黄枯死苗是稻苗因持续低温而缓慢受害发生死苗的现象，一般叶片呈黄褐色。

2. 侵染性烂秧症状

（1）*绵腐病*：发生在水育秧田，播种后 5 ~6d 即可发生。初期仅零星发病，在持续低温的条件下，可大面积发生，甚至全田枯死。稻芽或幼苗受侵染后，初在稻种颖壳裂口处或幼芽的胚轴部分产生乳白色的胶状物，后逐渐向四周长出白色絮状菌丝，呈放射状，常因氧化铁沉淀或藻类、泥土粘附而呈铁锈色、泥土色或绿褐色。受害稻种腐烂不能萌发，病苗常因基部腐烂而枯死。

（2）立枯病：湿润育秧田、旱育秧和保护地育秧的地块发生较多，一般成片、成簇发生。发病早的，植株枯萎，潮湿时茎基部软腐，易拔断。发病晚的，病株逐渐枯黄、萎蔫，仅心叶残留少许青色，心叶卷曲。初期茎不腐烂，无根毛或根毛稀少，可连根拔起，以后茎基部变褐甚至软腐，易拔断。病苗基部长出白色、粉红色或黑色霉层。

症状识别要点：绵腐病在秧田零星或成片发生，茎基部腐烂而枯死，有放射状白色绵絮状菌丝；侵染性立枯病在秧田成片萎蔫、枯黄，心叶青灰色卷曲，茎基部变褐、软腐易拔断，病苗基部产生霉层。生理性青枯成片发生在秧田，但叶色青绿，心叶纵卷成筒状或针状，无霉层产生。

【病原】

1. 绵腐病

由鞭毛菌亚门，绵霉属的多种真菌侵染引起，如层出绵霉 *A. prolifera*（Nees）Debary、稻绵霉 *A. oryzae* Ito et Nagal、鞭绵霉 *A. flagellata* Coder 等。菌丝发达，管状，有分枝，无隔。无性繁殖产生肾形的游动孢子。有性繁殖产生球形的卵孢子，卵孢子壁厚，抗逆性强，经休眠萌发后产生游动孢子。

2. 立枯病

由多种真菌侵染引起，其中腐霉菌致病力最强，其次是镰孢菌，丝核菌最弱。

（1）腐霉菌 *Pythium* spp.：属鞭毛菌亚门，腐霉属。菌丝发达，无隔，呈白色絮状，孢子囊球形或姜瓣状，萌发产生肾形、双鞭毛的游动孢子。

（2）镰孢菌 *Fusarium* spp.：属半知菌亚门，镰刀菌属。大型分生孢子镰刀状，弯曲或稍直，无色透明，多个分隔。小型分生孢子椭圆形或卵圆形，无色，双胞或单胞。厚壁孢子椭圆形、无色、单胞。

（3）立枯丝核菌 *Rhizoctonia solani* kühn.：半知菌亚门，丝核菌属。不产生孢子，只产生菌丝和菌核。幼嫩菌丝无色，锐角分枝，分枝处缢缩，多分隔；成熟菌丝褐色，分枝与母枝呈直角，分枝处缢缩明显，离分枝不远处有一分隔，细胞中部膨大呈藕节状。菌核褐色，形状不规则，直径1~3mm。

【发病规律】

引起水稻烂秧的病菌多为土壤习居菌，能在土壤中长期腐生，一般多在稻苗长势弱时才易侵染致病。低温阴雨、光照不足是引起烂秧的主要原因，尤其是低温影响最大。因低温削弱了秧苗的生活力，引起发病。此外，种子质量差、播种过密、床土黏重、覆土过厚、整地质量差、秧田灌水不当等均有利于病害发生。

1. 腐霉菌

以菌丝、卵孢子在土壤中越冬，菌丝或卵孢子产生游动孢子囊，孢子囊成熟后萌发产生游动孢子，游动孢子靠流水传播和侵染。

2. 镰刀菌

以菌丝、厚壁孢子在病残体上及土壤中越冬，靠菌丝蔓延于行株间传播。

3. 丝核菌

以菌丝、菌核在病残体上和土壤中越冬，通过菌丝蔓延或菌核随流水传播。

【防治措施】

提高育秧技术，改善栽培条件，培育壮秧，提高秧苗抗病力是防治烂秧病的关键。

1. 农业防治

（1）精选种子：稻种要纯净、健壮，避免播种有伤口的种子。浸种前最好晒种，以提高种子的发芽率和生活力。

（2）提高播种质量：要适期播种，勿播种过早，北方稻区日平均气温要稳定在10℃以上才能播种。播种量适当，播种要均匀，覆土勿过深，做到塌（埋）谷不见谷。

（3）改进育秧方式，提高秧田质量：因地制宜采用塑料薄膜育秧、旱育秧等育秧方式，并选择肥力适中、排灌方便的田块育秧，床土最好用有机质含量高、疏松、偏酸性的旱田或园田土。

（4）加强苗床管理：加强肥水管理是关键。施足底肥，在3叶期前早施断奶肥；增施磷、钾肥，提高秧苗的抗病力。做好防寒和通风练苗工作是重点。前期注意苗床保温，秧苗1.5～3叶期进行通风练苗，床温控制在20～25℃。尽量少浇水，3～4叶期床温不能高于30℃，土壤水分要充足，但不能过湿，防止秧苗徒长；避免用冷水直接灌溉。切实掌握“前控后促”和“低氮高磷钾”的施肥原则。秧田水层过深，播种后发生“浮秧”、“翻根”、“倒苗”等造成烂秧的，要立即排水，促进扎根。

2. 药剂防治

（1）绵腐病：发病初期，喷洒0.2%硫酸铜液1 500kg/hm^2，喷药时保持浅水层；发病严重时，可将秧田换水冲洗2～3次后再喷药，或在进水口处用纱布袋装硫酸铜100～200g，随水的流动溶入秧田。

（2）立枯病：用5.5%浸种灵Ⅱ号（二硫氢基甲烷）5 000倍液浸种，对水稻立针期的立枯病有显著防治效果。播前浇透水后，用30%土菌消水剂3～4ml/m^{2}加水3kg喷洒床面；或播种覆土后，用5.5%浸种灵Ⅱ号3 000～5 000倍液2～3kg/m^{2}喷洒床面，可减轻发病。发病初期及时喷药防治，可选用30%瑞苗清（恶霉灵+甲霜灵）水剂，稀释3 000倍液，药液用量2～3kg/m^2；97%恶霉灵粉剂，用药量1g/m^2，对水浇灌苗床；35%福·甲霜（清枯灵）可湿粉10g，对水后浇灌30～45m^{2}苗床；50%立枯净可湿粉，用药量1～1.5g/m^2，对水浇苗床灌；2%氨基寡糖（好普）水剂，用药量5ml/m^2，加适量水苗床喷雾。

二、稻瘟病

稻瘟病是水稻的重要病害之一，也是世界上公认的最难防治的水稻病害，给农业生产造成严重为害。流行年份一般减产10%～30%，严重时可达40%～50%，特别严重的地块甚至绝收。稻瘟病在我国发生严重，凡是种植水稻的地方都有发生。2005年，黑龙江省稻瘟病累计发生66.7万hm^2，造成很大的经济损失。黑龙江省春季气温低，且目前生产上主要采用旱育稀植技术，所以一般苗瘟发生不重，叶瘟发生比较严重。

【症状】

稻瘟病在水稻的整个生育期都能发生，可为害水稻的幼苗、叶片、节、穗颈、谷粒等部位。一般根据水稻发病的时期和受害部位不同，分为苗瘟、叶瘟、叶枕瘟、节瘟、穗颈瘟、枝梗瘟、谷粒瘟等（图8－1）。

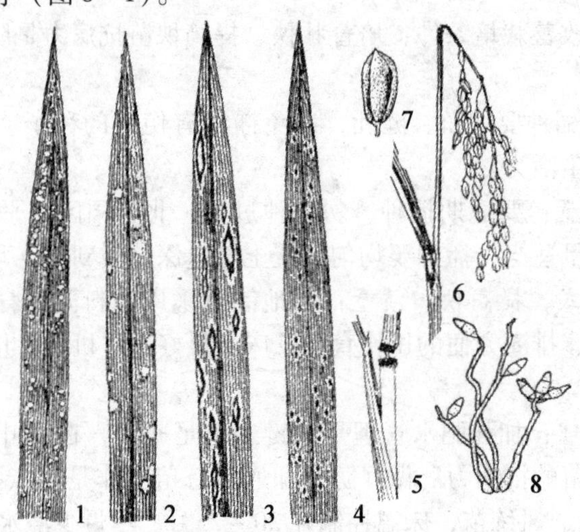

图8－1　稻瘟病

1. 白点型　2. 急性型　3. 慢性型　4. 褐点型　5. 节瘟　6. 穗颈瘟　7. 谷粒瘟　8. 分生孢子梗及分生孢子

（高等教育出版社《作物病虫害防治》）

1. 苗瘟

发生在3叶期以前。初期在芽鞘上出现水渍状斑点，之后病苗基部变黑褐色，上部淡红色或黄褐色，严重时病苗枯死。潮湿时，病部长出灰绿色霉层。

2. 叶瘟

发生在3叶期以后，因水稻品种抗病性和气候条件不同，病斑分为4种症状类型：

（1）慢性型：病斑梭形或纺锤形，两端有沿叶脉向外延伸的褐色坏死线，病斑中央灰白色称为崩溃部，边缘褐色称为坏死部，病斑外缘有淡黄色晕圈称为中毒部，湿度大时，病斑背面产生灰绿色霉层。是典型的叶瘟病病斑。

（2）急性型：病斑暗绿，多近圆形或不规则形，针头至绿豆大小，后逐渐发展为纺锤形，在叶片正、反两面密生灰绿色霉层。多在感病品种上发生，是叶瘟流行的预兆。在适温高湿、氮肥多、植株浓绿的感病品种上易引起病害流行，遇干燥天气或药剂防治后，急性型病斑可转化为慢性型病斑。

（3）白点型：病斑圆形或近圆形，白色或灰白色，不产生分生孢子。多在感病品种的幼嫩叶片上发生，一般病菌侵入嫩叶后遇干旱天气或土壤缺水干旱时易产生白点型病斑，当温度、湿度条件适宜时，能迅速转变为急性型病斑。

（4）褐点型：病斑为褐色小点，有时边缘有黄色晕圈，多局限于叶脉间，不产生分生孢子，在抗病品种或稻株下部老叶上发生。

3. 叶枕瘟

在叶片基部的叶耳、叶舌和叶环上，初期病斑污绿色，不规则地向叶环、叶舌、叶鞘及叶片扩展，最后病斑呈灰白色或褐色。叶耳感病，潮湿时可产生灰绿色霉层，使病叶早期枯死，易引起穗颈瘟。

4. 节瘟

节部初产生针头大的褐色小点，后环状扩大至整个节部，使全节变为黑褐色腐烂，干燥时病节凹陷、缢缩，易折断、倒伏。或病班仅在节的一侧发生，干燥时，节的一侧干缩，可使茎秆弯曲。潮湿时，节上产生灰绿色霉层。穗颈下1～2节易发病，病节易折断，若抽穗期发生，可因养料和水分的输送受阻，造成白穗。

5. 穗颈瘟和枝梗瘟

发生在穗颈、穗轴和枝梗上，病斑初为水渍状褐色小点，以后逐渐围绕穗颈、穗轴和枝梗并向上下扩展，因品种不同而呈灰黑色、褐色、黄白色或墨绿色。发病早的形成白穗，发病迟的瘪粒增加，粒重降低，潮湿时产生灰绿色霉状物。

6. 谷粒瘟

发生在稻壳和护颖上，乳熟期症状最明显。发病早的病斑大、椭圆形，边缘褐色，中部灰白色，后可蔓延至整个谷粒，谷粒呈暗灰色或灰白色的秕粒；发病晚的病斑为椭圆形或不规则形褐色斑点。严重时，谷粒不饱满，米粒变黑。

症状识别要点：梭形或纺锤形病斑，“三部一线”（中央为灰白色的崩溃部，边缘为褐色的坏死部，外缘为淡黄色的中毒部，两端有向外延伸的褐色坏死线），湿度大时，病部有灰绿色霉层。

【病原】

真菌侵染引起的病害，有性态为灰色大角间座壳 *Magnaporthe grise*（Hebert）Barrnov，属子囊菌亚门，大角间座壳属，在人工培养基上可产生。无性态为稻梨孢 *Pyricularia oryzae* Cav. 属半知菌亚门，梨孢霉属，为田间常见菌原。

分生孢子梗从病部的气孔或表皮伸出，单生或3～5根成束。分生孢子梗不分枝，有2～8个隔膜，基部膨大呈淡褐色，顶部渐尖，色淡呈屈曲状，屈曲处有孢痕，其顶端可产生分生孢子1～6个，多的可达9～20个。分生孢子梨形，无色透明，初无隔，成熟时有两个横隔，顶端细胞立锥形，基部细胞钝圆，有脚胞。分生孢子密集时呈灰绿色。分生孢子萌发时可从两端细胞产生芽管，顶端形成色褐而厚膜的附着胞。

【发病规律】

病菌以分生孢子或菌丝体在病谷和病稻草上越冬，成为次年稻瘟病的初侵染源。散落在地上的病稻草、病谷和未腐熟的粪肥也可成为第二年的初侵染源。病谷播种后易引起苗瘟。第二年气温回升到20℃左右时，病稻草等处越冬的病菌，在降雨后可产生大量分生孢子，附着在秧苗上或随风雨传播到秧田或本田，孢子萌发后从伤口侵入或直接从表皮侵入，发病后形成叶瘟的发病中心，病叶上的病斑再产生大量的分生孢子，借气流传播进行多次再侵染。

发病轻重与品种抗病性、生育期、气候条件、栽培管理等关系密切。苗期（4叶期）、分蘖期、始穗期为易感病时期。水稻分蘖末期是叶瘟发生的高峰期。气温20～30℃，相对湿度达90%以上时，有利于稻瘟病发生。24～28℃范围内，温度越高发病越重。北方地区，6月下旬平均气温若达20℃以上，稻瘟病的流行主要决定于降雨的迟早和降雨量的多少。偏施氮肥、长期深灌、土质黏重的地块发病重。

【预测预报】

1. 查田间发病中心

检查村边、路旁、水口、粪堆底、生长嫩绿地块及种植感病品种的地块有无中心病株。

2. 叶瘟预测

在水稻4叶期至分蘖期，若病株疯长、叶片宽大披垂、浓绿，叶瘟可能流行；苗期出现急性型病斑，若气象条件有利，4~10d后叶瘟流行；若急性型病斑成倍增长，3~5d后叶瘟流行。

【防治措施】

1. 种植抗病品种

稻瘟病菌的分布有地域性，各地可因地制宜地选用抗病品种。垦稻10、绥粳3号、垦稻12、龙粳19号、龙稻2号等较抗病，空育131和9801等易感病。多数抗病品种在大田推广3~5年便失去抗性，因此，生产中应定期轮换抗病品种，并做到抗病品种的合理布局，防止长期单一、大面积种植同一抗病品种。

2. 减少菌源

（1）不播种带病种子，清除田间及田边的病稻草，并在播种前要处理完。

（2）妥善处理病稻草和稻壳，病稻草、病秕谷和稻壳要在春季播种之前彻底处理干净，减少越冬菌源。收割时发病田的稻草应单放，并及时处理。做燃料的最好在早春前烧掉。苫盖田间窝棚、垫水口、捆秧等要选用无病稻草，以减少病菌孢子的传播。

3. 加强肥水管理

施足基肥，早施追肥，中后期看苗、看天、看田酌情施肥。平衡施用N、P、K肥，减少氮肥用量。把氮肥集中施在基肥和蘖肥上，避免迟施或过量施用氮肥，引起植株贪青徒长，降低水稻的抗病性。合理排灌，以水调肥，促控结合。分蘖前期浅水灌，分蘖盛期适时搁田或晒田，抽穗后湿润灌溉，增加土壤通透性，促进根系发育，使水稻生长健壮，增强对稻瘟病的抗病力。

4. 种子处理

减少种子带菌量。

（1）1%石灰水浸种：时间长短因气温高低而异，15~20℃浸3d，25℃浸2d，并使石灰水层高出稻种15~20cm左右和不搅动水层，以便病菌在水层和石灰形成膜层下窒息而死。

（2）用80% 402抗菌剂2 000倍液，或10% 401抗菌剂1 000倍液，或70%甲基托布津（甲基硫菌灵）可湿性粉剂1 000倍液浸种2d。

（3）50%多菌灵可湿性粉剂350倍液，室温下浸种24~36h，每日搅动数次，然后用清水浸种催芽。

5. 生物防治

未发病或叶瘟发生较轻的地块，可用阿利宁（1 000亿活枯草芽孢杆菌/g）可湿性粉剂防治；在水稻始穗期、齐穗期各喷1次阿利宁可湿性粉剂150g/hm^2，防治穗颈瘟。

6. 药剂防治

（1）防治苗瘟：北方地区苗瘟虽不重，若发生重可在秧苗3~4叶期或移栽前5d喷药预防。

（2）预防叶瘟：用药液处理秧苗根部，将洗净的秧苗根部浸泡在药液中10min，取出沥干后再插秧，可预防早期叶瘟病的发生。也可用75%三环唑300g/hm^{2}或20%三环唑1 950g/hm^2，或40%富士一号1 950ml/hm^2，或25%施保克（使百克）600ml/hm^2，对水

300kg/hm^2，均匀喷雾进行预防。

（3）治疗叶瘟：在叶瘟发生初期或始穗期，可选用40%富士一号（稻瘟灵）可湿性粉剂1 000倍液，均匀喷雾；或25%咪鲜胺（施保克、使百克）900ml/hm^2，对水300kg/hm^2，均匀喷雾；21.2%加收热必（春雷霉素+稻瘟酞）1.125~1.3kg/hm^{2}对水喷雾。或选用75%三环唑（比艳、稻艳）可湿性粉剂375~450g/hm^{2}对水900kg（2 000~2 500倍液）喷雾。

（4）防治穗颈瘟：穗颈瘟以药剂预防为主，最佳防治时期是孕穗末期（始穗期）和齐穗期。一般在破口至始穗期喷施一次，根据天气情况在齐穗期喷施第二次药。药剂可选用40%富士一号1 950ml/hm^2；或25%施保克（使百克）900ml/hm^2；75%三环唑可湿性粉剂375~450g/hm^2，对水300kg均匀喷雾；21.2%加收必热（春雷霉素+稻瘟酞）1.2~1.5kg/hm^{2}对水喷雾。

此外，防治稻瘟病还可选用40%春雷霉素1 000倍液、40%克瘟散乳剂800~1 000倍液、40%稻瘟灵乳油1 000倍液、40%异稻瘟净乳油600倍液、50%多菌灵可湿性粉剂800~1 000倍液、50%稻瘟净乳油600倍液、28%复方多菌灵（多井悬浮剂）（a.i）375~400g/hm^{2}等。

（5）防治谷粒瘟：最佳防治时期是抽穗后15~20d。药剂可参考前面的种类。

喷药应注意避开水稻开花期，在上午10点之前或下午3点之后喷药为宜，以避免影响水稻授粉。

三、水稻纹枯病

水稻纹枯病又称花秆、花脚秆、烂脚病。是水稻的重要病害之一，我国发生普遍，随着矮秆品种和杂交稻的推广，发病日趋严重，特别是高产稻区受害较重。发病后叶片枯死，结实率下降，秕谷增多，千粒重降低，一般减产10%~20%，严重的减产30%以上。

【症状】

从苗期至穗期均可发生，主要侵染叶鞘和叶片，分蘖盛期至穗期为害重，以抽穗前后发病受害最重。叶鞘发病，先在叶鞘近水面处出现水渍状、暗绿色、边缘不清楚的小病斑，后逐渐扩大成椭圆形或云纹状病斑，病斑边缘暗绿色，中央灰绿色至灰褐色，天气干燥时，病斑边缘褐色，中央草黄色至灰白色，潮湿时中央灰绿色至墨绿色，边缘褐色至暗褐色，常几个病斑相互愈合成云纹状大斑块。重病叶鞘上的叶片常发黄或枯死。叶片上的病斑与叶鞘相似，但形状不规则，病斑外围褪绿或变黄，病情发展迅速时，病部暗绿色似开水烫过，叶片很快呈青枯或腐烂状病害常从植株下部叶片向上部叶片蔓延。穗部发病，轻者穗呈灰褐色，结实不良；重者不能抽穗，造成“胎里死”或全穗枯死。在多雨潮湿条件下，病部产生白色或灰白色蛛丝状菌丝体，形成白色绒球状菌丝团，最后变成褐色坚硬菌核。潮湿条件下，病组织表面有常产生一层白色粉末状子实层（担子和担孢子）。

症状识别要点：叶片和叶鞘上的病斑云纹状，后期产生鼠粪状菌核。

【病原】

有性态为佐佐木薄膜革菌 *Pellicularia sasakii*（Shirai）Ito，属担子菌亚门，薄膜革菌属；无性态为立枯丝核菌 *Rhizoctonia solani* Kühn，属半知菌亚门丝核菌属（图8-2）。菌丝体初无色，老熟时淡褐色，分枝与主枝成直角，分枝处缢缩，距分枝不远处有分隔；菌丝能在寄主组织内生长，也可在植株病部表面蔓延。菌核由菌丝体交织而成，初为白色，后变为褐色，菌核内外颜色一致。单个菌核呈扁球形似萝卜籽状，多个连在一起呈不规则形，菌核表面粗糙，有少量菌丝与寄主相连。菌核有圆形萌发孔，萌发时菌丝从萌发孔伸出。菌核可分为浮核（浮于水面）和沉核（沉入水中）。担子无色，倒棍棒形，担孢子无色，单胞，卵圆形，担子和担孢子在病组织上形成灰白色粉状子实层。

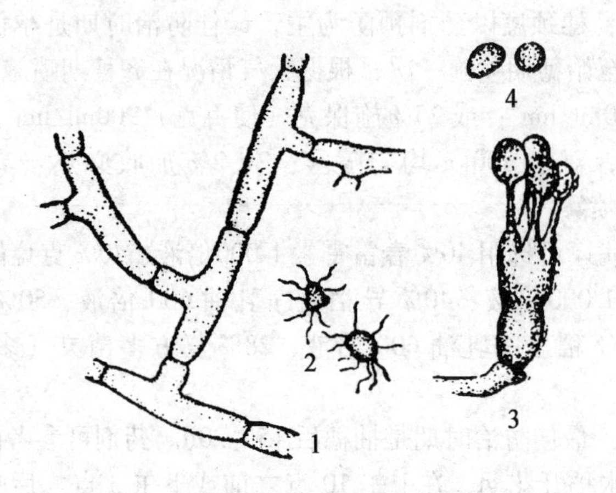

图8－2　水稻纹枯病

1. 菌丝　2. 菌核　3. 担子及担孢子　4. 担孢子

【发病规律】

病菌主要以菌核在土壤中越冬，也能以菌丝和菌核在病稻草、田边杂草和其他寄主上越冬。水稻收割时大量菌核落入田间的土壤中，成为第二年的主要初侵染源。

稻田翻耙、灌水后，越冬菌核漂浮（浮核多于沉核）在水面上，栽秧后随水漂流附着在稻株基部叶鞘上。在高湿、适温条件下，菌核萌发长出菌丝，在叶鞘上延伸并进入叶鞘内侧，从叶鞘气孔或直接穿透表皮侵入，在稻株组织中不断扩展，并向外长出气生菌丝蔓延至附近叶鞘、叶片或邻近的稻株进行再侵染。分蘖盛期至孕穗初期菌丝横向扩展最快，使病株（丛）率不断增加，之后由下部叶鞘向上部叶鞘扩展，以抽穗期到乳熟期最快。除气生菌丝外，病部形成的菌核脱落到水中，随水流漂附在稻株基部，萌发侵入也能引起再侵染。灌溉水是稻田中菌核传播的动力，密植的稻丛是菌丝体进行再侵染的必要条件。

水稻纹枯病发生轻重与菌核基数、气象条件、种植密度、肥水管理、品种抗病性等关系密切。

稻田越冬菌核量越多，初期发病越重。水稻纹枯病属高温高湿型病害，在适宜发病的温度范围内，湿度越大，发病越重。水稻分蘖期，日平均气温稳定在22℃以上即可零星发病，黑龙江省一般在孕穗期前后开始发病。当田间小气候湿为度80%时病害受抑制，71%以下病害停止发展。降雨量大、雨日多、湿度大是水稻纹枯病流行的关键因素，若与易感病的生育阶段孕穗至抽穗期相吻合则更易流行。一般年份，北方单季稻区在7月下旬至8月下旬雨季时发生严重。种植密度大、长期深灌，氮肥施用过多、过迟等发病重。

【防治措施】

1. 种植抗病品种

目前无高抗和免疫品种，但品种间抗性存在差异。一般高秆窄叶型比矮秆阔叶型抗病，籼稻比粳稻抗病常规品种比杂交稻抗病，生育期长而迟熟的品种比生育期短的品种抗病。

2. 打捞菌核

在秧田或本田翻耕灌水耙平时，用网筛等工具打捞菌核（"浪渣"）；不用病稻草和未腐熟的病稻草还田，铲除田边杂草，可减少菌源，减轻前期发病。

3. 合理排灌，以水控病

改变水稻生长中高湿的环境条件，水稻生长前期浅水灌溉，中期（分蘖末期至拔节前）适当晒田，后期干湿交替灌溉，即避免长期深灌。

4. 合理施肥

做到N、P、K肥配合施用，长效肥与速效肥相结合，农家肥与化肥相结合，以农家肥为主，氮肥应早施，切忌偏施氮肥和中后期大量施用氮肥。做到水稻前期不披叶、中期不徒长、后期不贪青。

5. 药剂防治

水稻分蘖末期丛发病率达到15%或拔节至孕穗期丛发病率达到10%～20%的地块，要及时防治。

（1）发病初期：可选用芽孢生防菌株B908，用量7.5kg/hm^2常规喷雾。

（2）病害盛发初期（水稻封行后至抽穗期）：5%井冈霉素水剂1 500～2 250g/hm^2，对水常规喷雾或泼浇稻株中、下部叶鞘1～3次，间隔10～15d。

（3）分蘖盛期至圆秆期：甲基硫菌灵（a.i）900g/hm^2加水喷雾2～3次，也可用50%多菌灵WP、30%菌核净WP。

（4）始穗期和齐穗期：各施药1次，可选用28%复方多菌灵（多井悬浮剂）（a.i）375～410g/hm^2常规喷雾，10～15d再喷一次；30%爱苗（苯醚甲环唑+丙环唑）乳油225～300g/hm^2常规喷雾。也可用50%多菌灵可湿性粉剂或30%菌核净可湿性粉剂常规喷雾。

（5）在分蘖盛期至拔节期：可选用5%已唑醇（安福）（a.i）60～75g/hm^2常规喷雾。24%满穗（噻呋酰胺）悬浮剂225～337.5ml/hm^2，对水30kg喷雾。

四、水稻恶苗病

水稻恶苗病又称公稻子、徒长病，全国各稻区均有发生。

【症状】

从苗期到抽穗期均可发生。播种的若是病谷粒常不发芽或不能出土。幼苗期发病，植株徒长，病苗细弱，比健苗高1/3～1/2，叶片、叶鞘细长，叶色淡黄，根系发育不良，根毛少，部分病苗在移栽前死亡，枯死苗上有淡红色或白色霉粉状物，即病原菌的分生孢子。本田（成株期）发病，节间明显伸长，节部弯曲露在叶鞘外，下部茎节（近地表的节上）有倒生须根，分蘖少或不分蘖。剥开叶鞘，茎秆上有暗褐色条斑，剖开病茎可见白色蛛丝状菌丝，后变成淡红色或产生黑色小点（子囊壳），以后植株逐渐枯死。湿度大时，枯死病株表面长满浅红色或白色粉霉状物，后期产生黑色小点。轻病株提早抽穗，穗小、谷粒少或成为不实粒。抽穗期谷粒也可受害，严重的变褐，不能结实，颖壳的内外颖合缝处生有淡红色霉层，病轻不表现症状，但内部已有菌丝潜伏。

症状识别要点：病幼苗徒长，比健苗高1/3～1/2，细弱，色淡。

【病原】

无性态为串珠镰孢 *Fusarium moniliforme* Sheld.，属半知菌亚门、镰孢属。分生孢子有大小两种，小型分生孢子卵形或扁椭圆形，无色单胞，呈链状。大分生孢子多为镰刀形，顶端较钝或粗细均匀，具3～5个隔膜，多数孢子聚集时呈淡红色，干燥时呈粉红色或白色。有性态为藤仓赤霉 *Gibberella fujikurio*（Saw.）Wr.，属子囊菌亚门赤霉属。子囊壳蓝黑色球形，表面粗糙。子囊圆筒形，基部细上部圆，内生子囊孢子4～8个，排成1～2行，子囊孢子双胞无色，长椭圆形，分隔处稍缢缩。

【发病规律】

水稻恶苗病的初侵染来源主要是带菌种子，其次是带菌稻草。病菌主要以分生孢子或菌丝在种子或稻草上越冬。浸种催芽时带菌种子上的分生孢子可污染无病种子而传染。次年播种了带菌的种子或使用带菌稻草，病菌就从秧苗的芽鞘或伤口侵入，引起秧苗发病徒长，严重的引起苗枯，枯死小苗的基部产生分生孢子借风雨传播到健菌上，从基部伤口侵入进行再侵染。带病的秧苗移栽后，把病菌带到大田，水稻抽穗开花时，病株或病死株上产生分生孢子经风雨传播到花器上，侵入颖片和胚乳内，造成秕谷或畸形，使谷粒和稻草带菌，并在颖片合缝处产生淡红色霉层。病菌侵入晚，谷粒虽不显症状，但菌丝已侵入内部使种子带菌。脱粒时病、健种子混收，病株或病粒上的分生孢子可飞散而附着在健康种子表面使种子带菌。

恶苗病属高温病害，发病轻重与土温关系密切，土温30～35℃时，病苗最多，20℃以下不表现症状。秧苗受伤或栽培管理不当，植株生长衰弱，有利于病害发生。因此，拔秧发病重，隔夜秧或中午插秧发病重。旱育秧较水育秧发病重；增施氮肥刺激病害发展。施用未腐熟有机肥发病重，一般籼稻较粳稻发病重，糯稻发病轻。

【防治措施】

防治水稻恶苗病以预防为主，防治重点是种子处理，田间发病后无有效防治方法。

1. 进行种子处理，严格消毒种子

是防病的最根本措施。

（1）*石灰水或福尔马林浸种*：用3%的生石灰水浸种48h；或用1%石灰水澄清液浸种，15～20℃时浸3d，25℃浸2d，水层要高出种子10～15cm，避免直射光。或用2%福尔马林浸种或闷种3h，气温高于20℃用闷种法，低于20℃用浸种法。

（2）*药剂浸种*：适乐时（咯菌腈）（a. i）5～7.5g用水稀释至200L浸种100kg，24h后催芽。用50%多菌灵500～1 000倍液浸种48 h，或用25%咪鲜胺（使百克、施保克）乳油3 000～4 000倍液（30～40kg种子用药10ml）浸种48～72h；或用45%代森铵水剂400倍液浸种48～72h。水温应高于16℃，浸种后可直接催芽。也可用35%恶霉灵胶悬剂200～250倍液浸种，种子量与药液比为1：（1.5～2），温度16～18℃浸种3～5d，早晚各搅拌1次，浸种后可直接催芽。或用50%甲基硫菌灵可湿性粉剂1 000倍液浸种2～3d，每天翻种子2～3次。

药液浸种时应注意的是，液面一定要高出种子层面15～20cm，供种子吸收。

（3）药剂拌种：适乐时（咯菌腈）（a. i）10～15g用水稀释至1～2L，与100kg种子混拌均匀，直到药液均匀分布到种子表面，晾干后即可播种。也可用40%拌种双可湿性粉剂100g或50%多菌灵可湿性粉剂150～200g，加少量水溶解后拌稻种50kg。

2. 及时拔除病株及枯死病株

田间病株及枯死病株是导致种子带菌的主要原因，发现病株应及时拔除，可防止扩大侵染，减少初侵染来源，是防病的重要手段。

3. 加强栽培管理

建立无病留种田，选用无病的种子。勿在病田及附近的稻田留种。此外因品种间抗病性有差异，可选择抗病品种，避免种植感病品种。催芽时间勿太长，芽不宜过长。采用盘育秧、钵育秧等方法减少伤根。用铲子起秧或拔秧时尽量避免伤根。做到“五不插”：即不插隔夜秧，不插老龄秧，不插深泥秧，不插烈日秧，不插冷水浸的秧。

4. 及时、妥善处理病稻草

拔除的病株不能随便乱扔，也不能堆放在田边地头，要及时晒干烧毁。病稻草要及时作燃料烧掉或沤制肥料，勿用病稻草捆秧，或作为种子消毒或催芽时的覆盖物。

五、水稻鞘腐病

水稻鞘腐病也叫叶鞘腐败病，是水稻常见真菌病害。日本学者泽田兼吉于1922年首次记载于我国台湾省，此后亚洲、非洲和美洲等许多产稻国也先后作了报道，如20世纪70年代初期在孟加拉、1977年在美国路易斯安那州、1982年在印度拉贾斯坦均发生过鞘腐病。1982年在我国四川省、1984年在江苏、浙江等水稻产区有此病发生。目前，黑龙江省发生普遍，东部地区为害较重。

水稻鞘腐病发生于孕穗期剑叶叶鞘上，因影响营养物质的产生和积累，轻者可使病株籽粒不饱满，秕谷率增加，千粒重和结实率下降，米质变劣，重者穗抽不出来，造成白穗秕谷，甚至颗粒无收。发病程度与空秕率呈直线正相关。鞘腐病发病早，不易治愈，因褐变穗颖壳发病可直接为害花蕊，发病率即为损失率。近年来，随着黑龙江尤其是垦区水稻栽培面积逐年扩大，其发生与为害渐趋严重，已成为为害水稻生产的主要病害之一。一般减产10%～20%，严重时可达30%以上，甚至颗粒无收。

【症状】

鞘腐病为害水稻不同部位对水稻产量影响不同，水稻穗部及叶鞘部位发病，都能严重影响水稻产量，降低千粒质量，而穗部发病，对产量影响更大。

水稻幼苗期至抽穗期，各生育期均可发病，能侵染叶鞘、谷粒、叶片中脉等组织。幼苗期发病，叶鞘上产生边缘不明显的褐色病斑。分蘖期发病，叶鞘上或叶片中脉上初期产生针头大小的深褐色小点，小点逐渐向上下扩展，形成虎斑形深褐色斑，病斑边缘浅褐色。水稻孕穗期的剑叶叶鞘初呈暗褐色，扩大后形成边缘暗褐色的虎纹状大病斑，严重时整个剑叶叶鞘变成黑褐色，包在鞘内的幼穗部分或全部变褐枯死，半抽穗或抽不出穗而呈包穗。潮湿时病斑表面出现薄的粉霉层，剥开剑叶叶鞘，颖壳及叶鞘内壁上白色或淡红色霉层，即病菌的菌丝体、分生孢子梗和分生孢子。

症状识别要点：剑叶叶鞘变褐，形成虎斑形深褐色斑。

【病原】

南方水稻鞘腐病病原菌主要为顶柱霉菌（稻帚枝霉）*Sarocladium oryzae*（Sawada）W. Gams. et Webster，异名 *Acrocylindriun Oryzae* Sawada，属半知菌亚门顶柱霉素属。分生孢子梗长圆柱状，无色，轮状分枝1~2回，每次分枝3~4根，分枝顶端着生分生孢子。分生孢子短圆柱形或椭圆形，单胞，无色。病菌在10~35℃均可生长，发育适温为30℃左右。菌丝生长和产生孢子适温为25~30℃，适宜pH为3~9，pH 5.5最适。病菌在病组织内可存活半年至1年。除侵染水稻外，还能侵染稗草和野生稻等。

一般研究认为，黑龙江省水稻鞘腐病病原菌优势种为禾谷镰刀菌 *Fusariun graminearum* Schw. var. caricia（Oud. et Sp.）Wr.。病原菌寄主范围较广，禾本科的虎尾草、马唐、稗、牛筋草、鸭舌草、李氏禾、千金子、野生稻等。自然发病的杂草上症状与水稻早期症状相似。

病原菌生长发育的温度范围在10~30℃之间，菌丝生长和孢子形成的最适温度为25℃。黑龙江省水稻在7月中、下旬平均温度在25℃左右，正处于幼穗分化及孕穗期，为鞘腐病的发生提供了适宜的温度条件。病原菌可在pH 3~9的基质中生长，但菌丝的生长发育以pH 4~7之间较好，pH 4~7.5孢子形成较多，菌丝生长和孢子形成的最佳pH是6.5。光照对病菌的生殖生长具有明显的抑制作用。黑暗条件有助于菌丝生长和孢子形成，在黑暗条件下孢子形成量最高。

【发病规律】

病原菌主要以菌丝体和分生孢子在病种子和成堆放置的病稻草上越冬。田间零星散落的病残体和池梗上染病杂草上病菌的存活力极低，在病害传播上几乎不起作用。温度适宜时，病菌可在种子、病残体、染病杂草上存活1年左右，浸泡于田水中的病稻草上的病菌可存活38d，且存活率极低。田间发病轻重主要取决于病残体越冬情况及种子带菌率，种子消毒不彻底，病残体越冬状况良好的年份，发病重。一般种子带菌率为20%左右。带病谷粒能引起秧苗发病。带菌种子发芽后病菌从生长点侵入，随稻苗生长而扩展。发病后，病部形成分生孢子借气流、雨水传播，通过伤口和气孔、水孔等自然孔口侵入进行再侵染。稗草等野生寄主上产生的病菌借风雨传播也可进行再次侵染。病原菌可借种子调运而作远距离传播。

水稻鞘腐病属高温高湿病害，孕穗期大气温、湿度是影响病害发生发展的主要因素。温度25~30℃，相对湿度90%以上，病情发展迅速。病菌侵入和在体内扩展最适温度为30℃。病害的发生流行与气候、肥水管理、虫害以及品种等关系密切。孕穗期到抽穗期（8月中、下旬9月上旬）降雨量大，雨次多，田间多雾多露、风大的天气有利发病。氮肥过多、过迟或集中施都会使植株贪青徒长，容易受害。氮肥适量，氮磷肥配合施用，增施钾肥，可提高植株的抗病能力。在底肥充足的情况下，孕穗初期增施叶面肥，对病害发生也有明显的影响。小昆虫、螨类多的田块也易发病。

鞘腐病在水稻各生育期均可发生为害，主要为害水稻剑叶叶鞘，下部叶鞘发病一般重于上部叶鞘。秧田期通常发病不重，孕穗期发生特别严重。本田期从孕穗期（黑龙江大约7月15日）病害开始发生，8月上中旬为病害盛发期，此时水稻正处于抽穗初期，田间可出现大量病叶鞘和病穗。鞘腐病发病时间很短，从眼观显症到病斑定型只有2~3d时间，叶鞘发病以后，垂直向下扩展速度很快。每天以3.0～12.5cm速度扩展，穗部发病主要是由抽穗时叶鞘内病原菌侵染引起的，因此，抽穗快的品种感病轻。发病率随品种的抗性程度不同而异。

【防治措施】

1. 选用和推广抗病品种

水稻品种间抗性差异很大。一般稻穗伸出较快的品种，穗部发病轻，稻穗伸出较慢的品种，穗部发病重。此外，茎秆矮、分蘖力强的品种发病重，如雪光。杂交稻，特别是杂交制种田（需剪叶调节花期）比常规稻易发病。较抗病品种有绥梗2号、空育131、上育397等。

2. 消灭菌源

从无病田或无病株上选留种子，精选种子，防止种子带菌。一定要将病稻草及残体烧掉。

3. 栽培防病

勿过度密植，适当稀植，增加株间通风透光，可减少株间小气候湿度，降低病害发生，提倡超稀植栽培。勿长期深灌，提倡浅灌或间歇灌溉。平衡施肥，控制氮肥的用量，适量施用磷钾肥，且磷、钾肥要深施。有条件的可在孕穗初期喷洒叶面肥。及时防除田间杂草，消灭害虫。

4. 药剂防治

防治水稻鞘腐病的最佳时期是抽穗前5～10d，防治时期越晚，效果越差。

（1）浸种：用40%禾枯灵（三唑酮·多菌灵）可湿性粉剂250倍液浸种24h，捞出洗净，催芽、播种；或用40%多菌灵胶悬剂500倍液浸种48h，捞出洗净，催芽、播种。

（2）本田药剂喷雾：一般在孕穗初期（抽穗前5～7d）及始穗期各喷药1次，根据病情，7～10d后可再用药1次。喷雾重点是剑叶叶鞘和穗部。

水稻孕穗期至齐穗期，可用25%咪鲜胺（使百克、施保克）乳油750～1 500g/hm^2防效最好；也可用50%多菌灵可湿性粉剂1 150～1 500g/hm^2、40%多菌灵胶悬剂1 125 ml/hm^2、70%甲基托布津（甲基硫菌灵）可湿性粉剂1 500g/hm^2。或用40%灭病威胶悬剂（20%多菌灵+20%硫磺）3 000g/hm^2加水900kg/hm^2、25%粉锈宁可湿性粉剂750g/hm^2加水750～900kg/hm^2、40%禾枯灵可湿性粉剂1 125～1 500g/hm^2加水750～1 125kg/hm^2，均匀喷雾1～2次。也可用好力克（戊唑醇）180ml/hm^2+安泰生（丙森锌）750g/hm^2；或好力克180ml/hm^2+2%春雷霉素900g/hm^2；或好力克180ml/hm^2+施保克900ml/hm^2，喷液量225～300kg/hm^2。

第二节　水稻害虫防治技术

国内已知为害水稻的害虫385种，常见的有30多种。东北地区，耕作制度单一，以一季粳稻为主，害虫对象简单，常见主要害虫有潜叶蝇、二化螟、稻纵卷叶螟、负泥虫等。

一、水稻潜叶蝇

水稻潜叶蝇 *Hydrellia griseola*（Fallén）属双翅目，水蝇科。分布在长江流域及以北水稻栽培区，是东北水稻上的重要害虫之一。以幼虫潜食叶肉，仅留上、下表皮，受害叶片最初在叶面上出现芝麻粒大小的黄白色“虫泡”，之后幼虫继续咬食，导致叶片出现黄白色枯死条斑。当叶内幼虫较多时，整个叶片发白、腐烂，甚至可造成全株枯死，受害地块大量死苗。播种和插秧早的，本田也能造成较大为害。稻小潜蝇除为害水稻外，还为害大麦、小麦、燕麦及稗草、看麦娘、三棱草等一些禾本科杂草。

【形态特征】（图 8－3）

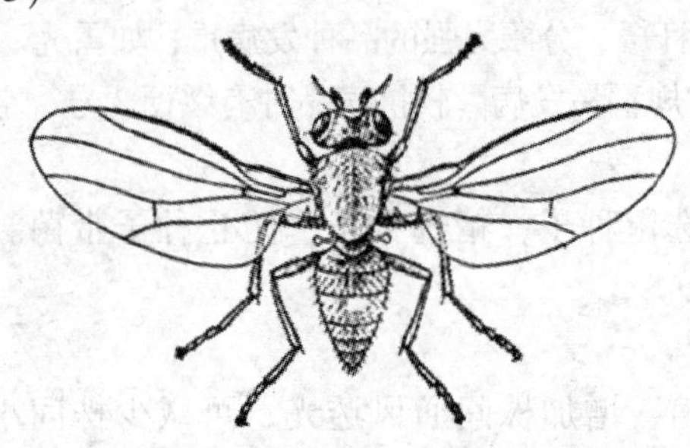

图 8－3　稻潜叶蝇成虫

（高等教育出版社《作物病虫害防治》）

成虫为青灰色小蝇子，体长 2～3mm，有绿色金属光泽。头部暗灰色，复眼黑褐色；触角 3 节黑色，触角芒的一侧有 5 根小短毛。腹部心形。足灰黑色，中、后足跗节第一节基部黄褐色。

卵乳白色，长椭圆形，有细纵纹。

幼虫体长 3～4mm，圆筒形，稍扁平，乳白色至乳黄色，腹部末端有两个黑褐色气门突起。

蛹长约 3mm，黄褐色，各体节有黑褐色短刺围绕，尾端有两个黑褐色突起。

【发生规律】

1. 生活史及习性

东北 1 年发生 4～5 代，以成虫在水沟边杂草上越冬。越冬成虫于翌年 5 月上、中旬出现，先在杂草上繁殖 1 代。6 月中旬是第一代成虫羽化盛期。成虫喜欢将卵产于平伏于水面的稻叶叶面上，幼虫孵化后 2h 内即可以锐利的口钩咬破稻叶钻入叶内潜食叶肉，随着虫龄增大，7～10d 潜道加长至 2.5cm 时，在潜道中化蛹。幼虫有转株为害习性，转株时常坠入水中死亡。幼虫只能取食幼嫩稻叶，对于分蘖后的老叶不能取食为害。黑龙江省幼虫为害盛期是 6 月中下旬，成虫羽化后又转至杂草上繁殖 2～3 代，9 月下旬至 10 月上旬羽化为成虫越冬。因此，在东北地区仅第二代幼虫为害水稻。成虫有补充营养习性和趋糖液的习性。

2. 发生条件

（1）温湿度：水稻潜叶蝇是对低温适应性强的害虫，5℃左右成虫即可活动、交尾、产卵，是最高温度平均达 8～9℃以上，各虫态均可发育。水稻潜叶蝇在我国北方高寒稻区发生较多，长江下游地区，在 4、5 月份气温较低的年份，也能发生。当气温达 11～13℃时，成虫最活跃，气温升高，稻株长得健壮，伏在水面上的叶片少，不适宜产卵，水温达到 30℃时，幼虫死亡率可达 50%以上。因此，高温限制了稻小潜叶蝇在水稻上继续为害，迁移到水生杂草上栖息。

（2）栽培管理：水稻潜叶蝇的发生和消长与水稻栽培制度关系密切。东北地区采用提前播种、集中育苗、缩短插秧期等水稻高产栽培技术，当稻苗高 6～10cm（2～3 寸），正值第一代成虫发生盛期，秧田受害严重，插秧时还有一部分未孵化的卵被带到本田，本田水稻受到第二代幼虫为害。

灌水深的稻田，伏在水面上的叶片多，着卵量多，且卵多产在下垂或平伏水面的叶片尖部，深水还有利于幼虫潜叶。浅水灌溉的水稻，卵多产在叶片基部，卵量少。幼虫在直立叶片上潜食，常因缺水而死亡。另外，幼虫转株潜食也需要足够的湿度，因此，浅灌比深灌的稻田受害轻。近年来由于提前育苗，若秧田管理跟不上，造成稻苗细弱，插秧后叶片漂浮在水面上，则水稻潜叶蝇为害加重。

【田间调查】

从秧苗移栽（直播田 3 叶期）后开始调查，开始时 3～5d 调查 1 次，每次随机选 5 点，每点 10 株，逐片叶查卵和幼虫量。田间虫量呈明显上升趋势时要缩短调查间隔时间。当百株虫量达 25 头时，应立即进行防治。

【防治方法】

1. 农业防治

水稻潜叶蝇仅 1、2 代幼虫取食水稻，其余世代在田边杂草上繁殖，因此清除田边杂草可减少虫源。培育壮苗，稻株生长健壮、不倒伏，不利于水稻潜蝇产卵和潜食。浅水灌溉，提高水温，有利于稻苗生长，也有利于控制水稻潜叶蝇的发生，尤其在潜叶蝇产卵盛期适当浅灌（4～5cm 水层）或排水晒田，可使稻苗叶片直立，不利于成虫产卵和幼虫侵入。

2. 药剂防治

防治的重点是播种早、插秧早、长势弱的稻田。

移栽前，为防止将虫卵或幼虫从秧田带入本田，减少本田施药的面积，插秧前，如发现秧田幼虫和卵较多时，可在秧田喷药后再插秧。插秧本田或直播田在幼虫发生初期（水稻 5.5 叶期）应及时喷药防治，喷药前应将稻田水排至 5cm 左右，喷药 1d 后再灌水。可选用 25% 阿克泰（噻虫嗪）水分散粒剂 90～120g/hm^2，或 70% 吡虫啉水分散粒剂 60～90g/hm^2 加水 225kg 喷雾防治。

二、水稻负泥虫

水稻负泥虫 *Oulema oryzae* Kuwayama 俗称背粪虫、巴巴虫，属鞘翅目，叶甲科。在我国山区水稻栽培区发生，秧苗期、分蘖初期受害最重。以成虫、幼虫取食叶片，成虫多沿叶脉取食为害，形成白条斑；幼虫取食叶片上表皮和叶肉，残留下表皮。严重时叶片干枯，全叶枯焦破裂，影响水稻生长。寄主除水稻外，还有谷子及芦苇、碱草、甜茅等多种禾本科杂草。

【形态特征】

成虫为小型甲虫，体长 4～5mm（图 8－4）。头小黑色，复眼黑色，触角 11 节，丝状。前胸背板黄褐色，有微细点刻。鞘翅比前胸背板宽，青蓝色，有金属光泽，有 10 行

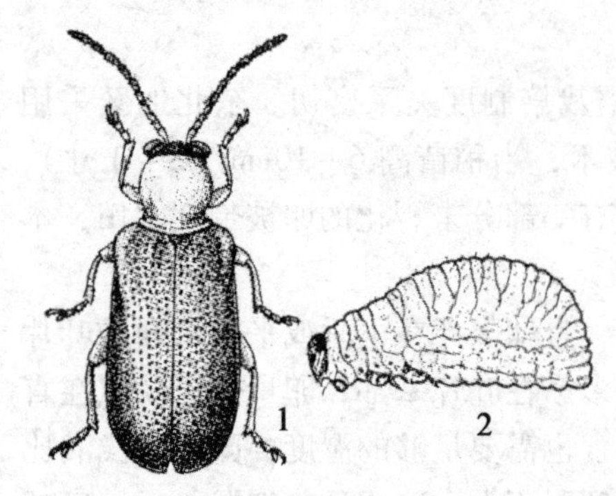

图8-4　稻负泥虫

1. 成虫　2. 幼虫

（高等教育出版社《作物病虫害防治》）

纵列刻点。足黄色至黄褐色，跗节黑色。胸、腹部腹面黑色。

卵椭圆形，表面有微细刻点。

幼虫梨形，体长4~5mm。头黑色，胴部灰黄色。腹部背面隆起，第三腹节特别膨大，第四腹节以后渐小，各节有黑色毛疣10~11对。幼虫肛门开口向上，排出的粪便堆积在体背上如泥丸，故称"负泥虫"。

幼虫化蛹前先在稻叶上吐丝做白色或暗黄色茧，在茧内化蛹，茧椭圆形，蛹为裸蛹。

【发生规律】

1. 生活史及习性

负泥虫在全国各地1年发生1代，以成虫在稻田附近背风向阳处的禾本科杂草丛中及其根际土缝内越冬。越冬成虫5月下旬开始活动，平均气温14~15℃时活动最盛，先在越冬地点附近的禾本科杂草上取食，6月上旬左右（稻苗高10~13cm）迁至稻田取食为害，并选择生长嫩绿的稻苗叶片正面近叶尖处产卵，卵块状，在叶片背面多排列成双行。

卵期7~13d，初孵幼虫在卵块附近取食，后集中在稻叶的正面及叶尖取食为害，阳光强烈时隐蔽于背光处。幼虫期11~18d，幼虫共4龄，老熟幼虫在叶片上做白色茧化蛹。蛹期10~14d，成虫羽化后当年稍取食水稻后，便寻找越冬场所，因此早稻、中稻受害，晚稻不受害。成虫有假死性，飞翔力弱，寿命长。成虫在晴暖天气活跃，幼虫怕干燥，多在早晨或傍晚由收叶内上升到叶片上取食，午间炎热时又转回心叶内。

2. 发生条件

稻负泥虫生长发育的适宜温度为18~22℃，喜阴凉潮湿，早晨及阴天活动最盛。山区、杂草多、背风的稻田发生较多。高湿有利于卵孵化。

靠近越冬场所及排灌渠道的稻田，附近杂草多的稻田负泥虫发生早且发生量大。

稻负泥虫卵、幼虫和蛹的寄生性和捕食性天敌较多，如负泥虫缨小蜂、负泥虫瘦姬蜂、步行虫、瓢虫等对负泥虫有一定的控制作用。

【防治措施】

当田间有80%成虫交尾，3%左右稻苗上有卵时，应及时防治成虫。当田间卵孵化率达70%~80%，幼虫像黄米粒大小，植株叶尖受害发白时，应及时防治幼虫。

1. 农业防治

冬春防除田间杂草，消灭越冬成虫。

2. 人工防治

幼虫期每天清晨将伏在叶片上的幼虫扫落，连续3~4次可取得较好防效。

3. 药剂防治

秧田施药，要选择越冬成虫产卵盛期；本田施药，要选择幼虫孵化盛期。可选用21%灭杀毙乳油225~300ml/hm^2、2.5%溴氰菊酯（敌杀死）乳油225~450ml/hm^2、2.5%三氟溴氰菊酯（功夫）乳油450ml/hm^{2}加水常规喷雾；或用90%晶体敌百虫1 000

倍液、50%杀螟松乳油800倍液，喷雾药液900kg/hm²。

三、二化螟

二化螟 *Chilo suppressalis* Walker 别名钻心虫、蛀秆虫，属鳞翅目，螟蛾科。国内分布广泛，北方稻区发生普遍，并有逐年加重的趋势。二化螟为多食性害虫，除为害水稻外，还为害小麦、玉米、高粱、油菜及稗草、芦苇、稻李氏禾等杂草。

【形态特征】

成虫为黄褐色或灰褐色小蛾子，雌大雄小，前翅略呈长方形，后翅均白色（图8－5）。雄蛾体长10～12mm，翅展20～25mm，前翅黄褐至灰褐色，翅面密布褐色不规则小点，前翅中央有1个灰黑色斑点，其下有3个斜行排列的灰黑色斑点，腹部瘦圆筒形。雌蛾体长12～15mm，翅展25～31mm，前翅褐色，翅面小点不明显，沿外缘有7个小黑点，有绢丝光泽；腹部纺锤形，灰白色。

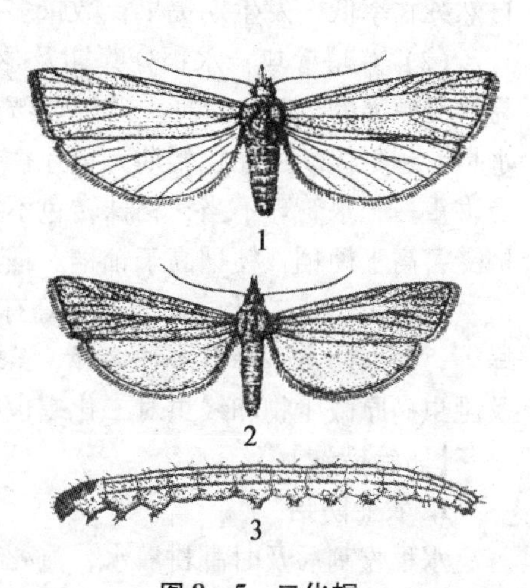

图8－5　二化螟

1. 雌成虫　2. 雄成虫　3. 幼虫

（高等教育出版社《作物病虫害防治》）

卵扁平椭圆形，初产时白色，近孵化时变为灰黑色。卵粒排列呈鱼鳞状，卵块椭圆形，上盖透明胶质。

幼虫末龄体长20～30mm，头部淡红褐色，胴部淡褐色，2龄后体背有5条暗褐色纵线，末龄时纵线红棕色，腹足较发达，趾钩三序全环。

蛹圆筒形，尾端臀刺扁平，有1对刺毛，背面有1对角状小突起。

【发生规律】

1. 生活史及习性

二化螟在我国北方稻区1年发生1～2代。以4～6龄幼虫在稻桩、稻草和稻田田埂及周围的杂草茎秆中越冬。因越冬环境复杂，有世代重叠现象。春季土表温度达7℃以上时，越冬幼虫转移到土表的稻桩、稻草或杂草中化蛹（其他世代幼虫在稻茎内或叶鞘与茎秆间化蛹）。在稻桩中越冬的幼虫，还会转移蛀入麦类、油菜的茎秆内取食。成虫羽化后3～5d内为产卵盛期，幼虫孵化后为害水稻至越冬。成虫昼伏夜出，趋光性强，有趋嫩绿习性。产卵部位随水稻生长而变化。在水稻苗期，卵多产在叶片下面，以基部2～3叶上最多。分蘖前，卵主要产在叶正面离叶尖3～7cm处；分蘖后期至抽穗期，卵多产在离水面7cm以上的叶鞘上。一般在水稻分蘖期和孕穗期产卵较多；刚插秧的稻苗，拔节期及抽穗灌浆期的稻株着卵量少。高秆、茎粗、叶片宽大、叶色浓绿的稻田最易诱蛾产卵。初孵幼虫称"蚁螟"，蚁螟孵出后，沿稻叶向下爬行或吐丝下垂，从叶鞘缝隙侵入。幼虫期6龄，3龄以后食量增大，并转株为害。幼虫钻蛀水稻能力强，蛀孔离地面3～13cm，在水稻分蘖至抽穗成熟期均能蛀食为害。初孵幼虫群集叶鞘内为害，被害叶鞘呈水渍状枯黄，造成"枯鞘"。2龄期幼虫蛀入稻株茎秆内为害，水稻分蘖期咬断稻心造成"枯心苗"，孕穗期造成"死孕穗"，抽穗期造成"白穗"，乳熟至成熟期造成"虫伤株"。老熟幼虫在稻株近水面处茎秆内或叶鞘内结薄茧化蛹。

2. 发生条件

（1）温湿度：二化螟抗低温能力强，抗高温能力弱，幼虫发育适温为22～23℃，高于25℃发育缓慢，超过30℃不利于幼虫发育。因此，低温多雨年份二化螟发生数量大，高温干旱年份发生数量小。二化螟幼虫越冬前，随温度和稻株上部湿度的降低，逐渐向根部转移，因此收割期延后，稻桩中幼虫增多，稻桩高的幼虫也多；秋季雨量多，稻株湿度大，幼虫向根部迁移缓慢，在稻草中越冬的虫数多。早春降雨量大，田间湿度大，二化螟自然死亡率低，发生期提早，数量多，为害重；春季低温多湿，发生期延迟。

（2）栽培管理：水稻分蘖期及孕穗到抽穗期，特别是孕穗末到抽穗初期，是水稻最易遭受螟害的危险生育期。若螟卵孵化盛期与水稻危险生育期相遇则害虫为害重。春耕灌水早，越冬代幼虫在化蛹期大量死亡，第一代幼虫发生量少。品种混杂，生长参差不齐，受害重。肥水管理不当，稻株转色不及时，即可招相成虫产卵，又会延长受害期。一般糯稻受害高于粳稻，粳稻高于籼稻。稻茎坚韧，抽穗快、整齐，成熟早的品种较抗螟害。

（3）天敌：二化螟卵期寄生蜂有稻螟赤眼蜂、等腹黑卵蜂、长腹黑卵蜂、螟卵啮小蜂等，幼虫期寄生蜂有多种姬蜂、茧蜂和寄蝇。虎甲、步行虫、青蛙、蜘蛛等捕食性天敌及昆虫病原微生物和线虫对二化螟也有明显的抑制作用。

【防治措施】

1. 农业防治

水稻收割后及时翻耕灌水，淹死稻桩内幼虫；处理玉米、高粱等寄主茎秆；铲除田边杂草消灭越冬虫源，减少第一代幼虫发生量；加强田间管理，使水稻生长整齐，缩短卵孵化盛期与水稻分蘖期及孕穗期相遇时间；选用优质高产抗虫品种；避免过量使用氮肥；结合除草，人工摘除卵块，拔除枯心株、白穗和虫伤株，可有效防止转株为害。因二化螟多在水面不高的稻茎或叶鞘内化肾，放干田水，降低二化螟化蛹位置，后灌水15～20cm浸田，杀螟效果良好。

2. 生物防治

保护天敌，合理用药，尽量使用生物农药，发挥天敌自然控制害虫作用。

3. 化学防治

蚁螟盛孵期，秧田枯鞘率达0.1%以上时及时进行药剂防治。可选用5%锐劲特悬浮剂450～600ml/hm^2，或48%乐斯本乳油1 125～1 500ml/hm^2，或90%敌百虫晶体1 500～2 250g/hm^{2}加水常规喷雾；还可选用50%杀螟松乳油1 000倍液喷雾。锐劲特对虾、蟹、蜜蜂高毒，在养殖虾、蟹和蜜蜂的地区应谨慎使用。

四、稻纵卷叶螟

稻纵卷叶螟（*Cnaphalocrocis medinalis* Guenée），俗称小苞虫、刮青虫、白叶虫、卷叶虫，属鳞翅目，螟蛾科。全国各稻区均有分布，是我国稻区常发性害虫，南方稻区发生量大，受害重。主要为害水稻，以幼虫缀丝纵卷单张稻叶作成虫苞，并在虫苞内取食叶肉为害，剩留一层表皮，形成透明白条斑，使水稻秕粒增加，千粒重降低，导致减产，甚至绝收。除为害水稻外，还能为害玉米、小麦、高粱、粟、甘蔗等作物及马唐、狗尾草、芦苇等多种禾本科杂草。

【形态特征】

成虫体及翅的背面黄褐色，腹面黄白色，前后翅外缘均有黑褐色宽带，翅前缘褐色，后翅有两条黑褐色横纹（图8－6）。前翅翅中部有3条黑色细横纹，中间1条较粗短。雄蛾在中间的短纹上近前缘处有1个黑色略凹的眼状纹，其上有一丛暗黑色毛。后翅亦有两条灰黑色横纹。

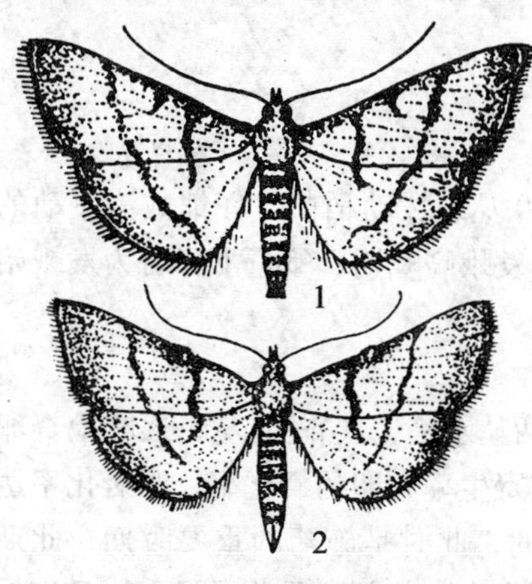

图8－6　稻纵卷叶螟

1. 雌成虫　2. 雄成虫　3. 幼虫

卵：扁平，近椭圆形，初产卵乳白色，后渐变为淡黄色至黄色。

幼虫一般5龄。体长14～19mm，低龄绿色，后渐变为黄绿色，成熟幼虫橘红色。头部褐色，胸、腹部绿色，前胸背板褐色，前胸背板前缘有两个黑点。第四龄起，前胸背板上两黑点两侧各有1由黑点组成的弧形斑，中、后胸背面各有8个明显的小黑点，前排6个，后排两个。腹足趾钩三序缺环。

蛹圆筒形，初为淡黄色，后转红棕色至褐色，腹部第五节至第七节近前缘处，有一黑色细横隆起线，末端尖削，有尾刺8根。蛹外常被白色薄茧。

【发生规律】

1. 生活史及习性

在我国从北到南每年发生1～11代，东北1年1～2代，抗寒力较弱，在我国北纬28°～30°以北不能越冬。属迁飞性害虫，每年春天，成虫随季风自南方远距离迁飞而来，随气流下沉降落，成为初始虫源，秋季再随季风回迁至南方繁殖、越冬。

成虫夜间活动，有趋光性，喜群集在生长嫩绿、荫蔽、生长茂密、湿度大的稻田和草丛中。有吸食花蜜或蚜虫蜜露补充营养习性，喜在嫩绿、宽叶、矮秆的水稻品种上产卵，分蘖期卵量大于穗期。卵多单粒散产在中、上部叶片中脉附近的叶背。初孵幼虫从叶尖沿叶脉来回爬行，后钻入心叶、叶鞘或由蓟马为害形成的卷叶中取食叶肉，使稻叶出现针尖大白色透明斑点。第二龄开始在叶尖或稻叶的上、中部吐丝缀连稻叶，形成3cm左右纵向“小虫苞”，称为“卷尖期”或“束叶期”。幼虫在苞内啃食叶肉，剩下表皮，受害处呈透明白条状。第三龄后开始转苞为害，虫苞多为单叶纵卷，虫苞管状，10～15cm。第四龄后转株频繁，虫苞大，食量大，抗药性强，为害重。第五龄（老熟幼虫）少数留在原苞内化蛹，多数离开老虫苞，在稻丛基部离地面7～10cm处的老叶或主茎与有效分蘖的基部叶鞘中作茧化蛹。

2. 发生条件

影响稻纵卷叶螟发生量及为害程度的主要原因有迁入期、迁入量、气候、食料和天敌。迁入期早、迁入量大、高峰期长是大发生的重要原因。

稻纵卷叶螟喜温暖、高湿，生长发育的适宜温湿度为22～28℃，相对湿度90%以上，此条件下产卵量大、孵化率高、幼虫成活率高。成虫在高温（30℃以上）和干旱（相对湿度90%以下）条件下寿命短，产卵量少。温暖、多雨、高湿的气候条件有利于发生。

生长嫩绿、矮杆、阔叶、叶片下垂、密闭、阴湿的稻田，产卵多发生重。灌水过深、施氮肥过迟，易引起水稻徒长与披叶，适于害虫取食为害，发生严重。粳稻比籼稻、矮秆品种比高秆品种、阔叶品种比窄叶品种、杂交稻比常规稻受害重。密植比稀植的受害重，施氮肥过多的受害重。

稻纵卷叶螟的天敌种类很多，卵期以稻螟赤眼蜂寄生为主，寄生率可高达80%以上，幼虫期有稻纵卷叶螟绒茧蜂等多种寄生蜂，捕食性天敌中多种蜘蛛、步甲、隐翅虫等，都能控制其种群数量，应加以保护和利用。

【预测预报】

1. 查蛾量，预测发生期

用一根长约1.5m的竹竿，拨动5行稻苗，每行200丛，拨动稻苗时仔细数清飞动的总蛾数，并推算出亩蛾量和平均类型田蛾量。最多时为发蛾高峰期，蛾量下降时为发蛾始末期。

2. 查卵量和孵化进度，预测幼虫发生期

每类型田选1~2块，每块田用5点取样，每点查两丛水稻，共查10丛，逐叶检查卵粒数、孵化卵数、未孵卵数、被寄生卵数，然后计算被寄生率和卵的孵化率。当孵化率达16%~20%时为卵盛孵始期，达45%~50%时为高峰期，此时是施药的重要时期，此期施药效果最好。主要原因是盛孵期大量幼虫于心叶基部取食，此部位受药量最大，且容易接触虫体。其次，初孵幼虫的抗药力最低。同时，由于寄生蜂羽化常比稻纵卷叶螟孵化迟3~7d，有利于保护寄生性天敌。

【防治措施】

1. 农业防治

选用抗虫品种，合理施肥，防止前期徒长和后期贪青晚熟。

2. 生物防治

保护天敌，选用生物农药。成虫盛发始期，释放稻螟赤眼蜂，每隔3d放一次，每次放蜂量22.5万~30万头/hm^2，连续放蜂3次。

3. 药剂防治

水稻抽穗期是防治的关键时期，2龄幼虫高峰期是防治适期。一般在成虫高峰后7~9d或稻叶刚出现被啃食的白点时施药，每隔5d检查虫情，酌情连续防治。可选用48%乐斯本乳油600~750ml/hm^2，或5%锐劲特悬浮剂450~750ml/hm^2，或10%吡虫啉可湿性粉剂150~300g/hm^2，或20%米满（虫酰肼）胶悬剂450~600ml/hm^2加水常规喷雾；也可选用90%敌百虫结晶800倍液，或50%辛硫磷乳油1 000~1 500倍喷雾；50%杀螟松可湿性粉剂1 000倍常规喷雾。

第三节　水稻田杂草的防除技术

一、水稻田杂草的发生与分布

北方稻田主要杂草可分为三大类，即稗草、阔叶杂草、莎草科杂草，主要杂草种类有稗草、甫久花（兰花菜）、野慈姑（驴耳菜）、泽泻（水白菜）、眼子菜（水上漂）、牛毛草（牛毛毡）、萤蔺（小水葱、灯心藨草）、针蔺（小水葱）、扁秆藨草、日本藨草（三江藨草）、三棱藨草等。

随着耕作栽培技术的改进，新技术的推广及除草剂的长期使用，北方水稻田杂草群落也不断演变，原有的恶性杂草眼子菜随着磺酰脲类除草剂的应用，为害逐步减轻，而多年生莎草科杂草（扁杆藨草、日本藨草、三棱藨草）的为害更加突出，防除难度大。

过去的池梗、水渠杂草，如葡匐剪股颖、看麦娘、狼巴草、稻李氏禾也进入稻田，在局部地区造成为害。因此，稻田杂草防除技术也应不断地改进和完善，达到除草、增产的目的。

北方稻田杂草防除应以农业措施为基础，化学除草为主导，机械和人工除草为辅助的综合治理体系。

二、农业措施

（一）清除杂草种子

首先，要精选稻种。严防草籽混在稻种中传到田间。种子要进行过筛和盐水选种，清除轻小的杂草种子。其次，施用农家肥要充分腐熟发酵，使农家肥中的杂草种子丧失发芽能力。最后，有效地清除池埂渠边及田边杂草。杂草种子尚未成熟时，清除池埂、渠道、田边杂草，避免灌水时将种子带入田间。

（二）实施耕翻轮作

采用深翻、秋翻，把杂草种子翻入到深土层中，同时把地下根茎翻在地表面，经过风吹日晒，干死、冻死，能使多年生杂草的地下根茎失去发芽能力。这对眼子菜、慈姑、多年生三棱草、稻李氏禾都有很好的防除效果。尤其是在三棱草、稻李氏禾为害严重的地方，深、秋翻显得更为重要。除老稻区外，在有条件的地方也可以“水改旱”，和“旱改水”，这对改变生态环境，防除水生杂草和恶性杂草也是非常有效的措施。

（三）进行中耕除草

在化学除草全面应用的情况下，适时进行中耕更显得重要。中耕可以疏松土壤，提高地温，促进有机质分解，增强根系活力。同时还可消灭行间杂草，有利于水稻生长发育。针对北方“十春九寒”的情况，多数年份气温偏低，中耕除草宜早，直播田条播栽培时第一次在水稻立针、垄行分明时进行。10d 后再进行第二次。插秧田一般在移栽后 10 ~ 15d 进行第一次，10d 后再进行第二次。实践证明，进行中耕除草还是有效的增产措施。

（四）打捞草籽和地下块茎

经过水整地后，很多杂草种子和多年生杂草地下块茎漂浮在水面上，应及时打捞和处理。

目前，北方水稻田化学除草技术发展很快。应用的除草剂品种多、数量大，每个除草剂的杀草机理，防除对象，使用技术各有不同，因此，应根据不同的栽培方式，药剂特点，杂草种类，科学合理地选用除草剂品种，才能达保证安全，提高药效，增加效益的目的。

三、水稻田化学除草

(一) 水田常用的除草剂

1. 育秧田

苯达松（排草丹）、二甲戊灵、敌稗、禾草丹（杀草丹）、氰氟草酯（千金）、禾草特（禾大壮）等。

2. 水稻移栽田

丙草胺（米旺、瑞飞特）、丁草胺（稻稗清）、二氯喹啉酸（锄稗）、吡嘧磺隆（草克星、久星）、苯达松（灭草松、排草丹）、苄嘧磺隆（莎阔净）、禾草特（禾大壮）、莎稗磷（阿罗津）、环丙嘧磺隆（金秋）、乙氧磺隆（太阳星）等。

(二) 水稻田除草剂选择的原则

选择原则是对水稻安全。北方水稻生育前期受延迟性低温影响，生育后期受早霜的影响，对农时及除草剂安生性要求严格。北方水稻秧苗移栽多为3~3.5叶期，秧苗小，5月中下旬，插秧又正值低温阶段，缓苗慢。移栽水稻生育前期在低温、水深、弱苗等不利条件下，对除草剂降解能力弱，易产生药害，抑制水稻生长，加重病害，影响产量及品质，甚至绝产，因此，水稻除草剂的安全性至关重要。

(三) 水稻田常用除草剂配方

1. 育秧田

水稻秧田杂草防除的重点是稗草，苗前封闭选择效果好，安全性较高的施灵通、杀草丹（禾草丹）；苗后茎叶处理选择禾草特（禾大壮）。阔叶杂草发生较重的地块，苗后选择苯达松（排草丹）。

(1) 33%二甲戊灵乳油2 000~3 000ml/hm^2（0.2~0.4ml/m^2），对水150~225kg，在播种覆土后喷雾后使用。

(2) 96%禾大壮（禾草特）乳油1 500ml/hm^2+20%敌稗乳油4 500~7 500ml/hm^2，在水稻苗后稗草2~3叶期对水喷雾。

(3) 50%杀草丹（禾草丹）乳油4 500~6 000g/hm^2，对水150~225kg，在播种覆土后喷雾后使用。

(4) 96%禾大壮（禾草特）乳油 2 250ml/hm^2+48%苯达松水剂1 500~2 250ml/hm^2，在水稻苗后稗草3叶期对水喷雾。

2. 水稻本田

插秧前封闭除草，结合水整地，最好采用毒土或泼浇法施药，施药后保持3~5cm水层，保水5~7d后可插秧或抛秧。插秧后本田初期施用的除草剂，施药后的土壤表面形成药层，当杂草出土时遇到药层吸收药剂中毒死亡。施药时间与整地时间间隔不能太长，一般在插秧后5~7d，稗草1.5叶期。

(1) 50%瑞飞特（丙草胺）乳油：一次用药，耙地后插秧前5~7d，1 050~1 200ml/hm^{2}或插秧后5~7d，1 050~1 200ml/hm^{2}与吡嘧磺隆或苄嘧磺隆等防除阔叶除草剂混用；二次用药，耙地后插秧前5~7d，900~1 050ml/hm^2；插秧后10~15d，750~900ml/hm^2+10%吡嘧磺隆可湿性粉剂150ml/hm^2（或10%苄嘧磺隆可湿性粉剂150ml/hm^2）等防除阔叶除草剂混用。

（2）90%丁草胺乳油：二次用药，耙地后插秧前5～7d，750ml/hm²，插秧后10～15d，750ml/hm²+10%吡嘧磺隆可湿性粉剂150ml/hm²（或10%苄嘧磺隆可湿性粉剂150ml/hm²）防除阔叶除草剂混用。

（3）30%阿罗津（莎稗磷）乳油：一次用药，耙地后插秧前5～7d，750～900ml/hm²或插秧后5～7d，750～900ml/hm²+10%吡嘧磺隆可湿性粉剂150ml/hm²（或10%苄嘧磺隆可湿性粉剂150ml/hm²）等防除阔叶除草剂混用；二次用药，耙地后插秧前5～7d，900～1 050ml/hm²；插秧后10～15d，750～900ml/hm²+10%吡嘧磺隆可湿性粉剂150ml/hm²（或10%苄嘧磺隆可湿性粉剂150ml/hm²）等防除阔叶除草剂混用。

（4）防除2～7叶龄的稗草：50%快杀稗（二氯喹啉酸）可湿性粉剂施药前一天排干水，施药后1～2d恢复正常水层管理。水稻3叶期后稗草3叶期以前，用50%快杀稗500g/hm²；稗草4～5叶期，用50%快杀稗600g/hm²；稗草6～7叶期，用50%快杀稗700～800g/hm²。对水150～300kg茎叶喷雾处理。

（5）三棱草发生严重的地块：48%苯达松（灭草松）水剂：2 250～3 000ml/hm²对水150～300kg，在水稻插秧后20～30d三棱草全部露出水面，阔叶杂草基本出齐时，选晴天进行茎叶喷雾处理。

（6）48%苯达松（灭草松）水剂：2 250～3 000ml/hm²+56%二甲四氯可溶性粉剂345～405ml/hm²，对水150～300kg，进行茎叶喷雾处理，选择高温晴天施药，并在施药后8h内无雨有效。但应注意二甲四氯不能在水稻分蘖末期施用。

3. 水稻田难治杂草防治

（1）稻稗：选用禾大壮（禾草特）马歇特（丁草胺）、苯噻草胺等除稗剂；二是马歇特（丁草胺）、苯噻草胺等分期施药，移栽前5～7d，移栽后15～20d分两次施药。插秧前3～5d施药，插秧后15～20d水稻缓苗后施药，对水稻安全，除草效果好。

（2）慈姑：一是轮换使用作用原理不同的除草剂，久星或草克星（吡嘧磺隆）、金秋（环丙嘧磺隆）、太阳星（乙氧磺隆）等磺酰脲类除草剂与苯达松（灭草松）等轮换使用；二是选对慈姑有效的除草剂，苄嘧磺隆与吡嘧磺隆比防治慈姑的药效明显差，应选用久星（吡嘧磺隆）而不应选用苄嘧磺隆；三是改进施药技术。

（3）水绵：在水稻插后表施磷酸二铵，导致水绵严重发生。施除草剂水绵在短期内得到控制，待除草剂有效期一过，水绵又快速繁殖为害。因此，应采取深耕深翻，磷肥做基肥深施，再施久星（吡嘧磺隆）、金秋（环丙嘧磺隆）等除草剂才能控制其为害。

（4）匍茎剪股颖：50%瑞飞特（丙草胺）乳油1 050ml/hm²+50%扑草净可湿性粉剂3.75～4.5kg/hm²撒毒土。10%千金（氰氟草酯）乳油1 050～1 200ml/hm²。

（5）芦苇：41%农达（草甘膦）水剂5～10倍或15%精稳杀得（精吡氟禾草灵）乳油10倍液涂抹。

（6）田埂：41%农达（草甘膦）水剂3 000ml/hm²或20%克无踪（百草枯）水剂3 000ml/hm²对水定向喷雾。

（7）其他：扁秆藨草、三江藨草（日本藨草）、藨草

撒毒土：插前10%久星（吡嘧磺隆）可湿性粉剂375～450ml/hm²。

撒毒土：插前10%久星（吡嘧磺隆）可湿性粉剂150ml/hm²或10%莎阔净可湿性粉

剂（苄嘧磺隆）150ml/hm^2，插后10%久星（吡嘧磺隆）可湿性粉剂150ml/hm^{2}或10%莎阔净可湿性粉剂（苄嘧磺隆）150ml/hm^2，或插后施药两次。

喷雾：48%苯达松（灭草松）水剂3 000ml/hm^{2}或10%久星（吡嘧磺隆）可湿性粉剂150ml/hm^{2}或15%太阳星（乙氧磺隆）水分散粒剂150ml/hm^2。

【思考题】

1. 水稻生理性烂秧和侵染性烂秧有什么区别？应采取哪些措施防治水稻绵腐病和立枯病？

2. 简述水稻鞘腐病的症状特点。在水稻哪个生长阶段发生重？

3. 影响水稻纹枯病发生的主要因素是什么？怎样进行防治？

4. 分析影响当地水稻负泥虫和潜叶蝇发生量的因素有哪些？

5. 水稻叶瘟病的4种症状类型能否互相转化？是怎样转化的？

6. 水稻田常见杂草有哪些？有哪些难治杂草？如何选择水田除草剂？

【能力拓展题】

1. 拟定水稻病虫草害防治方案。

2. 到家中或实训基地发生纹枯病的稻田查一查有无菌核？水稻纹枯病菌的浮核和沉核在形态上有区别吗？

3. 试分析2005年黑龙江省稻瘟病大发生的原因。

4. 利用课余时间调查当地水稻上还发生哪些病虫害？查阅资料或请教老师进行病虫种类鉴定，并了解其发生特点，预测这些病虫有无在当地大发生的可能性，并说明原因。

5. 根据当地二化螟的发生为害特点，制定综合防治措施。

6. 查资料说明稻瘟病和水稻胡麻斑病的症状有何异同点？防治措施是否相同？

第九章 小麦病虫草害防治技术

第一节 小麦病害防治技术

世界小麦病害共有200多种，其中，中国报道的真菌病害有40多种，细菌病害3种，病毒病害9种，线虫病害3种。东北三省共发现小麦病害20多种。常见有秆锈病、叶锈病、散黑穗病、赤霉病、根腐病、叶枯病、颖枯病，黑颖病、丛矮病（病毒病）等。其中，根腐病、叶枯病、散黑穗病、颖枯病、黑颖病在各地区均有不同程度的发生。

一、小麦根腐病

小麦根腐病在我国分布很广，主要发生在东北、西北和内蒙古等地，黑龙江省春麦区发生严重。多雨年份和潮湿地区发生更重。种子带菌可降低发芽率，引起幼根腐烂，影响出苗和幼苗生长。还可造成叶片早枯，影响籽粒灌浆，使千粒重降低。穗部感病后，可造成枯白穗，对产量和品质影响更大。一般可减产10%～30%，严重时高达30%～70%。

【症状】

小麦从种子幼芽到苗期直至成株期均能发生此病，苗期形成苗枯，成株期形成根腐、茎基腐、叶枯和穗枯。由于小麦受害时期和部位不同以及症状的差异此病，又有斑点病、黑胚病、青死病等名称。不同气候条件下的症状表现也不同，干旱或半干旱地区多为根腐型症状；潮湿地区，除根腐型症状外，还可表现为叶斑、茎枯和穗颈枯死等症状。

幼芽和幼苗发病，种子根变黑腐烂，胚芽鞘和地下茎产生淡褐至暗褐色条斑，严重时种子不能发芽，有的发芽后幼芽未出土即变褐腐烂。病轻的幼苗虽可出土，但茎基部、叶鞘以及根部产生褐色病斑，幼苗瘦弱，叶色黄绿，生长不良。

叶片发病，初期及幼嫩叶片或田间干旱时的病斑为黑色小点，扩大后成为边缘黑褐色，中部色浅的梭形、长椭圆形小斑。发病后期及老叶在田间湿度大时，病斑呈长纺锤形或不规则形黄褐色大斑。病斑常有褪绿晕圈，病斑两面密生黑色霉状物（分生孢子梗及分生孢子）。严重时病斑相互连接，使叶片提早枯死。叶鞘上病斑为黄褐色，边缘有不明显的云状斑块，其中掺杂有褐色和银白色斑点，湿度大时病部生黑色霉状物。

穗发病，从灌浆期开始出现症状，颖壳基部产生褐色不规则形水渍状病斑，后变褐，穗轴及小穗梗也变褐腐烂。严重时整个小穗枯死，不结粒，或籽粒干瘪皱缩，潮湿时病部表面产生黑色霉状物，一般枯死小穗上黑色霉层明显。

籽粒发病，被害籽粒的种皮上产生不定形病斑，尤以边缘黑褐色、中部浅褐色的长条形或梭形病斑为多。严重时籽粒的胚全部或部分变黑，因此称之为“黑胚病”。

【病原】

有性态为禾旋孢腔菌 *Cochliobolus sativus*（Ito et Kurib.）Drechsl.，属子囊菌亚门旋孢

腔菌属。子囊壳球形或近球形，有喙和孔口。子囊无色，内有子囊孢子 4 ~ 8 个，呈螺旋状排列。子囊孢子线形，淡黄褐色，有 6 ~ 13 个隔膜。无性态为麦根腐平脐蠕孢 *Bipolaris sorokiniana*（Sacc.）Shoem.，异名为 *Helminthosporium sativum* Pam. *et al.*，属半知菌亚门平脐蠕孢属。分生孢子梗淡褐色至暗褐色，不分枝，直立或膝状弯曲，基部膨大，单生或 2 ~ 5 根丛生。分生孢子弯曲，梭形至椭圆形，有 3 ~ 10 个隔，暗橄榄色。

分生孢子萌发最适温度 24℃，适宜中性或偏碱性条件。分生孢子在水滴中或在空气相对湿度 98% 以上，只要温度适宜即可萌发侵染。

根腐病菌寄主范围广，除小麦外，还能为害燕麦、黑麦、大麦等禾本科作物和稗、野黍、狗尾草等 30 多种禾本科杂草。因寄主范围广，利于病害传播，给防治带来很多困难。病菌有生理分化现象。

【发病规律】

病菌以菌丝体潜伏于种子内外，形成种子带菌，也可以菌丝体或分生孢子在病株残体上越冬，成为苗期的侵染来源。病残体腐烂，体内的菌丝体随之死亡，分生孢子的存活力随土壤湿度的提高而下降。一般当气温回升到 16℃ 左右时，病残体上产生的分生孢子借风雨传播，病菌由伤口、气孔或直接侵入引起发病。条件适合时，发病后不久病斑上便可产生分生孢子，并传播出去进行多次再侵染，侵入叶组织后可导致叶片枯死；小麦抽穗后，分生孢子从小穗颖壳基部侵入可造成颖壳变褐枯死；颖片上的菌丝可蔓延侵染种子，种子上产生病斑或形成黑胚粒。

小麦根腐病幼苗期发病程度主要与种子带菌率、耕作制度、土壤温湿度、播期和播种深度等因素有关；成株期发病程度取决于品种抗性、菌源量和气象条件。

种子带菌率越高，幼苗发病率越高、发病越重。小麦多年连作，土壤中积累病菌量大，苗期和后期病发病均重。土壤湿度过大或过于干旱，不利于种子发芽与幼苗生长，发病重。小麦播种过迟，幼苗根腐病重。播种越深，幼苗根腐病越重。小麦播种适宜深度为 3 ~ 4cm，超过 5cm 时病情明显加重。苗期低温发病重，小麦开花期到乳熟期旬平均相对湿度 80% 以上并有较高的温度有利于病害发生，干旱少雨时根系生长衰弱病情加重。穗期多雨、多雾、温暖易引起枯白穗和黑胚粒，种子带病率高。小麦品种间抗病性有极显著差异，但目前尚未发现免疫的品种。一般叶表面茸毛多、气孔少的品种比较抗病。

【防治措施】

1. 合理轮作

与非寄主作物轮作 1 ~ 2 年，可有效地减少土壤菌量。

2. 种子消毒

对苗期根腐病防效很好。

（1）种子包衣：播种前用 2.5% 适乐时（咯菌腈）悬浮种衣剂按 1∶500（药∶种）比例进行包衣。

（2）药剂拌种：用种子重量 0.2% ~ 0.3% 的 50% 福美双可湿性粉剂、50% 代森锰锌可湿性粉剂、15% 粉锈宁可湿性粉剂、25% 羟锈宁粉剂等拌种。

（3）药剂浸种：用 50% 退菌特及 80% 代森锰锌 1% 溶液浸种 24h。

3. 栽培防病

选用抗病品种，播前精细整地，施足基肥，适时播种，覆土不可过厚，及时排灌等，可提高植株抗病性，减轻为害。收获后及时翻耕，加速病残体腐烂，可减少越冬菌源。

4. 喷药防治

发病初期及时喷药防治。可选用15%三唑酮（粉锈宁）（a.i）100～150g/hm^{2}或25%敌力脱（丙环唑）（a.i）100～150g/hm^{2}或50%扑海因（a.i）500～750g/hm^{2}或50%菌核净（a.i）500～750g/hm^{2}或50%福美双（a.i）750～1 000g/hm^{2}或75%代森锰锌（a.i）750～1 000g/hm^{2}喷雾。

二、麦类黑穗病

麦类黑穗病常见的有小麦腥黑穗病、小麦散黑穗病、大麦散黑穗病、大麦坚黑穗病、燕麦散黑穗病和燕麦坚黑穗病等。小麦腥黑穗病又称乌麦、臭麦、臭黑疸，一般发病不重，我国东北春麦区较重。小麦腥黑穗病病菌孢子含有毒物质及腥臭的三甲胺等，使面粉不能食用。将混有大量病粒的小麦作饲料，还会引起禽、畜中毒。小麦散黑穗病又称赤包、黑疸，我国主要有光腥黑穗病和网腥黑穗病，矮腥黑穗病和印度腥黑穗病是我国对外植物检疫对象。东北麦区主要是网腥黑穗病。麦类黑穗病不仅使小麦减产，而且降低麦粒及面粉的品质。

【症状】

小麦散黑穗病和腥黑穗病均为系统性侵染病害，主要在穗部表现症状，二者的症状区别见表9－1。

表9－1　小麦黑穗病症状比较

症状特征＼病害名称	小麦散黑穗病	小麦腥黑穗病
为害部位	整穗	籽粒
株　型	病株直立，正常或稍矮	正常或稍高，矮腥黑穗病植株矮化
病　穗	病穗外包一层灰色薄膜，膜破裂散出黑粉（冬孢子），仅残留弯曲的主穗轴	病穗短直松散，颖片开张较大，病籽粒微露，膜不易破裂
籽　粒	无籽粒	籽粒变为菌瘿
病　征	整个病穗变成黑色粉状物	籽粒变成灰褐色粉状物
气　味	无气味	有腥臭味

症状识别要点：麦类黑穗病的共同特点是在受害的穗部产生大量黑粉（冬孢子）。小麦散黑穗病的整个病穗变成黑色粉状物，黑粉散出，仅残留弯曲的主穗轴；小麦腥黑穗病的病穗短直松散，颖片开张较大，病籽粒微露，籽粒变为菌瘿。

【病原】

1. 小麦散黑穗病菌

有性态为散黑粉菌 *Ustilago nuda*（Jons）Rostr，属担子菌亚门黑粉菌属。冬孢子球形或近球形，一半较暗一半较亮，浅黄色至茶褐色，表面有微细突起。冬孢子萌发后产生先菌丝，先菌丝为4个细胞可分别长出单核分枝，但不产生担孢子（图9－1）。

新鲜的冬孢子贮存24h后即可萌发，孢子萌发最适温度为20～25℃，菌丝生长最适温度为 24～30℃。

2. 小麦腥黑穗病菌

主要有网腥黑粉菌 *Tilletia caries*（DC）Tul 和光腥黑粉菌 *Tilletia foetida*（Wajjr.）Liro 两种。均属担子菌亚门，腥黑粉菌属。孢子堆生于子房内，外包果皮与种子同大。网腥黑粉菌的冬孢子球形或近球形，表面有网纹，褐色至深褐色。光腥黑粉菌的冬孢子圆形、椭圆形或卵圆形，表面光滑无网纹，淡褐色至青褐色。冬孢子萌发时，先产生不分隔的管状担子，担子顶端产生 4～12 个成束的长柱形、单核的担孢子，不同性别的担孢子在担子上常结合成"H"形，萌发产生双核侵染丝（图 9－2）。

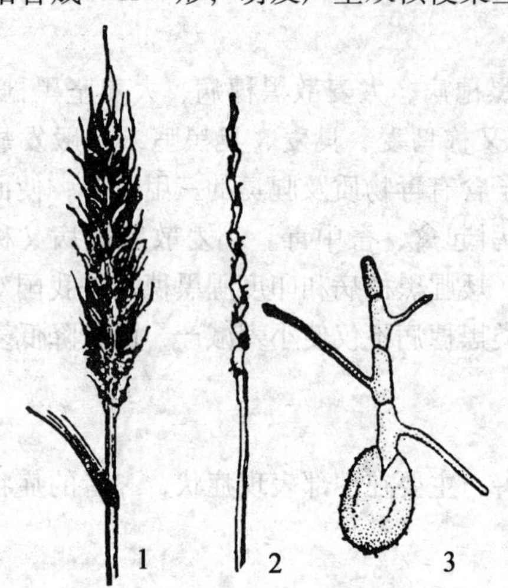

图 9－1　小麦散黑穗病

1. 病穗　2. 病穗轴　3. 冬孢子萌发

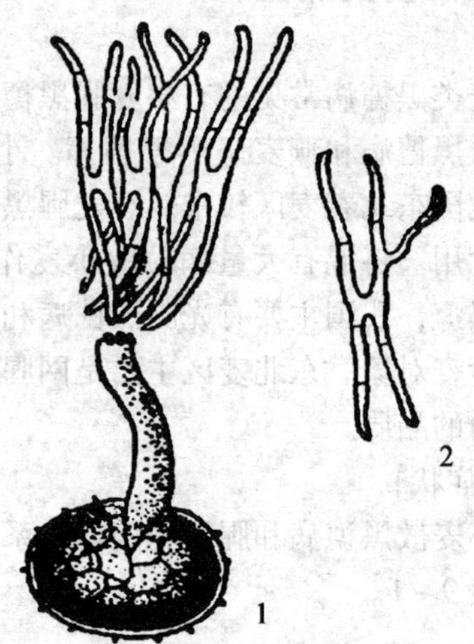

图 9－2　小麦腥黑穗病

1. 冬孢子萌发　2. 担孢子萌发

【发病规律】

1. 小麦散黑穗病

带菌种子是传播病害的惟一途径。小麦散黑穗病属花器侵染的单循环病害。带病种子播种后，随种子萌发，潜伏在胚里的菌丝也开始萌动，并随着麦苗生长到达生长点，形成系统性侵染。孕穗期到达穗部，之后在小穗内继续生长发育，破坏花器，菌丝形成大量冬孢子（黑粉），成熟后散出。小麦开花期病穗上的冬孢子，可借风力传播到小麦健康的花器上。当柱头开裂并有湿润分泌物时，冬孢子萌发后直接侵入麦粒胚部，籽粒成熟时，以厚壁休眠菌丝状态潜伏在种胚内越冬。

小麦扬花期遇有温度高、多雨、多雾，空气湿度大，气温在 20～25℃左右，有利于冬孢子萌发和侵入，种子带菌率高。小麦抽穗扬花期有风，利于孢子传播，此期若遇大雨，可将孢子淋落土壤中，孢子则无法飞散传播和侵染。不同品种抗性有差异，一般颖片开张大的品种较感病。

2. 小麦腥黑穗病

病菌主要以冬孢子附着在种子表面、混入粪肥或落入土壤中越冬，成为翌年的初侵染来源。一般以种子带菌为主，其次是粪肥和土壤带菌。

冬孢子可附着在种子表面越冬，或以菌瘿及菌瘿的碎片混入种子中越冬，或以带菌的碎麦秸、麦糠及尘土混入肥料中越冬，菌瘿落入田间或在小麦脱粒时，由风把冬孢子吹入靠近麦场的麦田中，造成土壤带菌。用带菌的麦草饲喂牲畜，病菌通过牲畜的消化道后，冬孢子未死亡也可使粪肥带菌成为初侵染源。

播种后，种子、粪肥或土壤中的病菌即可从芽鞘侵入刚萌发的幼芽，并向生长点发展，孕穗时侵入幼穗的子房，破坏花器形成黑粉，使整个花器变成菌瘿。

小麦腥黑穗病是一种幼苗期侵入、系统侵染的单循环病害。温度低不利于种子发芽和幼苗生长，延长幼苗出土时间，增加病菌侵染的机会，因而发病重。冬小麦播种过晚，春小麦播种过早，播种过深，覆土过厚，麦苗出土慢，增加了病菌侵染的机会，加重病害的发生。土壤含水量过大不利于冬孢子萌发，一般土壤含水量在40%以下，有利于冬孢子的萌发和病菌的侵染。

【防治措施】

1. 加强检疫

为防止小麦矮腥黑穗病和印度腥黑穗病随种子或商品传播，应加强植物检疫，防止病害传播蔓延。

2. 农业防治

建立无病留种田，繁育和使用无病种子是消灭小麦黑穗病的有效方法。留种田要与生产田隔离200m以上。与非寄主作物1~2年轮作，精选种子和种子处理，选用抗病良种。施用腐熟有机肥，及时拔除田间病株。适期播种，春小麦不宜过早播种，冬小麦不宜过晚播种，播种不宜过深，促进幼苗早出土，减少病菌侵染的机会。

3. 药剂拌种

药剂拌种是防治麦类黑穗病最经济有效的措施，也是目前生产上使用最广泛的方法。可用2%立克秀湿拌种剂150~200g加水1~1.5L湿拌种100kg；或用12%三唑醇或12.5%烯唑醇，每100kg种子用药20~30g拌种；或用50%多菌灵，每100kg种子用药200~300g拌种；或用3%敌畏丹悬浮种衣剂按1∶1 000（药∶种）进行种子包衣；或用25%粉锈宁可湿性粉剂，按种子重量的0.2%拌种。

三、小麦赤霉病

小麦赤霉病俗称“红麦头”、“烂头麦”，属于世界性病害，主要分布在气候湿润多雨的温带地区。小麦赤霉病不仅影响小麦产量，而且使小麦品质下降，使蛋白质和面筋含量减少，出粉率降低。感病麦粒内含有多种毒素，人、畜食用后会引起中毒，出现恶心、呕吐、头昏、腹痛等症状。严重感染赤霉病的小麦不能食用。

【症状】

小麦赤霉病在小麦各个生育期均能发生。苗期主要形成苗枯，成株期形成茎基腐烂和穗腐，其中以穗腐为害最重。

苗枯：种子带菌常引起苗枯，叶片发黄，幼苗的芽鞘和根鞘呈黄褐色、水渍状腐烂，严重的幼苗未出土或出土不久即死亡，病苗上有粉红色霉层。

茎基腐：初期茎基部变褐，之后变软腐烂，严重时植株枯萎死亡，病部产生粉红色霉层。

穗腐：几个小穗或整穗受害。小穗受害后，初期基部呈水渍状，后逐渐变成褐色病斑，潮湿时颖壳合缝处及小穗基部产生粉红色霉层（分生孢子梗及分生孢子），后期病部出现黑色粗糙的颗粒（子囊壳）。一个小穗发病后，可向相邻的小穗及穗轴内部扩展蔓延，穗轴变褐坏死后，因水分、养分不能输送，导致上部小穗变黄枯死。籽粒发病后逐渐皱缩干瘪，变成紫红色或苍白色，有时籽粒表面有粉红色霉层。

症状识别要点：麦穗发病后失绿，潮湿时在小穗颖壳合缝处及小穗基部产生粉红色霉层，后期在病部出现紫黑色粗糙的颗粒，麦粒皱缩干瘪。

【病原】

有性态为玉蜀黍赤霉 *Gibberella zeae*（Schw.）Petch.，属子囊菌亚门赤霉属。无性态为禾谷镰刀菌 *Fusarium graminearum* Schw.，属半知菌亚门镰孢属。禾谷镰刀菌大型分生孢子镰刀形，有3~5个隔，顶端钝，稍弯曲，单个孢子无色，聚集成堆时呈粉红色。一般不产生小型分生孢子和厚垣孢子。子囊壳散生或聚生于感病组织表面，圆锥形或卵圆形，深蓝至紫黑色，表面光滑，顶端有瘤状突起的孔口。子囊棍棒状，无色，两端稍细，内生8个子囊孢子，螺旋状排列。子囊孢子纺锤形，有3个隔膜，无色（图9-3）。

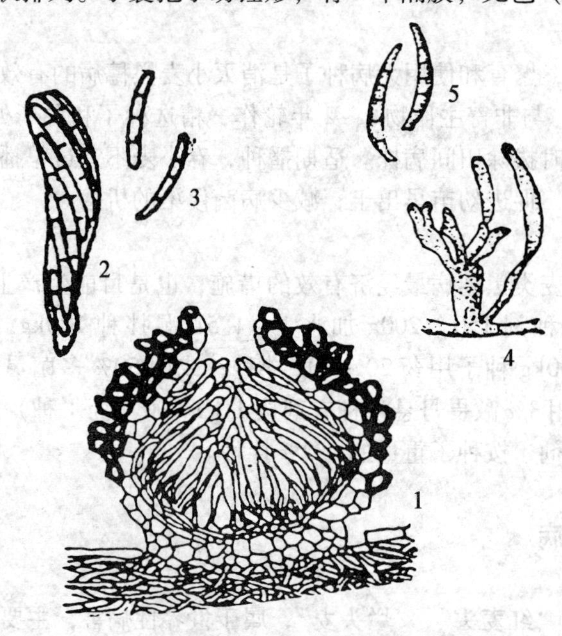

图9-3 小麦赤霉病

1. 子囊壳 2. 子囊 3. 子囊孢子 4. 分生孢子梗及分生孢子 5. 分生孢子

（仿《农业植物病理学》）

除为害小麦外，还可侵染大麦、燕麦、玉米、水稻。赤霉病菌有一定的生理分化现象。

【发病规律】

小麦赤霉病菌腐生能力强，以子囊壳、菌丝体和分生孢子在各种寄主植物的病残体上越冬。北方地区麦收后也可在麦秸、玉米秆、豆秸、稻桩、稗草等植物残体上继续存活。土壤和病种子也是重要的越冬场所。病种子和病残体上越冬的子囊壳和分生孢子是主要的初侵染来源。种子带菌可以引起苗枯，土壤中的病菌多引起茎基腐烂。小麦抽穗后至扬花末期是最易感病期，病残体上产生大量子囊孢子，借气流和雨水传播落在麦穗上，萌发侵入凋萎的花药，菌丝可水平方向扩展到相邻小穗，也可垂直方向扩展穿透小穗轴侵染穗轴的输导组织，使侵染点以上的小穗枯萎。潮湿条件下，病部可产生分生孢子，借气流和雨水传播进行再侵染。

越冬菌源量大、重茬地块、距离菌源近的地块发病严重；种子带菌量大，或不进行种子处理，病苗和烂种率高；地势低洼，排水不良，或开花期灌水过多，田间湿度大，有利于病害发生。

小麦抽穗扬花期的降雨量、降雨日数和相对湿度是决定病害流行的主要因素；其次是日照时数。小麦抽穗以后降雨次数多，降雨量大，相对湿度高，日照时数少是导致穗腐大发生的主要原因，尤其是小麦扬花至乳熟期高温、多雨，穗腐发生严重。穗期多雾多露也可促进病害的发生流行。小麦开花期若遇到 3d 以上降雨（雾），赤霉病就有大发生的可能。

不同品种对赤霉病抗性有一定差异，但未发现免疫和高抗品种。

【防治措施】

1. 选育和推广抗（耐）病品种

较抗病品种有克丰 3 号、克丰 5 号、克旱 9 号、新克旱 9 号等。

2. 栽培措施

精选种子，减少种子带菌率，播种量不宜过大，防止田间通风透光不良。控制氮肥的施用量，不能过晚追施氮肥。小麦扬花期要注意排水降湿。尽可能在小麦扬花前将寄主残体处理完；作物收获后及时翻耕，促进病残体腐烂。小麦成熟后要及时收割脱粒晒干，减少因霉垛造成的损失。因地制宜选用抗病品种。

3. 药剂防治

（1）种子处理：是防治芽腐和苗枯的有效措施，可选用 50% 多菌灵可湿性粉剂，每 100kg 种子用 100～200g（a. i）湿拌。

（2）喷药预防：小麦抽穗后、扬花前，用 12.5% 烯唑醇（特谱唑）225～450g/hm^2 + 50% 多菌灵 1 200～1 500g/hm^2 喷药预防，一般年份用药 1 次，多雨的年份，可在小麦扬花后再用药 1 次，有效预防小麦赤霉病，同时还可兼治锈病、白粉病、纹枯病、叶枯病等。

（3）喷雾防治：是防治穗腐的关键措施，一般在小麦 10%～50% 扬花时及时用药防治。小麦齐穗期至盛花期是防治穗腐的最适时期，施药宁早勿晚。可选用 70% 甲基硫菌灵可湿性粉剂 750～1 125g/hm^2、25% 咪鲜胺（施保克）乳油 800～1 000ml/hm^2、28% 多井悬浮剂（复方多菌灵，即 24% 多菌灵 +4% 井冈霉素）225g/hm^2、80% 多菌灵微粉剂 750～1 000ml/hm^2 等加水喷雾，也可有用 60% 多菌灵盐酸盐（防霉宝）可湿性粉剂 1 000 倍液、50% 多·霉威（多菌灵超微粉 + 乙霉威）可湿性粉剂 800～1 000倍液、60% 甲霉灵可湿性粉剂 1 000倍液喷雾。或用 30% 戊·福（戊唑醇·福美双）可湿性粉剂 1 350g/hm^2 加水喷雾。

四、小麦锈病

小麦锈病又称黄疸病，在世界各小麦产区发生均较严重。可分为条锈、叶锈、秆锈 3

种。发病轻时，麦穗短而小，种子不饱满，千粒重降低；发病比较早而重时，不能正常抽穗。3 种锈病以秆锈对产量影响最大，条锈次之，叶锈较小。东北和内蒙古春麦区主要以秆锈为主，叶锈次之。

【症状】

3 种锈病的共同特点是在受害部位产生鲜黄色、红褐色或深褐色的夏孢子堆，组织破裂后，孢子飞散呈铁锈色，后期在病部产生黑色的冬孢子堆。可根据孢子堆的大小、颜色、形状、着生部位、排列情况和表皮穿透的特点来区分 3 种锈病，症状区别见表 9－2。

表 9－2　小麦三种锈病的症状区别

种类 症状特征		条锈病	叶锈病	秆锈病
发生时期		最早	较晚	最晚
为害部位		主要为害叶片，也为害叶鞘、茎秆和穗	夏孢子堆主要在叶面上产生，冬孢子堆主要在叶片背面及叶鞘上产生	主要发生在茎秆及叶鞘上，严重时也为害叶、穗
夏孢子堆	大　小	最小	中等，比秆锈菌小而比条锈病菌大	最大
	颜　色	鲜黄色	橘红色	红褐至深褐色
	叶片穿透情况	不穿透叶片	偶尔可穿透叶片，在叶片正反两面同时形成夏孢子堆，但叶背面的孢子堆比正面的小	可穿透叶片，叶片的同一侵染点正反面均出现孢子堆，且背面的孢子堆比正面大
	表皮开裂情况	开裂不明显	孢子堆周围开裂一圈，开裂后，散出黄褐色夏孢子粉	表皮很早大片开裂并外翻
	在叶片上排列形式	幼苗上呈多重轮状排列，在成株上沿叶脉呈条状排列	排列密集，不规则散生	排列不规则，散生，常合并成大斑
冬孢子堆	形　态	小，疱状	小，椭圆形	较大，长椭圆形或长条形
	颜　色	黑色	黑色	黑色
	排列形式	条状	不规则	不规则散生
	表皮开裂情况	不开裂	不开裂	开裂并向外翻起如唇状

症状识别要点：在受害部位产生鲜黄色、橘红色或红褐色疱状夏孢子堆，表皮破裂后，孢子飞散呈铁锈色。3 种锈病的区别是“条锈成行、叶锈乱、秆锈是个大红斑”。

【病原】

3 种锈病均属担子菌亚门柄锈菌属（图 9－4）。

小麦条锈病的病原菌为条形柄锈菌 *Puccinia striiformis* West. f. sp. *tritici* Eriks.；夏孢子鲜黄色，单胞，球形，表面有微刺；冬孢子褐色或灰黑色，双胞，棍棒形，顶部扁平或倾斜，柄较长有色；转主寄主不明。

小麦叶锈病的病原菌为小麦隐匿柄锈菌 *Puccinia recondita* Rob. ex Desm. f. sp. *tritici*

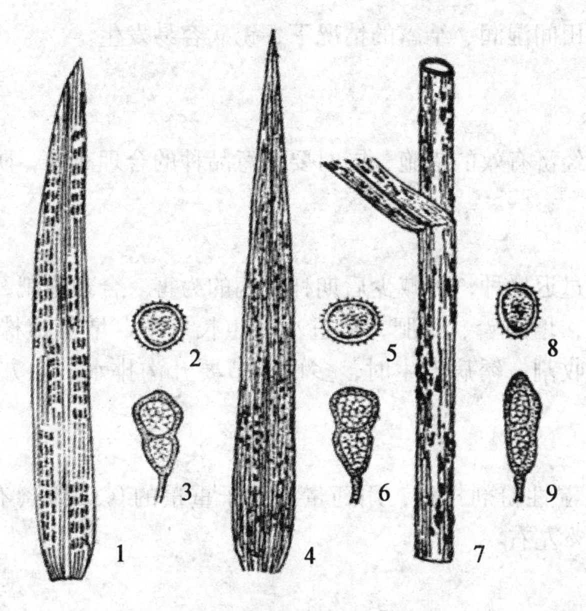

图 9-4　小麦锈病

1、2、3. 条锈病症状、夏孢子、冬孢子
4、5、6. 叶锈病症状、夏孢子、冬孢子
7、8、9. 秆锈病症状、夏孢子、冬孢子
（高等教育出版社《作物病虫害防治》）

Erikss. et Henn.；夏孢子黄褐色，单胞，球形或近球形，表面有微刺；冬孢子暗褐色，双胞，棍棒状，上宽下窄，顶部平截或稍倾斜，柄极短有色；在我国转主寄主未得到证实，国外证实是唐松草和小乌头。

小麦秆锈病的病原菌为禾柄锈菌 *Puccicinia graminis* Pers. f. sp. *tritici* Erikss. et Henn.，夏孢子暗黄色，单胞，长圆形，表面有细刺；冬孢子浓褐色，双胞，椭圆形或长棒形，表面光滑，顶端壁厚，顶部圆形或略尖，横隔处稍缢缩，柄很长，柄上端黄褐色下端无色；转主寄主是小蘖和十大功劳，但在我国不起作用。

小麦 3 种锈病病原菌均为专性寄生，他们只能在活寄主上发育和繁殖，有明显的生理分化现象。

【发病规律】

小麦 3 种锈病是典型远程气传病害，主要以夏孢子借气流传播为害，在我国冬孢子不起作用。

3 种锈病菌在我国都是以夏孢子世代在小麦为主的麦类作物上逐代侵染而完成其周年循环。条件适宜时，夏孢子萌发产生芽管侵入寄主，在寄主表皮下形成夏孢子堆。夏孢子成熟后突破寄主表皮，只要有轻微的气流，即可随风飞散传播，进行多次再侵染，造成锈病流行。夏孢子可随气流上升到 5 000km 以上的高空，传送到几百几千米以外的地区。

影响小麦锈病流行的因素主要有品种、菌量和环境条件。小麦不同品种对锈病的抗性差异明显，种植抗病品种，可减少初始菌量，能有效地抑制锈病的流行。生产上应注意抗病品种的合理搭配，才能长期控制锈病的流行。锈病流行需要有一定的菌量，而且 3 种锈菌都需要有饱和湿度。小麦叶片及孢子表面必须有 4 ~ 6h 的水膜存在，病菌才能侵入寄主。故多雨、多雾或田间湿润、结露的情况下，锈病容易发生。

【防治措施】

1. 选用抗病品种

防治小麦锈病最经济有效的措施，同时要注意品种的合理布局，防止同一品种大面积单一化长期种植。

2. 栽培防病

适期播种，避免过迟播种，可减少后期秆锈病的为害。合理施肥，适量适时追肥，避免过多过晚施用氮肥，增施磷、钾肥，促进小麦生长发育，增强植株抗病能力。合理密植，精耕细耙，适时收割。锈病发生时，多雨季节要开沟排水，北方干旱麦区要及时灌水，可减少产量损失。

3. 拌种

用25%三唑酮可湿性粉剂拌种，用药量为种子重量的0.03%（有效成分），播种后45d仍可保持防效90%左右。

4. 药剂防治

条锈病和叶锈病在点片发生时，即小麦抽穗前后病叶普遍率达5%～10%；秆锈病在小麦扬花灌浆期病秆严重率达1%～5%时，应及时防治。常用药剂有：25%三唑酮可湿性粉剂（有效成分）60～120g/hm^2 喷洒2～3次；20%粉锈宁乳油450ml/hm^2，加水600～900L/hm^2；25%烯唑醇粉剂450～600g/hm^2；12.5%烯唑醇悬浮剂6 000ml/hm^2。

第二节　小麦害虫防治技术

全国已知小麦害虫（包括螨类）237种，分属于11目57科。其中，对小麦生产影响较大的有20余种。由于小麦产区地域辽阔，种植制度及农业生态各不相同，形成了不同的麦类害虫区系。北方春麦区主要的害虫有大黑鳃金龟、暗黑鳃金龟、黏虫、麦长管蚜、宽背金针虫、麦尖头蝽、条斑叶蝉等。

一、黏虫

黏虫 *Mythimna separata* Walker 俗称五色虫、夜盗虫，属鳞翅目夜蛾科。我国大部分省区均有分布，黑龙江省是重发生区之一。主要为害小麦、玉米、高粱、谷子等禾本科作物和稗草、狗尾草等禾本科杂草，大发生年份也能为害其他作物，但不能完成生活史。黏虫是典型的暴食性、迁飞性、食叶性害虫。在大发生年份，其常将作物叶片全部吃光，造成严重损失，甚至绝产。

【形态特征】

成虫体长15～20mm，翅展35～45mm，淡灰褐色或淡黄褐色（图9－5）。前翅中央近前缘处有两个淡黄色圆斑，外侧圆斑下方有1个小白点，小白点两侧各有1个小黑点，自顶角有1条伸向后缘的黑色斜线。雄蛾腹部较细，用手指轻捏腹部，腹端可伸出1对长鳞片状抱握器；雌蛾腹部较粗，手捏时伸出一管状产卵器。

卵呈馒头形，表面有六角形的网状脊纹。初产时白色，渐变为黄色。

幼虫共6龄，老熟幼虫体长30～40mm。体色多变，从淡绿、黄褐、黑褐至深黑。头黄褐色，正面沿蜕裂线有棕黑色“八”字形纹。幼虫体表有多条纵条纹。背中线白色、较细，两侧有细黑线；亚背线红褐色，两侧有灰白色细线；气门黑色，气门线黄色，其上下有白色带纹。腹面污黄色，腹足基部外侧有黑褐色斑，趾钩单序中带。

蛹红褐色，腹部第五至第七节背板前缘有横列的马蹄形刻点，腹末有1对粗大的臀棘，两边各有2对细而短的钩状刺。

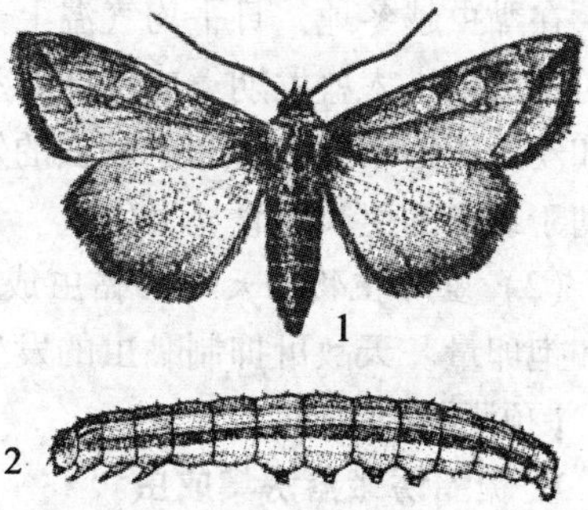

图9－5 黏虫

1. 成虫 2. 幼虫

（仿《农业昆虫学》）

【发生规律】

1. 生活史及习性

黏虫在生长发育过程中无滞育特性，条件适宜时可终年繁殖。在我国东部的1月份8℃等温线以南地区，黏虫可终年繁殖为害；4～8℃等温线之间的地区，黏虫冬季虽能取食，但数量少；0～4℃等温线地区，以蛹和幼虫越冬；0℃等温线以北地区，不能越冬，越冬代成虫是从南方远距离随气流迁飞而来，现已知黏虫在我国每年有4次较大规模的迁飞。黏虫在我国各地发生的世代数因纬度而异，从南到北1年发生1～8代，黑龙江省每年发生1～2代，以第二代为害为主。

成虫昼伏夜出，白天潜伏在株丛间、作物心叶等阴暗环境中，趋光性较弱。傍晚日落后、半夜前后和黎明前为3个活动高峰，此时是成虫取食、交尾、产卵和寻找栖息场所的高峰。成虫对糖、醋、酒混合液和杨树和柳树枝有强趋性，对甘薯、酒糟、粉浆等含有淀粉和糖类的发酵液也有趋性。成虫有补充营养习性，喜欢取食花蜜、蚜虫和蚧壳虫的蜜露、腐烂水果汁及含淀粉和糖类的发酵液等。

成虫产卵对植物种类、植株部位、农田环境等有强选择性。喜欢在水稻、小麦、谷子等密植作物中杂草丛生的玉米、高粱田等生长茂密、湿度大的田块产卵。成虫产卵有趋枯黄的习性，因此，可用小谷草把诱卵。在麦田，卵多产在植株中、下部枯黄叶片的尖端、叶背或叶鞘内，以及稻桩叶鞘的内侧。在稻田，枯黄叶尖产卵最多，也有产在叶鞘内侧的。卵块单层排列成行。

初龄幼虫怕光，多潜伏在寄主的心叶、叶鞘、叶丛间或叶腋内，有吐丝下垂习性，3龄后有假死性。多在夜间取食，气温高时，潜伏在作物根际土块下。1～2龄幼虫啃食叶肉形成透明条纹斑；3龄后沿叶缘取食成缺刻；5～6龄进入暴食期，食量占整个幼虫期的90%以上；大发生时，可将植株叶片吃光。在食料缺乏或环境条件不适宜时时，大龄幼虫可成群向迁移。幼虫老熟后，在植株附近表土下3cm处做土室化蛹，在水田多在稻桩中化蛹。

2. 发生条件

黏虫发生量受气候条件、虫源基数、蜜源植物和天敌等因素的综合影响。在同一年份、不同地块的受害程度，取决于农田小气候。

（1）温湿度：黏虫喜温暖高湿条件，既不耐30℃以上的高温也不耐0℃以下的低温，因此，在北方不能越冬，在南方不能越夏。黏虫发生的最适温度为19～22℃，相对湿度70%以上。温度低于15℃或高于25℃，相对湿度低于65%，对成虫产卵、幼虫孵化不利。在黏虫越冬地，日平均气温上升至5℃时，成虫开始出现，日平均温度稳定在10℃以上时，成虫进入盛发期。成虫产卵和幼虫孵化期，气温比常年偏高，阴雨天多，产卵量减大和幼虫死亡率低，有利于黏虫的发生。密植、肥力和灌溉条件好的小麦田，田间小气候有利于黏虫的生长发育，发生重。

（2）蜜源植物和天敌：黏虫成虫有补充营养习性，营养条件影响卵巢发育、成虫寿命和抱卵量。天敌可抑制黏虫的发生，要因地制宜地加以保护和利用。

【预测预报】

1. 糖醋诱蛾器诱集成虫

成虫发生始期前7~10d至末期用糖醋诱蛾器诱集成虫，糖醋液配方是白酒：水：红糖：醋的比例为1：2：3：4（每份为125g），加12.5g的晶体敌百虫。诱蛾器底距地面约1m，间距500m以上，一般每块地设两台即可。糖醋液3d加半量，5d换1次。每天傍晚打开诱蛾器，搅拌一下诱蛾液，罩好筒罩，第二天清晨检查诱集到的成虫数量。若1台诱蛾器3d累计诱到成虫300头以上则可能大发生。

2. 谷草把诱卵

选较粗的干谷草或稻草，剪成50cm长，端部向上，基部扎紧成1个小草把，3根为1把，绑在小木棍或细竹竿上插于田间，每块地插10~20把，草把高出作物16cm，把间距10cm，每10个谷草把以棋盘式排列插于田间，每3d检查1次，并检查卵块及卵粒数，每6d更换1次草把。

3. 调查幼虫

从田间见卵后开始，每3d查1次，选代表性作物田1~2块，田5点取样，每点查1m双行。调查时，可在行间铺白色塑料布，有长约1m的竹竿将植株向内压弯，并拍打振落幼虫，再检查虫数和龄期。

【防治措施】

1. 农业防治

合理密植，加强肥水管理，控制田间小气候，可降低卵的孵化率和幼虫的存活率。

2. 物理防治

人工采卵、捕杀幼虫压低虫口密度。在成虫产卵盛期，用草把诱卵，在成虫产卵盛期前，选叶片完好不霉烂的稻草、玉米干叶、高粱干叶10~20根扎成小把插在田间，500~800个/hm^2，3~5d更换1次，可压低黏虫密度。若草把用药剂浸泡，则可减少换把次数。田间插杨树枝把或放置糖醋盆诱杀成虫。还可用频振式杀虫灯、普通黑光灯诱杀成虫。

3. 生物防治

保护和利用天敌，如步甲、蛙类、鸟类、鸭、蝙蝠、蜘蛛等。可捕食大量黏虫幼虫，黏虫寄蝇对一代黏虫寄生率较高。使用苏云金杆菌、中华卵索线虫、黏虫核型多角体病毒等生物农药。

4. 化学防治

田间查幼虫发现，小麦田少于15头/m^2，则进行挑治；多于15头/m^2的地块，要在3龄前全面防治。10%氯氰菊酯乳油或2.5%溴氰菊酯乳油300~600ml/hm^2常规喷雾。也可选用25%灭幼脲3号悬浮剂2 000倍液，或50%辛硫磷乳油1 500倍液，或90%敌百虫晶体2 000倍液，或2.5%高效氯氟氰菊酯乳油2 000倍液，或25%的杀虫双水剂200~

400 倍液均匀喷雾。

二、麦蚜

麦蚜俗称腻虫、油汁、蜜虫等。在我国常见为害小麦的蚜虫主要有麦二叉蚜 *Schizaphis graminum* Rondani、麦长管蚜 *Macrosiphum avenae* Fabricius 和禾谷缢管蚜 *Rhopalosiphum padi* Linnaeus 3 种，均属同翅目蚜科。除此之外，近年来玉米蚜 *R. maidis* Fitch 在局部地区或某些年份常为害较重，应予以注意并监测其动态。

麦蚜属于寡食性害虫，寄主植物主要局限于禾本科植物。除麦类作物外，亦为害玉米、高粱、糜子、雀麦、马唐、看麦娘等禾本科植物。禾谷缢管蚜在北方尚能为害稠李、桃、李、榆叶梅等李属植物。

【形态特征】

见表 9－3，图 9－6－1，图 9－6－2，图 9－6－3。

表 9－3　3 种麦蚜的形态特征区别

虫　态	特　征	麦二叉蚜	麦长管蚜	禾谷缢管蚜
有翅胎生雌蚜	体长(mm)	1.8～2.3	2.4～2.8	1.6 左右
	体色	头胸部灰黑色，腹部绿色，腹部中央有 1 条深绿色纵纹	头胸部暗绿色或晴褐色，腹部黄绿色至浓绿色，背腹两侧有褐斑 4～5 个	头胸部黑色，腹部暗绿带紫褐色，腹背后方具红色晕斑两个
	额瘤	不明显	明显，外倾	略显著
	触角	比体短，第三节有 5～8 个感觉孔	比体长，第三节有 6～18 个感觉孔	比体短，第三节有 20～30 个感觉孔
	前翅中脉	分 2 叉	分 3 叉	分 3 叉
	腹管	圆锥状，中等长，黄绿色	管状，极长，黑色	近圆形，黑色，端部缢缩如瓶颈状
	尾片	圃锥状，中等长，黑色，有两对长毛	管状，长，黄绿色，有 3～4 对长毛	圆锥状，中部缢入，有 3～4 对长毛
无翅胎生雄蚜	体长(mm)	1.4～2	2.3～2.9	1.7～1.8
	体色	淡黄绿色至绿色，腹背中央有深绿色纵线	淡绿色或黄绿色，背侧有褐色斑点	浓绿色或紫褐色，膻部后方有红色晕斑
	触角	为体长的 1/2 或稍长	与体等长或超过体长，黑色	仅为体长的 1/2

【发生规律】

在黑龙江省 1 年发生 10 多代，以卵在杂草上越冬。来年早春卵孵化出干母，胎生繁殖 2～3 代后出现有翅胎生雌蚜，先在杂草上为害，当小麦出苗后，有翅蚜则迁飞到小麦幼苗上为害并胎生后代，由于麦二叉蚜较耐低温，故小麦苗期就有发生，而麦长管蚜发生较晚，一般多在小麦灌浆集中为害穗部。蚜虫以刺吸式口器刺吸植株汁液，为害叶片时可形成大小不等的黄色枯斑，为害重时使麦苗矮小发黄，甚至枯死。为害麦穗，影响籽粒灌

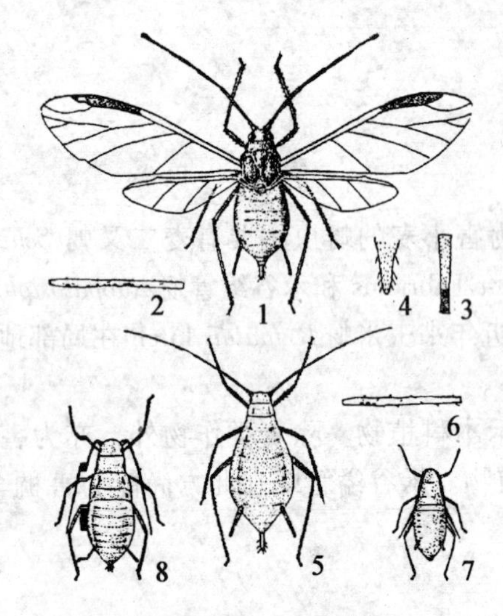

图9－6－1　麦长管蚜

有翅胎生雌蚜成虫：1. 全图　2. 触角第三节
3. 腹管　4. 尾片无翅胎生雌蚜
成虫：5. 全图　6. 触角第三节
若虫：7. 初孵若虫　8. 成长若虫

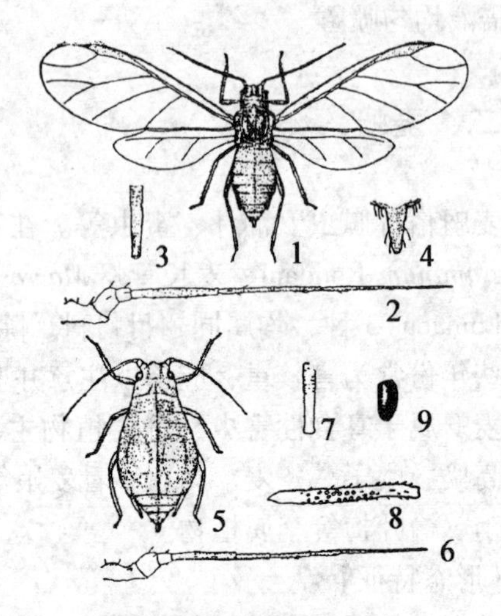

图9－6－2　麦二叉蚜

有翅胎生雌蚜成虫：1. 全图　2. 触角
3. 腹管　4. 尾片
无翅胎生雌蚜成虫：5. 全图　6. 触角　7. 腹管
无翅胎生雌蚜：8. 成虫后足胫节　9. 卵

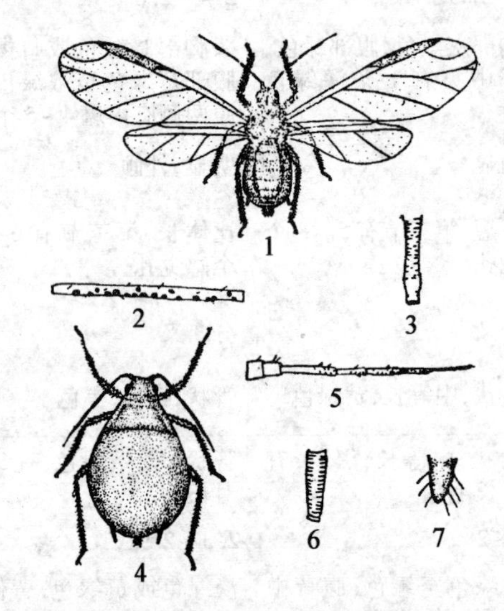

图9－6－3　禾缢管蚜

有翅胎生雌蚜：1. 成虫　2. 触角第三节　3. 腹管
无翅胎生雌蚜：4. 成虫　5. 触角　6. 腹管　7. 尾片

浆，为害重时，造成麦粒瘦小，百粒重下降，对产量影响较大。两种麦蚜均能传播病毒病，尤以麦二叉蚜传毒能力较强。麦二叉蚜喜干旱，怕光照，不耐氮肥，故发生于瘠薄麦田，麦长管蚜喜光照，较耐氮肥和潮湿，故多发生于肥沃麦田。麦二叉蚜在缺氮素营养的贫瘠田为害重，而麦长管蚜和禾谷缢管蚜在肥沃、通风不良、湿度大的麦田发生较重。禾谷缢管蚜在湿度适宜情况下，30℃左右发育最快，但不耐低温，在1月份平均温度为－2℃的地区不能越冬。禾谷缢蚜喜高湿，不耐干旱，在年降水量250mm以下地区一般不能发生。

【防治措施】

1. 农业防治

清除田内外杂草，早春耙磨镇压，适时冬灌，对杀伤麦蚜防止早期为害有一定的作用。注意选育推广抗蚜耐蚜丰产品种，冬麦区适当迟播，春麦区适当早播，冬春麦混播区冬春麦分别种植，适时集中播种。增施基肥和追施速效肥，促进麦株生长健壮，增加抗蚜能力。

2. 生物防治

合理选用农药，保护利用天敌；改善农田生态环境，促进天敌繁殖，充分发挥天敌对麦蚜的控制作用；必要时还可人工繁殖，释放或人工助迁天敌。

3. 药剂防治

(1) *种子处理*：在小麦黄矮病流行区，种子处理是大面积治蚜防病的有效措施。可选用70%吡虫啉拌种剂60～180g，加水10L拌100kg小麦种子。

(2) *盖种*：结合播种，选用3%呋喃丹颗粒剂，每公顷22.5～30kg，随种子溜入，可维持药效40～50d。

(3) *喷药*：穗期治蚜要选用速效或低毒低残留的农药，以减少对谷物的污染和对天敌的杀伤作用。选用48%乐斯本乳油1 500倍液、50%抗蚜威可湿性粉剂3 000倍液、20%杀灭菊酯乳油2 500倍液或2.5%溴氰菊酯乳油3 000倍液等。喷药适期掌握在小麦扬花后麦蚜数量急剧上升期。

参考防治指标：小麦孕穗期蚜有株率达50%左右，百株平均蚜量达200～250头；灌浆期蚜有株率达79%左右，百株平均蚜量达500头以上，为防治适期。

第三节　小麦田杂草的防除技术

一、小麦田杂草的化学防治技术

(一) 小麦田禾本科杂草防除

北方麦田禾本科杂草主要有野燕麦、稗草、马唐等。目前，在众多的农药中推荐骠马（精恶唑禾草灵）和骠灵（恶唑灵）比较好。6.9%骠马水乳剂用量600～900ml/hm^2；10%骠马乳油450～600ml /hm^2，小麦4～5叶时加水喷雾；10%骠灵乳油450～600ml /hm^2，在小麦4～5叶时加水喷雾。此药进入土壤后分解较快，对下茬作物无影响，当土壤特别干旱时不宜使用。此药不能同苯达松、百草敌及激素类混用。

(二) 麦田阔叶杂草的化学药剂防除

北方麦田阔叶杂草主要有藜、蓼、苋、苣荬菜、荞麦蔓等，推荐用72% 2,4-D丁酯乳油，用量750ml/hm^2，小麦分蘖期加水喷雾；48%百草敌水剂（麦草畏），用量300～450ml/hm^2，小麦分蘖期对水喷雾。在喷洒2,4-D丁酯时，应注意对邻近作物的飘移和挥发为害，对此药敏感的作物有油菜、向日葵、甜菜、烟草、果树、瓜类等。同氮磷肥混用有增效作用，为了减轻本药对作物的不良影响，最好不单独使用，而用混配制剂。

麦田中阔叶和禾本科杂草都很多，有些除草剂又不能混配使用，在这种情况下，两种除草剂的使用间隔时间一般在7~10d就可以收到好的效果。

为了减轻杂草的抗性及某些除草剂对小麦产量的影响，提倡使用混配制剂。2,4-D丁酯，用量300~350ml/hm^{2}加48%百草敌200~300ml/hm^2，小麦分蘖期对水喷雾。这两种药混用有增效作用；72% 2,4-D丁酯用量300~350ml/hm^{2}加25%绿黄隆可湿性粉剂20~28g/hm^{2}或加10%甲黄隆可湿性粉剂20~30g/hm^2，在小麦分蘖期对水喷雾。这种配方对小麦安全，对下茬又不产生影响，还有增产的作用。

兼治阔叶和禾本科杂草的混配制剂可用72%的2,4-D丁酯用300~500ml/hm^{2}加75%巨星（苯黄隆）干悬浮剂7~10g/hm^2，在小麦4~5叶时对水喷雾，野燕麦较多的地块可用64%野燕枯（双苯唑快）可湿性粉剂1.9~2.35kg/hm^2，加72% 2,4-D丁酯300~350ml/hm^2，再加75%巨星（苯黄隆）干悬浮剂7~10g/hm^2，在小麦4~5叶时对水喷雾。在干旱条件下，喷液量加入增效剂AA-921，用量为225ml/hm^2，可减少挥发。

对于甲黄隆、绿黄隆对很多作物都十分敏感，而且残留期又很长，为此不主张单用，如果使用可用混配剂，用量不应超过7.5g/hm^2（有效含量）。

（三）注意事项

1. 正确选择用药时期，避免在分蘖期用药。

2. 施用2,4-D丁酯等飘移性较强的除草剂，应选择在上午露水干后或下午3~6时施药，并保留适宜的安全隔离区不喷雾，以防飘移。

二、小麦田杂草的农业防治技术

麦茬搅垄深松，使杂草种子停留于表土层，使其萌发整齐一致，便于采取防治措施。深耕可使多年生杂草如苣荬菜、刺儿菜、打碗花和问荆等地下根切断，翻露于土表，经日晒和霜冻，杀死部分营养繁殖器官。翻入深层土中的根茎，降低了拱土能力，延缓出土或减弱了生长势。

在东北，通过春小麦的早播和密植，促使早发封垄和郁蔽，能有效抑制晚春的稗、马唐和鸭跖草的萌发、出苗及生长发育。

通过作物的轮作，亦能达到控制小麦田杂草的目的。东北地区连年连作小麦，多年生杂草增多，通过实行小麦与玉米或和大豆的轮作，由于玉米和大豆的播期较迟，种植时的耙地可将已萌发的多年生杂草的幼苗杀死，从而显著减轻这些杂草的为害。

三、小麦田杂草的其他防治技术

（一）杂草检疫与种子精选

通过对麦种调入和调出的检疫，可以查出种子中是否夹杂杂草子实，特别是野燕麦、毒麦等，经过检疫处理，并进行播种前的种子筛选或水选等措施，汰除麦种中的杂草子实，可有效控制杂草的远距离传播为害。

（二）清除农田环境的杂草

清洁和过滤灌溉水源，阻止田外杂草种子的输入。坚持堆沤有机肥，杀灭杂草繁殖体后还田，亦是减轻草害的途径。

四、小麦田杂草的生物防治

利用小麦田的杂草的自然生物天敌，研制生物除草剂进行生物防治。如利用燕麦叶枯菌作为防治野燕麦的茎叶处理生物除草剂外，还考虑用作土壤处理剂，用于控制野燕麦等麦田中的一年生禾本科杂草的种子。胶胞炭疽菌研制用于防治波斯婆婆纳。

【思考题】

1. 影响小麦赤霉病病害流行强度变化的主要因素是什么？如何防治小麦赤霉病？
2. 根据黏虫的发生规律拟定黏虫的综合防治方案。
3. 为什么可利用草把诱黏虫卵？怎样用草把诱黏虫卵？换下的草把应怎样处理？
4. 小麦3种锈病的症状和病原有什么区别？怎样防治小麦锈病？
5. 小麦赤霉病在什么条件下发生重？
6. 怎样区别小麦腥黑穗病和小麦散黑穗病？
7. 麦田常见杂草有哪些？

【能力拓展题】

1. 拟定小麦病虫草害综合防治方案。
2. 目前防治小麦黑穗病最有效的方法是什么？为什么？

第十章　禾谷类杂粮病虫草害防治技术

第一节　禾谷类杂粮病害防治技术

一、玉米大斑病

玉米大斑病又称玉米煤纹病、玉米枯叶病、玉米条斑病，是玉米重要的叶部病害。在我国各玉米产区均有发生，以东北、西北和南方山区、华北北部的冷凉玉米产区发病较重。病区一般减产15% ~20%，大发生年可减产50%以上。

【症状】

玉米整个生育期均可发病，主要侵染叶片，严重时也可侵染叶鞘、苞叶和籽粒。多从植株下部叶片开始发病，逐渐向上扩展。自然条件下阶段抗性明显，所以苗期很少发病，生长后期（抽雄后）发病逐渐加重。叶片上初产生水渍状或灰绿色的小斑点，后沿叶脉向两端迅速扩大成黄褐色或灰褐色梭形大斑，病斑边缘颜色较深，中间颜色较浅。叶鞘、苞叶和籽粒上的病斑多呈梭形，灰褐色或黄褐色。潮湿时，病斑表面常密生一层灰黑色的霉状物（分生孢子梗和分生孢子）。此病严重时，多个病斑相互连片，使植株过早枯死。枯死株根部腐烂，果穗松软、倒挂，籽粒干瘪细小。

症状识别要点：病斑大而少，为梭形大斑，宽1 ~2cm，可长达20cm以上，病部有灰黑色的霉状物，病组织极易破碎。

【病原】

有性态为大斑刚毛座腔菌 *Setosphaeria turcica*（Luttrell）Leonard et Suggs，属子囊菌亚门毛球腔菌属，自然条件此有性态很少见。无性态为玉米大斑凸脐蠕孢菌 *Exserohilum turcicum*（Pass.）Leonard et. Suggs，属半知菌亚门凸脐蠕孢属。分生孢子梗单生或2 ~6根丛生，从气孔中伸出，橄榄色，一般不分枝，直立或上部膝状弯曲，有2 ~8个隔膜。分生孢子有2 ~8个隔膜，多数4 ~7个隔膜，着生在分生孢子梗顶端或弯曲处。分生孢子直或弯，灰橄榄色，两端渐细，中间宽，呈梭形，基部细胞尖锥形，顶端细胞钝圆或呈长椭圆形，有1 ~9个隔膜；脐点明显且突出于基细胞之外。萌发时由分生孢子两端产生芽管，越冬前形成厚壁孢子。子囊壳黑色，椭圆形或近球形，子囊棍棒状，子囊孢子纺锤形，无色透明（图10 -1）。

分生孢子形成最适温为23 ~25℃，分生孢萌发适温为26 ~32℃，分生孢子形成和萌发均需较高湿度。分生孢子形成后耐干燥能力强，在玉米种子上可存活1年以上。病菌除侵染玉米外，还可侵染野生玉米、高粱、稗草等禾本科植物。病菌有明显的生理分化现象。

【发病规律】

病菌主要以菌丝体或分生孢子在病残体中越冬，种子上和堆肥中未腐烂病残体上的病菌也能越冬。越冬期间的分生孢子，因原生质浓缩，细胞壁加厚而成为厚壁孢子。一个分生孢子可以形成2~3个厚壁孢子，厚壁孢子的抗逆性较强。

第二年温湿度适宜时，越冬的分生孢子和菌丝体产生的分生孢子随风雨传播到玉米叶片上，条件适宜时分生孢子萌发产生侵入丝从表皮直接侵入寄主，少数可从气孔侵入，引起初侵染。在潮湿条件下，病部产生大量分生孢子，可随风雨传播进行多次再侵染。温度20~25℃，相对湿度90%以上利于玉米大斑病的发生。因不同玉米品种抗病性有明显差异，故种植感病品种是病害大流行的主要原因。玉米孕穗期和抽穗期易流行此病。玉米晚播、密植、连作或靠近村庄及地势低洼的地块发病重。7~8月份温度偏低，多雨高湿，光照不足，均有利于大斑病的发生和流行。北方各玉米产区，6~8月气温大多适于发病，降雨就成为大斑病发病轻重的决定因素。

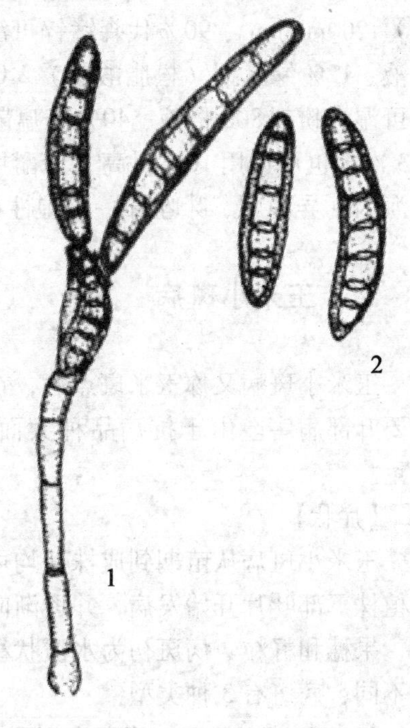

图10－1　玉米大斑病

1. 分生孢子梗及分生孢子　2. 分生孢子

（仿《植物保护技术与实训》）

【防治措施】

玉米田因生长后期喷药防治难以实施，所以，防治措施以种植抗病品种、轮作等农业防治措施为主，可根据发病程度进行必要的药剂防治。

1. 种植抗、耐病品种

是防治玉米大斑病经济有效的措施。生产上较抗病的品种如四单8、四单12、本玉9、丹玉13、中单14、中单18、绥玉8、绥玉4、吉单101、吉单131、本玉9号等。

2. 合理轮作

避免玉米连作，合理轮作倒茬可减少菌量。

3. 深翻

大斑病菌丝体被埋在地下10cm深的土壤中越冬后全部死亡，因此秋季要深翻，消灭越冬菌源。作燃料用的玉米秸秆，开春后要及早处理完，并可兼治玉米螟；用病残体作堆肥要充分腐熟，秸秆肥最好不要在玉米田施用。

4. 加强栽培管理

利用该病有阶段抗病性的特性，适期早播可避免病害的发生和流行。应施足基肥，适期追肥，N、P、K肥合理配合，根据品种特性和栽培条件合理密植，合理灌溉，洼地注意田间排水，降低田间湿度。

5. 药剂防治

在玉米抽雄前后，田间病株率达70%以上，病叶率20%时，及时喷药防治。可选用75%达科宁（百菌清）1 800~2 100g/hm^2、30%爱苗（苯醚甲环唑+丙环唑）乳油

150～200ml/hm²、90%代森锰锌可湿性粉剂1 000倍液、50%多菌灵可湿性粉剂500～800倍液、12%绿乳铜（松脂酸铜）2 000倍液、50%甲基托布津500～800倍液、50%退菌特可湿性粉剂800倍液、40%克瘟散乳剂800～1 000倍液等，隔7～10d 1次，连续用药2～3次，也可选用10%世高（苯醚甲环唑）水分散粒剂、77%可杀得（氰氧化铜）、50%扑海因（异菌脲、咪唑霉）可湿性粉剂等药剂于发病初期喷药保护。

二、玉米小斑病

玉米小斑病又称玉米斑点病，在我国各玉米产区均有发生，是温暖潮湿玉米栽培区的重要叶部病害。由于抗病品种大面积单一种植，致使在一些玉米产区小斑病发生仍较严重。

【症状】

玉米小斑病从苗期到成株期均可发生，苗期发病较轻，玉米抽雄后发病逐渐加重。常从植株下部叶片开始发病，并逐渐向上蔓延。病菌主要侵染叶片，严重时也侵染叶鞘、苞叶、果穗和籽粒。病斑初为水渍状小点，后变为边缘色深的黄褐色或红褐色的病斑。因品种不同，病斑有3种类型：

（1）抗病型病斑：病斑为坏死小斑点，黄褐色，有黄褐色晕圈，病斑一般不扩展。

（2）感病型病斑：病斑长椭圆形或椭圆形，黄褐色，边缘颜色较深，病斑扩展受叶脉限制。

（3）感病型病斑：病斑椭圆形或纺锤形，黄或灰色，无明显边缘，病斑扩展不受叶脉限制。

感病型病斑常相互联合成片，使整个叶片萎蔫，甚至使植株提早枯死。潮湿时，病斑上产生大量灰黑色霉层（分生孢子梗和分生孢子）。

症状识别要点：叶片上病斑黄褐色椭圆形，病斑较小（长一般不超过2cm），数量较多，病部有灰黑色霉层。

【病原】

有性态为异旋孢腔菌 *Cochliobolus heterostrophus* Drechsl.，属子囊菌亚门旋孢腔菌属。无性态为玉蜀黍平脐蠕孢 *Bipolaris maydis*（Nisikado et Miyake）Shoem.，属半知菌亚门，平脐蠕孢属。分生孢子梗2～3根束生，从叶片气孔伸出，直立或曲膝状弯曲，不分枝，褐色，具3～15个隔膜，基部细胞稍膨大，上端有明显孢痕。分生孢子褐色，长椭圆形，中间粗两端细而钝圆，多向一端弯曲，具3～13个隔膜，脐点凹陷于基细胞之内。子囊壳球形，埋生寄主组织中，黑色，喙部明显。子囊近圆筒状，顶端钝圆，基部具柄。子囊内有4个线状无色透明的子囊孢子，具5～9个隔膜，子囊孢子在子囊内相互缠绕成螺旋状（图10－2）。

【发病规律】

病菌主要以菌丝体在病残体上越冬，分生孢子也可越冬，但存活率很低。越冬的病菌菌丝体，在第二年温湿度条件适宜时，即可产生大量分生孢子，通过气流传播到玉米植株上，有水膜时可萌发产生芽管，从叶片上的气孔或表皮细胞直接侵入，引起初侵染。潮湿条件时病斑上可产生大量分生孢子，通过气流传播进行多次再侵染。

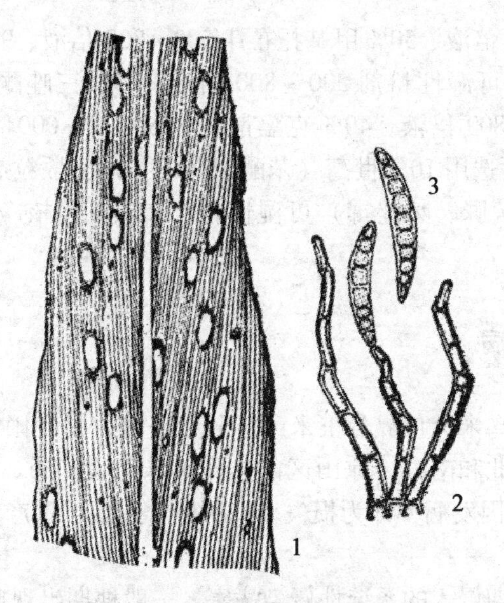

图 10－2　玉米小斑病

1. 病叶　2. 分生孢子梗及分生孢子　3. 分生孢子

（高等教育出版社《作物病虫害防治》）

不同品种间对玉米小斑病菌的抗病性存在明显差异，大面积推广和种植感病杂交种是导致部分地区该病大发生和流行的主要原因。玉米对小斑病存在阶段抗性，一般玉米生长前期抗病性强，后期抗病性弱，因此，玉米拔节前多在下部叶片发病，抽雄后因生长停止，叶片老化，抗性减弱，病害易流行。小斑病菌对氮肥敏感，如果玉米拔节期肥力不足，发病重；地势低洼、湿度大通风透光差的地块发病重；植株生长不良，发病早的病重。7～8 月份，如果月平均温度在 25℃以上，雨日多、雨量大、露水大的年份和地区，小斑病发生重。

【防治措施】

以种植抗病品种、减少初侵染来源等的农业防治措施为基础，必要时进行药剂防治。

1. 种植抗病品种

抗病、优质、高产的玉米杂交种是保证玉米稳产增收的重要措施。较抗病的品种如吉单 101、四丹 8、丹玉 6、丹玉 13、绥玉 4、绥玉 8、合玉 11 等。

2. 减少初侵染来源

由于小斑病的初侵染来源主要是上年玉米收获后遗留在田间地头和玉米秸垛中尚未腐熟的病残体。因此，玉米收获后要及时翻地，将病残体翻入土中促使其腐烂分解。不要把秸秆堆放在田间地头，做堆肥时要充分腐熟，作燃料的要在春天及时烧掉。

3. 加强栽培管理

大面积实行 1～2 年轮作可减少发病。适期早播，合理施肥，注意氮、磷、钾配合施用，施足基肥并及时追肥，避免拔节和抽穗期脱肥，促进植株生长健壮，提高抗病力。低洼地要及时排水，降低田间湿度。病重地块要及时打除底叶。

4. 药剂防治

在玉米心叶末期到抽雄期，可选用 75% 达科宁（百菌清）1 800～2 100g/hm^2、50%

硫菌灵胶悬剂600～700倍液、50%甲基托布津500～800倍液、90%代森锰锌可湿性粉剂1 000倍液、50%多菌灵可湿性粉剂500～800倍液、25%三唑酮可湿性粉剂1 000倍液、50%退菌特可湿性粉剂800倍液、40%克瘟散乳剂800～1 000倍液等，隔7～10d 1次，连续用药2～3次，也可选用10%世高（苯醚甲环唑）水分散粒剂、77%可杀得（氰氧化铜）、50%扑海因（异菌脲、咪唑霉）可湿性粉剂、50%菌核净等药剂于发病初期喷药保护。

三、玉米丝黑穗病

玉米丝黑穗病俗称乌米，世界各玉米产区分布普遍，是我国春玉米产区的重要病害，尤其以东北、华北、西北和南方冷凉山区的连作玉米田发病重，发病率2%～8%，严重地块可达60%～70%，因发病率即为损失率，所以常造成严重产量损失。

【症状特点】

玉米丝黑穗病是苗期侵入的系统性侵染病害。一般穗期出现典型症状，玉米抽雄后症状最明显、最典型。病果穗较短小，基部膨大而顶端小，不吐花丝，除苞叶外整个果穗变成一个黑粉苞，苞叶通常不易破裂，黑粉不外漏，常黏结成块，不易飞散，内部夹杂丝状的寄主维管束组织。后期有些苞叶破裂，散出黑粉（冬孢子），并使丝状的寄主维管束组织显露出来，所以称为丝黑穗病。雄穗受害，一般仅个别小穗变成黑粉苞，多数仍保持原来的穗形，花器变形，不能形成雄蕊，颖片长、大而多，呈多叶状。也有以主梗为基础膨大形成黑粉苞，外面包被白膜，膜破裂后散出黑粉，黑粉也常黏结成块，不易分散。

有些杂交种或自交系在6～7叶期开始出现症状，如病苗矮化，叶片密集，叶色浓绿，节间缩短，株形弯曲，第五片叶以上开始出现与叶脉平行的黄条斑等。

症状识别要点：病果穗较短小，基部膨大而顶端小，除苞叶外整个果穗变成一个大黑粉苞，黑粉常黏结成块，内部夹杂丝状的寄主维管束组织。

【病原】

病原为孢堆黑粉菌 *Sporisorium reilianum*（Kühn）Langdon et Full，属担子菌亚门孢堆黑粉菌属，异名为 *Sphacelotheca reiliana*（Kühn）Clinton.。冬孢子球形或近球形，表面有细刺，黄褐色至黑褐色。冬孢子间混杂有球形或近球形的不育细胞，表面光滑近无色。成熟前冬孢子常集合成孢子球，外面被菌丝组成的薄膜所包围，成熟的冬孢子分散后遇适宜条件萌发产生有隔的担子（先菌丝），侧生担孢子，担孢子上还可以芽殖方式反复产生次生担孢子。担孢子椭圆形，单孢，无色（图10－3）。

冬孢子在低于17℃或高于32.5℃时不能萌发，偏碱性环境也抑制冬孢子萌发。

病菌有明显的生理分化现象，一般能侵染高粱的丝黑粉菌虽能侵染玉米，但侵染力很低，侵染玉米的丝黑粉菌不能侵染高粱，这是两个不同的专化型。

【发病规律】

病原菌以冬孢子散落在土壤中、粘附于种子表面或混入粪肥中越冬，其中以土壤带菌为主。冬孢子在土壤中能存活2～3年，结块比分散的冬孢子存活的时间更长。冬孢子通过牲畜消化道后仍能保持活力，病株残体作为沤肥的原料时，若粪肥未腐熟也可引起田间发病。带菌种子是远距离传播的重要途径，但由于种子自然带菌量小，传病作用明显低于土壤和粪肥带菌。

越冬的冬孢子萌发后，从幼苗的芽鞘、胚轴或幼根侵入寄主。玉米3叶期前是病菌的主要侵染时期，7叶期后病菌不再侵染，侵入后的病菌很快蔓延到达玉米的生长点，造成系统性侵染，并蔓延到雌穗和雄穗，菌丝在雌、雄穗内形成大量的黑粉（冬孢子），玉米收获时黑粉落入土壤中或粘附在种子上越冬。病菌没有再侵染。

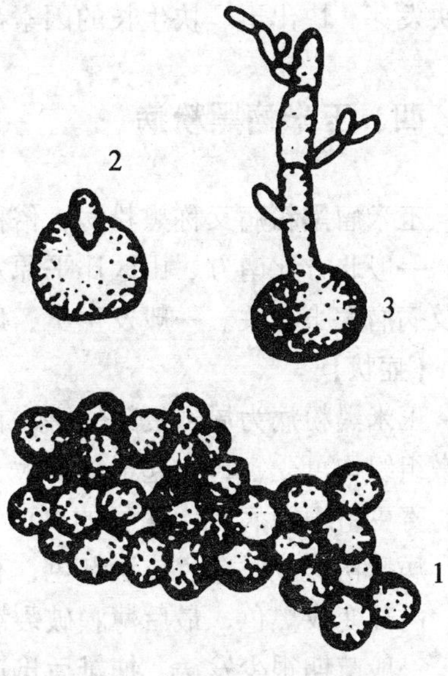

玉米不同品种的抗病性差异明显，抗病品种很少发病。连作因土壤带菌量大发病重，使用带有病残体的未腐熟有机肥，种子带菌且未经消毒，病株残体未妥善处理即直接还田等都会使土壤菌量增加，发病重。播种过深、种子生活力过弱时发病重；土壤湿度大时，种子发芽出土块，可减少病菌侵染的机会，发病轻。在土壤含水量20%条件下发病率最高。

图10-3　玉米丝黑穗病

1. 冬孢子堆　2. 冬孢子萌发
3. 冬孢子萌发产生的担子及担孢子

【防治措施】

1. 种子处理

药剂拌种或种衣剂进行种子包衣是生产上常用的方法。因病菌的苗期侵染时间长达50余天，所以最好选用内吸性、长效的杀菌剂处理种子，才能达到预期的防治效果。每100kg种子用40%卫福400～500ml，或2%立克秀（戊唑醇）湿拌种衣剂400～600ml，或5%穗迪安（烯唑醇）超微粉种衣剂400g加水1～1.5L等。也可选用12.5%速保利（烯唑醇）可湿性粉剂200～400g，或40%卫福（萎锈灵）悬浮种衣剂400～500ml加水0.6～0.7L，或50%多菌灵250～350g，或50%萎锈灵250～350g，或5.5%浸种灵Ⅱ号1g等拌种100kg。注意用5.5%浸种灵Ⅱ号药剂拌种后，不可闷种或贮藏后播种，否则易发生药害。

2. 利用抗病品种

是防治丝黑穗病的根本措施，由于丝黑穗病与大斑病的发生和流行区一致，最好选用兼抗这两种病害的品种。较抗病的品种有中单18、四单12、辽单18、丹玉13、吉单101、丹玉96、吉东16号、吉农大115等。

3. 合理轮作

一般实行1～3年的轮作，可有效减轻丝黑穗病的发生和为害，也是防治最有效的措施之一。

4. 栽培措施

不从病区调运种子，播前要晒种，选籽粒饱满、发芽势强、发芽率高的种子。施用腐熟有机肥，切忌将病株散放或喂养牲畜、垫圈等。调整播期，要求播种时气温稳定在12℃以上再播种。育苗移栽的要选不带菌的地块或经土壤处理后再育苗，最好在玉米苗3～4片叶以后再移栽定植大田，可有效避免丝黑穗病菌的侵染。及时拔除田间病株，并带到田外集中处理，可减少土壤中的菌源积累。整地保墒，提高播种质量等一切有利于种子快发芽、快出土、快生长的因素都能减少病菌侵染的机会，减轻病害的发生。

四、玉米瘤黑粉病

玉米瘤黑粉病又称黑粉病，俗称灰包、乌霉，是玉米重要病害。我国玉米产区均有发生，一般北方比南方、山区比平原发生普遍而且严重。产量损失程度与发病时期、发病部位及病瘤大小有关。一般发生早、病瘤大，在果穗上及植株中部发病的对产量影响大。

【症状】

玉米黑粉病为局部侵染病害，在玉米的整个生育期均可发病，地上部具有分生能力的幼嫩组织均可受害，引起组织膨大，并形成大小不一、含有黑粉的瘤状菌瘿。菌瘿是被侵染的寄主组织因病菌代谢物的刺激而肿大形成的，菌瘿外面包被寄主表皮组织形成的薄膜。病瘤初形成时白色或淡红色，有光泽，肉质多汁，后迅速膨大，表面变成灰色或暗褐色，内部变成黑色，最后薄膜破裂散出黑粉（冬孢子）。

一般苗期很少发病，抽雄后迅速增加。病苗矮小，茎叶扭曲畸形，在茎基部产生小病瘤，病苗株高在33cm左右时明显，严重时枯死。瘤的形状和大小因发病部位不同而异。拔节前后，叶片或叶鞘上可出现病瘤。叶片上先形成褪绿斑，然后病斑逐渐皱缩形成病瘤，病瘤较小，大小多似豆粒或花生米粒，且常成串密生。果穗、茎或气生根上的病瘤大小不等，一般如拳头大小或更大。雄花大部分或个别小花形成角状或长囊状的病瘤，雌穗多在果穗上半部或个别籽粒上形成病瘤，严重时可全穗变成病瘤（图10-4）。

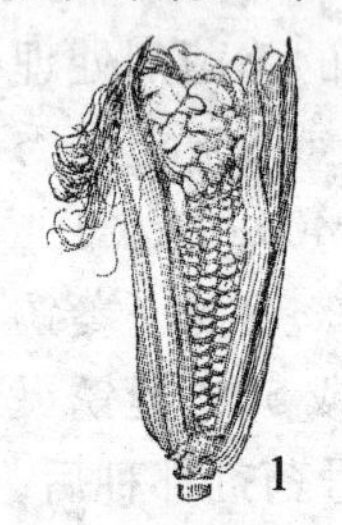

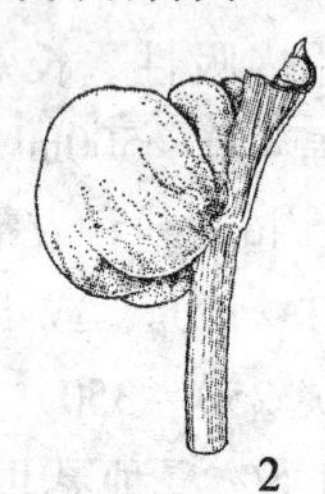

图10-4　玉米瘤黑粉病

1. 雌穗为害状　2. 茎部为害状

（黑龙江人民出版社《作物病虫草害防治技术》）

症状识别要点：病部形成大小不等的畸形病瘤。病瘤外包灰白色薄膜，成熟后，膜破裂，散出黑粉。

【病原】

病原为玉米瘤黑粉菌 *Ustilago maydis*（DC.）Corda，属担子菌亚门，黑粉菌属。冬孢子椭圆形或球形，壁厚，暗褐色，表面有细刺状突起。冬孢子萌发时，产生4个细胞的担子（先菌丝），担子顶端或分隔处侧生4个无色、梭形的担孢子，担孢子还能以芽殖的方式产生次生担孢子。

冬孢子无休眠期，在水中或相对湿度98%～100%时均可萌发，干燥条件下经过4年仍有24%的萌发率。自然条件下，冬孢子不能长期存活，但聚集成块的冬孢子在土表或土中的存活期均较长。冬孢孢萌发适温为26～30℃，担孢子的萌发适温为20～26℃，侵入适温为26～35℃。

【发病规律】

玉米黑粉病菌主要以冬孢子在土壤中越冬，也可在粪肥中、病残体上或粘附于种子表面越冬。翌年条件适宜时，冬孢子萌发产生担孢子和次生担孢子，借风雨传播到玉米地上部的幼嫩组织上，从寄主表皮或伤口直接侵入节部、腋芽和雌雄穗等幼嫩的分生组织形成病瘤。冬孢子也可以直接萌发产生侵染丝侵入玉米组织，但侵入的菌丝只能在侵染点附近扩展，形成病瘤。病瘤内产生大量的黑粉状冬孢子，随风雨传播进行多次再侵染。病菌菌丝在叶片和茎秆组织内可以蔓延一定距离，因此，在叶片上可形成成串的病瘤。

玉米不同品种抗病性有差异。连作及收获后玉米秸秆未及时运到田外的地块，田间积累菌源量大，发病重。高温、多雨、潮湿地区，以及在缺乏有机质的沙性土壤中，残留田间土壤中的冬孢子易萌发后死亡，发病轻；低温、少雨、干旱地区，土壤中冬孢子存活率高，发病重。玉米抽雄前后对水分特别敏感（感病时期），如遇干旱，植株抗病力下降，易感染瘤黑粉病。暴风雨、冰雹、人工作业及玉米螟造成的伤口都有利于病害发生。

【防治措施】

1. 大面积轮作，减少越冬菌源

是防病最根本、最有效的措施。与非禾谷类作物实行 2～3 年的轮作，秋季深翻地，彻底清除田间病残体，玉米秸秆用于堆肥时要充分腐熟。

2. 割除病瘤

在病瘤未变色时及早割除，带出田外深埋处理，可减少当年再侵染来源及越冬菌量。割除病瘤要及时、彻底，并要连续进行。

3. 栽培措施

因地制宜利用抗病品种，如德单 8 号、佳尔 336、吉农大 115 等较抗病，绥玉 13、绥玉 15 较耐病。合理密植，及时灌溉，尤其是抽雄前后要保证水分供应充足。增施磷钾肥，避免偏施和过量施用氮肥。减少机械损伤，发现有玉米螟为害时要及时防虫治病。

4. 药剂防治

（1）种子处理：药剂拌种或种子包衣是目前生产常用而有效的方法之一。可用 12.5% 烯唑醇或 2% 戊唑醇或 20% 三唑酮乳油等药剂进行种子处理或包衣。

（2）土表喷雾：玉米出苗前可选用 50% 克菌丹 200 倍液或 25% 三唑酮 750～1 000倍液等进行土表喷雾，消灭初侵染源。在病瘤未出现前可选用 12.5% 烯唑醇、15% 三唑酮、50% 多菌灵等药剂喷雾处理。

五、玉米灰斑病

灰斑病又称尾孢菌叶斑病、玉米霉斑病，是一种世界玉米产区普遍发生的叶部病害，目前，已蔓延到全国各玉米产区。也是近年来我国北方玉米产区新发生的一种为害性很大的叶部病害。重病地块叶片大部变黄枯焦，果穗下垂，籽粒松脱干瘪，百粒重下降，严重影响产量和品质。

【症状】

主要为害成株期叶片，也为害叶鞘和苞叶。由下部叶片逐渐向上部叶片扩展。发病初期病斑很小，为水渍状淡褐色小斑点，后逐渐扩展为与叶脉平行延伸的病斑，病斑浅褐色条纹状或不规则的灰色至褐色长条状，病斑中间灰色，边缘有褐色线。由于病菌无法穿过叶片主脉的厚壁组织，限制了病斑扩展而使病斑具有明显的平行边缘，又由于病菌可形成由暗色坚硬菌丝组成的子座组织，填满气孔下室，使病斑不透明，这是该病最典型的特征。玉米发病中后期或发病严重时，病斑汇合连片，使叶片变黄枯死，叶片两面（尤其在背面）产生灰色霉层（分生孢子梗和分生孢子）。病斑大小多为（0.5～3）mm×（0.5～30）mm。在感病品种上病斑呈长方形（约（2～4）mm×（1～6）cm）。

症状识别要点：病斑不透明，灰色长条形，有明显的与叶脉平行的边缘，具退色晕圈，叶片两面（尤其在背面）有灰色霉层。

【病原】

无性态为玉蜀黍尾孢菌 *Cercospora zeae-maydis* Tehon et Daniels.，属于半知菌亚门，尾孢属。有性态很少见，人工培养可以形成，有性态在病害循环中作用不大，为子囊菌亚门球腔菌属 *Mycosphaerella*。分生孢子梗丛生，暗褐色，具1~4个隔膜，直或稍弯，着生分生孢子处有明显孢痕。分生孢子细长，直或稍弯，倒棍棒形，基部倒圆锥形，脐点明显，顶端渐细，无色，具1~8个隔膜。

温度25~28℃，光暗交替有利于分生孢子的形成，相对湿度90%以上利于分生孢子萌发。多雾、多露有利于孢子的形成、萌发和浸染。

【发病规律】

病菌以菌丝体、分生孢子、子座在病残体上越冬。田间地表残留的病残体是该病的主要初侵来源。病菌在地表病残体上可存活7个月，而埋在土壤中的病残体上的病菌很快便丧失生命力。第二年春季，分生孢子或子座上产生分生孢子，萌发产生芽管从叶表气孔侵入，温暖湿润条件下，病斑上可形成大量分子孢子，借风雨传播，进行再侵染。

灰斑病主要在玉米抽雄后侵染叶片。降雨量大、相对湿度大于90%、气温较低的环境条件有利于病害的发生和流行。品种间抗病性差异明显，若连年大面积植植感病品种，病害易大发生。免耕或少耕田因土壤带菌量大，发病重。植株叶片的生理年龄也影响此病的发展，老叶先发病，继而发展到中部和上部叶片。在华北及辽宁省，于7月上中旬开始发病，8月中旬到9月上旬为发病高峰期。一般7~8月多雨年份发生严重。玉米生长后期若高温、干旱，不利于植株的生长发育，使植株抗病性降低，此时若有几次降雨，也可导致严重发生。

【防治措施】

1. 选用和推广抗病品种

是目前防病最重要的措施之一。生产上常用的抗病品种有：掖单2号、沈单10号、丹玉21、沈试29、沈试30、丹933、丹3034、丹408、丹黄19等。

2. 减少越冬菌源

收获后，及时清除玉米秸秆等病残体集中处理，及时深翻，大面积轮作倒茬，减少越冬菌源数量。

3. 栽培防病

播种时施足底肥，及时追肥，防止后期脱肥，促进植株健壮生长，提高玉米的抗病能力。合理浇水，雨后及时排水、降低田间湿度。实行间作套种，改善田间小气候。

4. 药剂防治

玉米大喇叭期、抽雄穗期和灌浆初期3个关键时期进行药剂防治，可选用50%多菌灵可湿性粉剂500倍液，或70%百菌清可湿性粉剂800倍液，或80%代森锰锌可湿性粉剂500倍液，或70%代森锌粉剂800倍液，或50%退菌特（福美双+福美锌+福美甲胂）可湿性粉剂600~800倍液，或50%福美双粉剂500倍液，或25%敌力脱（丙环唑）乳油1 500倍液，或25%戊唑醇1 500倍液，或80%多菌灵800倍液，或50%甲基硫菌灵500倍液，或80%炭疽福美可湿性粉剂800倍液喷雾。隔7~10d喷1次，连续2~3次，注意从下部叶片向上部叶片喷施，最好每个叶片喷湿。

六、玉米粗缩病（病毒病）

据报道世界上有40多种病毒可为害玉米发生病毒病。在我国发生较广、为害较重的是玉米粗缩病和矮花叶病。玉米粗缩病又称坐坡、万年青。病株叶色浓绿，节间缩短，矮化，基本上不能抽穗，发病率几乎等于损失率，为害严重。

【症状】

玉米整个生育期都可发病，苗期受害最重。玉米出苗后即可感病，5～6叶期开始表现症状，初期在心叶的中脉两侧产生断断续续的虚线状透明、褪绿小斑点，后变成细线条状并扩展至全叶，叶背面主脉和侧脉上、叶鞘及苞叶的叶脉上出现长短不等的白色蜡状突起（脉突），用手触膜有明显的粗糙不平感。病株叶片宽而肥厚，浓绿、僵直，基部短粗，节间缩短，植株矮化，顶叶簇生状如君子兰。轻病株雄穗发育不良，散粉少，雌穗小，花丝少，结实少；重病株严重矮化，高度仅有正常植株的1/2或更矮，根系发育不良，短而少，多数不能抽穗。发病晚或病轻的，仅雌穗以上的叶片变浓绿，顶部节间缩短，雄穗基本不能抽出，即使抽出也无花粉，雌穗籽粒减少或畸形不能结实。有些病株嫩叶卷曲呈弓形或牛尾巴状，心叶有缺刻，喇叭口朝向一侧或叶缘甚至全叶变红。

症状识别要点：病株节间缩短，植株矮化，顶叶簇生。叶片宽而肥厚，浓绿、僵直。

【病原】

病原为玉米粗缩病毒 *Maize rough dwarf virus*，MRDV，属植物呼肠孤病毒属 Phytoreovirus。病毒粒体球形，为双链RNA病毒。MRDV寄主范围广泛，除玉米外，还可侵染水稻、小麦、高粱、谷子、大麦、稗草、马唐等禾本科作物和杂草。MDRV主要由灰飞虱传播，为持久性传毒，但不经卵传毒。

【发病规律】

玉米粗缩病毒主要在冬小麦、多年生禾本科杂草和传毒介体体内越冬。第二年春季，灰飞虱先在越冬寄主上取食带毒，当玉米出苗后，便陆续向玉米迁飞，并取食传毒引起玉米发病。玉米生长后期，病毒再由灰飞虱携带向晚秋禾本科作物杂草传播，秋季再传向小麦或直接在多年生杂草上越冬。

玉米粗缩病的发生发展与品种抗病性、毒源多少及介体昆虫灰飞虱的数量和灰飞虱在田间的活动关系密切。种植感病品种，发病重。田间管理粗放，杂草丛生，靠近树林、蔬菜的玉米田发病重。玉米出苗至7叶期是发对该病的敏感生育期，若此期高温干旱，利于介体灰飞虱活动传毒，发病重。

【防治措施】

1. 选用抗、耐病品种

是预防玉米粗缩病的关键措施之一。目前生产上抗病品种较少，但品种间抗性有差异，可因地制宜选择使用。如农大108、中单2号、中单4号、沈单7号等。注意品种合理布局，避免单一抗源品种大面积种植。

2. 加强栽培管理

调整播期，适期播种，使玉米易感病时期避开灰飞虱传毒高峰期。避免抗病品种的大面积单一种植，播种前深耕灭茬，彻底清除地头、田边杂草，及时拔除病株，带到田外烧掉或深埋处理，减少毒源。

3. 治虫防病

消灭传毒介体灰飞虱是防病最有效的方法之一。用内吸性杀虫剂或种衣剂进行拌种或包衣，可有效防治苗期灰飞虱，减少病害传播蔓延的机会。每100kg种子用35%呋喃丹种衣剂1.5~2.0L，或70%高巧（吡虫啉）种衣剂600ml，或每100kg种子也可用10%吡虫啉125~150g，或满适金（咯菌腈+精甲霜灵）100ml+锐胜（噻虫嗪）100ml拌种。也可在玉米出苗前和出苗后各喷洒1次杀虫剂，药剂可选用10%吡虫啉150g/hm^2、50%抗蚜威可湿性粉剂2 000~3 000倍液、3%啶虫脒乳油225ml/hm^2等。

4. 喷洒病毒抑制剂

发病初期，可喷洒20%病毒A可湿性粉剂或1.5%植病灵乳油、5%菌毒清、2%菌克毒克等病毒抑制剂，每隔6~7d喷1次，连喷2~3次，可减轻发病。

七、高粱炭疽病

高粱炭疽病是高粱的重要病害之一，在国内外高粱产区均有发生，多雨年份发生普遍，可使叶片提早干枯死亡，严重发生时损失可达30%。

【症状】

主要为害叶片、叶鞘和穗，也可为害茎和茎基部。从苗期到成株期均可受害。苗期叶片受害，可导致叶枯，甚至死苗。成株期叶片和叶鞘受害，初期病斑紫褐色小斑，后扩大为圆形或梭形病斑，病斑长约1cm，中央深褐色或黄褐色，边缘紫红色，表面密生黑色刺毛状小点（分生孢子盘），病斑可相互连接成片甚至全叶干枯，导致叶片提早枯死。穗部受害，可侵染小穗枝梗及穗颈或主轴，造成籽粒灌浆不良甚至颗粒无收。成株期茎部受害，使穗和维管束受害，形成茎腐病。

【病原】

无性态为禾生炭疽菌 *Colletotrichum graminicola*（Ces.）Wilson，属半知菌亚门，炭疽菌属。有性态为 *Glomerella graminicola* Politis，自然界少见。分生孢子盘散生或聚生在病斑的两面，椭圆形，黑色，周生褐色刚毛。刚毛直或略弯，分散或成行排列在分生孢子盘中，黑色或褐色，顶端较尖，具3~7个隔膜。分生孢子梗圆柱形，单胞无色。分生孢子新月形，无色，一般具一油球。

菌丝体生长及分生孢子萌发最适温度为30℃。除高粱外，病菌还可侵染麦类、玉米、苏丹草等。

【发病规律】

病菌主要以菌丝在病残体上越冬，也可以菌丝和分生孢子在种子上越冬。第二年条件适宜时产生分生孢子，随风雨传播到寄主叶片，在有水滴的条件下分生孢子萌发，从气孔或从表皮直接侵入引起初侵染。病斑上产生大量分生孢子，借风雨传播进行多次再侵染，引起病害流行。田间发病程度与品种抗病性、气候条件及栽培管理情况关系密切。品种间抗病性差异明显，一般黄壳品种比褐壳品种抗病；叶片硅质含量高的抗病性较强。低洼地块发病重，高温多雨年份有利于病害流行。北方春播期，苗期低温、土壤多湿时易发病。

【防治措施】

1. 选用抗病品种

推广和使用抗病、丰产品种。

2. 栽培防病措施

合理轮作，合理密植，N、P、K 配合使用，沙土地增施钼酸铵可减轻病害并提高产量。生长期间及时摘除病黄脚叶，收获后及时妥善处理病残体，收获后及时翻耕，开春前及早处理病秸秆，以减少菌源。

3. 化学防治

（1）种子处理：播种前，每100kg种子用50%多菌灵可湿性粉剂1kg或50%甲基托布津可湿性粉剂1kg拌种，或50%福美双和50%多菌灵100～300g（a. i）。

（2）喷药防治：流行年份，在孕穗期可用25%炭特灵（溴菌腈）可湿性粉剂500倍液、50%多菌灵可湿性粉剂800～1 000倍液、36%甲基硫菌灵悬浮剂600倍液、50%苯菌灵（苯来特）可湿性粉剂1 500倍液、80%大生M-45（代森锰锌）可湿性粉剂600倍液叶面喷雾，隔7～10d喷1次，连喷2～3次。

八、谷子白发病

谷子白发病是谷子上常发生的重要病害之一，是一种系统侵染的土传病害。国内外谷子种植区均有发生，在我国春谷种植区发生普遍而严重，一般发病率为5%～10%，严重者可达50%，谷子受害后多数单株不能结实，对产量影响较大。

【症状】

苗期至成熟期均可发生。症状较复杂，谷子自种芽或幼蘖受侵染后在不同生育阶段和不同器官上陆续表现出不同的症状，因而根据症状分别称为“芽腐”、“灰背”、“白尖”、“枪杆”、“白发”和“刺猬头（看谷老）”。局部侵染还可引起叶斑。

芽腐（芽死）：刚萌芽的种子被侵染，幼芽弯曲，加上腐生菌的二次侵染，使芽在出土前完全腐烂，造成缺苗。一般土壤菌量大、品种高度感病、环境条件适宜发病时发生芽腐。

灰背：幼苗3～4叶、苗高6～10cm时开始出现症状。有病叶片略肥厚，正面出现污黄色、黄白色不规则形条斑，潮湿时叶背面密生灰白色霜状物（孢囊梗和孢子囊）。重病苗叶片卷曲可逐渐变褐枯死。病苗可抽出新叶，并依次出现灰背状，直到抽穗前。

白尖和枪杆：轻病苗继续生长，高约60cm时，新叶正面出现与叶脉平行的黄白色条纹，多条时可汇成条斑，背面产生白色霜霉状物，以后的新叶不能展开，全叶变白色，卷成筒状且直立向上，称“白尖”。不久白尖变褐枯干，直立田间，称“枪杆”。

白发：枪杆心叶的薄壁细胞被破坏后，散出大量黄色粉末（卵孢子），仅留一把细丝（维管束组织），以后丝状物变白、略卷曲，病株不能抽穗，称“白发”。

看谷老（刺猬头）：有些病株病株病势发展较慢，旗叶呈严重灰背但未表现白尖，虽能抽穗或抽半穗，但穗多呈畸形，内外颖变成小叶状，并卷曲呈筒状或角状，丛生，穗篷松，向四外伸长，短而直立，谷穗形似刺猬，称“刺猬头”或“看谷老”。不结粒或部分结粒。病穗呈绿色或带红晕，后逐渐变褐干枯，组织破裂散出黄色粉末（卵孢子）。

局部叶斑：表现灰背症状的叶片上产生的大量孢子囊，传播到其他叶片上，适宜条件下萌发侵入而形成局部叶斑。嫩叶上初产生不规则形黄色块斑，以后变成黄褐或紫褐色，病斑背面密生白色霜霉状物。老熟叶片受害后仅形成黄褐色坏死圆斑，霉状物不明显。

此外，有些病株还表现为植株矮缩，节间缩短，侧芽增多，叶片丛生，穗上产生丛生叶状侧枝等症状。

【病原】

病原为禾生指梗霉 *Sclerospora graminicola*（Sacc.）Schrot. 属鞭毛菌亚门，指梗霉属。病菌为活体营养生物。菌丝体无色透明，有分枝，无隔，仅在寄主细胞间隙生长。孢囊梗从寄主气孔伸出，无隔膜。孢囊梗短粗呈手指状，梗基部较窄细，越向顶端越宽粗，顶部2、3度分枝，分枝顶端生2～5个小梗，每个小梗顶生一个孢子囊。孢子囊椭圆，有乳突，无色透明，胞壁平滑。条件适宜时，每个孢子囊萌发产生3～7个游动孢子。游动孢子肾脏形，单胞，无色透明，中部凹处生有一长一短两根鞭毛。卵孢子球形，淡黄色或黄褐色，外壁光滑。

病菌除侵染谷子外，还能侵染玉米、黍、狗尾草、大狗尾草等。孢子囊形成的最适宜温度为21～25℃，萌发适温为15～16℃，卵孢子萌发适温为18～20℃，最低为10℃，最高为35℃。

【发病规律】

病菌以卵孢子在土壤中、粪肥中或附着在种子表面越冬。其中，土壤带菌是病害的主要初侵染来源。第二年种子发芽时，土壤、粪肥和种子表面的卵孢子在适宜条件下萌发产生芽管，从幼芽、胚芽鞘、幼根表皮侵入，在胚芽鞘处产生大量菌丝并进入生长点组织中，随生长点的分化而不断扩展蔓延，陆续形成灰背、白尖、枪杆、白发、看谷老等系统症状。灰背上产生的孢子囊经雨水、气流传播侵入叶片引起再侵染，造成局部枯斑；在分蘖性强的品种上，孢子囊随雨水从叶旋进入植株分生组织引起再侵染，也可表现白发、看谷老等系统侵染症状。但再侵染在病害循环中不起主要作用。

病害的发生与品种抗病性、耕作制度、播期以及气候条件等因素关系密切。不同品种对白发病抗病性差异明显，但目前尚无免疫品种。卵孢子在土壤中可存活两年以上，连作可使土壤中菌量连年积累，发病逐年加重。播种早、播种深发病重，适当晚播、浅播发病轻。总之，一切不利于幼苗出土的因素均有利于病害的发生。温暖潮湿条件，再侵染引起的发病就重。

【防治技术】

1. 合理轮作

大面积轮作是防治谷子白发病的有效措施之一。应与小麦、豆类、薯类等非寄主作物轮作，轻病地块轮作两年，重病地块轮作3年。

2. 栽培措施

选用抗病良种，粪肥要充分腐熟，施用无菌肥料，适期播种，适当浅播，注意保墒，以促进苗早、苗壮，减少侵染机会。此外，拔除灰背、白尖、看谷老病株并及时带出田外集中烧毁，不能用以喂牲畜及沤肥。要及时拔、连续拔、整株拔、连年拔，一定要在病株卵孢子散落前拔除。

3. 种子处理

是防治谷子白发病的主要措施。用种子重量的0.07%～0.1%（a.i）的25%瑞毒霉或25%霜霉威拌种；也可用种子干重0.5%的40%敌克松、50%萎锈灵、70%甲基硫菌灵拌种。

4. 沟施药土

当土壤带菌量大时，用40%敌克松3.75kg/hm^2加入细土15～20kg，撒种后沟施盖种，防效优于拌种。

第二节　禾谷类杂粮害虫防治技术

一、玉米螟

玉米螟俗称箭秆虫、玉米钻心虫，属鳞翅目螟蛾科。国内有亚洲玉米螟 *Ostrinia furnacalis*（Guenée）和欧洲玉米螟 *O. nubilalis*（Hübner）两种，亚洲玉米螟为优势种。国内大部分省（市、自治区）均有发生，北方春玉米栽培区是发生最严重的地区之一。

玉米螟为多食性害虫。主要为害玉米、高粱、谷子、小麦、水稻等禾本科旱粮作物，也可为害甜菜、向日葵、马铃薯、茄子、辣椒等。主要以幼虫钻蛀为害。苗期，初孵幼虫啃食叶肉留下表皮，造成玉米、高粱“花叶”，谷子“枯心”；后钻蛀纵卷的心叶，心叶展开后，在叶片上形成整齐的横排圆孔，俗称“排孔”；4龄以后蛀食茎秆。玉米抽雄期，幼虫先取食雄穗，抽雄后钻蛀雄穗柄，使雄穗枯死或折断；玉米抽丝期，幼虫取食雌穗的花丝和穗轴。大龄幼虫可向下转移蛀入穗柄和茎节，也可蛀入雌穗取食籽粒。高粱受害与玉米相似。为害谷子则从茎基部蛀入，造成苗期枯心，穗期折茎。

【形态特征】

成虫为中小型的黄色小蛾子，雄虫较瘦小、色深，雌虫体较粗大、色浅。雄虫前翅内横线波状暗褐色，外横线锯齿状暗褐色，内、外横线间近前缘处有两个褐色斑纹，外横线与外缘线之间有一褐色带；后翅灰黄色，翅面上的横线与前翅相似，翅展时前后翅的波纹相连。雄蛾翅缰1根，雌蛾翅缰两根（图10－5）。

卵扁椭圆形，常多粒呈鱼鳞状排列，黄白色，孵化前透过卵壳可见黑褐色的幼虫头部。

幼虫共5龄，老熟幼虫体长20～30mm，头部及前胸背板暗褐色，体背淡灰褐色或淡红褐色，有纵线3条，其中背线明显。体上有明显的毛片，中后胸背面各有4个，腹部每节两排，前排4个较大，后排两个较小。腹足趾钩三序缺环。

蛹黄褐色，腹末端有5～8个钩状小翅。

【发生规律】

1. 生活史及习性

因纬度、海拔不同，玉米螟每年发生1～6代，东北每年发生1～2代，其中黑龙江北部和吉林长白山区多发生1代，吉林、辽宁、内蒙古多发生2代。以老熟幼虫在寄主茎秆、根茬、穗轴及高粱茎秆内越冬。

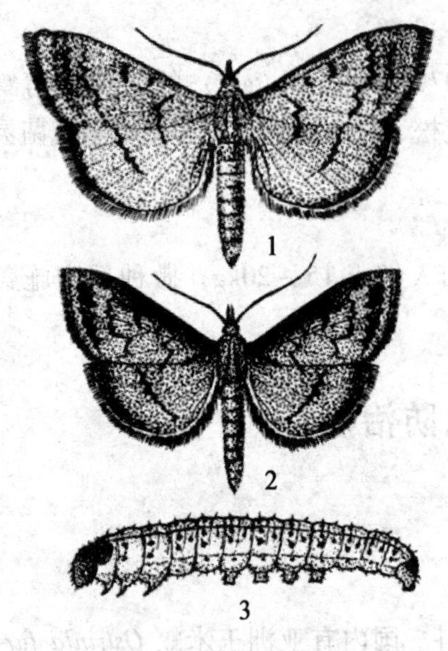

图 10－5 玉米螟形态
1. 雌成虫 2. 雄成虫 3. 幼虫

黑龙江省黑河地区、绥化地区、嫩江地区、除依兰外的合江地区等县为一代区，主要为害玉米。二代区是嫩江地区的甘南、富裕、林甸以南各县，绥化的三肇，哈市周围的木兰、五常、尚志、方正、延寿、东宁、宁安等县。二代区的第一代主要为害谷子，第二代主要为害玉米。二代区的玉米螟若第一代产卵于玉米上，通常只产生一代幼虫，以老熟幼虫越冬，很少产生第二代。所以二代地区的玉米螟有发生 1 代的，也有发生 2 代的。

成虫昼伏夜出，白天多潜伏在茂密的作物株间或杂草丛中，夜间活动。飞翔力强，有趋光性。成虫喜欢在玉米，其次是高粱、谷子上产卵，卵多产在叶片背面中脉附近。产卵有趋向繁茂作物的习性。在玉米田，多选择生长茂密、叶色浓绿的植株上产卵，中、下部叶片产卵最多。卵一般多粒呈鱼鳞状排列。初孵幼虫爬行敏捷，在分散爬行过程中常吐丝下垂，随风飘到邻近植株上取食为害。一般先爬进喇叭口里取食心叶，展叶后可见叶片上有横向的一排虫孔。在玉米心叶期、抽雄初盛期和雌穗抽丝初期群集为害，4 龄以前多选择含糖量较高、湿度大的心叶丛、雄穗苞、雌穗的花丝基部、叶腋等处取食为害，4 龄以后钻蛀取食，重者使穗柄折断，雌穗下垂，导致灌浆不满，子粒较小。幼虫多 5 龄，老熟后多在玉米茎秆内，少数在穗轴、苞叶和叶鞘内化蛹。

2. 发生条件

（1）气候条件：玉米螟喜中温高湿，高温干燥不利于发生。越冬幼虫化蛹前必须从潮湿的秸秆等处获得足够的水分才能化蛹，成虫羽化后，也需要饮水才能产卵。因此，在成虫交尾产卵和幼虫孵化阶段都需要较高的相对湿度，期间若雨量充沛、均匀，相对湿度大，温暖，则利于玉米螟的发生；反之，则成虫产卵量减少，孵化率低，初孵幼虫死亡率高。但雨量过多，遇到连续大雨或暴雨，由于不利于成虫交尾产卵、卵孵化和初孵幼虫的存活，对玉米螟发生量有明显的抑制作用。

温度除影响发生世代数和发生期外，也影响发生量。在 25～30℃范围内，旬平均相对湿度 60% 以上，越冬幼虫基数大时，可能大发生。

（2）作物长势：玉米螟有趋向生长繁茂的植株产卵的习性。所以丰产田、长势好的田块发生重。

（3）天敌：玉米螟的天敌有 70 多种，如玉米螟寄蝇、姬蜂、赤眼蜂、黄金小蜂等寄生蜂，瓢虫、步行虫、草蛉等捕食性天敌，白僵菌、苏云金杆菌等病原微生物。其中以卵寄生蜂和白僵菌的控制作用大。

【预测预报】

1. 越冬虫源基数调查

秋后及翌春化蛹前各调查一次，选取当地玉米、高粱或谷子秸秆垛若干堆，每堆随机取样，剥查 100～200 株，根据越冬虫口密度、越冬死亡率及当地秸秆贮存量，推算越冬基数。结合当年气象条件，若当越冬后残存虫量较常年高，在越冬化蛹、羽化、成虫产卵期间温湿度适宜，田间相对湿度经常在60%以上，可预测当年第一代发生较常年重。

2. 田间产卵时期和卵量调查

自成虫出现后，选择代表当地早播及一般播期的玉米、高粱和谷子田各一块，面积均在1/3公顷以上为宜，按棋盘式取样点10点，玉米每点10～20株，标记定点。每3d调查一次，发现卵块用红色笔标记，避免与下次重复。观察并分别计算百株卵量、卵株率和卵的寄生率。

3. 黑光灯诱测成虫

黑龙江省一般于5月末利用黑光灯诱蛾，逐日记载，与历年田间比较，判断蛾量发生趋势，同时推定各代发生盛期。

4. 幼虫为害情况调查

目的是查明被害程度，并根据防治指标，确定防治对象田，检查防治效果。一般选择有代表性的玉米、高粱田若干块，每块田5点取样，调查100～200株，记载心叶中期、末期的花叶株数和穗期的有虫雌穗数，计算花叶率和虫穗率。

5. 玉米心叶末期的确定

当玉米植株发育还差2～3片叶抽穗时，即用手能捏到穗苞，但从喇叭口向下看，还看不到一点雄穗苞的痕迹，即为心叶末期。

【防治措施】

1. 农业防治

（1）处理寄主秸秆：压低越冬虫源基数。6月份前将玉米等寄主秸秆、根茬处理完。剩余的秸秆，喷白僵菌封垛，白僵菌粉100g/m^3。

（2）种植抗虫品种：据报道，国外应用转基因等生物技术在培育和利用抗螟品种防治玉米螟方面已取得了明显成效，Bt基因抗玉米螟品种已推广应用。

2. 生物防治

利用赤眼蜂、白僵菌和苏云菌杆菌等防治玉米螟。放赤眼蜂防治关键是蜂、卵相遇。在玉米螟卵孵化初盛期设放蜂点75～150个/hm^2，利用赤眼蜂蜂卡放蜂15万～45万头/hm^2；在玉米心叶中期用孢子含量为50亿～100亿个/g的白僵菌粉，按1∶10的比例制成的颗粒剂，每株用颗粒剂2g。

3. 药剂防治

（1）玉米心叶末期（即从抽雄穗2%～3%开始）：撒施颗粒剂防治幼虫是控制玉米螟为害的最有效方法之一。玉米心叶末期百株合计卵量超过30块或“花叶”和“排孔”合计株率达到10%，谷子每千株谷苗合计卵块达5块以上时，应及时进行集中防治。可选用0.5%敌敌畏颗粒剂，或0.3%辛硫磷颗粒剂，也可选用50%辛硫磷乳油、2.5%溴氰菊酯等杀虫剂自制颗粒剂防治，还可用白僵菌颗粒剂。每株1～2g撒于喇叭口内。撒施时要做到：稳步向前走，对准喇叭口，每株1～2g，撒药甩开手。

颗粒剂配法：50%敌敌畏乳油1kg加载体200kg混拌均匀即成。载体可用20～60筛目之间的细沙、煤渣、砖渣。

（2）药液灌心：可用50%辛硫磷乳油3 000倍液、90%敌百虫晶体1 000～2 000倍液、80%敌敌畏乳油5 000倍液、2.5%溴氰菊酯乳油4 000～5 000倍液等灌心，每株

10～15ml。

（3）穗期防治：当预测穗虫率达10%或百穗花丝有虫50头时，在抽丝盛期应防治一次，若虫穗率超过30%，6～8d后需再防治一次。在抽丝盛期前将颗粒剂撒在玉米的“4叶1顶”，即雌穗着生节的腋叶及其上2叶和下1叶的叶腋、雌穗顶的花丝上。也可用50%敌敌畏乳油600～800倍液滴在穗顶。

注意：高粱对敌百虫、敌敌畏非常敏感，不能使用敌百虫、敌敌畏防治害虫。

二、斑须蝽

斑须蝽 *Dolycoris baccarum*（linnaeus）又名细毛蝽、臭大姐，属半翅目，蝽科。全国各地均有发生，食性杂，可为害玉米、麦类、水稻、棉花、蔬菜等多种作物。以成虫或若虫刺吸寄主植物嫩叶、嫩茎、花、嫩果等幼嫩部分汁液，出现黄褐色斑点，严重时可使作物叶片卷曲，嫩茎凋萎，甚至停止发育，并逐渐干枯死亡。

【形态特征】

成虫体长8～13mm，体黄褐至红褐色，体密被白色绒毛和黑色小刻点。复眼红褐色。触角5节，各节先端黑色，基部黄白色，形成黑色和黄白色相间。小盾片近三角形，淡黄色，末端钝圆而光滑。前翅革质部淡红褐至暗红褐色，膜质部透明，稍带褐色。

卵圆筒形，橘黄色，上端有卵盖，聚产成块。初产时淡黄色，后谱为赭黄色，并出现一对红色眼点。卵壳有网状纹，密被白色绒毛。

若虫共5龄，除体较小、翅芽小和自腹部第二节背面各有一个黑色腺斑外，其他特征与成虫相似。

【发生规律】

黑龙江、吉林1年发生2代，以成虫在土缝、落叶、杂草下及树皮缝等隐蔽处越冬。翌年春日均温达8℃时开始活动，为害冬寄主，之后为害玉米、小麦等春播禾谷类作物和杂草。成虫和若虫在玉米叶和穗上刺吸为害，使心叶扭曲成鞭状，心叶表面皱缩，逐渐透明并出现不规则的孔洞，第五片叶时可将6～8片叶包在里面，使其无法抽出，严重时根部出现分蘖。因斑须蝽刺吸为害导致玉米发生“烂心病”，其症状与顶腐病易混，主要区别是根部正常与否。小麦抽穗期，在穗部吸食灌浆的麦粒，使籽粒不饱满，影响产量。越冬成虫4月初开始活动，4月中旬交尾产卵，4月末5月初幼虫孵化，第一代成虫6月初羽化，6月中旬为产卵盛期；第二代幼虫于6月中下旬7月上旬孵化，8月中旬开始羽化为成虫，10月上中旬陆续越冬。

卵大多产在上部叶片正面或花蕾、果实的苞叶上，多行整齐纵列成卵块。每雌产卵20～100余粒。初孵幼虫有群集性，2龄后分散为害，有假死性。第二代成虫为害至9月末到10月初陆续越冬。

【防治方法】

1. 农业防治

春秋季铲除田间杂草，消灭越冬成虫。

2. 人工捕杀

6月中下旬盛发期人工捕杀成虫，摘除卵块，集中杀灭初孵化尚未分散的若虫，可压低虫口，减轻为害。

3. 注意保护利用天敌

释放斑须蝽卵寄生蜂和稻熔小黑卵蜂进行生物防治。

4. 药剂防治

成虫盛发期及时喷药防治。可选用3%啶虫脒（莫比朗）300～375ml/hm^2、5%锐劲特（氟虫腈）悬浮剂30～40ml/hm^2、1.8%阿维菌素（虫螨克）、10%吡虫啉等杀虫剂喷雾。也可用10%氯氰菊酯乳油2 000倍液、2.5%敌杀死乳油2 000倍液、48%乐斯本（毒死蜱）1 500倍液、20%甲氰菊酯乳油2 000倍液等喷雾防治。同时追施叶面肥及植物生长调节剂，促进玉米恢复生长。

第三节　玉米田杂草的防除技术

一、玉米田杂草的发生与分布

在东北玉米田地主要杂草有马唐、牛筋草、稗草、狗尾草、反枝苋、马齿苋、藜、蓼、苘麻、田旋花、苍耳、铁苋菜、苣荬菜等。玉米生长较快，封行早，特别是夏玉米，只有那些比玉米出苗早或几乎和玉米同时出苗的杂草才对玉米造成严重的为害。出苗晚的杂草对玉米产量影响不大。

二、玉米田杂草的化学防治技术

（一）播前或播后苗前土壤处理

1. 48%地乐胺乳油2 700～3 750ml/hm^2
2. 43拉索（甲草胺）乳油3 000～3 750ml/hm^2
3. 72%都尔（异丙甲草胺）乳油1 500～2 250ml/hm^2
4. 50%乙草胺乳油乳油1 500～2 250ml/hm^2
5. 50%西玛津可湿性粉剂3 000～4 500g/hm^2
6. 40%阿特拉津（莠去津）悬浮剂3 000～4 500ml/hm^2
7. 50%百得斯（氰草津）悬浮剂3 000～4 500ml/hm^2
8. 乙阿悬浮剂（乙草胺+阿特拉津）2 250～4 500ml/hm^2
9. 都阿悬浮剂（都尔+阿特拉津）900～1 800g /hm^2
10. 丁阿悬浮剂（丁草胺+阿特拉津）900～1 800g /hm^2

1、2、3、4、5、6、7项实行土壤封闭处理，主要防治一年生的禾本科杂草及部分阔叶杂草。土壤湿润有利于药效的发挥。5、6、7项属长残效除草剂，在小麦玉米连作地区，施用量不要超过1 200g/hm^2，而且施药期不宜太晚，以免造成下茬小麦药害。在生产中，多以阿特拉津与酰胺类除草剂混用，以便扩大杀草谱，降低残留量。乙阿、都阿、丁阿对玉米地大多数杂草均有效。丁阿对土壤墒情要求较高，所以不宜用在干燥的春玉米地。阿特拉津、西玛津和氰草津还要作茎叶处理剂，在苗后早期使用。

（二）苗后茎叶处理

1. 4%玉农乐（烟嘧磺隆）乳油 1 125 ~ 1 500ml/hm^2
2. 75%噻吩磺隆干悬浮剂 15 ~ 30g/hm^2
3. 48%苯达松（灭草松）水剂 1 500 ~ 3 000ml/hm^2
4. 48%百草敌（麦草畏）水剂 375 ~ 600ml/hm^2
5. 72%2,4-D 丁酯乳油 750 ~ 1 125ml/hm^2
6. 20%二甲四氯水剂 3 000 ~ 4 500ml/hm^2
7. 22.5%伴地农（溴苯腈）乳油 1 500ml/hm^2
8. 20%使它隆（氟草烟）乳油 600 ~ 750ml/hm^2
9. 10%草甘膦水剂 3 000 ~ 5 250ml/hm^2
10. 20%百草枯水剂 1 500 ~ 2 250ml/hm^2

2、3、4、5、6、7、8 项防治阔叶杂草时，在玉米 4 ~ 6 叶期，杂草 2 ~ 6 叶期施用为佳，施药过早或过迟易产生药害。另外，其中的激素型除草剂还须注意防止雾滴漂移到邻近的大豆等敏感作物上，以免产生药害。1、2 项对禾本科杂草和阔叶杂草均有效，在杂草 3 ~ 5 叶期施用。9、10 项若在玉米生长期施用，可进行定向喷雾，需用保护罩，以防止雾滴接触到作物绿色组织；亦可在播前使用，如与上述土壤处理剂配合使用作用则更佳。

玉米地种植地域广，气候、土壤条件差异较大，使得除草剂的施用剂量差异较大。在土壤有机质含量高的东北地区，土壤处理剂的用量比其他地区高，在上述的施用剂量范围内选用上限。对北方的春玉米和夏玉米来说，春玉米播种时，气候干燥、少雨，不利于土壤处理除草剂活性的发挥，而夏玉米苗期多雨，土壤效果好。因此，必须根据气候和土壤条件来选用合适的除草剂和使用剂量。

（三）轮作问题

用过虎威（氟磺胺草醚）除草剂 3 000 ~ 5 250ml/hm^2 的地、用过绿磺隆的地不能种玉米，否则会产生药害。

三、玉米田杂草的其他防治技术

在小麦、玉米连作区，用小麦秸秆覆盖玉米地可降低杂草发生量 30% ~ 50%。秸秆覆盖还可保墒，改善土壤理化性质，促进玉米的生长发育，提高玉米与杂草的竞争力。

玉米是宽行条播或穴播，为机械除草提供了便利。在玉米苗期和中期，结合施肥，及时中耕培土，可杀灭行间杂草。

在玉米行间套种其他作物（如大豆等）是一种经济有效除草措施。这种种植方式在生产中广泛采用。

【思考题】

1. 怎样用颗粒剂防治玉米螟？为什么用颗粒剂防治玉米螟效果好？
2. 针对玉米螟幼虫有短期群集为害习性，可采取什么措施进行防治？
3. 能有效减少土壤中玉米黑粉病菌源的措施有哪些？

4. 玉米丝黑穗病和玉米瘤黑粉病在发病部位和症状上有何不同?
5. 为什么合理轮作能明显减轻玉米大斑病的为害?
6. 谷子白发病在不同时期和不同器官上表现哪些症状特点?
7. 怎样综合防治玉米斑须蝽?
8. 玉米田杂草防除注意哪些问题?

【能力拓展题】

1. 拟定玉米田病虫草害防治方案。
2. 试分析处理秸秆和颗粒剂防治玉米螟的理论依据。
3. 查阅资料说出玉米小斑病与褐斑病、花叶病的症状区别。

第十一章　油料作物病虫草害防治技术

第一节　油料作物病害防治技术

我国栽培的油料作物有大豆、向日葵、油菜、花生、芝麻等。由于各种病害的为害，减产严重。北方发生普遍、为害严重的有：大豆病毒病、大豆根腐病、大豆胞囊线虫病、大豆菌核病、大豆疫霉根腐病、向日葵黑斑病等。

一、大豆病毒病（花叶病）

大豆病毒病在我国各大豆产区均有发生，发病植株不仅使产量和含油量降低，而且因种皮斑驳形成褐斑粒，使质量下降、价格降低，甚至影响销售。大豆病毒病据国外报道有30多种，我国已发现的有7种，其中分布广、为害较重的是大豆花叶病，占大豆病毒病80%以上，减产40%；其次是顶枯病和轻花叶病。

【症状】

大豆花叶病的症状因寄主品种、病毒株系、侵染时期和环境条件的不同差别很大。主要有：

轻花叶型：肉眼可观察到叶片上有轻微淡黄色斑驳，此症状在后期感病植株或抗病品种上常见。

重花叶型：病叶呈黄绿相间的斑驳，叶片暗绿色，严重皱缩，叶肉呈突起状，叶缘向后卷曲，叶脉坏死，感病或发病早的植株矮化。

皱缩花叶型：植株矮化，叶脉上有疱状突起，叶片皱缩、歪扭，结荚少。

黄斑型：皱缩花叶和轻花叶混合发生。叶片上有轻微淡黄色斑驳，叶脉泡状突起，叶片歪扭、皱缩、植株矮化，结荚少。分黄斑坏死和东北黄斑花叶两种表现型。

芽枯型：病株矮化，顶芽萎缩卷曲，发脆易断，呈黑褐色枯死，开花期花芽萎缩不结荚，或豆荚畸形，其上产生不规则或圆形褐色的斑块。

褐斑粒：是花叶病在种子上的表现，病种子上常产生云纹状或放射状斑驳，多从种脐上产生向外呈放射状或云纹状的褐色斑纹，称褐斑粒。斑纹分泽随脐部颜色而异，褐色脐的豆粒斑纹呈褐色，黄白色脐的斑纹呈浅褐色，黑色脐的斑纹呈黑色。病株种子受气候或品种的影响，有的无斑驳或很少有斑驳。

症状识别要点：病叶呈黄绿相间的斑驳，严重皱缩，病种子产生云纹状或放射的斑驳。

【病原】

大豆病毒病是由多种病毒单一或复合侵染的一类系统病害。据报道有大豆花叶病毒（SMV）、苜宿花叶病毒（AMV）、烟草花叶病毒（TMV）、花生斑驳病毒（PMV）、蚕豆萎蔫病毒（BBWV）、烟草环斑病毒（TRSV）、南方菜豆花叶病毒（SBMV）、菜豆普通花叶病毒（BCMV）和黄瓜花叶病毒（CMV）等多种。

大豆花叶病毒 Soybean mosaic virus，简称 SMV。属马铃薯 Y 病毒属。病毒粒体线状，在寄主体外稳定性较差，钝化温度 55～65℃，稀释限点 10^{-3}～10^{-2}，体外保毒期 1～4d。大豆花叶病毒寄主范围较窄，只能系统侵染大豆、蚕豆、豌豆、秣食豆、菜豆、紫云英等豆科植物。大豆花叶病在田间主要通过介体传播引起多次再侵染。有 30 多种蚜虫传播，如大豆蚜、桃蚜、玉米蚜、棉蚜等，东北以大豆蚜为主。

【发病规律】

大豆花叶病毒主要在种子内越冬。播种带毒种子形成病苗，在田间主要由蚜虫传播引起多次再侵染。种子带菌是此病惟一且最重要的初侵染来源。SMV 还可通过汁液摩擦传播。

一般生长期染病越早，种子带毒率越高。抗病品种种子带毒率显著低于感病品种。传毒蚜虫介体的发生时期、数量、迁移距离等影响传毒几率。多数有翅蚜着落于大豆冠层叶为害，黄绿色植株率多于深绿色植株。蚜虫传播距离在 100m 以内，大豆上繁殖的蚜虫是主要介体，附近作物田蚜虫若经过大豆田，传毒率低。品种抗性主要影响田间初侵染源及病害发生严重程度。品种抗斑驳，即不产生斑驳或斑驳率低；抗种传，即不种传或种传率低；抗蚜虫，即蚜虫不取食或着落率低。

气温影响潜育期长短。发病最适温为 20～30℃，温度高于 30℃时病株可出现隐症现象。高温隐症品种产量损失比显症品种少。长期种植同一抗病品种，会引起病毒株系变化，造成品种抗性降低或丧失抗病性。高温干旱，有利于蚜虫的发生、繁殖和迁飞，传毒几率高，而暴风雨可造成蚜虫大量死亡，传毒几率低。结荚初期温度越低，病粒越多，病粒的斑驳越重。有些品种当温度超过 30℃时，不形成褐斑粒。

【防治措施】

1. 加强种子检疫，选用无毒种子

在引种、调运种子或进行品种资源交换时，要严格检疫，防止带毒种子传入。

2. 播种无毒种子

是防病最基本的措施。建立无病留种田，提倡在无病田或经病田留种，播种前要严格筛选种子，清除褐斑粒。

3. 栽培措施

选用抗病品种，如绥农 3 号、绥农 21、合丰 49、铁丰 18 号、吉林 3 号、合豆 5 号抗 SMVSC3、SC8 和 SC11 株系，中抗 SC13 株系。在大豆生长期间要彻底拔除病株；种子田应与大豆生产田及其他作物田隔离 100m 以上，防止病毒传播；避免晚播，大豆易感病期要避开蚜虫高峰期；大豆与高秆作物间作可减轻蚜虫为害从而减轻发病。

4. 趋避防病

苗期即用银膜覆盖土层，或银膜条间隔插在田间，有驱蚜避蚜作用，可在种子田使用。有条件的可用银灰薄膜放置田间驱蚜。

5. 治蚜防病

早期防蚜，将其消灭在点片阶段，是有效防病的前提。蚜虫发生期用 50% 辟蚜雾（抗蚜威）可湿性粉剂 150～225g/hm^2 喷雾、2.5% 天王星（联苯菊酯）乳油 3 000 倍液喷雾、10%大功臣（吡虫啉）150～300g/hm^2、3%莫比朗（啶虫脒）乳油150～300ml/hm^2。

20%病毒A 500倍液或1.5%植病灵乳油1 000倍液，或者5%菌毒清400倍液，连续使用2～3次，隔10d 1次。

二、大豆胞囊线虫病

大豆胞囊线虫病又称萎黄线虫病、大豆根线虫病，谷称“火龙秧子”。是我国目前大豆上发生最普遍、为害最严重的病害之一，主要分布于东北、华北、山东、江苏、河南、安徽等地。在吉林、黑龙江等省的西部干旱地带发生普遍而严重，黑龙江省三江平原各农场发生面积达45%，有的地方因大面积严重发生而造成毁种。一般减产10%～20%，重者可达30%～50%，甚至颗粒无收。

【症状】

胞囊线虫病在大豆整个生育期均可发生。苗期地上部叶片黄化，生长受阻，严重时可导致幼苗死亡。大豆开花前后植株地上部的症状最明显，病株明显矮化，似缺水、缺氮状。叶片褪绿变黄，瘦弱。病株根瘤少，主根及侧根发育不良，须根增多，严重的整个根变成发状须根，上附有大量0.5mm大小的白色至黄白色的球状物，即线虫的胞囊（雌成虫），后期胞囊变褐，脱落于土中。病株根部表皮常被雌虫胀破，因其他腐生菌侵染而引起根系腐烂，使植株提早枯死。病株结荚少或不结荚，籽粒小而瘪。因线虫在土壤中分布不均匀，在田间常造成大豆被害地块呈点片发黄状（图11－1）。

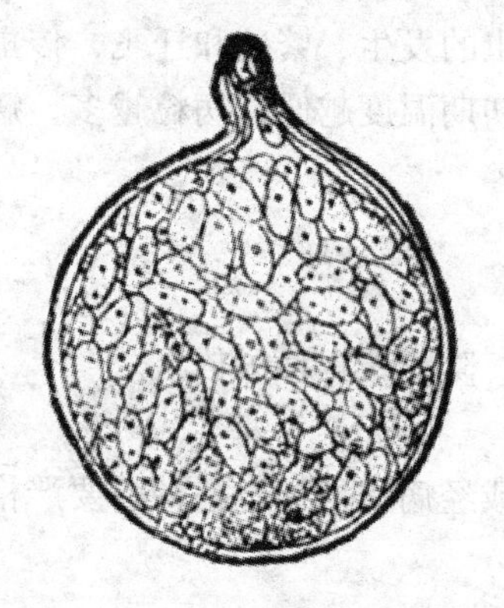

图11－1　大豆胞囊线虫病胞囊

（仿《农业植物病理学》）

病症识别要点：病株明显矮化，叶片褪绿变黄，须根上附有大量白色至黄白色的球状胞囊。

【病原】

病原为大豆胞囊线虫 *Heterodera glycines* Ichinoche，属线型动物门，异皮科，胞囊线虫属（又称异皮线虫属）。大豆胞囊线虫的卵初期向一侧微弯呈蚕茧状，在雌虫体内形成，贮存于胞囊中。幼虫分4龄，蜕皮3次后变为成虫。1龄幼虫在卵内发育，2龄幼虫破壳而出，雌、雄虫均为线状。3龄幼虫雌雄可辨，雌虫腹部膨大成囊状，雄虫线状。4龄幼虫形态与成虫相似。雄成虫线状，雌成虫梨形。

线虫发育适温为17～28℃，10℃以下幼虫不能发育，35℃时幼虫不能发育为成虫。在适温范围内，温度越高发育越快。胞囊线虫对干旱的抵抗力强而对高温的抵抗为弱。发育最适土壤湿度为60%～80%，土壤过湿，线虫易死亡。胞囊线虫除大豆外，还可侵染红小豆、绿豆等。大豆胞囊线虫有生理分化现象，不同大豆品种间抗性有差异。

【发病规律】

大豆胞囊线虫主要以胞囊在土壤中越冬，或以带有胞囊的土块混在种子间越冬。胞囊的抗逆性很强，侵染力可达8年。在田间，线虫主要通过田间作业的农机具、人畜携带胞囊或含有线虫的土壤进行传播，灌水、排水和施用未充分腐熟的肥料也能传播。线虫在土壤中本身活动范围极小，1年只能移动30～65cm。混在种子中的胞囊在贮存条件下可存活两年，种子的远距离调运是病害传播到新区的主要途径，鸟类也可远距离传播线虫，因为胞囊和卵粒通过鸟的消化道仍可存活。

春季气温转暖时，胞囊中的卵开始孵化为1龄幼虫，而2龄幼虫破卵壳进入土壤中，雌性幼虫从根冠侵入寄主根部，在皮层中发育，线虫以吻针插入愈合细胞中吸收营养，因唾液使原生木质部或附近组织形成愈合细胞，堵塞导管。4龄后的幼虫发育为成虫。雌虫体随着卵的形成而膨大呈柠檬状称为胞囊，即大豆根上所见的白色或黄白色的球状物。发育成的雌成虫重新进入土中自由生活，性成熟后与雄虫交尾。后期雌虫体壁加厚，形成越冬的褐色胞囊。

大豆胞囊线虫每年发生的代数因土壤温度的差异而不同，东北每年发生3~4代。一般轮作地发病轻，连作地发病重。与禾本科作物轮作可使土壤中线虫数量急剧下降，这是因为禾谷类作物的根能分泌刺激线虫卵孵化的物质，使幼虫从胞囊中孵化后找不到寄主而死亡。通气良好的沙壤土、沙土或干旱瘠薄的土壤有利于线虫生长发育，发病重。线虫更适于在碱性土壤中生活，因而发病重。

【防治措施】

1. 轮作

是防治胞囊线虫病最有效的措施，一般轮作要在3年以上，轮作年限越长，效果越好，有条件的地方实行水旱轮作或与禾本科等非寄主作物轮作防病效果好，轮作制中加入一季诱捕作物如绿肥作物或抗病品种等，可减少轮作年限提高防病效果。

2. 种植抗、耐病品种

利用耐病品种可增产10%~15%，但抗耐病品种只能减轻当年受害程度，而不能减少土壤中胞囊数量。目前生产上常用的品种如大豆抗线1、2、3、4号等。

3. 栽培措施

无病区加强检疫，防止大豆胞囊线虫传入。提高土壤肥力，增施有机肥料或喷叶面肥，促进植株生长，可减轻线虫为害；在高温干旱的年份注意适当灌水。

4. 药剂防治

3%呋喃丹颗粒剂30~60kg/hm^2，播种时撒在沟内，防治效果较好。35%多克福种衣剂包衣。

三、大豆菌核病

大豆菌核病又称白腐病，全国各大豆产区均有发生，是一种毁灭性的茎部病害。黑龙江、内蒙古为害较重。由于向日葵、油菜、麻类、小杂豆等的种植面积不断扩大，使菌核病在大豆田的发生呈逐年加重趋势。

【症状】

苗期至成株均可发病，主要为害地上部分，花期、结荚后受害重，产生苗枯、叶腐、茎腐、荚腐等症状。共同特征是病部初为深绿色湿腐状，潮湿时病部可产生白色棉絮状菌丝体，并逐渐使病部变白，最后在受害部内外产生黑色鼠粪状菌核。

苗期受害则茎基部褐变，呈水渍状，湿度大时长出白色棉絮状菌丝，后病部干缩呈黄褐色，幼苗倒伏枯死，表皮撕裂状。叶片受害，则从植株下部开始，初叶面产生暗绿色水浸状斑，后扩展为圆形至不规则形，病斑中心灰褐色，四周暗褐色，有黄色晕圈，湿度大时产生白色菌丝，叶片腐烂脱落。茎秆染病则多从主茎中下部分杈处开始，病部水浸状，后褪为浅褐色至近白色，病斑形状不规则，常环绕茎部向上下扩展，致病部以上枯死或倒折。湿度大时在菌丝处形成黑色菌核。病茎髓部变空，菌核充塞其中。干燥时，茎皮纵向撕裂，维管束外露呈乱麻状，严重时全株枯死，颗粒不收。豆荚受害，病斑水渍状呈不规则形，荚内、外均可形成较茎内菌核稍小的菌核，多不能结实，结实的种子粒小或腐败干缩。

症状识别要点：病株茎秆腐烂，苍白色，内部中空，易折断，有黑色鼠粪状菌核。

【病原】

病菌为核盘菌 *Sclerotinia sclerotiorum*（Lib.）de Bary，属子囊菌亚门，核盘菌属。菌核圆柱状或鼠粪状，内部白色，外部黑色。子囊盘盘状，褐色，棒状子囊排列成栅状。子囊孢子椭圆形，单胞，无色。侧丝丝状，无色，夹生在子囊间。

菌丝生长适温 20～25℃，菌核萌发适温 20℃。菌核萌发不需光照，子囊盘形成需散射光。病菌寄主范围广泛，除禾本科不受侵染外，可侵染大豆、向日葵、油菜等十字花科蔬菜及红小豆、绿豆、菜豆等豆科植物和胡萝卜等 41 科 383 种植物。

【发病规律】

病菌主要以菌核在土壤中、病残体内或混杂在种子中越冬。第二年条件适宜时，越冬菌核萌发产生子囊盘，并弹射出子囊孢子，子囊孢子借气流传播蔓延进行初侵染。病菌通过菌丝与健部接触传播蔓延，形成再侵染，但再侵染机会少。菌核在田间土壤深度 3cm 以上能正常萌发，3cm 以下不能萌发，在 1～3cm 深度范围内，随深度的增加菌核萌发的数量递减。菌核从萌发到弹射子囊孢子需要较高的土壤温度和空气相对湿度。但土壤持水量过大（过饱和状态），则不利于菌核萌发，会加快菌核腐烂。

病害发生流行的适温为 15～30℃、相对湿度 85% 以上。当旬降雨量低于 40mm，相对湿度小于 80%，病害流行明显减缓；旬降雨量低于 20mm，相对湿度小于 80%，子囊盘干萎，菌丝停止增殖，病斑干枯，流行终止。一般菌源数量大的连作地或栽植过密、通风透光不良的地块发病重。

【防治措施】

1. 减少菌源

是防病的最主要措施。精选种子，汰除混杂在种子中的菌核，可避免大豆菌核病的远距离传播。秋季深翻，将田间菌核埋入土壤深层，抑制菌核的萌发，减少初侵染菌源数量。

2. 合理轮作与邻作

与禾本科作物实行 3 年以上轮作，是防治此病的关键措施。避免在豆田周围或邻近种植向日葵、油菜等，以防交互感染。

3. 加强栽培管理

选用株型紧凑、尖叶或叶片上举、通风透光性能好的耐病品种。及时排除田间积水，降低田间湿度，适量少施氮肥可减轻发病。菌核萌发期及时铲趟，能破坏子囊盘，减轻发病。收获后及时清除病残体。

4. 药剂防治

最好在发病前10~15d用药，已发病的地块用药效果不佳。发病初期可选用40%菌核净可湿性粉剂800~1 200倍液、50%速克灵（腐霉利）可湿性粉剂2 000倍液、2%菌克毒克（宁南霉素）水剂200~250倍液、40%多·硫悬浮剂600~700倍液、70%甲基硫菌灵可湿性粉剂500~600倍液、80%多菌灵可湿性粉剂600~700倍液、50%扑海因（异菌脲）可湿性粉剂1 000~1 500倍液、50%复方菌核净1 000倍液等喷雾防治。隔7~10d喷1次，连喷2~3次。

四、大豆疫霉根腐病

大豆疫霉根腐病又名大豆疫病、大豆疫霉病，是我国重要的对外植物检疫对象，此病在有利于病害发生的环境条件下可导致大豆绝产。我国黑龙江省发现了此病，但仅发生在长期积水的黏土和高感品种上，近年有加重趋势。

【症状】

出苗前可引起种子腐烂。出苗后由于根或茎基部腐烂而萎蔫或立枯，根软化、变褐，直达子叶节。真叶期茎上出现水渍斑，叶片变黄萎蔫、死苗。病株侧根腐烂，主根变为深褐色并可沿主茎向上延伸几厘米。成株期受害，上部叶片褪绿，下部叶片脉间变黄，植株逐渐萎蔫，叶片凋萎而仍悬挂植株上。后期病茎的皮层及维管束组织变褐。

【病原】

病原为大豆疫霉 *Phytophthora sojae* M. J. Kaufman et j. W. Gerdemann.，属鞭毛菌亚门，疫霉属。异名有：大雄疫霉菌 *P. megasperma* Drechsler f. sp. *glycine* Kuan et Erwin 和 *P. megasperma* Drechsler war. *sojae* Hildebrand。

卵孢子球形，壁厚而光滑。卵孢子在不良条件下能长期存活，条件适宜可萌发形成芽管，发育成菌丝或孢子囊。孢子囊萌发形成芽管或产生游动孢子。孢囊梗分化不明显，顶生单个孢子囊。孢子囊单胞、无色、卵形，无乳突。

菌丝生长适温24~28℃，孢子囊直接萌发的最适温度为25℃，间接萌发的最适温度为14℃。卵孢子形成和萌发最适温度为24℃。病组织中可形成大量卵孢子，卵孢子有休眠期，形成后30d才能萌发。病菌寄生专化性很强，除为害大豆外，也可侵害菜豆、碗豆、羽扁豆属。大豆疫霉根腐病菌生理小种分化十分明显。

【发病规律】

大豆疫霉根腐病是典型的土传病害。病菌主要以卵孢子在土壤中的病残体上越冬。卵孢子在土中可存活多年，条件适宜时卵孢子萌发形成孢子囊，当土壤水分饱和时孢子囊产生大量游动孢子，游动孢子随水传播，附着于种子或幼苗根部，并萌发侵染引起发病。条件适宜时病组织上可不断形成孢子囊，孢子囊萌发形成游动孢子进行多次再侵染。大豆苗期为最易感病，随着植株生长发育，寄主抗病性也随之增强。

大豆疫霉根腐病的发生与流行主要决定于品种抗病性、土壤湿度、栽培方法和耕作制度等。品种抗病性对发病流行程度影响很大，但品种抗性极易丧失。土壤湿度是影响该病流行重要因素。土壤含水量饱和是卵孢子萌发形成孢子囊的必要条件。孢子囊必须在有水的条件下才能释放游动孢子，有水时间越长，释放游动孢子越多。因此地势低洼、土质黏重、排水不良地块发病重。耕作栽培措施会影响土壤含水量和排水，影响通风透光，直接影响发病。所以及时耕地、排水，发病轻；少耕和免耕板结地病重。轮作与发病关系不大，大豆与非寄主作物轮作4年也不能明显减轻病害，这可能与卵孢子休眠时间长短不一有关。

【防治措施】

1. 加强检疫

此病是重要的植物检疫对象，并可随种子远距离传播，因此，要做好种子调运的检疫工作。

2. 农业防治

利用抗、耐病品种是最有效的防治手段。早播、少耕或免耕、窄行、除草剂使用增加、连作和一切降低土壤排水性、通透性的措施都将加重病害的发生和为害。要做到适期播种，保证播种质量，合理密植，宽行种植，及时中耕，增加植株通风透光是防治病害发生的关键措施。采用垄作，降雨后及时排水，避免长时间的田间积水。合理施肥，加强田间管理，深翻，清除病残体。

3. 药剂防治

播种时沟施、带施或撒施甲霜灵（瑞毒霉）颗粒剂0.28～1.12kg/hm^2，使大豆根吸收药剂，可防止根部侵染。播种前种子重量0.3%的35%甲霜灵粉剂拌种，可控制早期发病，但对后期无效。也可喷洒或浇灌25%甲霜灵可湿性粉剂800倍液，或58%甲霜灵·锰锌可湿性粉剂600倍液，或64%杀毒矾可湿性粉剂900倍液。

五、大豆根腐病

大豆根腐病是大豆上的重要病害，是东北大豆产区的主要根部病害，在黑龙江省各地均有发生，黑龙江省东北部发生最重，尤其在黑龙江省三江平原地区发生最重。近几年，在黑龙江省松嫩平原、吉林大豆产区发生也较重。苗期发病影响幼苗生长，甚至造成死苗，使田间保苗数减少；成株期由于根部受害，影响根瘤的生长和数量，造成地上部生育不良，甚至矮化，结荚数减少、粒重降低而导致减产，甚至绝产毁种。

【症状】

大豆根腐病是各种根部腐烂性病害的统称，由镰刀菌、丝核菌和腐霉菌等多种病菌侵染引起。不同病菌引起的病害症状不尽相同，但共同点是根部腐烂。

大豆根腐病从幼苗到成株均可发生，幼苗期主要为害茎基部和根系，主根受害最重。病斑初为褐色小点，扩大后呈棱形、长条形或不规则形大斑，病斑稍凹陷。严重时病斑甚至整个主根变成铁锈色、红褐色或黑褐色，皮层腐烂呈溃疡状，病部缢缩，重病株的主根受害而使侧根和须根腐烂脱落，造成“秃根”。成株期发病，病株根部产生褐色病斑，病斑形状不规则，大小不一，病部无须根，病重时根系开裂，木质纤维组织露出。

因根部受害，重病株死亡，轻病株地上部长势弱，较健株瘦少，叶片变黄甚至提早脱落，分枝少，结荚少。大豆根腐病在田间发生常呈“锅底坑”状分布，呈圆形或椭圆形病区。

大豆根腐病症状易与大豆疫霉根腐病、大豆胞囊线虫病混淆。主要不同点如下：

大豆根腐病与大豆疫霉根腐病主要区别：大豆根腐病可侵染须根，而大豆疫霉根腐病则不会侵染须根系。

大豆根腐病与大豆胞囊线虫病主要区别：大豆胞囊线虫病的主根和侧根发育不良，但须根增多，可使整个根系变成发状须根，根上有白色至黄白色球状胞囊。

症状识别要点：共同点是根部腐烂。大豆4～5片复叶期开始田间点片发病。病株从叶缘向内变黄，叶脉仍为绿色，最后整株黄化，植株变矮。根部变褐腐烂，最后变黑，地上部枯死。

【病原】

引起大豆根腐病菌的病原菌种类多，主要有以下几种：

半知菌亚门镰刀菌属的有尖孢镰刀菌芬芳变种 *Fusarium oxysporum* var. *vedolens*（Wouenum）、茄腐镰刀菌 *Fusarium oxysporum* var. *vedolens*（Wouenum）、禾谷镰刀菌 *Fusarium solani*（Martium）App. et Wr.、燕麦镰刀菌 . *Fusarium aveneun*（Fr.）（Scc.）。

半知菌亚门丝核菌属的立枯丝核菌 *Rhizoctonia solani* Kühn。菌丝粗大，粗细不等，有多个隔，多分枝，分枝处缢缩且有隔膜。

鞭毛菌亚门腐霉菌属的终极腐霉菌 *Pythium ultimum* Trom。菌丝纤细，无色，无隔膜。卵孢子近球形，壁厚。

在黑龙江省此病病源主要以镰刀菌和丝核菌为主，大豆根腐病菌大多属于土壤习居菌，可在土壤中腐生。

【发病规律】

病原菌能以菌丝、菌核在土壤中和病株体内越冬，并可在土壤中腐生。条件适宜时，越冬病菌直接侵染幼苗，引起幼苗根腐。病菌也可通过雨水、灌溉水及人、畜或农机具的携带传播。大豆种子萌发后4～7d病菌即可侵染胚茎和胚根，虫伤和其他自然孔口也有利于多种菌侵入。

大豆根腐病的发生与菌源数量、土壤理化性质、土壤温度、湿度及地下害虫和栽培制度关系密切。连作可使土壤中菌源数量增多，发病重，连作年限越长，发病越重。土壤质地疏松、通透性好的沙壤土、轻壤土、黑土等较土壤黏重、通透性差的白浆土、黏土地发病轻。土壤肥沃地较土壤瘠薄地发病轻。播种期土壤温度低，发病重。土壤含水量大，特别是低洼潮湿地，大豆幼苗长势弱，抗病力差，易受病菌侵染，发病重。土壤含水量过低，久旱后突然连续降雨，使大豆幼苗迅速生长，根部表皮易纵裂，伤口增多，亦有利病菌侵染，发病重。垄作比平作发病轻，大垄比小垄栽培发病轻。大豆播种过深，地温低，幼苗生长慢，组织柔嫩，地下根部延长，根易被病菌侵染，发病重。氮肥用量大，幼苗组织柔嫩，发病重，增施磷肥可减轻发病。根部受根潜蝇为害，可造成伤口，有利根腐病菌的侵染，发病重，虫株率越高发病越重。大豆幼苗若因除草剂使用不当造成药害，使幼苗生长受阻，也可加重根腐病的发生。

【防治措施】

1. 农业防治选用抗耐病品种，勿在排水不良的低洼地种大豆，合理轮作，避免迎茬种植

最佳措施是轮作，与禾本科作物轮作两年以上，前茬为玉米、线麻、亚麻种大豆最好。适时播种，土表0～5cm土温稳定在6～8℃时播种，勿播种过早，适期晚播。控制播深，一般播深不要超过5cm，以加快幼苗的生长速度，增强抗病性。注意墒情，湿度大时，宁可稍晚播而不能顶湿抢播。加强田间管理，深松耕，及时排除田间积水，改善土壤通气条件，搞好中耕培土。及时防治地下害虫。

2. 种子处理

每100kg大豆种子用2.5%适乐时（咯菌腈）悬浮种衣剂150～200ml（或35%多克福1 500ml）+ 益微100～150ml。或每100kg大豆种子用2.5%适乐时（咯菌腈）悬浮种衣剂150ml加20%阿普隆拌种剂40ml拌种。

每100kg大豆种子用2.5%适乐时150～200ml（或35%多克福1 500ml）+35%金阿普隆20ml+益微100～150ml。

用种子重量0.3%～0.5%的50%多菌灵WP、50%福美双WP拌种，或用种子重量0.4%的50%多福合剂WP拌种。

用50%多菌灵可湿性粉剂和50%福美双可湿性粉剂按1∶1混均，用种子重量0.4%的混合剂拌种。

用2%菌克毒克水剂（宁南霉素）按种子量的1%拌种。

3. 生物防治

（1）大豆保根菌剂，用量1 500ml/hm^2，将菌剂与大豆种子充分混合，使菌剂均匀包衣在种子上，阴干后（一般30min）即可播种。

（2）生物制剂埃姆泌（为海洋放线菌MB-97，细黄链霉菌的新变种），对大豆重迎茬主要障碍因素——紫青霉菌及其分泌的毒素和大豆根腐病致病菌——镰刀菌F6均有极强的抑制作用，每亩用3～5kg与大豆种子混播，重茬大豆田用量要大一些。

六、向日葵黑斑病

向日葵黑斑病在世界各地分布较广，为害较大，我国各种植区均有分布。可导致植株大量枯死，严重影响向日葵籽实产量和质量。

【症状】

各生育阶段均可发病，可为害叶、茎和花瓣。叶片上病斑暗褐色圆形，大小5～20mm，边缘有黄绿色晕圈，病斑上有时有同心轮纹，邻近病斑常相互融合，老病斑常破裂穿孔。病斑中央产生灰色至灰白色的霉状物。叶柄上病斑圆形至椭圆形或梭形，黑褐色，严重的叶柄干枯。茎部病斑椭圆形至梭形长斑，黑褐色，由下向上蔓延，病斑常互相接连，可长达140mm，使茎秆全部变褐。花托上产生凹陷圆斑。花瓣是病斑小褐色斑点。葵盘上产生圆形至梭形、具同心轮纹的褐色至灰褐色斑，中心灰白色。

【病原】

病原为向日葵链格孢 *Alternaria helianthi*（Hansf.）Tubaki et Nishihara.，属半知菌亚门，链格孢属。分生孢子梗单生或束生，直或微弯成曲膝状，苍白色至近榄褐色，平滑，有分隔。分生孢子多数单生，直立，偶有两个链生，圆筒形或倒棍棒状，末端圆，近无色至浅榄色或金属色，平滑，具2～12个横隔，偶见1个或多个纵隔或斜隔膜，培养时分隔处常缢缩。

分生孢子萌发适温为25～30℃，菌丝生长适温为30℃，分生孢子萌发最适湿度95%

以上。

【发病规律】

病菌以菌丝体和分生孢子在种子或病残体上越冬，但种子带菌率较低，病残体上的病原菌是主要初侵染源。第二年播种带病的种子即可引起苗枯或叶斑。条件适宜时（高湿）病残体上产生分生孢子，借风雨、气流传播到向日葵植株上进行初侵染。在一个生长季有多次再侵染。

一般温度22℃左右，相对湿度95%以上有利于病害的发生。在雨季，温度适宜，寄主处于乳熟至腊熟期很易发病。高温多雨该病流行速度快，潜育期短，很易流行成灾。流行与雨水有直接关系，高温多雨年份发病重。连作地、播早的地块易发病。

【防治措施】

1. 选用抗（耐）病品种

由于向日葵植株高大，化学防治困难，且其他的农业措施对预防此病效果也不明显，所以，种植抗病品种是防治此病最根本的方法。辽葵杂3号、辽葵杂4号、阜新大喀、沈葵杂1号、小葵子等品种较抗病。

2. 加强栽培管理

秋季深翻，消灭病残体，减少初侵染源。采用向日葵配方施肥技术，施足底肥，增施磷钾肥提高抗病力。适当晚播，使植株易感病阶段与雨季错开。进行人工脱叶可防治黑斑病并可挽回病害造成的产量损失。

3. 种子处理

用50%福美双或70%代森锰锌可湿性粉剂按种子量的0.3%拌种，也可用60℃热水浸种10min。

4. 药剂防治

发病初期及时喷洒70%代森锰锌可湿性粉剂400~600倍液，或75%百菌清可湿性粉剂800倍液，或50%异菌脲可湿性粉剂1 000倍液，隔7~10d一次，连喷2~3次。

第二节　油料作物害虫防治技术

一、大豆食心虫

大豆食心虫 *Leguminivora glycinivorella*（Matsumura）又称大豆蛀荚蛾、豆荚虫、小红虫，属鳞翅目小卷蛾科，是我国北方大豆产区的重要害虫。寄主单一，栽培作物只为害大豆，野生寄主有野生大豆及苦参等。主要以幼虫蛀入豆荚为害豆粒，一般年份虫食率10%~20%，对大豆的产量、质量影响很大。

【形态特征】

成虫为暗褐色小蛾子，体长5~6mm。前翅暗褐色，前缘有10条左右黑紫色短斜纹，外缘内侧有一个银灰色椭圆形斑，斑内有3个紫褐色小斑。雄蛾前翅色较淡，有翅缰1根，腹部末端有显著毛束。雌蛾色较深，有翅缰3根，腹部末端产卵管突出（图11-2）。

卵椭圆形，稍扁平，略有光泽，初产时乳白色，后变黄色或橘红色，孵化前变成紫

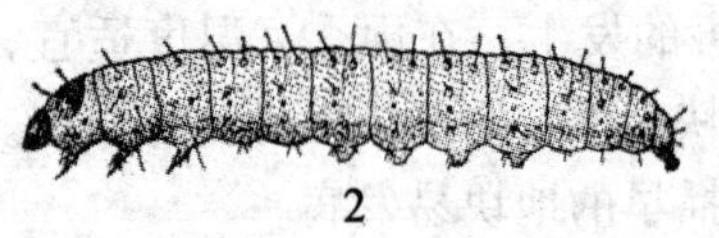

图 11－2　大豆食心虫

1. 成虫　2. 幼虫

（高等教育出版社《作物病虫害防治》）

黑色。

幼虫共 4 龄。初孵幼虫淡黄色，入荚后为乳白色至黄白色，老熟幼虫鲜红色或橙红色，脱荚入土后变为杏黄色。末龄幼虫体长 8～9mm，略呈圆筒形，趾钩单序全环。

蛹长纺缍形，红色或黄褐色，腹部末端北面有 8 根粗大的短刺。

【发生规律】

1. 生活史及习性

大豆食心虫在我国各地 1 年发生 1 代，以末龄幼虫在大豆田或晒场的土壤中作茧滞育越冬。

成虫飞翔力不强，一般不超过 6m。上午多潜伏在叶背面或茎秆上，下午 5～7 时在大豆植株上方 0.5m 左右处呈波浪形飞行，在田间可见到成虫成团飞舞的现象，是成虫盛发期的标志。成虫有弱趋光性。在 3～5cm 长的豆荚、幼嫩豆荚、荚毛多的品种豆荚上产卵多，极早熟或过晚熟品种着卵少。在每个豆荚上多数产 1 粒卵。幼虫孵化当天蛀入豆荚，幼虫老熟后脱荚，入土结茧越冬。

初孵幼虫在豆荚上爬行数小时后从豆荚边缘的合缝附近蛀入，先吐丝结成白色薄丝网，在网中咬破荚皮，蛀入荚内，在豆荚内为害，将豆粒咬成兔嘴状缺刻。幼虫入荚时，豆荚表皮上的丝网痕迹长期留存，可作为调查幼虫入荚数的依据。

大豆成熟前老熟幼虫入土作茧越冬。大豆收割时，有少数幼虫尚未脱荚，收割后如果在田间放置可继续脱荚，在晒场也可继续脱荚，爬至附近土内越冬，成为次年虫源之一。越冬幼虫于次年 7～8 月份上升至土壤表层 3cm 以内作土茧化蛹，土茧呈长椭圆形，由幼虫吐丝缀合土粒而成。

2. 发生条件

温湿度和降水量是影响大豆食心虫发生严重程度的重要因素。化蛹期间降雨较多，土壤湿度大，有利于化蛹和成虫出土。大豆连作因越冬虫源量大，要比轮作受害重。大豆结荚期与成虫产卵盛期不相吻合则受害较轻，因地制宜适当提前播期或利用早熟品种，成虫产卵时大豆已接近成熟，不适宜于产卵，可降低虫食率。大豆品种由于荚皮的形态和构造不同，受害程度也有明显差异。大豆有荚毛的品种着卵多，裸生型无荚毛大豆着卵极少；在有荚毛的品种中，荚毛直立的比弯曲的着卵多。大豆的荚皮由表皮、薄壁组织、维管束和隔离层组成，隔离层细胞为近圆形或短椭圆形，抗虫性强；木质化的隔离层影响幼虫蛀入。结荚期早晚，结荚期是否集中等品种特性与虫食率有密切关系，一是回避成虫产卵，二是使幼虫入荚死亡率增加。天敌对食心虫有抑制作用，如澳洲赤眼蜂、姬蜂、茧蜂步甲等。

【防治措施】

1. 选用抗（耐）虫品种

是防虫的基础，尽量选用荚毛少或无荚毛的大豆品种。

2. 远距离轮作

有条件的地区实行大豆远距离轮作，当年大豆田最好距上年大豆田 1 000m 以上，可降低虫食率87% ~96%。

3. 加强栽培管理

采取水旱轮作，豆茬和豆后麦茬地及时翻耙，可提高越冬幼虫死亡率。在化蛹和羽化期增加虫源地块中耕锄草次数，可减少成虫羽化，减轻为害。大豆要适时早收，并及时脱粒，可机械杀伤大量未脱荚幼虫，减少越冬虫源量。

4. 生物防治

在成虫产卵盛期释放赤眼蜂灭卵，放蜂量为30万~40万头/hm^2。

5. 药剂防治未入荚幼虫

大豆食心虫幼虫孵化后，在豆荚上爬行的时间很短，因此做好田间调查，才能掌握幼虫入荚前药剂防治的准确时机。一般当豆荚上见卵，即是未入荚幼虫的药剂防治适期。可选用2.5%敌杀死（溴氰菊酯）乳油400~600ml/hm^2，或5%来福灵乳油200~300ml/hm^2，或20%灭扫利（甲氰菊酯）乳油450ml/hm^2，或10%氯氰菊酯乳油300~450ml/hm^2，或48%乐斯本（毒死蜱）乳油1 200~1 500ml/hm^2，或10%安绿宝（氯氰菊酯）乳油525~675ml/hm^2，或20%速灭杀丁（氰戊菊酯）乳油300~450ml/hm^2等，对水喷雾。喷雾要均匀，特别是结荚部位要均匀着药。

6. 防治成虫

要想掌握防治成虫的准确时机，做好田间调查，准确测报成虫盛发期是关键环节。一般从8月初开始，每天午后日落之前（即下午4~6时）调查田间蛾量，每块大豆田查5个点，每点两垄，垄长100m，两点之间至少相距10~20m。调查时，在两垄间顺垄前进，用长约65cm的木棍轻轻拨动豆株，目测被惊飞的成虫（蛾）量，同时目测群体飞舞的“蛾团”数及每个“蛾团”的蛾数，同时网捕成虫20头以上，统计雌雄比。

若田间蛾量骤增，出现“打团”飞舞现象，连续3d累计双行蛾量达100头，并有少量成虫交尾，雌雄性比接近1∶1，表明成虫进入高峰期，此时即为防治成虫的适宜时期。

7. 敌敌畏熏蒸防治成虫

大豆封垄后，于8月中下旬成虫发生盛期（黑龙江一般在8月12~18日），可用80%敌敌畏乳油熏蒸防治成虫。

方法是：用长约30cm的高粱秸、玉米秸或其他秸秆两节为一段，一节剥去皮蘸药（即将去皮的一节浸于80%敌敌畏乳油中约3min，使其吸饱药液），另一节留皮保持原样，将药棒未去皮的一端均匀插在垄台上。每公顷需药棒600~750根。也可将玉米穗轴或向日葵秆瓤截成约5cm长小段，浸足80%敌敌畏药液，将药棍夹在大豆枝叉上。操作时每隔4垄插1垄，每前进5m插（夹）1根。也可用其他颗粒状或块状载体拌入药液，均匀撒布在田间。每公顷用药量1.5~2kg。此法防治大豆食心虫成虫效果较好，但较费工，若种植面积大，则很难操作。

8. 喷雾防治成虫

成虫盛发期，可选用2.5%敌杀死、5%来福灵、20%灭扫利、10%氯氰菊酯乳油、48%乐斯本、10%安绿宝、20%速灭杀丁等，对水喷雾。用药量同防治未入荚幼虫的用量。喷药时，最好将喷雾器的喷头朝上，从大豆根部向上喷，使下部枝叶和上部叶片背面着药，对隐蔽于此的成虫有较好防治效果。

二、大豆蚜

大豆蚜 *Aphis glycines* Matsumura 俗称蜜虫、腻虫、豆蚜，属同翅目，蚜科。我国大豆产区均有分布，以东北三省、内蒙古、河北、山东等省区发生较重。大豆蚜以成蚜和若蚜集中在大豆植株的顶叶、嫩叶背面及嫩茎、嫩荚上刺吸汁液，严重时布满茎叶表面。豆叶被害处叶绿素消失，形成鲜黄色的不规形的黄斑，后黄斑逐渐扩大，并变为褐色。受害严重的植株茎叶卷缩、发黄，根系发育不良，植株矮小，分枝及结荚少，籽粒千粒重降低，影响大豆产量。若苗期发生严重，可使整株死亡。除直接为害外，还可传播大豆花叶病毒病。

【形态特征】

有翅孤雌蚜体长 1.2 ~ 1.6mm，长椭圆形，头、胸黑色，额瘤不明显，触角长 1.1mm，在第三节具次生感觉圈 3 ~ 8 个，第六节鞭节为基部两倍以上；腹部圆筒状，基部宽，黄绿色，腹管基半部灰色，端半部黑色，尾片圆锥形，具长毛 7 ~ 10 根，臀板末端钝圆，多毛。

无翅孤雌蚜体长 1.3 ~ 1.6mm，长椭圆形，黄色至黄绿色，腹部第一、第七节有锥状钝圆形突起；额瘤不明显，触角短于躯体，第四、五节末端及第六节黑色，第六节鞭部为基部长的 3 ~ 4 倍，尾片圆锥状，具长毛 7 ~ 10 根，臀板具细毛。

【发生规律】

大豆蚜在东北 1 年发生 10 余代，以卵在鼠李和圆叶鼠李枝条上芽侧或缝隙中越冬。第二年春天，鼠李芽鳞转绿到芽开绽时，平均温高于 10℃，越冬卵孵化为干母，后孤雌胎生繁殖 1 ~ 2 代。有翅孤雌蚜开始迁飞至大豆田，为害幼苗，形成点片发生。6 月下旬至 7 月中旬迅速扩散蔓延，进入为害盛期，7 月下旬出现淡黄色小型大豆蚜，蚜量开始减少，8 月下旬至 9 月上旬气温下降，大豆蚜进入后期繁殖阶段，有翅性母迁至鼠李上，开始产生无翅型卵生雌蚜并与迁回的有翅雄蚜交配，把卵产在鼠李上越冬。春季雨水充沛，营养条件好，利其繁殖。夏季盛发期前，旬均温在 22 ~ 25℃，相对湿度在 78% 以下时，最适发生为害。盛夏高温则虫口自然消减。大豆蚜的天敌种类较多，如瓢虫、草蛉、食蚜蝇、蚜茧蜂、瘿蚊、蜘蛛等。天敌对蚜虫发生数量有一定抑制作用。

【防治措施】

1. 农业防治

选用抗蚜品种，及时铲除田边、沟边、塘边杂草，减少虫源。

2. 用银灰色膜避蚜和黄板诱蚜

3. 生物防治

利用瓢虫、草蛉、食蚜蝇、小花蝽、烟蚜茧蜂、菜蚜茧蜂、蚜小蜂、蚜毒菌等控制蚜虫。

4. 药剂防治

（1）药剂拌种：用含有内吸性杀虫剂的种衣剂拌种，对控制苗期蚜虫的为害有一定作用。

（2）田间喷药防治：当大豆蚜虫点片发生，田间有 5% ~10% 植株卷叶，或有蚜株率超过50%，百株蚜量达1 000～2 000头，并且田间天敌少、高温干旱时，应及时防治。常用药剂有：50%抗蚜威（辟蚜雾）可湿性粉剂1 500倍液、20%好年冬乳油800倍液、2.5%天王星（联苯菊酯）乳油3 000倍液喷雾。也可用10%大功臣（吡虫啉）150～300g/hm^2、3%莫比朗（啶虫脒）乳油150～300ml/hm^2、48%乐斯本（毒死蜱）600ml/hm^2，对水450kg/hm^2，均匀喷雾。蚜虫易产生抗药性，应注意轮换使用。也可使用生物药剂如2.5%鱼藤酮乳油1 500ml/hm^{2}对水喷雾、1.1%烟百素乳油1 000～1 500倍液喷雾。

三、大豆根潜蝇

大豆根潜蝇 *Ophiomyia shibatsuji*（Kato）又名豆根蛇潜蝇、大豆根蛆，属双翅目花蝇科。主要分布于黑龙江、吉林、辽宁、内蒙古，以黑龙江和内蒙古受害较重，是我国北方大豆主产区的重要害虫。只为害大豆和野生大豆。成虫舐吸大豆苗的叶片汁液，叶面出现很多密集透明的小孔；幼虫孵化后在幼根胚轴皮层下钻蛀为害，形成3～5cm长的隧道，破坏韧皮部和木质部，被害根变粗、变褐或纵裂，或畸形增生，影响养分输送和幼苗生长。受害大豆幼苗植株矮小、生长势弱、叶色变黄。受害严重的逐渐枯死；受害轻的，在幼虫化蛹后，伤口愈合，植株恢复生长，但根部已变褐、纵裂，侧根和根毛少，根瘤小而少，严重影响产量。幼虫蛀食造成的伤口易导致根部侵染性病害发生，使大豆受害加重。

【形态特征】

成虫为黑色小蝇子，体长2.2～2.4mm，翅展1.5mm，体形较粗。复眼大，暗红色，具芒状触角。足黑褐色。翅透明，有紫色闪光，翅脉上有毛。

卵长约0.4mm，橄榄形，白色透明。

幼虫为乳白色至浅黄色小蛆，体长约4mm，圆筒形，半透明。头部有指形突起，口钩黑色，呈直角弯曲。前气门1对，靴状；后气门1对，较大，末端有分叉。

蛹长椭圆形，长2.5～3mm，黑色，前后气门明显突出，靴形。

【发生规律】

1. 生活史和习性

在东北和内蒙古1年发生1代，以蛹在大豆根部及其附近土壤中越冬。大豆第一片复叶展开，进入成虫盛发期。成虫飞翔力弱，有趋光性，成虫取食大豆叶片的汁液补充营养。成虫用产卵器划破叶片，舔食汁液，取食处呈枯斑状。在温暖的晴天，成虫多集中在大豆植株上部叶片附近活动、取食和交尾，温度低、风力大或阴雨天在下部叶片北面隐藏。成虫选择幼嫩大豆苗，用产卵器刺破近土表处的根部表皮，将卵产在大豆幼苗下胚轴无根毛一侧的表皮下，每次产1粒卵，卵单粒散产。幼虫孵化后，在产卵孔附近短暂活动，后沿胚轴向根部钻蛀，在皮层和韧皮部取食，形成3～5cm长的红褐色蛇形隧道。随着根的横向生长，使根皮沿蛀道破裂，使根呈开裂状，从而形成“破肚”现象，有的由于幼虫取食，刺激根皮组织木栓化而形成肿瘤。随着虫体增大，根部肿瘤也增大。幼虫在肿瘤内或“破肚”内化蛹。

2. 发生条件

成虫活动、取食、交尾、产卵的适宜温度为20～30℃，成虫羽化出土盛期，降雨可使土壤含水量增加，有利于成虫羽化。凡是播种早，幼苗生长发育快的地块，当幼虫盛发时主根的木质化程度已较高，能忍耐幼虫钻蛀，受害就轻。耕翻能把蛹埋入土壤较深处，影响羽化率，秋耙可将土中越冬的蛹带到地表，使其死亡率增加，均可减轻为害。

【防治措施】

1. 合理轮作

因此虫为单食性害虫，且飞翔力弱，合理轮作换茬可减轻为害。

2. 深翻秋耙

发生严重的地块，大豆收割后深翻，能把蛹深埋土中，可降低次年成虫羽化率。秋耙地，可将在土壤中越冬的蛹带到地表，在冬季长期干燥和寒冷的气候条件下，增加蛹的死亡率。

3. 培育壮苗，提高耐害力

适期早播，施足基肥，增施磷钾肥，加快大豆幼苗生长发育速度，提高根部木质化程度，使大豆幼苗期躲过幼虫盛发期，减轻受害程度。

4. 药剂防治

（1）种子处理：是防治大豆根潜蝇最有效的措施。可用含呋喃（克百威）的种衣剂包衣，如35%多克福悬浮种衣剂，按种子重量1% ~1.5% 进行种子包衣。也可用75%辛硫磷乳油按种子重量0.1%的有效剂量拌种。用50%辛硫磷加多福合剂进行拌种，用水量为种子重的1%，辛硫磷用量0.15% ~0.2%。多福合剂用量为0.3%。可用喷雾器边喷边搅拌种子，拌均匀为止。阴干后播种，注意要避开阳光直射，防止辛硫磷光解。

（2）土壤处理：用3%呋喃丹颗粒剂颗粒剂撒入播种穴或播种沟内，用药量15 ~37.5kg/hm^2，然后再播种。

（3）喷雾或灌根防治幼虫：用90%晶体敌百虫700 ~ 1 000倍液，或40%辛硫磷乳油1 500倍液喷雾或灌根。灌根时一定要将药液渗透到根部。

（4）苗期喷药防治成虫：在成虫盛发期，即大豆长出第一片复叶前，子叶表面出现黄斑，目测田间出现成虫时，可用40%乐果乳油1 000倍液、80%敌敌畏乳油1 000倍液、90%敌百虫晶体700倍液喷雾，药液量约750L/hm^2。也可用50%抗蚜威（辟蚜雾）可湿性粉剂150 ~225g /hm^2 喷雾。

（5）药剂熏杀成虫：成虫盛发期用80%敌敌畏乳油1.875kg/hm^2 或40%乐果乳油3kg/hm^2，混细沙3 000kg或浸玉米穗轴225kg，均匀撒在地内，熏杀成虫。或用80%敌敌畏缓释卡熏蒸防治成虫。

四、向日葵螟

向日葵螟 *Homeosoma nebulella* Hühner 又称葵螟，是向日葵的主要害虫，属鳞翅目螟蛾科。仅为害向日葵一种作物和野生菊科杂草。以幼虫为害，主要蛀食向日葵种籽，也咬食花盘和萼片。受害的花盘蛀成许多隧道，其中充满被咬下的碎屑和排出的粪便，遇雨易引起腐烂，严重影响向日癸的产量和品质。

【形态特征】

成虫体灰褐色，体长8 ~12mm，翅展20 ~27mm。前翅狭长，灰褐色，近中央处有4

个黑斑，内侧3个斑连在一起，外侧1个由两点连在一起。后翅浅灰褐色，具有暗色脉纹和边缘。静止时，前后翅紧贴体躯两侧，很像一粒向日葵种子。触角丝状，基部环节粗大，比其他节长3～4倍。

卵乳白色，椭圆形，长0.8mm，宽0.4mm。卵壳有光泽，有不规则的浅网状纹，有的卵粒在一端有一圈立起的褐色胶膜圈。

幼虫淡黄灰色，幼虫共4龄，老熟幼虫体长约15mm。头部淡褐色，前胸盾和臀板黄褐色，腹面浅黄绿色，背面有3条暗色或淡棕色纵带，气门黑色，腹足趾钩为双序环式。

蛹黄褐色，长9～12mm，羽化前呈暗褐色，腹部背面1～10节均有圆形凹刻点，第二至第七节最多，腹面第五至第十节有刻点。腹末有刺钩8根。

茧梭形，黄白色，丝质，长12～17mm。越冬茧椭圆形，中部宽，一头尖，另一头钝圆，茧皮分两层，外层灰色，较粗糙并粘附土粒，内层鲜黄色，丝质膜状，茧内藏越冬虫1头；化蛹茧是越冬后幼虫从越冬茧钻出后再吐丝做成的，为一层比较粗糙的浅灰色丝质茧皮，幼虫在其中化蛹。

【发生规律】

向日葵螟在黑龙江、吉林和新疆1年发生1～2代，以老熟幼虫做茧在土中越冬，为害向日葵的主要是第一代。也有部分幼虫当年化蛹并羽化，发生第二代，并继续繁殖为害晚开花的花盘和分枝花。第二年越冬幼虫咬破越冬茧皮，在1～2cm的表土层做新茧（化蛹茧），到向日葵盛花期成虫也进入羽化盛期。成虫昼伏夜出，有趋光性，白天潜伏在杂草丛中，日落后飞往向日葵花盘和其他菊科植物上取食花蜜，进行补充营养。成虫喜在新开的花上产卵，卵多散产在葵花花盘上的开花区内，在花药圈内壁最多，其次是花柱和花冠上。1～2龄幼虫啃食筒状花和花粉，3龄后沿着葵花子粒的排列缝隙蛀食种子，将种仁部分或全部吃掉，形成空壳，或深蛀花盘，把化盘咬成很多隧道。1头幼虫可为害7～12个籽粒。幼虫为害时，在花盘子实上吐丝结网，并粘连虫粪及碎屑，状如丝毡（是识别葵螟为害的主要特点）。被害花盘遇雨后多发霉腐烂，严重降低产量和品质。在葵花成熟前老熟幼虫从籽粒中钻出，吐丝脱盘落地潜土做茧越冬，越冬茧在土中1～5cm处最多。有少部分幼虫随收获的葵花盘带入晒场。少数幼虫在8月末9月初化蛹，并羽化为成虫，在晚开的葵花盘和分枝花上可见到第二代卵和幼虫，但不能越冬，在越冬前相继死亡。

不同品种间向日葵螟的发生程度差异显著。硬壳品种在种皮内的木栓组织与厚膜组织间有黑色的坚皮层，向日葵螟不能蛀入为害，幼虫仅能咬穿表皮及木栓组织，不蛀入坚皮层，所以只能在花盘内取食无效部分并完成发育，但不影响产量。

【防治措施】

1. 选用抗（耐）虫害的品种

硬壳层形成快的品种受害轻或不受害，油用种（小粒）较食用种（大粒）受害轻。如龙葵杂1号等。

2. 农业防治

适当提早播种，可减轻或避免第一代幼虫为害。秋翻冬灌可将大批越冬茧翻压入土，减少越冬虫源。

3. 生物防治

用苏云金杆菌制剂，稀释1亿～2亿个孢子/ml的浓度，喷雾花盘防治幼虫。

4. 药剂防治成虫

为害重的地区应以防治成虫为主，并注意防治幼虫。7月末8月初，在成虫盛发期可采用以下方法防治。

（1）用2.5%敌杀死乳油125～225ml/hm^2，加水喷雾。

（2）在无风或微风的傍晚，用3Y-10型或3Y-35型喷烟机向田间施放烟雾1～2次，用药量20%杀灭菊酯150ml/hm^2、2.5%溴氰菊酯150ml/hm^2，此法省工、省水，简便易行。或施入烟剂15包/hm^2（每包0.5kg）。

（3）也可用80%敌敌畏乳油薰蒸1～2次（方法参考大豆食心虫一节）。

5. 药剂喷雾防治幼虫

8月上旬左右，于幼虫发生期，可选用2.5%敌杀死乳油125～225ml/hm^2、5%抑太保（定虫隆）乳油375～450ml/hm^2、35%赛丹（硫丹）乳油1 500～2 500ml/hm^2、Bt乳剂300倍液、90%晶体敌百虫500～1 000倍液、50%杀螟硫磷乳油800～1 000倍液喷雾，主要将药剂喷洒于花盘上，每个花盘喷药液40～50ml，隔5～7d一次，连用1～2次。药液中可加入喷液量0.51%的药笑宝、信得宝等植物油型喷雾助剂。

6. 根施防治幼虫

在向日葵花期，用3%呋喃丹颗粒剂根施。在离根约10cm处，挖5～10cm深的小坑，每坑放0.7g药，施后覆土，防效很好。

第三节　大豆田杂草防除技术

一、大豆田杂草的发生与分布

在东北春大豆区，从4~8月经春、夏、秋3季，杂草的发生随季节性变化表现出明显的季节相。

春季发生型杂草，第一批在4月上、中旬萌发。地温（地下5cm土层，下同）在0.5～6℃时，土壤解冻10cm左右，这时多年生杂草萌芽出土，如芥菜、问荆、大蓟、蒿属杂草等。至4月下旬、5月上旬，地温5～10℃时；以及一年生杂草如野燕麦、藜、荞麦蔓、本氏蓼、猪毛菜、酸模叶蓼、萹蓄和多年生的苣荬菜等大量发生，且来势猛，杂草基数大，出草集中。

在5月中下旬至6月中旬，地温稳定在10～16℃时，多数晚春性杂草如稗、狗尾草、菟丝子、鸭跖草、马齿苋、苋菜、苍耳、龙葵和多年生的大蓟、芦苇等大量出土。因杂草与作物争肥、争水激烈，为害十分严重，此时是控制杂草的关键时期。

在6月下旬至7月上旬，地温稳定在16～20℃时，喜温杂草如香薷、野苋、马唐、铁苋菜、狼把草等纷纷出土。同时，由于土层翻动，伏雨来临，可从土壤深层出土的野燕麦、苍耳和鸭跖草等仍在出苗，与作物或其他杂草竞争生长，因而形成农田第二个杂草高峰。

二、大豆田杂草的化学防治技术

大豆田化学除草的方式主要包括土壤处理和茎叶处理。土壤处理又分为播前土壤处理、秋施药和播后苗前土壤处理。目前，生产中常用的方法是播后苗前土壤处理和茎叶处理。

（一）播后苗前土壤处理

播后苗前土壤处理主要控制杂草出土，使一年生杂草在萌芽时触药中毒而死亡。为了提高药效的稳定性，应在喷药同时混土1～2cm，但不能趟蒙头土，以免对大豆产生药害。

1. 播后苗前土壤处理的药剂选择

土壤处理的药剂选择既要考虑大豆的耐药性又要考虑除草剂的持效期的长短，对下茬作物是否有影响，同时也要了解田间杂草的种类。一般大豆田的土壤处理，可选择的药剂有高含量的乙草胺（禾耐斯、圣农施、高倍得）、异丙甲草胺（都尔）、异丙草胺（普乐宝、乐丰宝）、异恶草松（广灭灵）、嗪草酮（赛克津）、2，4－D等。目前，推广氟乐灵＋灭草猛＋嗪草酮，氟乐灵＋乙草胺＋嗪草酮，乙草胺＋嗪草酮＋异恶草松3种化学除草剂混合使用，在低洼地可提高对大豆的安全性，降低异恶草松用量，这样对后茬作物安全。

2. 播后苗前土壤处理技术

（1）药剂喷洒要均匀：喷液量，机引喷雾机为200～300kg/hm^2；人工背负式喷雾器为300～500kg/hm^2。选用扇形喷头，人工施药应顺垄施药，一次喷一条垄，定喷头高度、压力、行走速度，不能左右甩施，以保证喷洒均匀。

（2）整地质量好：土地要平细。

（3）施药：一般药剂在大豆播种后至出苗前3～5d内施药。

（二）苗后除草

这是1种根据前期灭草措施效果的好坏，视杂草的种类和多少而灵活应用的应变措施。在杂草2～4叶期适时喷药，能有效的消灭苗眼草。苗后防除阔叶性杂草，选用克阔乐（乳氟禾草灵）、杂草焚（三氟羧草醚）、虎威（氟磺胺草醚）、排草丹（苯达松）等。大豆苗后防除禾本科杂草，选用拿捕净（烯禾啶）、稳杀得（吡氟草灵）、禾草克（喹禾灵）、盖草能（氟吡甲禾灵）等。

大豆苗后使用防除阔叶杂草的除草剂，要特别注意施药的时期和环境条件。杂草焚不得超过大豆3片复叶期施用，过晚，对大豆生长有影响。环境条件不仅影响药效，而且影响大豆生育。在低洼地，由于长期积水、低温、高湿等影响因素，使用克阔乐（乳氟禾草灵）、杂草焚（三氟羧草醚）、虎威（氟磺胺草醚）、普施特（咪唑乙烟酸）、阔叶散易造成严重药害，喷洒时应注意。

（三）大豆田难治杂草防治配套技术

1. 大豆田杂草为害特点

鸭跖草、刺儿菜（大刺儿菜）、苣荬菜等是大豆主产区优势种群，占杂草发生总量的90%以上，为害严重，防治困难，俗称“三菜”。

2. 防治“三菜”的除草剂

大豆苗前防治“三菜”安全有效的除草剂单剂有广灭灵（异恶草松）、阔草清（嘧唑磺草胺）、金都尔（精异丙甲草胺）、乐丰宝（异丙草胺）、禾耐斯（乙草胺）、2，4－滴丁酯等。

大豆苗后防治“三菜”安全有效的除草剂单剂有虎威（氟磺胺草醚）、广灭灵（异恶草松）、排草丹（苯达松）等。

3. 防治大豆田难治杂草配套技术

（1）防治多年生杂草最好伏秋翻地。通过深翻深耕，可消灭70%多年生杂草地下根茎，通过耙地把多年生杂草地下根茎切短，有利于化学防治。

（2）选择安全性好的除草剂、合理混配。

（3）选好喷雾器、喷头。

（4）选择喷液量。

（5）选择喷雾压力、车速。

（6）人工施药应顺垄喷雾，一次喷一条垄，定喷雾压力、喷头与地面高度和行走速度确保喷洒均匀。

（7）施药时期：大豆苗后真叶期到1片复叶期，鸭跖草在3叶期前、刺儿菜、苣荬菜在8叶期前。

（8）施药时药液中加入1%的植物油型助剂药效宝、快得宝等可提高对难治杂草的药效，特别是在干旱条件下有稳定的药效。

三、大豆田杂草的农业防治技术

大豆田宜采用小麦—玉米—大豆轮作，前茬小麦便于防治阔叶杂草，在播种小麦前进行深翻，既可将表层一年生杂草种子翻入土壤深层，又能防治田间多年生杂草，而小麦本身对一年生杂草的控制作用较强。玉米田便于中耕，有利于防治多年生杂草。小麦收获后，深松土层可消灭多年生杂草的地下根茎，又可避免深层草籽转翻到表土层而加重草害。厚垄播种、深松耕茬或浅松耙茬，保持原有土壤结构，有利诱草萌发、集中灭草。轮作对防治菟丝子有明显的效果。

施用有机肥料或覆不含杂草子实的麦秆等可减轻田间杂草的发生和为害。增施基肥、窄行密播，可充分利用作物群体抑草。视天气、墒情、苗情、草情等辅以人工拔大草。大豆收获后深翻可切割、翻埋、干、冻消灭各种杂草等，为减轻下茬草害打下基础。

四、大豆田杂草的其他防治技术

利用大豆田杂草的自然生物天敌，研制生物除草剂，进行杂草的生物治理，已有许多成功的实践。例如我国研制的鲁保1号能有效防治大豆菟丝子。

【思考题】

1. 怎样用敌敌畏熏蒸防治大豆食心虫？

2. 哪些措施可减轻大豆根潜蝇的为害？依据是什么？

3. 大豆与高粱间种地块，能不能用敌敌畏熏蒸防治大豆食心虫？为什么？

4. 在地势低洼地块与平地、岗地种植的大豆相比较，为什么地势低洼地块的大豆食心虫发生重，干旱年份表现更明显？

5. 防治大豆胞囊线虫病、大豆菌核病最经济有效的措施是什么？为什么？

6. 到田间拔下一株大豆病株，仔细观察根瘤与胞囊有什么区别？

7. 苗期发现了大豆胞囊线虫病，已错过了种子或土壤处理的防治时期，应该采取哪些补救措施？

8. 大豆根腐病和大豆疫霉根腐病的症状有何区别？

【能力拓展题】

1. 请查阅资料说明向日葵田还有哪些病虫害？

2. 根据所学知识，解释为什么在黑龙江省大豆胞囊线虫病、大豆菌核病为害逐年加重？解决的根本措施是什么？

3. 结合实际说明大豆田杂草防除中存在的困难，如何解决大豆田“三菜”问题？

4. 拟定大豆田病虫草害防治方案。

5. 拟定向日葵田病虫草害防治方案。

第十二章　马铃薯病虫草害防治技术

第一节　马铃薯病虫害防治技术

一、马铃薯病毒病

马铃薯病毒病又称马铃薯退化病。在全国各地普遍发生，为害严重，尤其在气候温暖或病源复杂条件上发病重、扩展快。感染病毒的马铃薯通过块茎的无性繁殖积累，世代传递，导致植株矮小，畸形，块茎种性变劣，产量逐年降低，甚至失去利用价值，不能留种。

【症状】

马铃薯病毒病是由多种病毒单独或复合侵染的一类病害。不同病毒单独或复合侵染在不同品种上引起的症状不同，造成的产量损失也不同。常见的有：

普通花叶病：植株生长正常，叶片平展，脉间轻花叶，病薯块无症状。有些品种高温和低温下均可隐症。

重花叶病：叶片两面有明显的黑色坏死斑，并由叶脉蔓延到叶柄、主茎，形成褐色条斑，使叶片坏死干枯，植株枯萎，薯块变小。带毒种薯长出的植株严重矮化、皱缩或呈条纹花叶状。

皱缩花叶病：病株矮化，叶片小，严重皱缩，叶上出现明显深浅不均匀的花叶症状，叶尖向下弯曲，叶脉、叶柄及茎上有黑褐色坏死斑，严重时叶片自上而下坏死。病株的薯块小，也有坏死斑。

卷叶病：初期顶部嫩叶褪绿，继而叶缘沿中脉向上卷呈瓢形，重时成筒状，并扩展到老叶。叶小而色淡，叶片厚而脆，叶脉硬，叶柄竖起，叶背呈红色或紫红色。病株不同程度矮化，韧皮部被破坏，茎横切面有黑点。块茎的导管区有网状坏死斑。病株的块茎变小，薯块簇生于种薯附近。切开块茎可见导管区的网状坏死斑纹。

症状识别要点：叶上出现明显深浅不均匀的斑驳、皱缩，或叶脉、叶柄及茎上有黑褐色坏死斑，或叶片边缘向上卷曲呈瓢形或圆筒状。植株矮化，薯块变小。有块茎切开后可见导管区的网状坏死斑纹。

【病原】

马铃薯病毒病由多种病毒侵染引起，据报道，有20多种病毒能侵染马铃薯，并普遍存在病毒复合侵染的现象。在我国，马铃薯病毒病的毒源主要有以下几种：

1. 马铃薯X病毒 Potato virus X（PVX）

病毒粒体呈线条状，为单链RNA病毒，汁液传染，昆虫不传染。除为害马铃薯外，还可侵染番茄、茄子、烟草、醋栗、曼陀萝、龙葵等植物。PVX单独侵染马铃薯表现为轻微花叶，叶片大小与健株无明显差异（亦称普通花叶病）。

2. 马铃薯 Y 病毒 Potato virus Y（PVY）

病毒颗粒呈弯曲长线状，由汁液和蚜虫传染。除马铃薯外，还侵染番茄、茄子、烟草、龙葵等。PVY 单独侵染马铃薯，植株先表现严重花叶，以后形成黑色坏死斑或坏死条斑（亦称条斑花叶病）。PVX 和 PVY 复合侵染引起马铃薯皱缩花叶病，是导致我国马铃薯发生退化的主要原因。

3. 马铃薯卷叶病毒 Potato leaf roll virus（PLRV）

该病毒主要寄主是茄科植物，在马铃薯上引起卷叶病，病毒颗粒呈小球形，无包膜，为单链 RNA 病毒。

此外，还有马铃薯 M 病毒 Potato virus M（PVM）、马铃薯 S 病毒 Potato virus S（PVS）、马铃薯皱缩花叶病毒（PVM）、马铃薯 A 病毒（PVA）、马铃薯古巴花叶病毒（PAMV）、马铃薯黄矮病毒（PYDV）等。PVS 引起马铃薯轻度皱缩花叶或不显症，PVA 引起马铃薯轻花叶或不显症，PYDV 是我国对外检疫对象。

【发病规律】

马铃薯病毒病的主要初侵染来源是种薯带毒。马铃薯 X 病毒可以通过汁液接触传染，在自然条件下，病毒可通过切刀、农具、衣物、动物等均传播。但蚜虫无传毒作用，有些咀嚼式口器昆虫如蝗虫，可通过口器带毒机械传播。马铃薯 Y 病毒可以通过蚜虫和汁液接触传染，传毒蚜虫有十几种，其中以桃蚜为主。马铃薯卷叶病毒（PLRV）由蚜虫传染，有翅桃蚜是田间传染最主要的介体。

病害发生与温度、传毒昆虫、品种关系密切。马铃薯被病毒侵染后，发病轻重取决于温度条件。高温有利于病毒增殖，发病重；气温低对病毒有抑制作用，植株体内虽然含有病毒，但症状较轻，甚至隐症。马铃薯生长期间蚜虫发生重，病毒病发生也重。低温、湿度大或多风多雨不利于蚜虫繁殖，发病轻。高温干旱有利于蚜虫繁殖、生长，发病重。马铃薯不同品种抗病性有差异。

【防治措施】

1. 采用无毒种薯

由于初侵染来源主要是带毒种薯，在高温情况下，病株的病毒浓度逐年增高，病害逐年加重。因此，采用无毒或低毒种薯是防治马铃薯病毒病的根本措施和主要手段。建立无病留种基地，原种田最好设在病毒繁殖较慢的高纬度或高海拔地带，或在南方采用二季作留种；北方实行夏播留种，即把马铃薯播种期推迟到夏季，使结薯期避开高温。也可采用实生苗留种或小整薯播种。种子田应与生产田及传毒蚜虫的其他寄主作物田远离 40～50m 以上，种子田要早期拔除病株和药剂防治蚜虫。

2. 选用抗病品种

目前生产上常用的品种如：抗马铃薯 Y 病毒的有克新 1 号（高抗），克新 2 号，克新 3 号，东农 303（高抗），东农 304；抗卷叶病毒的有东农 303 和 304，克新 1 号，克新 2 号，克新 3 号，克新 4 号，乌盟 601，呼薯 1 号；抗 X 病毒的有克新 2 号、3 号，中薯 2 号、3 号；抗皱缩花叶的有克新 4 号（不感染）。

3. 农业防治

高畦深沟栽培，合理灌溉，实行浅灌，及时培土，及时拔除病株，清除杂草，增施肥料或配方施肥等，均可增强抗病性，减轻发病。

4. 治蚜防病

种子田于出苗前后及时喷药防治蚜虫。

二、马铃薯晚疫病

马铃薯晚疫病也称马铃薯瘟疫病，是马铃薯生产上的重要毁灭性病害，发病严重时可导致马铃薯茎叶死亡和块茎腐烂，在我国马铃薯产区发生普遍。

【症状】

晚疫病主要为害叶、叶柄、茎和块茎。田间一般下部叶片发病最早。叶部病斑多从叶尖或叶缘开始发生，病斑圆形或半圆形，暗绿或暗褐色，边缘不明显。湿度大时，病斑迅速扩大，可扩展至叶的大半甚至全叶，并可沿叶脉侵入叶柄及茎部，形成褐色条斑，使叶片萎蔫下垂，最后整个植株变为焦黑、湿腐状。潮湿时病斑边缘产生一圈稀疏的白色霉状物（孢囊梗和孢子囊）；干燥时病斑干枯变褐，不产生霉层。薯块感病，表面稍微下陷，病斑淡褐色或灰紫色不规则形，病斑下面的薯肉变成褐色，潮湿时病薯也长出白霉。病薯易被其他腐生菌侵染而软腐（图 12－1）。

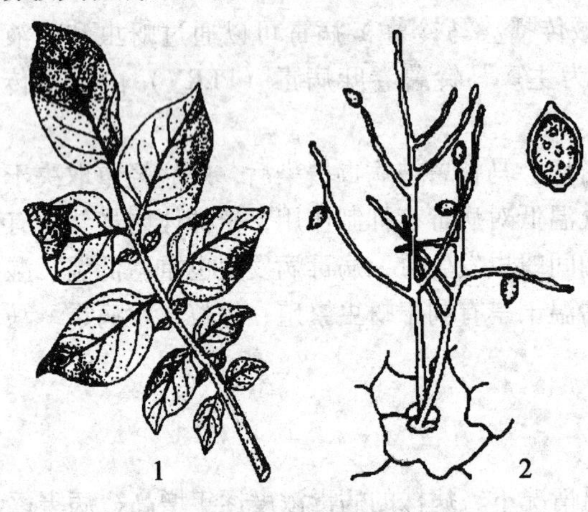

图 12－1　马铃薯晚疫病

1. 病叶　2. 孢子囊梗和孢子囊

（高等教育出版社《作物病虫害防治》）

症状识别要点：从叶尖或叶缘开始发生，扩大后病斑呈圆形或半圆形、暗绿至暗褐色。潮湿时，病斑边缘有一圈稀疏的白色霉状物。

【病原】

病原为致病疫霉 *Phytophthora infestans* (Mont.) de Bary，鞭毛菌亚门疫霉属。菌丝无色，无隔膜，在寄主细胞间隙生长。孢囊梗从寄主的气孔伸出，2～3 根丛生，无色纤细，有 1～4 个分枝，分枝顶端或侧面膨大产生孢子囊，孢子囊脱落后又可继续生长，使分枝呈节状。孢子囊单胞，卵圆形，无色，顶部有乳状突起，基部有明显的脚胞（图 12－1）。自然条件下病菌在大多数地区不产生有性态，只有在原产地墨西哥，病叶上可产生大量卵孢子。

病菌寄生性较强，寄主范围比较窄，在栽培植物中主要侵染马铃薯和番茄，马铃薯和番茄上的病原菌有交叉侵染的能力。孢子囊在相对湿度达到 95%～97% 时才能大量形成，孢子囊和游动孢子需要在水中才能萌发，孢子囊形成的温度为 7～25℃，孢子囊产生游动孢子的温度为 10～13℃。病菌孢囊梗的形成要求空气相对湿度不低于 85%，孢子囊形成要求相对湿度在 90% 以上，而以饱和湿度最合适。病菌有明显的生理分化现象。

【发病规律】

病菌主要以菌丝体在带菌种薯中越冬。播种病薯后，多数病芽失去发芽能力或在出土前腐烂。出土的幼苗中，有的因病菌侵害生长点或病菌环绕整个幼茎而死亡，有的幼茎病斑愈合快而使病斑干枯，病菌也随之死亡，因而不能形成中心病株。只有当幼茎受侵染后，病部缓慢形成条斑，温湿度适宜时才在病部产生孢子囊，形成田间的中心病株。中心病株病部产生的孢子囊借风雨传播，在适宜条件下，能迅速繁殖，进行多次再侵染，引起病害流行。病斑上产生的孢子囊一部分可落到地面上，随雨水或灌溉水渗入土壤后，萌发侵入薯块，导致薯块发病，在贮藏期间可继续为害。菌丝体在轻病薯内越冬，成为第二年的初侵染来源。

不同品种对晚疫病的抵抗力有很大差异。一般株形直立、叶片小而多茸毛、叶肉厚、叶色深绿的品种较抗病，单位叶面积上气孔数目少的品种抗病。马铃薯一般在芽期感病，出苗后抗病力逐渐增加，到现蕾期抗病力又下降，开花期最感病。因此，田间病害流行多从开花期开始。

在种植感病品种的地区，气候条件是病害流行的决定性因素。马铃薯晚疫病是一种典型的流行性病害，当气候条件适宜时，病害迅速暴发，从开始发病到全田枯死，最快的不到半个月。我国大部分马铃薯栽培地区，其生长阶段的温度均适于该病发生，病害发生轻重主要取决于湿度。

气温在10～15℃，阴雨、多雾、多露最有利于病害的发生和流行。一般地势低洼、排水不良的地块发病重，平作比垄作发病重，密度大或植株高大可使田间湿度增加发病重。偏施氮肥引起植株徒长，土壤贫瘠使植株生长衰弱，均有利于病害发生。此外，增施钾肥可减轻病害。

病菌喜日暖夜凉高湿条件，相对湿度95%以上、18～22℃条件下，有利于孢子囊的形成，冷凉（10～13℃，保持1～2h）又有水滴存在，有利于孢子囊萌发产生游动孢子。温暖（24～25℃，持续5～8h）有水滴存在，利于孢子囊直接萌发产生芽管。因此，多雨年份空气潮湿或温暖多雾条件下发病重。

【预测测报】

在大田选择低洼潮湿、马铃薯生长旺盛、早熟的感病品种田3块，从植株现蕾期开始，每3d一次，采用按行踏查方法，踏查面积667m^2，若未发现有中心病株，可扩大踏查面积。田间发现中心病株，且种植感病品种，植株又处于开花阶段，只要出现白天为22℃左右，相对湿度高于95%持续8h以上，夜间10～13℃，叶上有水滴持续11～14h的高湿条件，本病即可发生。

【防治措施】

1. 选用无病种薯

带菌种薯是此病主要的初侵染来源，因此，选用无病种薯是防病的基础。有条件的地区要建立无病留种地。此外，在秋收入窖、冬藏查窖、出窖、切块、春化等过程中，每次都要严格剔除病薯。

2. 选用和推广抗病品种

目前生产上常用的抗病品种有克新4号、克新14号、克新15号、克新18号、克新19号、东农306等。

3. 加强栽培管理，改进栽培技术

播种前精选种薯，淘汰病薯，可减少田间中心病株的数量，减轻发病。选择地势较高、排水良好、土质疏松的沙壤土种植马铃薯，并适期早播，促进植株健壮生长，增强抗病力。合理灌溉有利于生长发育，可提高植株抗病能力。马铃薯生长后期，培土可减少游动孢子侵染薯块的机会。流行年份，收获前两周割秧，可避免薯块与病株接触，降低薯块带菌率。

4. 药剂防治

发现中心病株后立即进行药剂防治，可选用25%阿米西达（嘧菌酯）悬浮剂400～600g/hm^2，或72%克露（霜脲锰锌，霜脲氰+代森锰锌）可湿性粉剂700倍液，或69%安克·锰锌（烯酰马啉锰锌）可湿性粉剂900～1 000倍液，或68%金雷（金雷多米尔，精甲霜灵+代森锰锌）水分散粒剂1 500～1 800g/hm^2，或90%三乙磷酸铝可湿性粉剂400倍液，或58%甲霜灵·锰锌可湿性粉剂500倍液，或64%杀毒矾（噁霜灵+代森锰锌）可湿性粉剂500倍液，或80%大生（代森锰锌）2 500～3 750g/hm^2，或30%碱式硫酸铜1 800ml/hm^2，或60%琥·乙磷铝可湿性粉剂500倍液，或72.2%普力克（霜霉威）水剂800倍液，或1∶1∶200倍式波尔多液等喷雾防治，隔7～10d喷1次，连续防治2～3次。

三、马铃薯环腐病

马铃薯环腐病又称轮腐病，俗称转圈烂、黄眼圈。是由细菌引起的维管束病害，遍及全世界马铃薯产区。在我国最早发现于黑龙江省，由于种薯调运，病区逐年扩大，各马铃薯产区均已发生，是马铃薯生产上的主要病害之一。马铃薯发病后，常造成死苗，严重影响产量和品质。

【症状】

马铃薯环腐病是一种细菌性维管束病害，主要引起植株地上部萎蔫和地下块茎沿块茎维管束发生环状腐烂。

植株地上部发病一般在开花后，多从下部叶片逐渐向上部叶片扩展，最后至全株。初期叶片脉间失绿，后叶缘或全叶黄枯上卷。因品种抗病性和环境条件不同，症状有差异，分萎蔫型和枯斑型两种。

枯斑型多在植株基部复叶的顶上先发病，叶尖、叶缘、叶脉呈绿色，叶肉为黄绿或灰绿色，具明显斑驳，且叶尖干枯或向内纵卷，病情向上扩展，甚至全株枯死，病茎维管束变成褐色。萎蔫型的典型症状是叶片自上向下萎蔫枯死，叶缘向叶面纵卷，似缺水状。病株茎基部的维管束变成黑褐色。

薯块发病时，薯块外部症状不明显，切开后可见维管束变为乳黄色或黑褐色，皮层内现环形或弧形坏死部，故称环腐，严重时甚至皮层与髓部可以脱离。病株的根、茎部维管束常变褐，病蔓有时溢出白色菌脓。

切开新鲜病薯，用手挤压，可从维管束中溢出乳白色或黄色菌脓。重病薯病部变成黑褐色环状空洞，用手挤压薯皮与薯心易分离。经越冬贮藏的病薯芽眼则干枯变黑，甚至有的种薯外表开裂。如果有其他细菌或镰刀菌的进一步侵染，维管束亦可变黑并腐烂。轻病薯出苗后形成病株，重病薯播种后，有的不出芽，有的出芽不久便死亡。

症状识别要点：植株地上部萎蔫或叶片明显斑驳，叶尖渐枯干并向叶面纵卷。病株茎基部的切面上，可见维管束变为黑褐色。地下块茎维管束发生环状腐烂，呈黑褐色。

【病原】

病菌为密执安棒形杆菌环腐亚种 *Clavibacter michiganense* subsp. *sepedonicum*（Spieckermann & Kotthoff）Davis et al.，属厚壁菌门棒状杆菌属。菌体短杆状，有的近圆球形或棒状，无鞭毛，革兰氏染色阳性，无荚膜，不形成芽孢。菌落白色，薄而透明，有光泽。

病菌生长适温 20～23℃，最适 pH 7～8.4。病菌对寄主的专化性较强，在自然条件下只为害马铃薯。

【发病规律】

病原细菌主要在带菌种薯中越冬。当病薯混杂在种薯中，用刀切过带菌的薯块，再切健薯，就可以通过切刀传病。据试验，切一刀病薯可传染 24～28 个健薯。病菌只能从伤口侵入，并且只有接触到维管束部分才能感染。因此，采用切块播种时，切刀传病是扩大传染的主要途径。环腐病菌在土壤中不能长期存活，但在土壤中残留的病薯或病残体内可存活很长时间，甚至可以越冬，但第二年在病害扩大再侵染方面作用不大。病菌也可在盛放种薯的容器上长期存活，成为薯块感染的一个来源。带菌的切块薯或病薯发芽时，种薯内的细菌随养分和水分的流动沿维管束向上进入新芽，以后再进入茎、叶柄和叶内。当匍匐茎长出时，病菌又从茎基沿匍匐茎的维管束进入新生的地下块茎（薯块）中，越冬后成为下一年的初侵染来源。种子内不存在病菌。环腐病是一种维管束病害，病菌在维管束内破坏输导组织，引起地上部发病。由于病菌在维管束中分布不均匀，会出现部分茎叶、枝、匍匐茎或新薯发病，而其他部位生长正常的现象。

病株所结薯块的病薯率在不同品种间差异很大，抗病品种的病薯率低。病害发生最适土温为 19～23℃，16℃以下症状推迟出现，当土温超过 31℃时，细菌生长受到抑制，病害发生轻。在北方，贮藏期的温度也影响发病，在 20℃以上高温条件下贮藏发病率高，在 1～3℃低温条件下贮藏发病率低。

【防治措施】

1. 播前汰除病薯，采用健康无病种薯

选购种薯时要严格检疫，防止引入带病种薯。播种前提前出窖，把种薯先在室内堆放 5～6d 进行晾种或催芽晒种，促使病薯症状的发展和暴露，不断淘汰烂薯，减少田间环腐病的发生。用整薯催芽，可避免切刀传染，通过选薯、选芽防病效果可达 80% 以上。因环腐病菌不侵入种子，可以利用实生苗所结的薯块获得无病种薯。为避免切刀传染，采用小整薯播种的办法，连续 3 年可大大减轻此病为害。

2. 选用抗病品种

东农 303、乌盟 601、克新 1 号等品种较抗病。

3. 种薯消毒

常用药剂有：

（1）50mg/kg 的 96% 硫酸铜液浸泡种薯 10min。

（2）72% 克露（霜脲锰锌，霜脲氰 + 代森锰锌）可湿性粉剂 20g/hm^2 + 农用链霉素 3g/hm^2。

（3）58% 甲霜灵 · 锰锌可湿性粉剂 50g/hm^2 + 50% 多菌灵可湿性粉剂 100g/hm^2 + 农用链霉素 3g/hm^2。

（4）64% 杀毒矾（噁霜灵 + 代森锰锌）可湿性粉剂 100g/hm^2 + 农用链霉素 3g/hm^2。

（5）45%敌磺钠（敌克松）200～400g/hm^2。

4. 切刀消毒

环腐病主要通过切刀传染，所以在切薯块时要做好切刀消毒。切薯时准备2～3把刀，一盆药水。先削去薯块尾部进行观察，有病的淘汰，无病的随即切种，最好每切一薯块换一把刀，也可在切到病薯时立即用药液消毒切刀。可选用5%石炭酸、0.1%高锰酸钾，75%酒精、5%来苏水、200倍漂白粉溶液等药液浸泡消毒，浸泡时间不少于10min。

5. 栽培管理

播种时，每公顷施过磷酸钙375kg，穴施或沟施有一定防病增产效果。结合中耕培土，及时拔除病株，携出田外集中处理。及时防治地下害虫，单收单藏等。

四、马铃薯瓢虫

为害马铃薯的瓢虫主要有马铃薯瓢虫（马铃薯二十八星瓢虫）*Henosepilachna vigintioctomaculata* Motschulsky. 和酸浆瓢虫（茄二十八星瓢虫）H. sparsa（Herbst.）两种。均属翅鞘目，瓢甲科。又名二十八星瓢虫，俗称花大姐。在我国，马铃薯瓢虫主要分布在东北、华北、内蒙古等北方地区，酸浆瓢虫在长江以南发生为害。两种瓢虫主要为害马铃薯、茄子、番茄等茄科植物，也为害瓜类和豆类。以成虫和幼虫取食叶肉残留表皮，形成透明密集的、有规则平行排列的条状细凹纹，受害叶片常皱缩干枯，严重时全株无一剩叶，使植株停止生长甚至枯萎死亡。为害茄子时，不仅食叶，还啃食果皮，被害处变褐变硬，发苦，影响品质。

【形态特征】

成虫体长7～8mm，赤褐色，半球形，全体密被黄褐色细毛。前胸背板前缘凹陷，前缘角突出，中央有一个纵向剑状大黑斑，两侧各有两个小黑斑。两鞘翅上各有14个黑斑，基部3个黑斑，其后方的4个黑斑不在一条直线上，两鞘翅合缝处有1～2对黑斑相连（图12－2）。

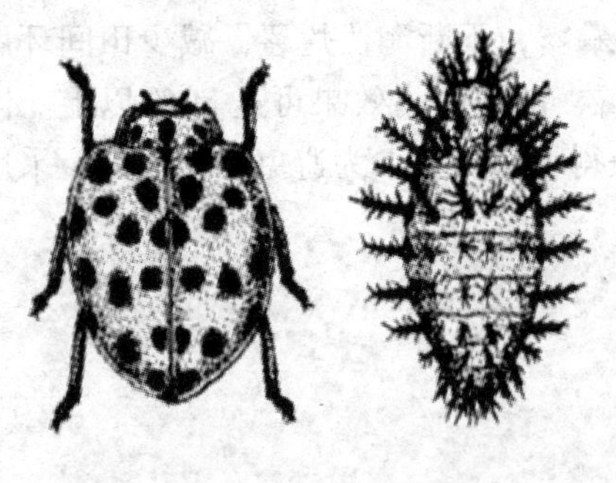

图12－2 马铃薯瓢虫

1. 成虫 2. 幼虫

（仿袁锋《农业昆虫学》）

卵呈弹头形，直立，近底部膨大，初产时鲜黄色，后变黄褐色，有纵纹。

幼虫共4龄，体长9mm，体似苍耳状，淡黄色，体背各节有黑色枝刺，枝刺基部有淡黑色环纹。

蛹为裸蛹，淡黄色，短椭圆形，背面有稀疏细毛，上有黑色斑纹，后端包着幼虫末次蜕皮的皮壳。

【发生规律】

1. 生活史和习性

马铃薯瓢虫1年发生1～2代，以成虫在发生地附近的背风、向阳的石块、杂草、灌木等缝隙中或隐蔽物下群集越冬。

第二年，越冬成虫先在龙葵等野生茄科植物上取食，当马铃薯苗高17cm左右时，转移到马铃薯上为害。成虫早晚栖息叶背，白天取食交尾产卵，以10～16时飞翔活动最盛。

遇惊扰时假死坠地并分泌有特殊臭味的黄色液体。成虫寿命较长，最长达320d。卵多产于叶片背面，以马铃薯着卵量最大，马铃薯受害严重绿叶很少时，或马铃薯收获后，茄子和番茄上着卵量才增加。雌虫产卵量随食物变化而有很大差异。成虫、幼虫均有取食卵块习性。幼虫有自残习性。初孵幼虫群集叶背，2龄以后开始分散为害。幼虫在叶背为害，老熟幼虫在被害叶或附近的杂草上化蛹。

【发生条件】

（1）温湿度：马铃薯瓢虫喜温暖湿润的气候条件。适宜的温度为22～28℃，低于16℃或高于35℃成虫不能正常产卵，30℃以上卵不能孵化，28℃以上幼虫不能发育到成虫。天气干旱影响成虫产卵、卵的孵化和幼虫存活，暴雨显著压低虫口基数。

（2）食物：马铃薯瓢虫食性较杂，但成虫必须取食马铃薯才能正常发育和繁殖，越冬成虫未取食马铃薯则不能产卵，幼虫不取食马铃薯发育也不正常，以取食马铃薯叶为主的产卵量大，因而，在春播秋收的马铃薯产区发生为害比较严重。

【防治措施】

1. 人工捕杀

成虫有群集越冬的习性，寻找越冬场所捕杀成虫。成虫发生期，利用其有假死性的特点，结合田间管理，人工捕杀成虫，摘除卵块及蛹。

2. 农业防治

收获后及时处理马铃薯、茄子等残株，压低虫源基数。

3. 药剂防治

越冬成虫发生期至一代幼虫孵化盛期，及时喷雾防治。可选用90%晶体敌百虫1 000倍液，或50%辛硫磷乳油1 000～1 500倍液，或20%杀灭菊酯乳油3 000倍液，或2.5%溴氰菊酯乳油3 000倍液，或5%定虫隆乳油1 000～2 000倍液喷雾。

第二节　马铃薯田杂草防除技术

马铃薯田化学除草以土壤封闭为主。

一、常用除草剂品种

（一）土壤处理剂

禾耐斯（乙草胺）、都尔（异丙甲草胺）、赛克津（嗪草酮）、广灭灵（异噁草松）、拉索（甲草胺）等。

（二）茎叶处理剂

收乐通（稀草酮）、精稳杀得（精吡氟禾草灵）、拿捕净（烯禾啶）、精禾草克（精喹禾灵）、威霸（精恶唑禾草灵）等。

二、使用技术

（一）播后苗前

1. 48%广灭灵（异噁草松）乳油300～450ml/hm^2 + 70%赛克（嗪草酮）可湿性粉

剂 450 ~ 600ml/hm^2 对水 450 ~ 600kg，全田均匀喷雾。

2. 75% 都尔（异丙甲草胺）乳油 2 250 ~ 3 000ml/hm^2 + 70% 赛克（嗪草酮）可湿性粉剂 450 ~ 600ml/hm^2，对水 450 ~ 600kg，全田均匀喷雾。

3. 90% 禾耐斯（乙草胺）乳油 1 650 ~ 2 400ml/hm^2 + 70% 赛克（嗪草酮）可湿性粉剂，对水 450 ~ 600kg，全田均匀喷雾。

（二）苗后除草

1. 防除稗草等禾本科杂草

12.5% 拿捕净（烯禾啶）机油乳剂 600 ~ 900ml/hm^2，对水 150 ~ 300kg，茎叶喷雾。

2. 防除马唐、狗尾草、野黍、碱草等

12% 收乐通（烯草酮）乳油 300 ~ 450ml/hm^2，对水 150 ~ 300kg，茎叶喷雾。

3. 防除大龄芦苇

15% 精稳杀得（精吡氟禾草灵）乳油 1 500 ~ 1 800ml/hm^2，对水 150 ~ 300kg，茎叶喷雾。

【思考题】

1. 防治马铃薯病毒病最有效的措施是什么？为什么？
2. 简述马铃薯晚疫病的流行因素。
3. 简述马铃薯瓢虫的生活史、习性及为害状特点。
4. 简述清洁田园在薯类害虫防治中的作用。
5. 怎样消毒切刀防治马铃薯环腐病？

【能力拓展题】

1. 拟定马铃薯田病虫草害防治方案。
2. 查资料，试比较马铃薯瓢虫和酸浆瓢虫的成虫、幼虫有何区别？生活习性是否相同？
3. 查资料学习生产无毒种薯的方法。

第十三章　烟草及甜菜病虫草害防治技术

第一节　烟草及甜菜病害防治技术

一、烟草赤星病

烟草赤星病又称红斑、斑病、恨虎病、火炮斑，是我国烟草种植区普遍发生的一种病害，发病率一般为5%～10%，严重发病田块可达50%以上。发病烟叶品质下降，香气质差、量少，刺激性杂气增加。目前，已成为我国烟草上发生范围最广、为害最重的一种叶部病害。

【症状】

主要发生在烟草生长中后期，烟草打顶后易感病。下部叶片先发病，逐渐向上发展。主要为害叶片，也可侵染茎、叶柄、花梗和蒴果。病斑初为黄褐色小圆点，扩大后呈褐色、圆形病斑，直径1～2cm，有赤褐色同心轮纹。病斑易破碎，边缘明显，外有黄色晕圈。病情加重时，病斑连片，叶片枯焦破碎。茎、叶脉、花梗与蒴果上的病斑圆形或梭形，凹陷，深褐色。潮湿条件，病斑表面产生黑色霉状物（图13－1）。

症状识别要点：病斑为圆形，有同心轮纹状，周缘有黄色晕圈。潮湿时，病斑表面产生黑褐色霉状物（分生孢子梗和分生孢子）。

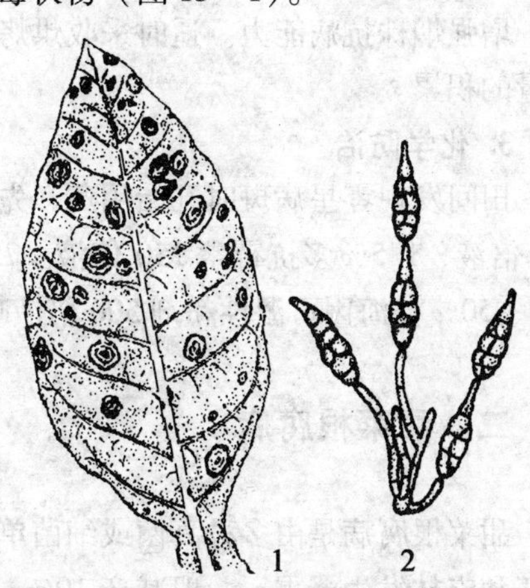

图13－1　烟草赤星病

1. 病叶　2. 分生孢子梗和分生孢子

【病原】

病原为链格孢 *Alternaria alternata*（Fries）Keissler，属半知菌亚门链格孢属。分生孢子梗膝状弯曲，暗褐色，无分枝，有1～3个隔。分生孢子褐色，单生或串生在分生孢子梗顶端，倒棍棒形，多胞，有纵横隔。接近分生孢梗的分生孢子较大，多个分隔；串生在最顶端的分生孢子小，椭圆形或豆形，有一个分隔。

病菌生长适温为25～30℃，低于5℃或高于38℃病菌停止生长。叶片病斑上的菌丝经烘烤和复烤仍能保持活力。病叶上的孢子在干燥条件下，温度在5～25℃之间可保持活力达1年之久。

【发病规律】

病菌主要以菌丝体在病残体上越冬，带有病残体的粪肥也可传病。当日平均气温达到17.8℃，相对湿度50%条件下，越冬的病菌开始生长发育并产生分生孢子。分生孢子通过气流、风雨传播，从叶缘或伤口处侵入植株下部的叶片，引起初侵染，病部产生的分生孢子不断传播引起多次再侵染。生长早期，病菌只能侵染烟株下部的衰弱叶片，病部产生的分生孢子逐渐侵染烟株的任何部位，因此嫩叶发病轻。

病害发生轻重、流行与否及造成损失的大小与烟草生长后期的降雨量关系密切。当气温24℃左右、旬降雨量在20mm以上、相对湿度80%以上、旬日照时数30h以下时，烟叶表面易形成水膜，分生孢子萌发快，有利于病害的发生和流行。

烟草不同品种及不同生育期的抗病力有明显差异。幼苗期抗病性强，很少发病，烟草生长中期和后期是易感病阶段，发病重。因此，病害一般由底叶逐渐向上部叶片扩展。连作地块往往发病重。科学的栽培管理，促进烟株生长健壮，抗病性强。偏施、晚施氮肥，氮、磷、钾比例失调，易造成贪青、晚熟，发病重。在7月下旬至8月下旬，气温高，潜育期短，是赤星病发生流行的关键时期，此期若降雨次数多、雨量大，湿度大，尤其是暴雨后，往往导致病害流行。

【防治措施】

1. 选用抗病品种

因地制宜、合理选用抗(耐)病品种。在目前推广的烤烟品种大都易感赤星病，宾哈特1000-1和净叶黄高抗赤星病，但品质较差。

2. 农业防治

合理轮作，发展春烟，早移栽，早成熟，使烟草感病阶段避开高温高湿季节，减轻发病。烟草与甘薯、花生、大豆等矮秆作物间作。适当调整株行距，合理密植，改善田间通风条件，降低田间湿度。合理施肥，注意氮、磷、钾肥合理配比，控制氮肥，增施磷钾肥，增强烟株抗病能力。适时采收烘烤，可减少病菌可侵染的叶片，降低田间湿度，减少菌量的积累。

3. 化学防治

田间发现零星病斑时开始用药，先摘除下部老叶，再喷药。可选用40%菌核净400～500倍液、1.5%多抗霉素150倍液、75%达科宁（百菌清）可湿性粉剂1 200～1 500g/hm^2、50%扑海因可湿性粉剂500倍液喷雾防治，7～10d喷1次，连续2～3次。

二、甜菜根腐病

甜菜根腐病是由多种真菌或细菌单独或复合侵染引起的生长期块根腐烂病的总称。黑龙江和吉林发生严重，一般减产10%～30%，多雨年份或低湿地块发生严重，老甜菜区发生更为严重。

【症状】

根腐病为土传病害，不同病原菌引起的症状不同，常见的有5种：

1. 镰刀菌根腐病（镰刀菌萎蔫病）

是块根维管束病害。主要侵染根体或根尾，病菌从主根和侧根支根侵入，维管束变为浅褐色，木质化，导管褐变或硬化，块根呈黑褐色干腐状，根内出现空腔。轻病株生长缓慢，叶丛萎蔫，重病株块根溃烂，叶丛干枯死亡。

2. 丝核菌根腐病（根颈腐烂病）

先在根冠部及叶柄基部产生褐色斑点，逐渐向下扩展，腐烂处凹陷，形成裂痕。病组织褐色或黑色，病部可见稠密的褐色菌丝，严重时整个块根腐烂。

3. 蛇眼菌黑腐病

先从根体或根冠处出现黑色云纹状斑块，略凹陷，从根内向外腐烂。表皮烂穿后出现裂口，除导管外全都变黑。

4. 白绢型根腐病（菌核病）

根头先发病，逐渐向下蔓延，病组织凹陷变软，呈水渍状腐烂，块根表皮和根冠土表处有白色绢丝状菌丝体，后期产生油菜籽大小的深褐色菌核。

5. 细菌性尾腐（根尾腐烂病）

从根尾部开始侵染，由下向上扩展蔓延，病组织呈暗灰色至铅黑色水浸状软腐，严重时全根腐烂，常溢有黏液，有腐败酸臭味。

症状识别要点：共同点是块根腐烂。

【病原】

1. 镰刀菌根腐病

病原主要为黄色镰刀菌 *Fusarium culmorum*（W. G. Smith）Sacc，属半知菌亚门镰刀菌属。分生孢子镰刀形，无色，3～5 个隔膜，厚垣孢子间生或顶生圆形或椭圆形。此外茄镰刀菌 *F. solani* Sacc.，尖孢镰刀菌 *F. oxysporum* Schlecht. 等也能引起甜菜根腐病。

2. 丝核菌根腐病

病原为立枯丝核菌 *Rhizoctonia solani* Kühn，属半知菌亚门丝核菌属。菌丝淡褐色，锐角分枝，分枝处缢缩。菌核深褐色，表面粗糙。此外，*R. violacea* Tul. 也可引起根腐烂。

3. 蛇眼菌黑腐病

病原为甜菜茎点霉 *Phoma betae* Frank，属半知菌亚门茎点霉属。分生孢子器球形至扁球形，深褐色。分生孢子单胞，无色，圆形或椭圆形。该菌还可引起甜菜蛇眼病。

4. 白绢菌根腐病

病原为 *Sclerotium rolfsii* Sacc.，属半知菌亚门小核菌属。菌丝白色，白绢状，分枝不成直角，具隔膜；菌核黄褐色，球形至卵球形，表面光滑有光泽，油菜籽大小。

5. 细菌尾腐病

病原为胡萝卜软腐欧文氏菌甜菜亚种 *Erwinia carotovora* subsp. *betavasculorum* Thomson, Hildebrad et Schroth，属薄壁菌门，欧文氏菌属。菌体杆状，周生鞭毛，革兰氏染色阴性，兼性嫌气性，无荚膜，不产生芽孢。

【发病规律】

引起甜菜根腐病的真菌主要以菌丝、菌核或厚垣孢子在土壤、病残体上越冬；病原细菌在土壤及病残体中越冬。第二年通过耕作、雨水、灌溉水传播。主要从根部损伤或其他伤口侵入。病害发生在甜菜定苗以后的植株旺盛生长期，9 月上旬病害停止发展。

病害发生轻重与甜菜生育状况和环境条件关系密切。在田间畸形根、虫伤根、人为机械创伤根、生育不良的根病菌易侵入。土壤和气候条件是病害发生的先决条件。黑土、黑黏质土根腐病发生重。东北产区 5、6 月份干旱少雨，甜菜定苗后正值雨季，土壤水分过大、土壤过干或土壤水分长期饱和，都能导致病害发生。低洼地块，春季土壤温度低，甜菜根系生长缓慢或停滞或损伤而导致发病。品种间的抗病性有明显差异。根部伤口多、雨水多、排水不良的地块发病重。

【防治措施】

根腐病菌大多为土壤习居菌，是典型的土传病害，病程长，发病部位为根部，防治难度大。应采用以轮作和加强栽培管理及药剂防治相结合的措施。

1. 轮作

避免重茬和迎茬，至少4年以上轮作，甜菜与禾本科作物轮作，不用蔬菜、大豆地为前茬。

2. 加强栽培管理

选种抗病品种；选择地下水位低、土壤肥沃的田块种植甜菜。注意深耕，及时中耕。干旱严重时要及时灌水，增施速效磷肥。早期发现病株，及时挖出后深埋，并对病穴撒石灰消毒，防止病害扩展；及时防治地下害虫，减少虫害伤口，减少病菌侵染机会。

3. 药剂防治

可选用福美双、恶霉灵（土菌消）、甲基立枯灵、敌克松等按种子量0.8%拌种。发病期可选用14%络氨酮水剂300倍液，或47%春雷霉素可湿性粉剂800倍液、75%百菌清可湿性粉剂500倍液、12%绿乳铜乳油600倍液等叶面喷施或灌根。

三、甜菜褐斑病

甜菜褐斑病又称叶斑病、斑点病。是我国北方甜菜产区的重要病害之一，我国各甜菜种植区均有发生，一般可使块根减产10%～20%，含糖量降低1°左右，发病严重的可使块根减产30%～40%，含糖量降低3°～4°。

【症状】

主要侵染叶片，也可为害叶柄、根头、花枝、种球。叶片发病，初期产生褐色至紫褐色圆形至不规则形小斑点，逐渐扩大为直径3～4mm的病斑，病斑中间较薄易破碎，四周有褐色至赤褐色边缘。发病后期病斑中央产生灰白色霉状物。发病后期或严重时病斑连接成片，使叶片变干枯死。叶柄上的病斑卵形或梭形。

病菌一般不侵染生长旺盛的幼叶，只为害有一定生理成熟度的叶片，因此外叶先发病，逐渐向内叶扩展。条件适宜时，受害老叶陆续枯死脱落，新叶不断受害，使甜菜根头不断向上延伸，造成根冠粗糙肥大，青头外露，状似菠萝。

症状识别要点：叶上病斑圆形或不规则形，褐色至紫褐色，四周有褐色至赤褐色边缘，中间较薄易破碎。后期病斑中央产生灰白色霉状物。

【病原】

病原为甜菜生尾孢 *Cercospora beticola* Sacc.，属半知菌亚门尾孢属。菌丝橄榄色，生于寄主细胞间，集结成菌丝团。分生孢子梗束生，基部黄褐色，顶端灰色，不分枝。分生孢子无色，鞭形，具6～11个隔膜。

分生孢子在室内较干燥的情况下可存活1年。温度高，湿度大时很快失去生活力。菌丝团生活力强，在种球或叶片上能存活两年。

【发病规律】

病菌以菌丝团在病残体、留种株根头、种球上越冬。第二年春季温度条件适宜时形成分生孢子，借风、雨水传播，分生孢子在叶面的水滴或露滴中萌发并从气孔侵入，在细胞间蔓延，在叶片上形成病斑。病斑上产生的分生孢子传播出去可进行多次再侵染。

甜菜褐斑病发生和流行取决于气象条件、越冬菌源数量和品种抗病性。降雨量影响分生孢子的形成、扩展和侵入。分生孢子形成需要98%以上的相对湿度，雨滴飞溅使分生孢子扩散，有利于病菌传播，水滴是分生孢子发芽和侵入的条件。

当最低气温在10℃以上，平均气温在15℃以上，降雨量在10mm以上，是田间初侵染和早期发病的基本气象条件。一般连作和靠近上年种植甜菜的地块，菌源量大，发病早而重。甜菜品种对褐斑病的抗病性差异明显，种植感病品种也是造成病害发生和流行的重要原因。

【防治措施】

1. 轮作

与非藜科作物实行4年以上的轮作，当年甜菜地应与去年甜菜地应保持500～1 000m距离。

2. 栽培防治

种植抗病品种；清除田间残株病叶，用做饲料、烧毁或沤肥。收获后深翻，减少越冬菌源；采种株发病早，采种田必须远离原料甜菜生产田。

3. 药剂防治

发病初期可以选用50%多霉灵可湿性粉剂1 000倍液，或70%甲基硫菌灵可湿性粉剂1 500～2 000倍液，或65%代森锌可湿性粉剂400倍液等喷雾，隔10～15d喷1次，连续2～3次。

第二节 烟草及甜菜害虫防治技术

一、草地螟

草地螟 *Loxostege sticticalis* Linnaeus 也称黄绿条螟、甜菜网螟、网锥额野螟，属鳞翅目，螟蛾科。在我国主要分布于东北、西北、华北、内蒙古一带，是东北、华北和西北地区间歇性、突发性发生的迁飞性害虫，而且草地螟有周期性发生的特点。

草地螟为多食性害虫，寄主植物达35科200余种。最喜欢取食甜菜、大豆、向日葵以及灰菜、猪毛菜等藜科植物，因此，栽培作物中甜菜和大豆受害最重。也取食葫芦科、茄科及麻类、马铃薯、蔬菜等栽培植物和藜科、苋科、菊科等杂草。大发生时，因适宜食物缺乏，还能取食禾谷类作物、杨、柳、榆等林木幼树的叶片。

【形态特征】

成虫为暗褐色至黑褐色中型蛾子，体长10～12mm，翅展18～20mm。触角线状。前翅灰褐色，翅面有暗褐色至黑色斑纹，沿外缘有黄色点状条纹，翅中央近前方有1个较大的近似方形的黄白色斑，近顶角处有1个三角形黄斑。后翅灰色，翅基色较淡，沿外缘有两条黑色平行波纹。静止时，两个前翅叠成等腰三角形（图 13－2）。

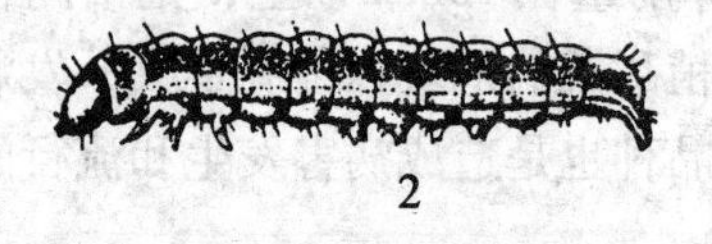

图 13－2　草地螟

1. 成虫　2. 幼虫

（高等教育出版社《作物病虫害防治》）

卵椭圆形，初产时乳白色，有光泽，渐变为橙黄色，孵化前为银灰色。卵分散或 2～12 粒覆瓦状排列成卵块。

幼虫共 5 龄，老熟幼虫体长 19～21mm，灰绿色。幼虫头部黑色。1 龄幼虫头部有明显的“〔 〕”形裂纹，2 龄幼虫头部有三角形斑，4、5 龄幼虫头部有明显白斑。胴部浅绿色至暗绿色、深绿色或黑色。体有明显暗色纵带，纵带间有黄绿色波状线。腹部各节有明显刚毛。刚毛基部黑色，外围有两个同心黄白色圆环。

蛹体长 15mm 左右，藏在袋状丝质茧内。茧上端有孔，用丝封住，茧外附有细碎沙粒，茧长 20～30mm。

【发生规律】

1. 生活史及习性

在东北及华北每年发生 2 代，各地均以老熟幼虫在土中结丝茧越冬，次年春季化蛹，羽化。

成虫有远距离迁飞习性，草地螟种群数量有的地区会出现同期突增、突减现象。迁出、迁入区蛾量变动与气象条件有关。当迁出区形成上升性气流时，有利于成虫起飞和沿着气流方向远距离迁飞。在远距离迁飞中遇到下沉性气流，又有利于迁飞的成虫在迁飞区降落，形成新的繁殖中心。

成虫白天潜伏在草丛及作物田内，受惊扰可短距离低飞。根据此习性可采用步测或网捕方法调查成虫发生量。成虫在傍晚或夜间活动，有趋光性，夜间 20～23 时成虫活动最旺盛，取食花蜜补充营养、交尾、产卵。卵多产在藜科、锦葵科、茄科、菊科杂草及作物的叶片背面，距地面 8cm 处较多。卵单产或 3～5 粒甚至 10 余粒聚产，排列成覆瓦状卵块。温湿度影响成虫对产卵部位的选择，气温偏高时，选择背阴的地方；气温偏低时，选择向阳的地方；气温适宜时，选择潮湿且幼虫喜欢取食的寄主多的地方产卵。

幼虫有吐丝结网习性。初孵幼虫先在杂草叶背取食叶肉，再转移到作物上取食，喜欢取食柔软多汁的叶片。1～2 龄幼虫受惊后吐丝下垂。2～3 龄幼虫多群集心叶在网内取食，3 龄幼虫出网为害。4 龄末到 5 龄常单独分散结网为害。3 龄后遇有触动，即作螺旋状后退或波浪状跳动，吐丝落地向前爬行。4～5 龄幼虫进入暴食期，可将农田和草场的植物叶片吃光，仅剩叶脉和叶柄。食物缺乏时，幼虫可成群迁移到邻近农田为害，可迁移数公里。幼虫老熟后，钻入 4～9cm 土层做袋状茧，茧竖立土中，茧外附有细碎沙粒，幼虫在丝茧内化蛹。

2. 发生条件

（1）温湿度：越冬幼虫在越冬茧内可忍耐－31℃的低温。春季化蛹阶段对温度敏感，若遇低温，易被冻死。因此，春季升温后的突然降温对越冬代成虫的发生量有明显的抑制作用。一般在旬平均气温15～17℃，10℃以上积温超过80℃时开始羽化，积温达到150～200℃时大量羽化。湿度和降雨对草地螟的性成熟和生殖力影响很大，相对湿度为60%～80%时，适于成虫发育，产卵最多；相对湿度低于40%的干旱条件下，产卵量减少或不育。适宜幼虫发育的平均温度为20℃，相对湿度为60%～70%。相对湿度低于50%，幼虫会大量死亡。

（2）食物：成虫产卵与补充营养以及幼虫期的食物营养关系密切。幼虫取食喜欢吃的植物，如藜科植物，蛹体大，成虫寿命长，产卵量大；若食料不适宜，蛹小，成虫寿命短，产卵量小。成虫发生期蜜源丰富，产卵量大。

（3）田间管理：秋翻、深耕可促进越冬幼虫死亡，减轻为害。精耕细作，不利于草地螟发生。管理粗放，杂草丛生，有利于草地螟产卵和幼虫越冬。

【防治措施】

1. 农业防治

在草地螟集中越冬场所，采取秋翻、冬灌、春耙等措施，破坏其越冬环境，增加越死亡率，可有效减少越冬虫源基数，减轻一代幼虫发生量。成虫产卵前铲除田间、地边的杂草，成虫产卵盛期铲除田间带卵的杂草并深埋处理，可减少田间虫口密度。在受害严重的地方，在受害地块周围挖沟或喷撒药带，防止幼虫迁移为害。

2. 诱杀成虫

成虫盛发期设置黑光灯、频振式杀虫灯等诱杀成虫。

3. 生物防治

成虫产卵盛期，放赤眼蜂灭卵，放蜂量5万～30万头/hm^2，隔5～6d放蜂1次，共2～3次。

4. 药剂防治

幼虫3龄前及时进行药剂防治。防治指标为：甜菜3～5头/株、大豆30～50头/m^2、亚麻15～20头/m^2、向日葵30～50头/m^2。药剂可选用2.5%溴氰菊酯乳油乳油2 000～3 000倍液，20%杀灭菊酯乳油2 000～3 000倍液，50%辛硫磷乳油800～1 200倍液等喷雾。

二、甜菜象甲

甜菜象甲 *Bothynoderes punctiventris* Germar，又名普通甜菜象甲、甜菜象鼻虫。属鞘翅目，象甲科。是我国华北、东北、西北地区等甜菜产区的重要苗期害虫。除甜菜外，还为害菠菜、苋菜、白菜、甘蓝、瓜类、向日葵、玉米、烟草等作物及灰菜、猪尾草等杂草。以成虫和幼虫为害甜菜，成虫将叶片取食成孔洞或缺刻，为害嫩茎成凹痕或切断；幼虫在地下取食寄主的嫩根，使植株枯萎。

【识别特征】

成虫为黑色小甲虫，体长12～16mm，密被灰白色至褐色鳞片。喙粗而直，前端稍膨大，中央有细隆线，额中央有小窝。头部向前突出成管状，触角和复眼均黑色。前胸灰色鳞片形成5条纵纹。鞘翅底色黑色，上披灰土色鳞片，故鞘翅呈灰白色。鞘翅中部及近端部有黑褐色斜向宽带，每个鞘翅有10条纵列粗刻点，鞘翅近末端各有1个白色瘤状突。

腹部各节明显，雌、雄虫在第一、二腹板间有差异，第一、二节中间凹陷者为雄虫，突起者为雌虫。雄虫较瘦，前足跗节第三节长于第二节。雌虫较肥，前足跗节第三节与第二节等长。

卵：椭圆形，长约1.3mm，宽约1mm，初产时乳白色，后渐变为浅黄色。

幼虫共5龄，体乳白色，多皱纹，无足，幼虫体长10～15mm，宽5mm，略弯曲，头黄褐色。

蛹为裸蛹，长圆形，浅黄色，腹节背面后缘有横列的背刺。

【发生规律】

东北、华北甜菜产区1年发生1代，多以成虫在当年甜菜地15～30cm深的土中越冬，有些成虫可在土中滞育1～2年。越冬场所除当年的甜菜地外，黎科和苋科杂草的盐碱荒地最多。第二年，越冬成虫在日平均气温达6～12℃，土表温度达15～17℃时出土活动，为害甜菜。

成虫善爬行，不善飞行，主要靠爬行觅食。喜温暖。畏强光，多在土块或枯枝落叶下栖息，多在早上、傍晚及阴天爬出活动。成虫有假死性，受振动即停止活动或跌落地面。耐饥力很强，在没有食料的情况下，可活两个月左右。成虫在8℃以下不取食；在32℃以上食量减少或停止取食。在8～32℃之间，温度越高为害越重。卵多产在甜菜块根附近土内约0.5cm深的表土层或碎叶上。幼虫孵化后潜伏于表土层，在土内10～15cm处为害甜菜块根，特别是幼根，还可将接触地面的叶片咬成孔洞或缺刻，老熟幼虫多在15～25cm的土层中做土室化蛹。成虫羽化后当年一般不出土活动，在原蛹室中越冬后才出土。

成虫出土后的活动与天气有关，一般在温暖的晴天里，成虫以早上8～10时开始到下午4～5时活动最盛。天气炎热时，成虫大量出爬出表土并快速分散。幼虫距土表的深浅与土壤湿度有关，一般在潮湿的土壤内，幼虫主要集中于5～10cm土层中，在过于干燥和疏松的土壤中，幼虫深入50cm深处。初孵幼虫啃食细小侧根，随龄期增长逐渐啃食主根呈孔洞，甚至咬断主根。

【防治措施】

1. 种子处理

用20%呋喃丹种衣剂按种子量的3.5%拌种，拌后即可播种。

2. 大面积轮作

甜菜象甲有在甜菜地越冬的习性，早期转移活动以爬行为主，所以与非寄主作物大面积轮作，可有效防治甜菜象甲为害。

3. 农业防治

最好选择距距上一年甜菜地300～500m以外种植甜菜。早春铲除田间、田边野生寄主和杂草，以免作为虫源地和传播源。甜菜地要平整，这样不利于苗期害虫潜伏活动，可减轻为害。

4. 药剂防治

（1）甜菜刚出土时，若田间有虫2～4头/m^2时，可用50%辛硫磷乳油1 000倍液，或4.5%高效氯氰菊酯乳油2 000～3 000倍液，或1.8%阿维菌素4 000～6 000倍均匀，或1.8%虫螨克乳油4 000～6 000倍液均匀喷雾。

（2）在幼虫发生期，特别是卵孵化盛期，撒施呋喃丹颗粒剂，撒施后若中耕效果更好。

第三节　烟草及甜菜田杂草防除技术

一、烟草田杂草防除技术

（一）播前、播后苗前施药

1. 96%金都尔（精异丙甲草胺）乳油土壤有机质含量3%以下沙质土750～900ml/hm^2、壤质土1 050～1 200ml/hm^2、黏质土1 500ml/hm^2；土壤有机质含量4%以上沙质土1 050ml/hm^2、壤质土1 500ml/hm^2、黏质土1 800～2 100ml/hm^2。

2. 48%拉索（甲草胺）乳油土壤有机质含量3%以下沙质土4 800ml/hm^2、壤质土5 830ml/hm^2、黏质土7 300ml/hm^2；土壤有机质含量4%以上沙质土4 800ml/hm^2、壤质土6 250ml/hm^2、黏质土8 300～9 000ml/hm^2。

（二）烟草播前施药

33%施田补（二甲戊灵）乳油2 400～3 400ml/hm^2。

（三）烟草苗床播前，移栽前或移栽后施药

50%大惠利（萘氧丙草胺）乳油1 500～1 800g/hm^2。

（四）烟草苗后，禾本科杂草3～5叶期施药

1. 15%精稳杀得（精吡氟草灵）乳油750～1 000ml/hm^2。
2. 10.8%高效盖草能（精氟吡禾灵）乳油450～525ml/hm^2。
3. 6.9%威霸（精恶唑禾草灵）悬浮剂750～1 000ml/hm^2。
4. 5%精禾草克（精喹禾灵）乳油750～1 500ml/hm^2。
5. 12.5%拿捕净（烯禾啶）机油乳油1 500～2 000ml/hm^2。
6. 4%喷特（喹禾康酯）乳油750～1 000ml/hm^2。

二、甜菜田杂草防除技术

甜菜田化学除草应以移栽前土壤封闭处理为主，苗后茎叶处理为辅。

（一）甜菜田常用除草剂品种

土壤处理可用都尔（异丙甲草胺）、金都尔（精异丙甲草胺）等，茎叶处理可用拿捕净（烯禾啶）、收乐通（烯草酮）、精稳杀得（精吡氟禾草灵）、精禾草克（精喹禾灵）、凯米丰（甜菜宁）等。

（二）甜菜田常用除草剂使用技术

1. 甜菜移栽前

75%都尔（异丙甲草胺）乳油2 250～3 000ml/hm^2，若移田间杂草较多，可与41%农达（草甘膦）水剂2 250～3 000ml/hm^2混用，对水450～600kg/hm^2，全田均匀喷雾。

2. 甜菜移栽后，禾本科杂草3～5叶期

（1）稗草：12.5%拿捕净（烯禾啶）机油乳剂600～900ml/hm^2，对水150～300kg，

茎叶喷雾。

(2) 马唐、狗尾草：12%收乐通（烯草酮）乳油300～450ml/hm^2，对水150～300kg/hm^2，茎叶喷雾。

(3) 较小禾本科杂草：5%精禾草克（精喹禾灵）乳油750～1 050ml/hm^2，对水150～300kg/hm^2，茎叶喷雾处理。

(4) 大龄芦苇：15%精稳杀得（精吡氟禾草灵）乳油1 500～1 800ml/hm^2，对水150～300kg/hm^2，茎叶喷雾。

(5) 禾本科杂草与阔叶杂草混生：可根据禾本科杂草种类选用相应的禾本科杂草除草剂与凯米丰（甜菜宁）混用。16%凯米丰（甜菜宁）乳油3 000ml/hm^2，对水150～300kg/hm^2，全田均匀喷雾。

【思考题】

1. 为什么说草地螟是突发性害虫？防治要点是什么？
2. 怎样综合防治甜菜跳甲？
3. 甜菜根腐病5种症状类型有什么区别？
4. 到田边或杂草丛中，在灰菜的叶片上能不能找到草地螟覆瓦状的卵块？
5. 防治甜菜根腐病的根本途径是什么？为什么？
6. 简述甜菜褐斑病的症状特点及防治措施。

【能力拓展题】

1. 拟定甜菜田病虫草害防治方案。
2. 拟定烟草田病虫草害防治方案。

第十四章　蔬菜病虫草害防治技术

蔬菜病害有记载的达500余种，其中发生普遍、为害严重的有数十种。蔬菜害虫200余种，为害较为严重的有20～30种。蔬菜在整个生产、贮运的过程中均可受到病虫因素的影响，通常损失在20%～30%。特别是目前的设施栽培、反季节栽培模式，因为环境的特殊性、轮作困难等因素，使一些病虫害防治比较困难；新的外来物种不断侵入；又由于蔬菜生产周期短，或连续采摘的特点，使蔬菜安全生产的压力更大。因此，如何生产出安全、优质的蔬菜产品，始终是摆在我们面前的重要课题。

第一节　蔬菜苗期病虫害防治技术

一、苗期病害

蔬菜苗期病害，是蔬菜苗期发生的各类病害的总称，包括侵染性和非侵染性两大类。侵染性病害主要有：猝倒病、立枯病、根腐病等，是园艺植物苗期的常见病害。北方菜区，主要在瓜类、茄果类蔬菜上表现较重。苗期其他侵染性病害如炭疽病、灰霉病、晚疫病、菌核病、青枯病、枯萎病、病毒病等，不在这里介绍。非侵染性病害常见的有：沤根，其他的如肥害、盐害、药害等，有时也可造成严重为害。苗期病害可引起死苗、烂苗，甚至导致毁床，影响正常生产。因此，如何保障苗期安全生产是非常必要的。

（一）猝倒病

【症状】

该病一般发生在育苗的早期，从发芽到子叶期易患病。常见的症状有烂种、猝倒。烂种是播种后种子未萌发或刚发芽就受病菌侵染，造成腐烂死亡。猝倒是初出土的幼苗受病菌侵染，幼茎基部先呈水浸状病斑，后变黄褐色，继而绕茎扩展，缢缩变细而猝倒死苗。因病势发展迅速，子叶尚绿色未萎蔫时苗即倒伏，故称“猝倒”。苗床潮湿时，病苗或附近表土长有白色棉絮状菌丝。

【病原】

病原为瓜果腐霉菌 *Pythium aphanidermatum*（Eds.）Fitzp，属鞭毛菌亚门腐霉属。此菌喜低温，10℃左右可以活动，15～16℃时繁殖较快，30℃以上生长受到抑制。

【发病规律】

该病害为土传病害。病菌以菌丝体和卵孢子随病残体在土壤中越冬，可在病残体及腐殖质中营腐生生活。条件适宜时，卵孢子萌发产生芽管，直接侵入幼芽；或卵孢子萌发产生游动孢子，借灌溉水、雨水传播，从幼苗茎基部侵入，引起幼苗发病。湿度大时，病苗上产生孢子再次传播侵染，使病害向四周扩散蔓延。

该病菌腐生性强，可在土壤中长期存活，卵孢子在土壤中可存活 10 年以上。低温（15℃左右）高湿是幼苗猝倒病发生的主要原因。播种过密、地势低洼、土壤黏重、偏施氮肥、光照不足、浇水过多等，使幼苗生长弱、抗病力降低，均会诱发猝倒病的发生。因此，该病的发生一般在寒冷季节育苗期间，或遇到连续的阴雨天气的时候。当幼苗的真叶伸出、扎下新根（20d）后，一般不再发生该病。

【防治方法】

防治该病的最有效措施就是改善育苗环境，提高菜苗的抗病性。目前，随着设施、育苗条件的改善，该病一般为害不重。发病初期，药剂防治可用25%瑞毒霉可湿性粉剂 800 倍液、64%杀毒矾可湿性粉剂 500 倍液、72.2%普力克水剂 500 倍液等。其余参照立枯病。

（二）立枯病

【症状】

一般发生于蔬菜秧苗的中后期。立枯病为害幼苗茎基部，病部产生椭圆形、暗褐色病斑。初期病苗白天萎蔫，夜晚恢复。病斑逐渐凹陷，环绕茎部扩展一周，最后收缩、干枯，致茎叶萎蔫，病苗站立枯死，故称“立枯”。湿度大时，病部生出稀疏的淡褐色蛛丝状菌丝。

【病原】

病原无性态为茄丝核菌 *Rhizoctonia solani* Kühn，属半知菌亚门丝核菌属；有性态为瓜亡革菌 *Thanatephorns cucumeris*（Frank）Donk.，属担子菌门亡革菌属。

病菌菌丝多呈现直角分枝，分枝基部多缢缩且具分隔，老熟菌丝逐渐聚集交织形成菌核。有性阶段在自然情况下很少发生。该病菌对湿度要求不严格。一般在 10℃即可生长，最高温度为 40 ~42℃，最适宜温度为 20 ~30℃。

【发病规律】

立枯病菌以菌丝体或菌核在土壤中或病组织上越冬，腐生性较强，一般在土壤中可以存活 2 ~3 年。在适宜环境条件下，病菌从伤口或表皮直接侵入幼茎、根部，引起发病。借雨水、灌溉水、农具及带菌的堆肥传播为害。高温有利于菌丝的生长蔓延。光照不足，播种过密，通风不及时，浇水量过大，造成苗床内空气和土壤湿度高等，利于发病。

【防治措施】

1. 苗床应选择地势较高、向阳、排水良好的地块，床土应选用无病新土壤，肥料应充分腐熟，浇足底水，播种不宜过密，覆土要适度，以促进出苗。播后加强栽培管理，出苗后避免床土湿度过大，并应适当放风炼苗，增强抗病性。苗出齐后，应早间苗，剔除病、弱苗，防止病害蔓延。

2. 沿用旧床，播前应进行床土消毒。用50%多菌灵可湿性粉剂或50%硫菌灵可湿性粉剂 8 ~10g/m^2，加细潮土 15kg 拌匀，播种时取药土 1/3 垫床，2/3 覆种。处理后，要保持苗床土表面湿润，以防发生药害。另外还可以按 30 ~50ml/m^2 的 40%甲醛 50 倍液喷洒苗床土，薄膜覆盖 4 ~5d，经 14d 待药剂充分挥发后播种。

3. 发现病苗及时拔除，然后以药剂喷雾或浇灌，控制病害蔓延。可用 50%多菌灵可湿性粉剂 500 倍液、50%甲基硫菌灵可湿性粉剂 500 倍液、20%甲基立枯磷 1 200 倍液、3%广枯灵（有效成分：恶霉灵、甲霜灵）水剂 800 倍液或 15%恶霉灵水剂 450 倍液等。

（三）根腐病

【症状】

主要为害幼苗根尖和根茎部。病部水渍状，不缢缩，呈现浅褐色、深褐色或红褐色病斑，严重时软化腐烂，剖视病部可见病部维管束变褐，但不向上发展。后期糟朽状，病苗萎蔫枯黄而死。根腐病主要由腐霉菌、疫霉菌、丝核菌和镰孢菌引起，有时还有线虫和其他非生物因素的影响。不同病原引起根腐的症状有所不同，且通常是复合侵染所至。通常是腐霉菌，或疫霉菌，或丝核菌先侵染，但随后侵染的镰孢菌为害更大。镰孢菌引起的根腐病变色较深。尤其在根尖，有时呈紫色或红色，湿度大时可见粉白色的霉层。

【病原】

无性态以茄镰孢菌 *Fusarium solani*（Mart.）App. et Wollenw 为主，属半知菌亚门镰孢菌属；有性态为 *Gibberella zeae*（Schw.）Petch，属子囊菌门赤霉菌属玉蜀黍赤霉。

【发病规律】

病菌以菌丝体和厚垣孢子在土壤中越冬，也可种子带菌。并随土壤、粪肥、灌溉水等传播。病菌腐生能力强，在土壤中可长期存活，由伤口侵入。土温 13～17℃，高湿时易发病。施用未腐熟的粪肥、地下害虫为害、农事操作伤根和根部发育环境不良等，均易引起发病。

【防治措施】

参见猝倒病和立枯病一节。

（四）沤根

【症状】

为害幼根。病根皮锈褐色，不发新根，易于拔起。后期病根腐朽，地上部表现发育缓慢、萎蔫、变黄枯死。

【发病规律】

主要由于苗床土温长期持续低于 12℃，加上水过量或连续阴雨、光照不足，致使幼苗根系在低温、过湿、缺氧状态下生理机能下降，而造成病变。

【防治措施】

加强管理，床温控制在 16℃以上，一般不低于 12℃。床土要疏松，营养平衡，播种时浇足底水，之后要适当控水，防止过湿。加强光照管理，适时、适度放风练苗。发生轻微沤根，苗床要加强覆盖增温，及时松土，促进发根，并适当施用增根剂等。

二、苗期害虫

苗期害虫是人们按照害虫的为害时期（苗期）和特点习惯分类的，主要指地下害虫（或土壤害虫）类。地下害虫活动为害期或主要为害虫态生活在土壤中，为害作物地下部分，包括蛴螬、金针虫、蝼蛄、地老虎、地蛆、拟步甲、象甲、根蝽、根蚜、根叶甲、根天牛、根粉蚧、白蚁、蟋蟀、弹尾虫等 10 多类。苗期害虫为害蔬菜、果树、林木苗圃、花卉草坪等多种植物。春、夏、秋 3 季均能为害，咬食植物的种子、幼苗的根、茎、嫩叶及生长点等，常造成缺苗断垄或使幼苗生长不良。

（一）蛴螬

蛴螬是鞘翅目金龟子总科幼虫的通称，俗称白地蚕、白土蚕等，是地下害虫中种类最多、分布最广、为害最重的类群。发生普遍、为害严重的种类主要有：东北大黑鳃金龟 *Holotrichia diomphalia* Bates、华北大黑鳃金龟 *Holotrichia oblita*（Faldermann）、暗黑鳃金龟 *Holotrichia parallela* Motschulsky、铜绿丽金龟 *Anomala corpulenta* Motschuls 和黑绒鳃金龟 *Serica orientalis* 等。

东北大黑鳃金龟分布于东北三省及河北，华北大黑鳃金龟分布于华北、华东、西北等地，暗黑鳃金龟和铜绿丽金龟除新疆和西藏尚无报道外，各地都有发生。蛴螬是多食性害虫，幼虫啃食幼苗的根、茎或块根、块茎，成虫主要取食植物叶片。黑绒鳃金龟主要分布于东北、华北和西北地区，主要以成虫为害地上部分，春季为害双子叶植物的芽、苗，有时严重。

【形态特征】

参见表 14－1，图 14－1。

表 14－1　4 种金龟子成虫和幼虫主要形态特征

项目	种类	东北大黑鳃金龟	华北大黑鳃金龟	暗黑鳃金龟	铜绿丽金龟
成虫	体长	16.2～22mm	16.2～22mm	17.2～22mm	19.2～21mm
	鞘翅和体色	鞘翅长椭圆形，黑色或黑褐，有光泽。每侧各有 4 条明显的纵肋	黑色或黑褐，有光泽	黑色或黑褐色，无光泽，每侧各有 4 条不明显的纵肋	铜绿色，具闪光，上面有细密刻点。每侧各有 3 条明显的纵肋。腹部黄褐色
	雄性外生殖器	阳基侧突下部分叉，成上下两突，上突呈尖齿状，下突短钝，不呈尖齿状	阳基侧突下部分叉，成上下两突，两突均呈尖齿状	阳基侧突下部不分叉	基片、中片和阳基侧突三部分几乎相等，阳基侧突左右不对称
幼虫	头部前顶刚毛	每侧各有 3 根，其中冠缝每侧 2 根，额缝上近中部各 1 根	同东北大黑鳃金龟	每侧各 1 根，位于冠缝两侧	每侧各 6～8 根，排成一纵列
	臀节腹面	肛门孔呈三射裂缝状。肛腹片后部复毛区，散生钩状刚毛，无刺毛列。紧挨肛门孔裂缝处，两侧无毛裸区无或不明显	肛腹片后部的钩状刚毛群，紧挨肛门孔裂缝处，两侧具明显的横向小椭圆形的无毛裸区	肛腹片后部刚毛多为 70～80 根，分布不均，上端（基部）中间具裸区	肛门孔横裂。肛腹片后部有两列长刺毛，每列 15～18 根，两列刺毛尖端大部分相遇和交叉

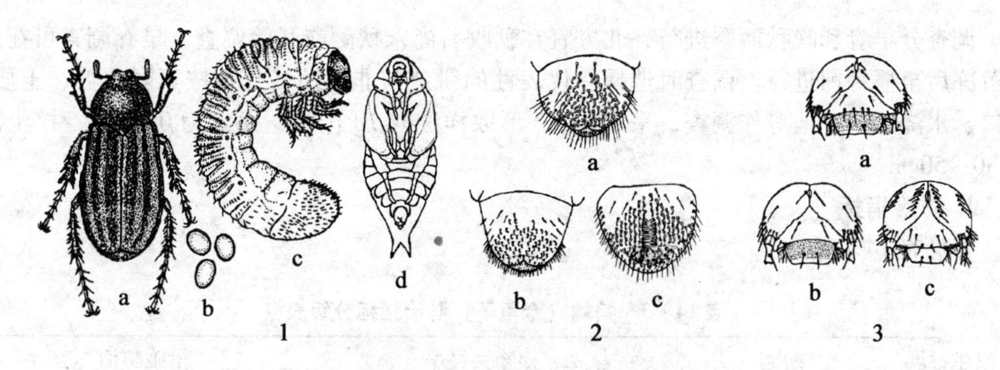

图 14－1　几种金龟甲形态特征

1. 东北大黑鳃金龟：a. 成虫 b．卵 c. 幼虫 d. 蛹

2. 幼虫臀节腹面比较：a. 东北大黑鳃金龟 b. 暗黑鳃金龟 c. 铜绿丽金龟

3. 幼虫头部比较：a. 东北大黑鳃金龟 b. 暗黑鳃金龟 c. 铜绿丽金龟

【发生规律】

参见表 14－2。

表 14－2　4 种金龟子的发生规律

项目 \ 种类		东北大黑鳄金龟	华北大黑鳃金龟	暗黑鳃金龟	铜绿丽金龟
世代及越冬虫态		辽宁两年 1 代，以成虫和幼虫交替越冬，奇数年以幼虫越冬为主，偶数年以成虫越冬为主	黄淮海地区两年 1 代，以成、幼虫隔年交替越冬	苏、皖、豫、鲁、冀地区 1 年 1 代，多以三龄老熟幼虫越冬，少数以成虫越冬	各地均 1 年 1 代，以幼虫越冬
生活史	卵期	15～22d	12～20d	8～13d	7～12.8d
	幼虫期	340～400d	340～380d	265.2～318d	313～333d
	蛹期	22～25d	14～27d	16～21.5d	7～10.8d
	成虫期	≥300d	282～420d	40～60d	24.9～30d
习性		成虫昼伏夜出，趋光性弱，有假死习性	成虫趋光性弱，飞翔力不强	成虫食性杂，有群集性、假死性、趋光性，昼伏夜出	成虫有假死性，昼伏夜出，趋光性极强
发生与环境条件的关系		非耕地虫口密度高于耕地，油料作物地高于粮食作物地，向阳坡岗地高于背阴平地	黏土或黏壤土发生数量较多。粮改菜或连作菜地幼虫密度高	7 月份降雨量大，土壤含水量高，幼虫死亡率高	幼虫多发生在沙壤土或水浇条件好的湿润地（土壤含水量 15%～18%）

【预测预报】

1. 越冬种类和数量调查

查明当地的金龟子种类、虫量、虫态，为分析下一年发生趋势和制定防治计划提供依

据。调查分早春和晚秋两季进行，北方宜在秋收后尚未秋翻前开始调查，早春调查可在土地解冻后至播种前进行。调查时选择有代表性的耕地与非耕地，分别按不同地势、土质、茬口、水浇地、旱地等作调查，采用“Z”形取样法取10个点，每点为0.25m²，挖土深度30~50cm。

2. 防治指标

参见表14-3。

表14-3　蛴螬（金龟子）防治指标分级表

发生程度	蛴螬（头/m²）	作物受害率（%）	措施防治
轻发生	<1	2~3	不防治或采取点片防治
中发生	1~3	6~7	点片或全面防治
重发生	3~5	10~15	列入重点防治地块
特重发生	>5	>20	采取紧急或双重的防治措施

注：①以1头大黑鳃金龟幼虫作为标准头计算。②吉林、辽宁、河北、江苏等地试行。

3. 成虫发生期预测

各地应根据预测对象，自拟调查时间。对有趋光性的种类，均可以灯光诱测。对趋光性弱的或白天活动的金龟子，可按其成虫出土规律，于始见期前进行田间观察。还可用期距法预测，如辽宁丹东，东北大黑鳃金龟成虫出土后的10~15d，是成虫练飞后期和产卵前期，是最好的防治适期。

【防治措施】

1. 农业防治

深耕多耙、轮作倒茬，有条件的实行水旱轮作，中耕除草，不施未经腐熟的有机肥。消灭地边、荒坡、沟渠等处的蛴螬及其栖息繁殖场所。

2. 土壤处理

用50%辛硫磷乳油或25%辛硫磷微胶囊缓释剂，药剂1.5kg/hm²加水7.5kg、细土300kg制成毒土，撒于种苗穴中防治幼虫。或在幼虫发生量较大的地块，用上列药剂3~3.75kg/hm²，加水6 000~7 500kg灌根。

3. 毒饵防治

2.5%敌百虫粉30~45kg/hm²拌干粪1 500kg，撒施于地面防治幼虫。

4. 灯光诱杀

设置黑光灯或荧光灯诱杀趋光性强的铜绿丽金龟及暗黑鳃金龟成虫。

5. 药剂防治

成虫初发生期，对虫口密度大的果园树盘喷施2.5%敌百虫粉，浅锄拌匀，可杀死出土成虫；发生盛期可在天黑前，树上喷施90%敌百虫、50%马拉硫磷等农药1 000~1 500倍液、20%氰戊菊酯乳油2 000倍液。

（二）蝼蛄

蝼蛄属直翅目蝼蛄科。俗称拉拉蛄、地拉蛄、土狗子。我国记载有6种，主要发生种类是东方蝼蛄 *Gryllotalpa orientalis* Burmeister 和华北蝼蛄 *Gryllotalpa unispina* Saussure。东方蝼蛄全国分布，但以南方受害较重。华北蝼蛄主要分布在北方盐碱地、沙壤地，如河南、河北、山东、山西、陕西、辽宁和吉林的西部。黄河沿岸和华北西部地区以华北蝼蛄为主，东北除了辽宁、吉林西部外以东方蝼蛄为主。

蝼蛄为多食性，成虫、若虫都在土中咬食刚播下的种子和幼芽，或将幼苗咬断，使幼苗枯死。受害株的根部呈乱麻状。蝼蛄将表土窜成许多隧道，使苗土分离，幼苗失水干枯而死，造成缺苗断垄。

【形态特征】

参见表 14－4，图 14－2。

表 14－4　东方蝼蛄和华北蝼蛄形态特征区别

虫态	项目	东方蝼蛄	华北蝼蛄
卵	大小	近孵化前长 3.0～3.2mm	近孵化前长 2.4～2.8mm
	颜色	黄白色—黄褐色—暗紫色	乳白色—黄褐色—暗灰色
若虫	体色	灰褐	黄褐
	腹部	末端近纺锤形	末端近圆筒形
成虫	体长	30～35mm	36～55mm
	体色	灰褐色	黄褐色
	前胸	背板中央长心脏形斑小，凹陷明显	背板中央长心脏形斑大，面凹陷不明显
	腹部	末端近纺锤形	末端近圆筒形
	前足	腿节内侧外缘较直，缺刻不明显	腿节内侧外缘弯曲缺刻明显
	后足	胫节背面内侧有棘 3 或 4 根	胫节背面内侧有棘 1 根或消失

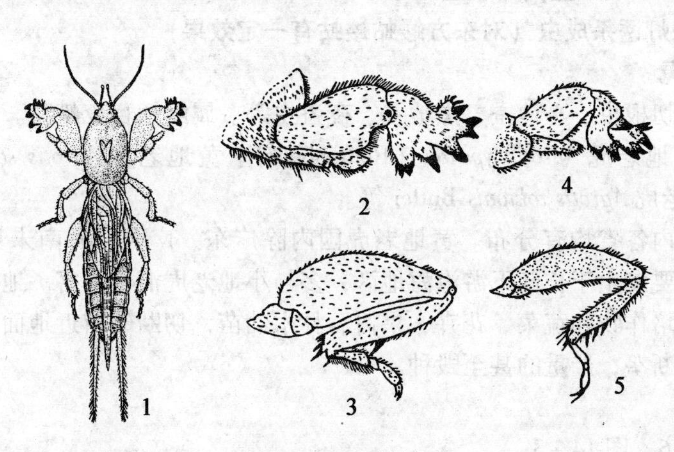

图 14－2　蝼蛄

1. 华北蝼蛄　2、3. 华北蝼蛄前足和后足　4、5. 东方蝼蛄前足和后足

【发生规律】

参见表 14－5。

表 14－5　东方蝼蛄和华北蝼蛄的发生规律

项目＼种类	东方蝼蛄	华北蝼蛄
世代及越冬	长江以南地区 1 年 1 代，陕北、山西和辽宁等地两年 1 代。以成虫、幼虫越冬	3 年左右 1 代，北京、河南、山西、安徽等地以成虫、幼虫越冬
生活史	卵期 15～28d，成虫期约 400d	郑州卵期 11～23d，若虫 692～817d，成虫期 278～451d
习　性	昼伏夜出，晚 9～11 时为活动取食高峰。初孵若虫有群集性，成虫有趋光性、趋化性、趋粪性、喜湿性。东方蝼蛄多在沿河、池埂、沟渠附近产卵。华北蝼蛄多在轻盐碱地内的缺苗断垄、无植被覆盖的高燥向阳地埂畦堰附近或路边、渠边和松软油渍状土壤里产卵	

【防治措施】

1. 农业防治措施参照蛴螬的防治方法

2. 药剂防治

①施毒饵：可用 90% 晶体敌百虫或 50% 乐果乳油拌炒香的饵料（麦麸、豆饼、玉米碎粒或谷秕），用药 1.5kg/hm^2，加适量水，拌饵料 30～37.5kg 制成毒饵，在无风、闷热的傍晚施于苗穴里。②堆马粪：蝼蛄发生盛期，在田间堆新鲜马粪，粪内放少量农药，可消灭一部分蝼蛄。③施毒土：用 50% 辛硫磷乳油，按 1∶15∶150 的药∶水∶土比例，施毒土 225kg/hm^2，于成虫盛发期顺垄撒施。

3. 设置黑光灯诱杀成虫（对东方蝼蛄蝼蛄有一定效果）

（三）地老虎

地老虎又名切根虫、土地蚕、黑地蚕、夜盗虫等。属鳞翅目夜蛾科。分布广、为害重的种类主要有小地老虎 *Agrotis ypsilon*（Rottemberg）、黄地老虎 *Agrotis segetum*（Schiffermuller）和大地老虎 *Agrotis tokionis* Butler 等。

小地老虎国内各省均有分布。黄地老虎国内除广东、广西、海南未见报道外均有分布。大地老虎主要发生于长江下游沿海地区，多与小地老虎混合为害。地老虎是多食性害虫，为害多种栽培作物和蔬菜、花卉、果树、林木幼苗，切断幼苗近地面的茎部，使整株死亡，造成缺苗断垄，严重的甚至毁种。

【形态特征】

参见表 14－6，图 14－3。

表 14－6　3 种地老虎的形态特征区别

虫态	项目	小地老虎	黄地老虎	大地老虎
成虫	体长	16～23mm	14～19mm	20～23mm
	翅展	42～54mm	32～43mm	52～62mm
	体色	灰褐色	黄褐色	灰褐色
	前翅	肾形纹外侧有 1 个尖端向外黑色剑状斑，亚外缘线内侧有 2 个尖端向内的黑色剑状斑，3 个剑状斑相对	肾形纹外方无任何斑纹	肾形纹外侧有 1 个不定形黑斑，端部不尖
	后翅	灰白色	白色	淡褐色
	雄蛾触角	双栉齿状部分达全长的 1/2	双栉齿状部分达全长的 2/3	双栉齿状部分近达末端
卵	形状	扁圆形	扁圆形	半球形
	大小	高 0.5mm，宽 0.68mm	高 0.5mm，宽 0.7mm	高 1.5mm，宽 1.8mm
	颜色	乳白—淡黄—灰褐	乳白—黄褐—黑色	浅黄—褐—灰褐
幼虫	体长	41～50mm	33～43mm	40～60mm
	体色	黑褐色	灰褐色	黄褐色
	表皮	密生明显的大小颗粒	颗粒不明显，多皱纹	颗粒不明显，多皱纹
	腹部 1～8 节背面	后两个毛片比前两个大 1 倍以上	后两个毛片略大于前两个	前后两个毛片大小相似
	臀板	黄褐色，有深褐色纵带两条	有两大块黄褐色斑	深褐色，布满龟裂皱纹
蛹	体长	18～24mm	16～19mm	23～29mm
	体色	红褐色至暗褐色	红褐	黄褐
	第 1～3 腹节	无明显横沟	无明显横沟	有明显横沟

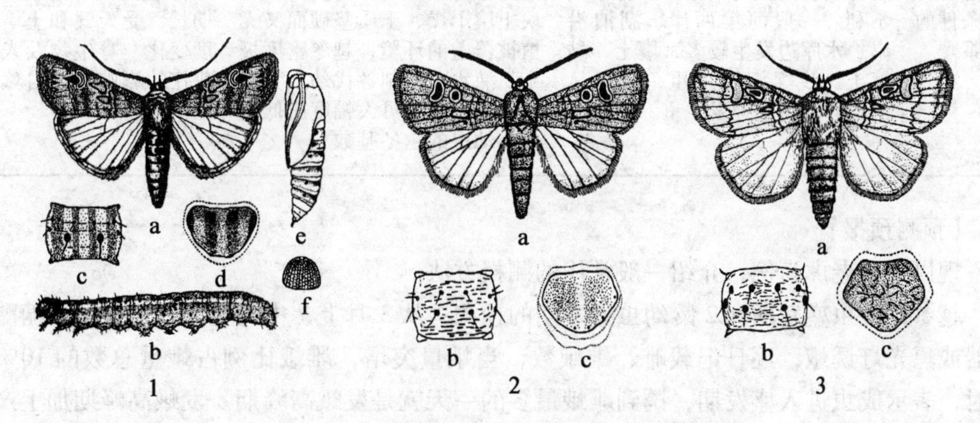

图 14－3　小地老虎、黄地老虎和大地老虎

1. 小地老虎：a. 成虫　b. 幼虫　c. 幼虫第 4 腹节背面观　d. 幼虫末节背板　e. 蛹　f. 卵

2. 黄地老虎：a. 成虫　b. 幼虫第 4 腹节背面观　c. 幼虫末节背板

3. 大地老虎：a. 成虫　b. 幼虫第 4 腹节背面观　c. 幼虫末节背板

【发生规律】

参见表14－7。

表14－7　3种地老虎的发生规律

项目＼种类	小地老虎	黄地老虎	大地老虎
世代及越冬虫态	1年1～7代，发生世代自南向北逐渐减少。为迁飞性害虫，在我国的越冬北界为1月份0℃等温线或北纬33°一线。在南岭以南1月份高于10℃等温线的地区，可终年繁殖	1年1～5代以上，在福建1月10℃等温线以南无冬蛰现象，发生世代自南向北逐渐下降。主要以老熟幼虫在土中越冬，少数以3～4龄幼虫越冬	1年1代，以老熟幼虫滞育越夏，以低龄幼虫越冬
习性	成虫昼伏夜出，具强烈的趋化性，喜食糖蜜等带有酸甜味的汁液，作为补充营养，成虫对黑光灯趋性强。成虫卵产在5cm以下矮小杂草或土表及残枝上。卵多散产。 1～2龄幼虫为害心叶或嫩叶，昼夜取食不入土。3龄后白天潜伏在2～3cm的表土里，夜间咬断幼苗并拖入穴中。幼虫动作敏捷，性残暴，3龄以后能自相残杀。老熟幼虫有假死习性	成虫习性与小地老虎近似，成虫卵多产在地表的枯枝、落叶、根茬及植物距地表1～3cm处的老叶上，卵多散产。 初龄幼虫主要食害植物心叶，2龄以后昼伏夜出，咬断幼苗。老熟幼虫越冬在土中做土室，低龄幼虫越冬只潜入土中不做土室。春、秋两季为害，而以春季为害最重。	成虫趋光性不强，卵散产在地表土块、枯枝落叶及绿色植物的下部老叶上。 幼虫食性杂，共7龄。4龄前不入土蛰伏，常啮食叶片，4龄后白天潜伏表土下，夜出活动为害。5月中旬开始滞育越夏至9月下旬
发生与环境条件的关系	喜温喜湿，在18～26℃、相对湿度70%左右、土壤含水量20%左右时，对其生长发育及活动有利。高温对其生长发育极其不利。一般河渠两岸、湖泊沿岸、水库边发生较多，壤土、黏壤土、沙壤土发生重，杂草丛生、管理粗放地发生重	耐旱，年降雨量低于300mm的西部干旱区，适于其生长发育。土壤湿度适中、土质松软的向阳地块，幼虫密度大。地块土壤干燥、土质坚硬而又无植被覆盖的环境，越冬密度极小。灌水对控制各代幼虫为害有重要作用，可大幅度压低越冬代幼虫的越冬基数	越冬越夏幼虫对低温、高温有较高抵抗能力。滞育幼虫在土壤中的历期长，受天气和土壤湿度变化、寄生物及人为耕作的影响多，自然死亡率极高

【预测预报】

现以小地老虎为例，介绍一般常用的测报方法。

越冬代成虫盛发期和2龄幼虫盛发期的预测：从3月上、中旬至5月下旬，用糖醋诱蛾器或黑光灯诱蛾，逐日记载雌、雄蛾数，当蛾量突增，雌蛾比例占蛾量总数的10%左右时，表示成虫进入盛发期，诱到雌蛾最多的一天就是发蛾高峰期。发蛾高峰期加上产卵前期（4d）、卵历期、1龄幼虫历期、2龄幼虫历期的半数，就是第一代小地老虎2龄幼虫盛发期，即防治适期。

成虫盛发期后，每隔1～3d到田间查卵1次，自查得产卵高峰日起，根据气温条件，加上卵期和1龄幼虫期，即为2龄幼虫盛发期。蔬菜定苗前，平均幼虫1～1.5头/m^2以上，定苗后有幼虫0.1～0.3头/m^2时，应立即开展全面防治。

【防治措施】

防治地老虎的关键时期是在3龄以前，因为这时幼虫昼夜在地面上活动，食害幼苗心叶，食量小，抗药力弱。

1. 农业措施

杂草是小地老虎产卵场所和初孵幼虫的食料，也是幼虫转移到作物上的重要桥梁，移栽或春播前要清除大田杂草及田埂杂草。清晨检查，如发现被咬断苗等情况，及时拨开附近土块，人工捕杀幼虫。

2. 糖醋液诱杀成虫

糖、醋、白酒、水、90%敌百虫按6：3：1：10：1比例调匀制成糖醋液进行田间诱杀。

3. 毒饵诱杀

用90%敌百虫300g加水2.5kg，溶解后喷在50kg切碎的新鲜杂草上，傍晚撒在大田诱杀，用毒饵375kg/hm^2。

4. 毒土或毒沙法

用50%辛硫磷0.5kg，加水适量，喷拌细土50kg；或50%敌敌畏1份，加适量水后喷拌细沙1 000份，用量300~375kg/hm^2，顺垄撒施于幼苗根际附近，毒杀幼虫。

5. 喷药防治

用2.5%溴氰菊酯乳油1 500~3 000倍、90%敌百虫或75%辛硫磷乳油1 000倍液喷洒幼苗。

（四）地蛆

地蛆是指为害农作物和蔬菜地下部分的花蝇科幼虫的统称，又称根蛆。我国常见的种蝇有4种：种蝇 *Dalia platura*（=*Hylemyia platura* Meigen）（图14-4）、葱蝇 *Dalia antigua*（Meigen）=*Hytemya antigua*、萝卜蝇 *Dalia floralis*（Fallen）、小萝卜蝇 *Hylemyia pilipyga* Villeneauv。均属双翅目，种蝇科（或称花蝇科）。

种蝇为多食性害虫，能为害葫芦科、豆科、百合科、黎科和十字花科等多种作物。主要以幼虫为害播种后的种子、幼根和地下茎，种子受害后不能发芽，常钻入地下茎内向上蛀食，以致幼苗不能出土或整苗枯死，成株期为害常在根部蛀食。

葱蝇在国内北部和中部较多，只为害百合科植物，以大蒜、洋葱和葱受害较重，有时也为害韭菜。主要以幼虫群集于植物的鳞茎中蛀食为害，严重时不仅可以蛀空鳞茎，同时还能引致鳞茎腐烂。地上部分叶片枯黄、萎蔫甚至整株死亡。韭菜受害后常出现缺苗断垄甚至全田毁种。

萝卜蝇、小萝卜蝇仅为害十字花科蔬菜，以白菜和萝卜受害最重。为害白菜时，幼虫先在白菜上窜食基部及周围的菜帮，然后向下蛀钻，食害菜根或钻入包心，蛀食菜心。为害萝卜时，不仅可以窜食表皮，留下大量不规则弯曲的虫道，也可以钻入叶皮内蛀食块根，留下虫道并引起腐烂。萝卜蝇主要分布在华北北部、东北、西北、内蒙古和新疆等地，小萝卜蝇分布于内蒙古、东北的北部。

【形态特征】

参见表14-8，图14-4。

表 14－8　萝卜蝇、葱蝇和种蝇形态特征区别

虫态	项目	萝卜蝇	葱蝇	种蝇
成虫	前翅基背毛	发达，几乎和背中毛同长；雄虫两复眼间额带的最狭部分比中单眼宽度大	极小，不及背中毛的1/2；雄虫两复眼间额带的最狭部分比中单眼宽度小	
	雄虫后足	腿节下方全部生有稀疏的长毛	胫节内下方中央占全长1/3至1/2有稀疏而等长的长毛	胫节内下方全长有密的钩状毛
	雌虫特征	腹部灰黄色，无斑纹	中足股节上外方有两根刚毛	中足股节上外方只有1根刚毛
成长幼虫	腹部末端	有6对突起，第五对或第六对分成两岔	有7对突起，均不分岔；第七对极小，从上面看不见	
	腹部末端突起特征	第五对突起很大，分为很深的两岔	第一对突起在第二对的上内侧，第六对比第五对稍大	第一对突起与第二对在同一高度，第六对和第五对同大

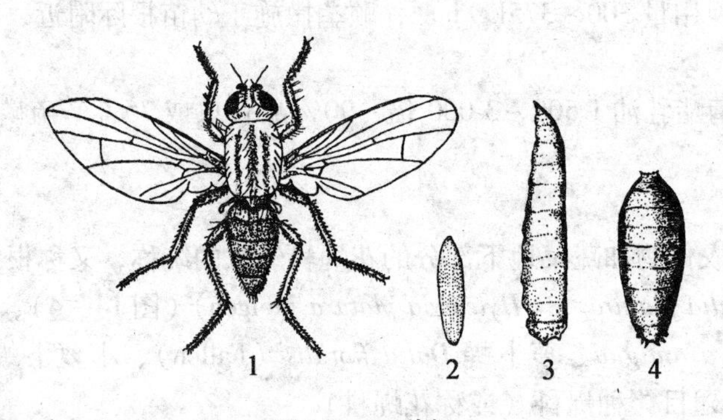

图 14－4　种蝇

1. 成虫　2. 卵　3. 幼虫　4. 蛹

【发生规律】

参见表 14－9。

表 14－9　种蝇、葱蝇和萝卜蝇发生规律

项目＼种类	种蝇	葱蝇	萝卜蝇
世代及越冬虫态	自黑龙江至湖南1年2～6代，以蛹在土中越冬	甘肃1年2代、山东3代，以蛹在韭菜、葱等寄主植物根际土中越冬	1年1代，以蛹在受害株附近土中越冬
生活史	华北1代幼虫发生期在5月上旬、中旬至6月上旬，二代幼虫在6月下旬至7月中旬，三代幼虫于9月下旬至10月中旬	山东1代幼虫发生盛期在5月上旬、中旬，二代幼虫发生盛期在6月上旬至中旬，10月上旬、中旬是三代幼虫发生盛期	为害盛期在9月中旬、下旬

（续表 14-9）

项目＼种类	种蝇	葱蝇	萝卜蝇
习性	成虫10时至下午2时活动最盛，阴雨天活动性较小，早晚多潜伏在土块缝隙中。成虫产卵前需取食花蜜和蜜露，对腐烂的有机质有很强的趋性	成虫白天活动。早晚多潜伏在土块缝隙中，成虫产卵前需取食花蜜和蜜露，对葱属植物的特有气味和腐烂的有机质有很强的趋性	在日出前后及日落前或阴天活动。成虫产卵前需取食花蜜和蜜露，对腐烂的有机质有很强的趋性
发生与环境条件的关系	发育适宜温度为15～25℃，气温高于35℃会使卵和幼虫大量死亡。成虫和幼虫均喜生活在潮湿的环境里，以土壤含水量35%左右最适宜	一般喜干燥，高燥较干旱的地区为害严重	在较潮湿的环境条件下发生重。施未腐熟肥料对发生有利

【防治措施】

1. 农业防治

①不施用未经腐熟的粪肥和饼肥，施肥时做到均匀、深施、种肥隔离。也可在施肥后立即覆土或在粪肥中拌入一定量具有触杀和熏蒸作用的药剂。作物生长期内不要追施稀粪。蒜在烂拇子前，随浇水追施氨水两次，可减轻为害。②瓜类、豆类在播种前进行催芽处理，大蒜精选壮种，播种时剥去蒜皮，可减轻为害。③在地蛆发生地块，必要时大水浸灌，抑制地蛆活动或淹死部分幼虫。大水浸灌对种蝇和葱蝇有效，但对萝卜蝇无效。

2. 药剂防治

在作物播种或定植前，用90%晶体敌百虫2.25kg、48%毒死蜱乳油3L或50%辛硫磷乳油3L拌细土750kg配成毒土撒施。在作物生长期内，当幼虫刚开始发生为害，田间发现个别虫害株时，用48%毒死蜱乳油或50%辛硫磷乳油1 500倍液灌根。也可在成虫发生盛期用上述任一液剂或2.5%溴氰菊酯乳油300ml/hm^{2}在植株周围地面和根际附近喷洒，隔7～10d再喷1次，喷2次或3次。

【思考题】

1. 引起苗期病害的病原有哪些？
2. 苗期立枯病、猝倒病的症状和发病规律有何异同？防治措施有哪些？
3. 东北大黑鳃金龟与暗黑鳃金龟形态和发生规律有何异同？怎样防治？
4. 怎样区别东方蝼蛄和华北蝼蛄？蝼蛄有哪些习性？

【能力拓展题】

1. 针对东北大黑鳃金龟发生的“大、小年”现象，应制定怎样的防治对策？
2. 小地老虎和黄地老虎有何习性？应该怎样防治地老虎类害虫？
3. 如何防治十字花科和百合科蔬菜的根蛆？

第二节　十字花科蔬菜病虫害防治技术

为害十字花科蔬菜的病虫害种类较多。其中病毒病、软腐病、霜霉病 3 种病害，分布广、为害大，并称十字花科三大病害。细菌性黑腐病、黑斑病、白斑病、炭疽病比较常见，但一般为害不重。根肿病局部发生严重。为害十字花科蔬菜的害虫主要有小菜蛾、菜青虫、甜菜夜蛾、斜纹夜蛾、甘蓝夜蛾、菜蚜、潜叶蝇、菜蝽、菜叶蜂、菜叶甲等，特别是小菜蛾、甜菜夜蛾、斜纹夜蛾、菜蚜、潜叶蝇等对生产影响较大，防治上面临着不断产生抗药性和因农药残留影响蔬菜安全的双重压力。

一、白菜软腐病

白菜软腐病，又称"水烂"，是世界性重要的植物细菌性病害之一。蔬菜在田间、贮运过程中都能发生此病，田间发病严重时可减产 50% 以上，甚至成片绝收；贮运期也可造成产品大量腐烂。此病对白菜、萝卜、甘蓝、花椰菜等为害较重，也可为害番茄、马铃薯、辣椒、葱、洋葱、胡萝卜、芹菜、莴苣等蔬菜。

【症状】

软腐病，在不同寄主上症状共同特点是：发生部位一般从伤口处开始，初期成浸润状半透明，以后病部扩展成明显水浸状，表皮下陷，有污白色菌脓。内部组织黏滑软腐，并伴有臭味。白菜、甘蓝多在包心后表现症状。常见症状有 3 种。

(1) 基腐型：一般在植株外叶的叶基部和根茎交界处先发病。初水浸状，微黄色，逐渐扩大呈淡黄色或黄褐色软腐，病部充满褐色黏滑物，并伴有臭味。发病初期，病株外叶在烈日下下垂萎蔫，而早晚可以复原，后渐不能恢复原状，病株外叶平贴地面，叶球外露，俗称"脱帮"。

(2) 心腐型：从菜心基部先开始发病，并向上发展，后整个菜心腐烂，而外围叶片生长正常，病株易拔起或倒伏，俗称"烂疙瘩"。

(3) 外腐型：也有的从外叶叶缘或叶球上开始腐烂，病叶干燥后成薄纸状。大白菜贮存期间，病害继续发展，造成烂窖。带病的种株定植后，继续发病，可导致全株枯死。

萝卜多从根尖的伤口处开始，初呈水浸状褐色软腐，病健部界限明显，常有汁液渗出。留种株有时心髓完全腐烂而外观完好。

【病原】

胡萝卜欧氏杆菌胡萝卜致病变种（*Erwinia carotobora* pv. *Carotovora* Dye），属薄壁菌门欧文氏菌属。菌体短杆状，周生鞭毛，无荚膜，革兰氏染色阴性。寄主范围广泛，属弱寄生菌，在未腐烂的寄主组织中存活时间长，但脱离寄主在土壤中只能存活 15d 左右。病菌生长温度 4 ~ 36℃，最适温度 25 ~ 30℃。病菌不耐干燥和日光，在室温干燥条件下 2min 即死亡；将培养皿中的菌落在日光下晒 2h，大部分细菌死亡。

【发病规律】

病菌主要在病株、贮存菜、病残体及昆虫体内越冬。翌年病菌通过雨水、灌溉水和昆虫传播，从伤口（虫伤、病伤、机械伤或生理裂口）、自然孔口侵入。病菌在植株维管束内有潜伏侵染性，有时带菌率高达95%。在白菜生长前期或健康状态下，不表现症状，但到白菜生长后期或厌氧条件下，植株抗病性下降，病菌则大量繁殖为害而表现症状。由于病菌主要从伤口侵入，因此，能造成伤口以及影响伤口愈合的因素，均能影响病害的发生和流行。一般土壤瘠薄、土质黏重、多雨、大水漫灌、害虫严重、平畦栽培等发病重。白菜不同生育期抗病性有差异，幼苗期因为愈伤能力强而表现抗病，莲座期因愈伤能力弱而表现抗病力下降。据研究，幼苗期伤口3h开始木栓化，经24h可阻止病菌的侵入；而莲座期后伤口在12h才开始木栓化，经72h才能阻止病菌侵入。不同品种间存在着抗性差异。一般早熟白帮品种易感病，青帮品种较抗病。通常抗霜霉病和病毒病的品种，对该病也具有较好抗性。

【防治措施】

1. 选用抗病品种

目前各地比较抗病的白菜品种有：北京新3号、北京70、北京80、北京抗病106、津绿75、绿星70、绿星80、绿星58、绿宝、中白1号、北京小杂50、津东中青1号、龙协白2号、连白1号、冀白菜4号、新杂1号、鲁白7号、鲁白10、鲁白11、鲁光18等。各地可因地制宜选用抗病品种。

2. 加强栽培管理

选择排灌良好的岗地、沙壤土种植，采用高畦或半高畦栽培，避免与十字花科、茄科和葫芦科蔬菜连作。勿久旱后突然灌水及大水漫灌，雨后应及时排水，收获后应及时深翻晒土。发病初期及时拔除病株，病穴及四周撒熟石灰消毒。

3. 及时防治害虫

发现地蛆、菜青虫、黄条跳甲、小菜蛾等虫害时，应及时用药防治，减少虫伤，防止病菌侵入。

4. 防止烂窖

收获时减少机械损伤，适当晾晒可促进伤口愈合。入窖前用40倍的福尔马林液消毒旧窖，防止病叶和重病株入窖，入窖后使窖温保持在0～4℃左右，贮藏期间应及时进行倒垛，防止烂窖。

5. 喷药防治

发病初期及时进行药剂防治。可选用72%农用链霉素可溶性粉剂3 000～4 000倍液、50%代森铵水剂600～800倍液、3%克菌康可溶性粉剂500倍液、14%络氨铜水剂350倍液、50%氯溴异氰尿酸水溶性粉剂1 000～1 500倍液等，近地表的叶柄及茎基部要喷布均匀。隔7～10d一次，连续2～3次。

二、白菜黑腐病

该病各地均有发生，主要为害白菜、萝卜、甘蓝、花椰菜、芥菜和苤蓝等十字花科蔬菜，以甘蓝、花椰菜为害最为严重。近几年来此病有逐渐加重的趋势，降低了蔬菜的产量和品质，影响菜农的收入。

【症状】

典型症状为引起维管束坏死变黑，但不腐烂、不发臭。幼苗、成株均可发病。幼苗出苗前发病不能出土，幼苗出土后发病其子叶呈水渍状，逐渐枯死或蔓延至真叶，使真叶叶脉上出现小黑点斑或细黑条。成株发病多从叶缘和虫伤处开始，出现“V”字形的黄褐色枯斑。病斑周围的叶组织淡黄色，与健部界限不明显，有时病菌可沿叶脉向里发展，形成网状黄脉。叶帮染病后，病菌沿维管束向上扩展，呈淡褐色，造成部分菜帮干腐，引起叶片歪向一边，有时产生离层而脱落。此病与软腐病并发时会加速病情的扩展，造成茎及茎基腐烂。轻者根或短缩茎维管束变褐色；严重者植株萎蔫、倾倒，纵切则可见髓部中空。种株发病时，仅表现叶片脱落，花薹髓部变暗，最后枯死。萝卜染病后外部症状常不明显，但切开后可见维管束变黑，严重的内部组织干腐，变为空心。

【病原】

野油菜黄单胞杆菌野油菜黑腐病致病变种 *Xanthomonas campestris* pv. *campestris*（Pammel）Dowson，属薄壁菌门黄单胞菌属。病菌短杆状，极生单鞭毛，无芽孢，革兰氏染色阴性反应。菌落黄色，具光泽。病菌生长适宜温度 25 ~ 30℃，最适 pH 为 7.4。

【发生规律】

病菌在种子、采种株和未分解的病残体内越冬，可存活 2 ~ 3 年。经风雨、灌溉水、农事操作及昆虫活动等传播蔓延。种子调运，还会造成病害远距离传播。病菌主要是从叶缘水孔、气孔和虫食伤口侵入，侵入后先进入薄壁细胞，然后进入维管束组织，并向上、下扩展，造成系统性侵染。在染病的种株上，病菌可从果柄维管束或种脐进入种荚或种皮，使种子带菌。此菌生长适温 25 ~ 30℃，最低 5℃，最高 39℃，致死温度 51℃ 经 10min。耐干燥，喜高温多雨或露水、大雾天气，利于病菌侵入而发病。此病在地势低洼、排水不良的田块多发生，尤其是早播，十字花科连作，种植过密，管理粗放，植株徒长，虫害发生严重的田块发病重。

【防治措施】

1. 农业措施

从无病田或无病种株上采种。与非十字花科蔬菜实行 2 ~ 3 年轮作，深翻，施用腐熟有机肥。高畦栽培，适时播种，不宜过早。合理浇水，适期蹲苗。雨后及时开沟排水，防止田间积水。合理施肥，促使植株生长健壮，提高植株抗病能力。及时拔除病株，减少田间病菌重复侵染机会。收获后清洁田园，把病残体带出田外深埋或烧毁，深翻土壤，加速病残体的腐烂分解，减少再侵染菌源。

2. 种子消毒处理

干燥种子 60℃ 干热灭菌 6h；或先将种子用冷水浸润，再放入 50℃ 温水中浸种 20min，捞出后用冷水降温再催芽播种；或用链霉素或金霉素 1 000 倍液浸种 2h 后播种；或用 45% 代森铵水剂 200 ~ 400 倍液浸种 15 ~ 20min，洗净晾干后播种。也可用 50% 琥胶肥酸铜可湿性粉剂按种子量的 0.4% 拌种。

3. 药剂防治

发病初期及时喷洒 72% 农用硫酸链霉素可溶性粉剂 3 000 ~ 4 000 倍液；或 100 万单位新植霉素粉剂 3 000 ~ 4 000 倍液；或 50% 琥胶肥酸铜可湿性粉剂 500 ~ 700 倍液；或 14% 络氨铜水剂 300 ~ 400 倍液；或 20% 龙克菌（噻菌铜）悬浮剂 500 ~ 600 倍液；或 77% 可杀得可湿性粉剂 400 ~ 500 倍液。每隔 7 ~ 10d 喷一次，连喷 2 ~ 3 次，注意轮换和交替使用药剂。

三、菜蚜

菜蚜俗称“蜜虫”、“腻虫”，属同翅目蚜科，包括桃蚜（烟蚜）*Myzus persicae*（Sulzer）、萝卜蚜（菜缢管蚜）*Lipaphis erysimi*（Kaltenbach）和甘蓝蚜（菜蚜）*Brevicoryne brassicae*（L.）3种蚜虫。萝卜蚜和甘蓝蚜为寡食性害虫，主要为害十字花科蔬菜。萝卜蚜喜食叶面绒毛多且蜡质少的蔬菜，如白菜、萝卜等；甘蓝蚜则相反，喜食甘蓝、花椰菜等。桃蚜是多食性害虫，已知寄主350余种。除为害十字花科蔬菜外，还可为害番茄、茄子、辣椒等，同时也是桃、李、杏、郁金香、菊花等果树、花卉的重要害虫。3种蚜虫均以成蚜或若蚜群集叶背刺吸寄主汁液，被害植株叶片卷曲变形，影响植株生长，还可传播病毒病、诱发煤污病。

【形态特征】

参见表14－10。

表14－10　3种菜蚜的形态区别

虫态	种类 项目	桃蚜	萝卜蚜	甘蓝蚜
有翅胎生雌蚜	体长/mm	约2	约1.6	约2
	体色	头胸部黑色，腹部黄绿色、绿色或赤褐色，腹背有大黑斑	头胸部黑色，腹部黄绿至暗绿色，蜡粉稀少，腹背两侧各有1列黑点	头胸部黑色，腹部浅黄绿色，全身被有白色蜡粉，腹背有断、续横带
	触角第三节感觉圈	9～17个，排成一列	16～26个，排列不规则	37～50个，排列不规则
	额瘤	明显，向内侧倾斜	不明显	无
	腹管	淡绿色，长于尾片的2倍	暗绿色，圆筒形，比尾片略长	腹管短于尾片，浅黑色
	尾片	圆锥形，两侧各有3根毛	圆锥形，两侧各有2～3根长毛	宽短，圆锥形，两侧各有2根毛
无翅胎生雌蚜	体长/mm	约2	约1.8	约2.5
	体色	绿色、黄绿色、黄色、红褐色并带有光泽	黄绿色，被有一薄层白色蜡粉	暗绿色、被有稀少的白色蜡粉
	触角第三节感觉圈	无	无	同有翅胎生雌蚜
	额瘤	同有翅胎生雌蚜	不明显	无
	腹管尾片	同有翅胎生雌蚜	同有翅胎生雌蚜	同有翅胎生雌蚜

【发生规律】

1. 桃蚜

从北到南每年发生10～30余代代不等，辽宁年发生10余代。主要以卵在蔷薇科果树的芽腋、枝条、裂缝等处越冬，也可以成蚜、若蚜在菜窖内越。每年在冬寄主和夏寄主之间往返迁飞和繁殖为害，属侨迁式蚜虫。以卵在蔷薇科果树上越冬的，翌年果树萌芽时开始孵化，并在越冬寄主上繁殖为害几代后，于4～6月陆续迁往蔬菜为害。该虫发育最适温度为24℃，当气温超过28℃，种群数量会迅速下降，因此，该虫以春、秋为害较重，夏季很少见。10～11月秋菜上的蚜虫产生有翅蚜，回迁到桃树上产卵越冬。

2. 萝卜蚜

从北到南1年发生10余代至数十代，辽宁10余代/年，华南地区可发生46代/年。终年生活在同一种或近缘的寄主植物上，属留守式蚜虫。北方地区，在秋白菜上产卵越冬，也可以成蚜、若蚜在菜窖内越冬或在温室内继续繁殖。在南方以无翅胎生雌蚜在蔬菜心叶等处连续繁殖为害。适宜温度为15～26℃，每年为害以春、秋较重。

3. 甘蓝蚜

终年都在十字花科蔬菜上为害，属留守式蚜虫。北方地区以卵越冬，少数以成、若蚜在菜窖内越冬。在温暖地区可连续孤雌胎生，不产越冬卵。北方地区1年可发生10余代。

菜蚜对黄色有强趋性，绿色次之，对银灰色有负趋性。一般温暖干旱条件适宜菜蚜发生，温度高于30℃或低于6℃，相对湿度高于80%或低于50%，可抑制蚜虫的繁殖和发育。暴雨和大风均可减轻蚜虫的为害。天敌对蚜虫的繁殖和为害有一定的抑制作用。

【预测预报】

因蚜虫对黄色有强趋性，可将黄皿或黄板置于田间，距地面约0.5m高处，每隔1d记载1次，统计有翅蚜出现的高峰初见期，初见期后2～7d，即为田间有翅蚜出现的高峰期，也是药剂防治的适期。

【防治措施】

1. 物理防治

利用黄板或黄皿诱蚜或用银灰色塑料薄膜避蚜。

2. 药剂防治

在蚜虫点片发生阶段及时用药剂喷雾防治。可选用50%抗蚜威可湿性粉剂2 000～3 000倍液、20%杀灭菊酯乳油2 000～3 000倍液等。保护地可用22%敌敌畏烟剂熏烟，用药量为7.5kg/hm^2。

四、小菜蛾

小菜蛾 *Plutella xylostella*（L.），也称菜蛾，幼虫俗称小青虫、吊丝虫、两头尖、吊死鬼，属鳞翅目菜蛾科。为世界性害虫，国内分布普遍，南方重于北方。主要以幼虫为害十字花科蔬菜，其中以甘蓝、花椰菜、苤蓝等尤重。

【形态特征】

成虫体长6～7mm，灰褐色（图14-5）。前、后翅狭长，有较长的缘毛。前翅中央有一纵行的灰黑色三度曲折的波状纹，翅后缘黄白色。静止时两翅合拢呈屋脊状，黄白色部分合成3个相连的菱形块，前翅外缘毛翘起，如鸡尾状。卵椭圆形，长约0.5mm，淡黄绿色。老熟幼虫体长10～12mm，长纺锤形，黄绿色，体节明显，两头尖细，前胸背板上的淡褐色小点排成两个“U”字形纹，臀足后伸超过腹部末端。蛹长5～8mm，淡绿色至灰褐色，蛹外包被着白色网状薄丝茧。

【发生规律】

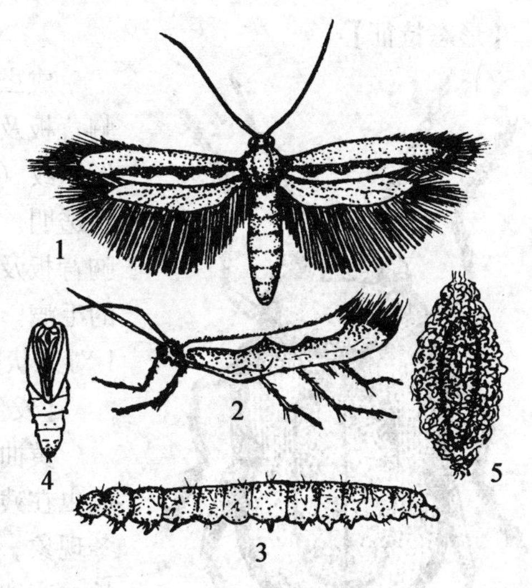

图 14-5 小菜蛾

1. 成虫 2. 成虫(侧面观) 3. 幼虫 4. 蛹 5. 茧

小菜蛾在我国由北向南1年发生2~22代，华北5~6代/年，东北2~5代/年。北方以蛹在朝阳的残株落叶或杂草间越冬，长江以南可终年繁殖。成虫有趋光性，飞翔力弱，可随风远距离迁飞，卵多散产于叶背主脉两侧或叶柄上。世代重叠严重。初孵幼虫潜食叶肉，形成细小隧道；2龄幼虫取食叶肉，残留一层透明的表皮；3龄后食成缺刻和孔洞，严重时呈网状。老熟幼虫在叶片、土缝、杂草等处结薄茧化蛹。小菜蛾发育适温为20~30℃，春秋两季发生重。温度高于30℃或低于8℃，相对湿度高于90%时，发生轻。十字花科蔬菜种植面积大，复种指数高的地块，发生重。该虫世代重叠严重，由于年发生世代多，对药剂很容易产生抗性。且为害隐蔽，常给药剂防治带来诸多不便。

【预测预报】

从小菜蛾在田间开始发生起，选代表性田块，每5d查一次，按5点取样法，大棵菜查25株，小棵菜查50株，查卵的孵化率。当卵的孵化率达20%左右时，为第一次防治适期；卵的孵化率达50%左右时，为第二次防治适期。

【防治措施】

1. 栽培防治

合理布局，避免小范围内十字花科蔬菜周年连作。蔬菜收获后，及时清洁田园并耕翻，压低虫源基数，减轻为害。

2. 诱杀成虫

成虫发生期设置黑光灯1~2盏/hm^2，或用人工合成性诱剂诱杀成虫。

3. 生物防治

用10^{10}个/g青虫菌活孢子、苏云金杆菌500~1 000倍液喷雾防治。

4. 药剂防治

在卵孵化盛期或2龄幼虫期及时喷雾防治，可选用2.5%菜喜悬浮剂1 000~1 500倍液、1.8%阿维菌素乳油2 000~3 000倍液、5%锐劲特悬浮剂1 000~1 500倍液、5%定虫隆乳油1 500~2 000倍液、10%溴虫腈（除尽）悬浮剂2 500~4 500倍液、20%除虫脲悬浮剂2 000倍液等。喷雾时注意轮换用药，菜心和叶背要喷均匀。

五、黄条跳甲

黄曲条跳甲 *Phyllotreta striolata*（Fabricius）又称黄条跳蚤、土跳蚤，属鞘翅目叶甲科。寡食性，主要为害十字花科蔬菜，还可为害瓜类、茄果类、豆类及禾谷类等作物。成虫、幼虫均能为害，造成的伤口，易引起软腐病流行。

【形态特征】

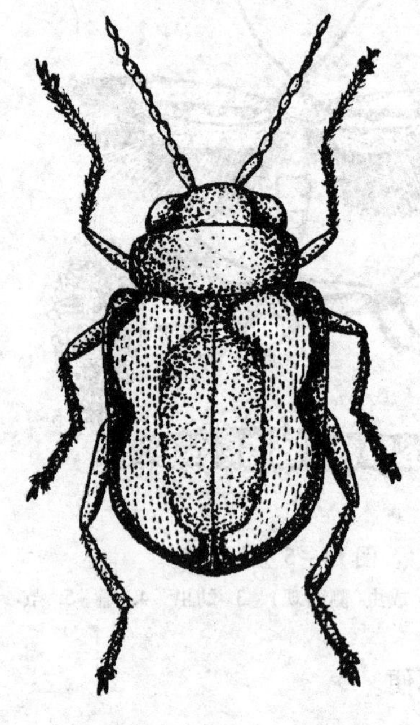

图 14-6　黄曲条跳甲成虫

成虫体长 1.8~2.4mm，椭圆形，黑色有光泽。前胸背板及鞘翅上有许多纵行刻点，鞘翅中央有一黄色弓形纵纹（图 14-6）。卵椭圆形，长约 0.3mm，淡黄色，半透明。幼虫长圆筒形，老熟幼虫体长约 4mm，头、前胸背板及臀板淡褐色，胸腹部乳白色，各体节均有突起的毛瘤。蛹长圆筒形，长约 2mm，乳白色，腹部末端有 1 对叉状突起。

【发生规律】

黄曲条跳甲在我国由北向南一年发生 2~8 代，以成虫在残株落叶、杂草及土缝中越冬，在华南地区无越冬现象，可终年繁殖。成虫善跳跃，趋光性强，寿命长，产卵期长，世代重叠明显。成虫喜食幼嫩部位，主要取食叶肉，仅留一层表皮或将叶片咬成小孔，也为害留种株的花蕾、荚果、果梗、嫩梢。成虫食量与温度关系密切，一般 32~34℃最大。成虫一般将卵产在寄主主根附近 1cm 深表土中，或产在近土面的茎上。卵孵化需要高湿（相对湿度 100%）。幼虫生活在 5cm 左右的土中，常沿须根向主根剥食根的表皮，把根的表面蛀成许多弯曲的虫道，或蛀入根内取食，老熟幼虫多在 3~7cm 深的土层中做土室化蛹。

【预测预报】

选择不同类型十字花科蔬菜田 1~2 块，按 5 点取样法，每 5d 查 1 次，苗期每点查 0.33m^2，定植后每点查 5~10 株，记载受害株数及害虫数。苗期当菜苗被害率达 10%~20%，平均百株有虫 1~2 头时；定植后被害株率达 15%~25%，平均每株有虫 1 头时，及时药剂防治。

【防治措施】

1. 合理轮作

与非十字花科蔬菜轮作，可减轻为害。

2. 栽培防虫

前茬收获后及时翻耕晒土，可消灭土壤中的幼虫及部分蛹。清除田内外杂草及残株落叶，消灭越冬场所。选用无虫苗移栽。

3. 诱杀成虫

黑光灯诱杀成虫。

4. 药剂浸根灌根

移苗时用 90% 晶体敌百虫 1 000倍液浸根灭虫。发现幼虫为害根部，可选用 90% 晶体敌百虫 1 000倍液、50% 辛硫磷乳油 1 500~2 000 倍液灌根。

5. 喷药防治

幼苗出土后，若发现成虫，立即喷药防治。可选用 20% 甲氰菊酯乳油 3 000~4 000 倍液、10% 氯氰菊酯乳油 2 000~4 000 倍液等。

第三节　茄科蔬菜病虫害防治技术

我国已经发现的茄科蔬菜病害有100种以上，常见的害虫有20多种。其中比较普遍而严重的病虫害有：病毒病、灰霉病、晚疫病、番茄叶霉病、番茄早疫病、青枯病（南方普遍）、茄子黄萎病、茄子褐纹病、茄子绵疫病、辣椒疫病、辣椒炭疽病、棉铃虫、烟青虫、白粉虱、潜叶蝇、茶黄螨、马铃薯瓢虫等。而番茄溃疡病（检疫性病害，北方较重）、番茄枯萎病、辣椒疮痂病、根结线虫病等在局部地区为害较重。

一、茄子黄萎病

茄子黄萎病又称“凋萎病”、“半边疯”、“黑心病”，是茄子的一种重要病害。该病世界性分布，国内分布普遍，以北方严重。近些年病区迅速扩展，为害趋重。病重田块发病率可达50%～70%，减产40%以上，甚至绝产。寄主范围广范，除为害茄子外，还为害马铃薯、番茄、辣椒、瓜类等38科180多种植物。

【症状】

田间一般在门茄坐果后表现症状。多自下而上或从一边向全株发展。初期先从叶缘开始，叶脉间褪绿变黄，逐渐发展到半张叶片或整张叶片。前期病叶在晴天中午或天气干旱时萎蔫，夜间或阴雨天恢复正常，严重时不再恢复。后期褪绿部分由黄变褐，叶缘上卷，若半边叶片受害则叶片扭曲，有时同一植株只有部分枝叶发病，另一部分枝叶正常。严重时，全株叶片干枯脱落。病果小、质硬、味苦。剥检根、茎、分枝及叶柄等部位，维管束变成褐色。

【病原】

大丽花轮枝孢菌 *Verticillium dahliae* Kleb.，属半知菌亚门轮枝孢属。病菌菌丝纤细，初无色，具分隔，直径2～4μm，老熟时变褐，菌丝的部分细胞可形成褐色的厚垣孢子，有时膨胀成瘤状的微菌核。分生孢子梗直立，主枝细常无色，上生轮状分枝2～4层，每层3～5个，分枝顶端着生分生孢子。分生孢子无色，单胞，椭圆形。病菌易发生致病力变异，且有明显的生理分化现象。菌丝发育适温19～24℃，30℃以上几乎停止生长。

【发病规律】

病菌主要以休眠菌丝体、厚垣孢子、微菌核随病残体在土壤中越冬，或以菌丝体潜伏在种子内，或以分生孢子附着在种子表面越冬。翌年从根部伤口或幼根的表皮及根毛侵入，通过风、流水、人畜、农具及农事操作等途径传播，一般不发生再侵染。土壤中的病菌一般可存活6～8年，土壤带菌是病菌的主要来源。种子带菌是病害远距离传播的主要途径。温度是影响病害发生的重要因素。从茄子定植到开花期，日平均气温低于15℃的日数越多，发病越早、越重。低洼地，土质黏重的岗地，偏施氮肥，起苗时带土少，定植期过早，栽苗过深，发病重。阴天或气温低时灌深井凉水，会引起病害严重发生。品种间抗病性差异明显。

【防治措施】

1. 选用抗病品种

昆明长茄、长茄1号、齐茄3号、辽茄3号、辽茄4号、盐城吉长茄等品种较抗病。

2. 轮作

与葱蒜、水稻等非茄科作物实行4年以上轮作，可有效地控制病害。

3. 种子处理

用55℃温水浸种15min，冷却后催芽播种；也可用50%多菌灵可湿性粉剂500倍液浸种2h。

4. 栽培防病

选排灌方便、肥沃的沙壤土种植，逐年加深耕层。增施腐熟有机肥。坐果后，适时追施氮肥，苗床要用无病新土或床土消毒，用营养块育苗或移苗时多带土，生育前期防止灌凉水，后期要小水勤灌，雨后或灌水后要及时中耕。

5. 嫁接防病

用托鲁巴姆、CRP、耐病VF、赤茄等野生材料作砧木，用劈接法嫁接，可有效防治重病区的茄黄萎病。

6. 土壤消毒

整地时撒施50%多菌灵可湿性粉剂30kg/hm^2，耙入土中消毒土壤。

7. 灌根

定植前5～6d，用50%多菌灵可湿性粉剂1 000倍液灌根，带药移栽。发现病株可用50%琥胶肥酸铜可湿性粉剂500倍液、50%多菌灵可湿性粉剂500倍液、10%双效灵水剂300倍液等灌根，每株灌250～300ml药液。每隔7～10d 1次，连续2～3次。

二、茄子褐纹病

茄子褐纹病也叫“干腐病”、“褐腐病”，属世界性病害，国内分布普遍。在北方，该病与黄萎病和绵疫病一起称为茄子三大病害。该病在茄子的整个生育期都可为害，常引起死苗、枯枝和果腐，但以果腐为主。一般留种田发病重。据吉林长春、四平等地调查，采种株发病率一般为40%～50%，重的地块高达80%，造成种茄大量腐烂，采不到种子。在贮藏和运输过程中，常造成整堆腐烂。

【症状】

幼苗受害，多在茎基部发病，产生水渍状梭形或椭圆形病斑，后变褐凹陷并，幼苗猝倒死亡。病苗稍大时，则造成立枯症状，病部生黑色小点。

成株期主要为害果实，也为害叶片、茎。叶片上初为水浸状小斑点，逐渐变为褐色近圆形或不规则形病斑，中央灰白色，边缘深褐色，其上轮生小黑点（分生孢子器），病组织易干裂、穿孔。茎部初为褐色水浸状纺锤形病斑，后扩大为边缘暗褐色，中间灰白色凹陷的干腐状溃疡斑，上有小黑点，韧皮部常干腐纵裂，最后皮层脱落露出木质部。果实上初为浅褐色稍凹陷的病斑，圆形或椭圆形，后变为黑褐色，扩大后常有明显的同心轮纹，病斑上密生小黑点，后期病果软腐或干缩成僵果（图14－7）。

【病原】

无性态为茄褐纹拟茎点霉 *Phomopsis vexans*（Sacc. et Syd.）Harter.，属半知菌亚门拟茎点霉属；有性态很少见，为茄褐纹间座壳菌 *Diaporthe vexans*（Sacc. et Syd.）Gatz.，属子囊菌门间座壳属。分生孢子器球形或扁球形，有凸出的孔口。分生孢子单胞，无色透

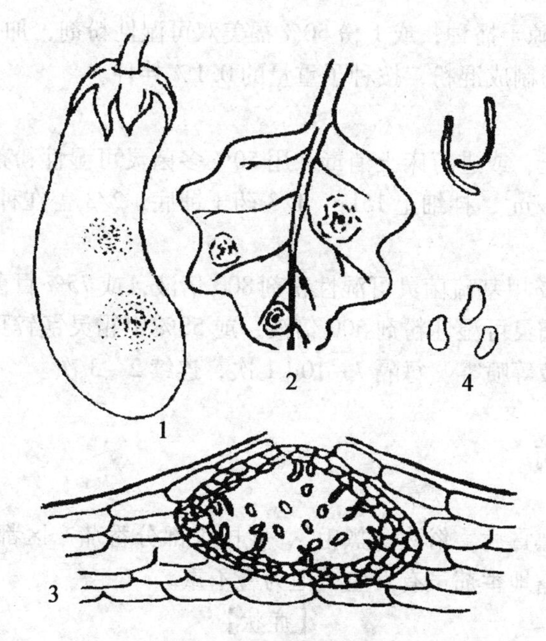

图 14－7　茄子褐纹病

1. 病果　2. 病叶　3. 分生孢子器　4. 两种分生孢子

明，有椭圆形和丝状两种。病菌发育最适温度 28～30℃。

【发病规律】

病菌主要以菌丝体、分生孢子器在土表病残体上越冬，或以菌丝体潜伏在种皮内，或以分生孢子粘附在种子表面越冬。据报道，病菌在种子内可存活 2～3 年，病残体上的病菌在土壤里可存活 2 年以上，分散的孢子也可存活 90d 以上。翌年产生分生孢子从表皮或伤口侵入，也可由萼片侵入果实。病部产生的分生孢子借风、雨、昆虫及农事操作等传播进行多次再侵染。高温、高湿（相对湿度 80% 以上）条件适合发病，因此，南方地区于 6～8 月、北方地区 7～9 月易流行。苗床播种过密，通风透光不良，幼苗细弱等有利病害发生。菜田连作，排水不良，土质黏重，氮肥过多，定植过晚发病重。一般长茄型比圆茄型品种抗病，绿皮茄和白皮茄比紫皮茄和黑皮茄抗病。

【防治措施】

1. 选用抗病品种

可以因地制宜的选用北京线茄、吉林羊角茄、吉林白、长春通化 2、白荷包茄、辽茄 3 号、沈茄 2 号等。

2. 加强栽培管理

与非茄科作物实行 3 年以上轮作，并与近两年的茄茬间隔 100m 以上。选择排水良好，土质疏松的地块种植，采用宽行密植法，合理施肥，合理灌水，及时摘除病枝、病果，收获后及时清洁田园并深翻。

3. 种子处理

温汤浸种可结合催芽进行。先将种子在凉水预浸 3～4h，然后 55℃ 温水浸种 10～15min 或 50℃ 温水浸种 30min，后投入凉水冷却，再催芽播种。药剂处理，可选用 1% 高锰酸钾液浸种 30min，或 300 倍液福尔马林液浸 15min，或 10% 401 抗菌剂 1 000倍液浸

30min，浸后清水洗净晾干播种；或1份50%福美双可湿性粉剂，加1份50%苯菌灵可湿性粉剂，再加3份泥粉制成混粉，按种子重量的0.1%拌种。

4. 床土消毒

选无病土作苗床土，或进行床土消毒。用50%多菌灵可湿性粉剂10g/m²，或50%福美双可湿性粉剂6~8g/m²，拌细土15kg，1/3药土铺底，2/3盖在种子上。

5. 药剂防治

发病初期选用70%甲基硫菌灵可湿性粉剂800倍液，或75%百菌清可湿性粉剂600~800倍液，或64%恶霜灵可湿性粉剂500倍液，或58%甲霜灵锰锌可湿性粉剂500倍液，或1∶1∶200波尔多液等喷雾。每隔7~10d 1次，连续2~3次。

三、番茄叶霉病

番茄叶霉病也叫黑霉病，俗称“黑毛”，我国大部分番茄产区都有分布，是保护地番茄的重要叶部病害，露地番茄虽有发生，但为害不重。

【症状】

主要为害叶片，也为害茎、花、果实。初在叶背产生椭圆形或不规则形的褪绿斑，后病斑上产生黑褐色霉层。叶正面病斑淡黄色，边缘不明显，扩大后以叶脉为界呈不规则形。严重时，叶片干枯卷曲死亡（图14-8）。嫩茎及果柄上的症状与叶相似。果实一般在蒂部产生近圆形稍凹陷的病斑，后期硬化。

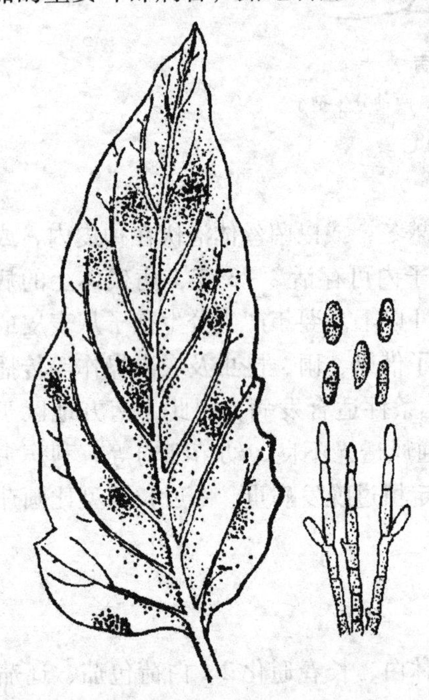

图14-8 番茄叶霉病

1. 病状 2. 分生孢子及分生孢子梗

【病原】

褐孢霉菌 *Fulvia fulva*（Cooke）Ciferrio，属半知菌亚门褐孢霉属，异名为黄枝孢菌 *Cladosoporium fulvum* Cooke。分生孢子梗褐色，有隔，稍有分枝，节部稍膨大。分生孢子长椭圆形或圆柱形，褐色，多单胞，有的2~4个细胞。病菌的侵染力和致病力都很强。该病菌只侵染番茄。

【发病规律】

病菌以菌丝体或菌丝块在病残体内越冬，或以分生孢子附着在种子表面，或以菌丝体潜伏在种皮上越冬。翌年产生分生孢子，通过气流或雨水传播，气孔侵入引起初侵染，病部产生大量分生孢子，进行多次再侵染。湿度是影响发病的主要因素。高温高湿发病重，病菌发育适温为20~25℃，相对湿度90%以上。棚室内通风不良，湿度过大，光照不足，植株生长茂密，发病重。品种间抗病性有明显差异。

【防治措施】

1. 选用抗病品种

双抗2号、沈粉3号、佳红等品种对叶霉病有较高的抗性。

2. 种子处理

用52℃温水浸种30min，晾干后催芽播种；也可用种子重量0.4%的50%克菌丹拌种。

3. 栽培措施

与非茄科蔬菜实行3年以上轮作。合理密植，保护地控制浇水，加强通风，以降低湿度。增施磷钾肥，提高植株抗病力。及时摘除病叶、老叶。

4. 熏蒸消毒

保护地在定植前用硫磺粉2～2.5g/m^3，加锯末5g，混匀后点燃，密闭熏蒸24h。也可在定植后，发病初期用45%百菌清烟剂3.75kg/hm^{2}密闭熏蒸一夜。

5. 喷药防治

可用40%多硫悬浮剂400～500倍液、50%多菌灵可湿性粉剂800倍液、40%氟硅唑乳油8 000倍液等喷雾防治。

四、番茄病毒病

病毒病是番茄上发生最普遍、为害最严重的病害之一，主要症状有花叶型、条斑型和蕨叶型3种，其中条斑病对产量影响最大，蕨叶病次之。

【症状】

参见表14－11。

表14－11　番茄病毒病的症状类型

症状类型		症状特点
花叶型	轻花叶	叶片上产生深绿浅绿相间的斑驳，植株不矮化，叶片不变小，不畸形，对产量影响不大
	重花叶	叶片凹凸不平，呈明显的花叶症状，新叶变小，细长扭曲，下部叶片卷叶，植株矮化。大量落花、落蕾，果小且多呈花脸状，对产量影响很大
条纹型		病株呈系统花叶，叶脉、叶柄上产生黑褐色坏死斑点或条斑。严重时生长点坏死，茎上有明显的坏死长条斑，病株萎黄枯死。病果上有凹陷的褐色坏死斑，果实僵硬、畸形、维管束变褐
蕨叶型		叶片呈重花叶，叶细长呈蕨叶状，病株节间缩短，黄绿色，植株矮化呈丛枝状

【病原】

番茄病毒病由多种病毒单独或复合侵染引起，目前已鉴定的有20多种，我国主要有7种：烟草花叶病毒（Tobacco mosaic virus，TMV）、黄瓜花叶病毒（Cucumber mosaic virus，CMV）、番茄花叶病毒（Tomato mosaic. virus，ToMV）、马铃薯X病毒（Potato virus X，PVX）、马铃薯Y病毒（Potato virus Y，PVY）、烟草蚀纹病毒（Tobacco etch virus，TEV）、苜蓿花叶病毒（Alfalfa mosaic virus，AMV），其中TMV和CMV是该病的主要病原。

1. 烟草花叶病毒（TMV）

寄主范围广，病毒粒体杆状，钝化温度为92～96℃，稀释限点10^{-6}～10^{-7}，体外保毒期60d左右，耐干燥，在干燥病组织上可存活30年以上。主要引起番茄各种类型的系统花叶、果实和叶脉上的枯斑和茎秆上的条状枯死斑。

2. 黄瓜花叶病毒（CMV）

寄主范围广，病毒粒体球状，钝化温度为50～60℃，稀释限点10^{-2}～10^{-4}，体外保毒期3～7d左右，不耐干燥。主要引起番茄的花叶、蕨叶、丛枝、畸形、严重矮化等症状。

3. 番茄花叶病毒（ToMV）

病毒粒体的形态、大小、物理特性、血清学和传播方式等方面，与TMV相似，以前认为是同一种病毒。但因对鉴别寄主的反应有差异，现为一独立种。ToMV存在明显的株系分化，国内鉴定有4个株系，以0株系为优势株系。在番茄、青椒上表现系统条纹症状。

【发病规律】

TMV可在多年生植物和宿根杂草上越冬，或附着在种子表面的果肉残屑上越冬，或侵入种皮内和胚乳中越冬，有很高的传染性，主要通过整枝、打杈等农事操作及汁液传染，蚜虫不传毒。

CMV主要在多年生植物及宿根杂草上越冬。主要由蚜虫传毒，汁液传毒次之，种子及土壤中的病残体不能传毒。

露地比保护地发病重，夏番茄发病最重，秋番茄次之，春番茄最轻，冬季温室内几乎不发病。高温干旱年份病害易流行。品种间抗病性差异明显。

【防治措施】

1. 选用抗病品种

较抗病品种有强丰4、春丽、佳粉10号、佳粉15号、佳粉17号、东农704、中蔬6号、毛粉802、中杂9、中蔬5、皖红1号等。

2. 栽培防病

与非茄科作物实行3年轮作。适时播种，施足基肥，增施磷钾肥。露地春番茄宜早定植，秋番茄宜晚定植，定植前用矮壮素灌根或定植后适当蹲苗，在整枝、绑蔓等操作时，及时用肥皂或10%磷酸三钠溶液洗手消毒。秋季深耕促进病残体腐解。

3. 种子处理

播前先用清水将种子浸泡3～4h，后用10%的磷酸三钠溶液浸种20～30min，清水洗净后催芽播种。

4. 早期防蚜

从苗床子叶期至田间第一层果实膨大期及时防治蚜虫。

5. 化学防治

发病初期喷施病毒灵、病毒必克、宁南霉素、菌毒清、混脂酸·铜、NS-83增抗剂等，间隔10d，连续3次。

五、番茄灰霉病

灰霉病是保护地番茄的主要病害之一，一般可减产20%～30%，各地均有发生。

【症状】

可为害叶片、花、果实和茎。叶片上多从叶尖或叶缘开始出现病斑，呈“V”字形扩展，病斑灰褐色水浸状，边缘不规则，与健部界限明显，并有深浅相间的轮纹，严重时叶片干枯。茎上病斑初呈水浸状小点，后扩展成长椭圆形或长条形。青果受害最重，先从残留的花瓣、花托、柱头上发生，再向果实及果柄蔓延，受害果皮呈灰白色软腐。潮湿时，病部产生灰褐色霉层。

【病原】

灰葡萄孢菌 *Botrytis cinerea* Pers.，属半知菌亚门葡萄孢属。分生孢子梗褐色，有隔，分枝处溢缩，顶端稍膨大。分生孢子簇生，圆形或椭圆形，无色，单胞，表面光滑。为弱寄生菌，除为害番茄外，还为害茄子、辣椒及豆科、葫芦科等多种蔬菜。

【发病规律】

病原菌主要以菌核在土壤中越冬，也可以菌丝体或分生孢子随病残体在土壤中越冬。翌年产生分生孢子，通过气流、雨水、灌溉水及农事操作传播，伤口或衰弱的器官侵入。病部产生的分生孢子借气流传播进行再侵染。低温高湿条件适于病害的发生，一般发病适温为20℃左右，相对湿度90%以上。花期是侵染的高峰期。植株生长不良、密植、灌水过量或灌水后放风不及时等都会使病情加重。

【防治措施】

1. 栽培措施

与其他蔬菜实行2～3年轮作。发病初期控制灌水，灌水宜在晴天上午进行，灌水后及时放风排湿。及时摘除病枝叶、病果，摘除青果上残留的花瓣和柱头，收获后及时清除病残体。

2. 生态防治

加强通风，进行棚室变温管理：晴天上午推迟放风，使棚室温度升高，当棚温升至31～33℃时，放顶风，使白天温度保持在20～25℃，当棚温降至20℃时，关闭通风口，使夜间温度保持在15～17℃。

3. 药剂喷淋苗床

苗期或定植前，用50%多菌灵可湿性粉剂500倍液，或50%腐霉利可湿性粉剂1 500倍液喷淋苗床，减少定植后的菌源量。

4. 带药蘸花

第一穗果开花时，在2,4-D或4-氯苯氧乙酸的稀释液中加入0.1%的50%异菌脲可湿性粉剂或50%腐霉利可湿性粉剂，蘸花或喷涂，防止病菌侵染。

5. 喷药防治

可选用10%腐霉利烟剂3.7kg/hm^2，或45%百菌清烟剂3kg/hm^2，发病前开始熏蒸。发病初期，可选用50%异菌脲可湿性粉剂1 500倍液、50%腐霉利可湿性粉剂2 000倍液、嘧霉胺悬浮剂400～500倍液等。喷药后应及时放风，降低田间湿度。

六、辣椒疫病

辣椒疫病也叫黑茎病，俗称烂秧子、雨病，是辣椒生产上一种毁灭性病害，严重时植株成片死亡，损失严重。

【症状】

主要为害根和茎基部，也可侵染叶、花、果实。叶片上初为暗绿色水渍状病斑，后扩大成边缘黄绿色、中央暗褐色至黑色的圆斑，叶片软腐。茎上病斑初为暗绿色水浸状，扩展后呈环绕茎部的黑色条斑。果实上初生水浸状暗绿色斑点，扩大后呈不规则形，全果先腐烂，后失水干缩成暗褐色僵果，不易从枝上脱落，病果易产生臭味。潮湿时，病部表面产生稀疏的白色霉层。

【病原】

辣椒疫霉菌 *Phytophthora capsici* Leonian，属鞭毛菌亚门疫霉属。孢囊梗丝状，无色，不分枝或单轴分枝。孢子囊卵圆形或长圆形，单胞，无色，有乳头状突起和长柄。病菌腐生性强，是典型的土壤习居菌，寄主范围较广，除为害辣椒外，还为害番茄、茄子、甜瓜等。

【发病规律】

病菌以卵孢子或厚垣孢子在土壤或土壤中的病残体上越冬。翌年条件适宜时侵入根系或茎基部引起初侵染，病部产生的孢子囊通过气流、雨水传播，由伤口或直接侵入引起再侵染。病害的发生与温湿度关系密切。田间温度 28 ~ 30℃ 及高湿条件下，病害发展迅速。多雨，过度密植，通风透光不良发病重。此病发病周期短，流行迅速。

【防治措施】

1. 选用抗病品种

较抗病的品种有都椒 1 号、沈椒 3 号、苏椒 3 号、甜杂 1 号、西杂 7 号、湘研 5 号、辽椒 5 号等。

2. 种子处理

用 1% 福尔马林液浸种 30min，药液以浸没种子 5 ~ 10cm 为宜，洗净后催芽播种。或用 1% 硫酸铜浸种 10min 消毒，其他同上。

3. 加强栽培管理

育苗时用无病土做床土或进行床土消毒。发现病株及时拔除，加强通风透光，防止湿度过大。最好与十字花科、豆科蔬菜实行 3 年以上轮作。实行高垄栽培，防止大水漫灌，雨季注意田间排水。增施农家肥，注意氮、磷、钾配方施肥，提高抗病力。

4. 喷药防治

发病初期及时喷药防治，可选用 58% 甲霜灵锰锌 500 倍液、72.2% 霜霉威水剂 600 ~ 700 倍液等。间隔 7 ~ 10d，连续 2 ~ 3 次。

七、棉铃虫

棉铃虫 *Heliothis armigera* Hübner 和烟青虫 *H. assulta* Guenée 是近缘种，烟青虫又名烟夜蛾，均属鳞翅目夜蛾科。棉铃虫和烟青虫均是多食性害虫。棉铃虫可为害棉花、小麦、玉米、烟草、芝麻、向日葵、番茄、茄子等 200 多种植物，蔬菜中番茄受害最重；烟青虫可为害烟草、玉米、辣椒、南瓜等多种植物，蔬菜中辣椒受害最重。

【形态特征】

参见表 14－12。

表 14－12　棉铃虫和烟青虫形态区别

虫态＼种类	棉铃虫	烟青虫
成虫	前翅的环形纹、肾形纹、横线不清晰，亚缘线锯齿状较均匀，外线较斜	前翅的环形纹、肾形纹、横线清晰，亚缘线锯齿状参差不齐，外线较直
卵	卵孔不明显，纵棱二岔或三岔式，直达底卵部，卵中部有纵棱 26～29 根	卵孔明显，纵棱双序式，长短相间，不达卵底部，卵中部有纵棱 23～26 根
幼虫	气门上线分为不连续的 3～4 条，上有连续的白色斑点，体表小刺长而尖，腹面小刺明显，前胸气门前两根侧毛的连线与前胸气门下端相切	气门上线不分为几条，上有分散的白色斑点，体表小刺短而钝，腹面小刺不明显，前胸气门前两根侧毛的连线与前胸气门下端不相切
蛹	腹部末端刺基的基部分开，腹部第五至第七节背面与腹面有 7～8 排稀而大的半圆形刻点	腹部末端刺基的基部相连，腹部第五至第七节背面与腹面有 7～8 排密而小的半圆形刻点

【发生规律】

棉铃虫 1 年发生 2～8 代，烟青虫 1 年发生 1～6 代，辽宁一般每年 2～3 代，由北向南逐渐增多。华北以南，以蛹在土中越冬。辽宁的主要虫源是迁飞来的。成虫有趋光性和趋化性，对黑光灯和半枯萎的杨、柳树枝把趋性较强。卵散产。幼虫有假死性、转移为害习性，老熟后入土作土室化蛹。在番茄和辣椒上，两种害虫均以幼虫蛀食花、花蕾、果实，造成落花、落果及虫果腐烂，也可咬食嫩芽、嫩叶、嫩茎。棉铃虫主要为害番茄，初孵幼虫先取食卵壳、嫩叶、嫩梢，2 龄蛀蕾、花和果。蕾受害时，苞叶呈黄绿色并张开，很快脱落。烟青虫主要为害辣椒，发生时期较棉铃虫稍晚，初孵幼虫取食嫩叶，3 龄蛀果为害。

棉铃虫在高温干旱的年份为害重。另外，棉铃虫和烟青虫成虫发生期蜜源植物丰富，成虫补充营养充足，产卵量大，为害重。

【防治措施】

1. 农业防治

及时耕翻、灌溉，可杀死部分土壤内的蛹，减少虫源。人工捕捉幼虫，结合番茄整枝打杈消灭部分卵。

2. 诱杀成虫

用杨树枝把或黑光灯诱杀成虫。

3. 生物防治

人工繁殖赤眼蜂、草蛉，或用 Bt 乳剂 200～250 倍液喷雾防治。注意保护当地天敌。

4. 幼虫尚未蛀入果内（幼虫孵化盛期至 2 龄幼虫盛发期）及时喷药防治

可选用 1.8% 阿维菌素乳油 2 000～3 000 倍液、2.5% 联苯菊酯乳油 3 000～4 000 倍液等。注意轮换用药，以免产生抗药性。

第四节　葫芦科蔬菜病虫害防治技术

该科蔬菜的病害达100余种，其中黄瓜病害有30余种；为害瓜类的害虫常见的有20余种。其中为害普遍而严重的病虫主要有霜霉病、枯萎病、白粉病、病毒病类、疫病、潜叶蝇类、粉虱类、瓜蚜等，而灰霉病、炭疽病、黑星病、细菌性角斑病、菌核病、细菌性果腐病、根结线虫病等在局部地区、或特定季节和环境下为害严重。

一、黄瓜霜霉病

黄瓜霜霉病俗称跑马干、黑毛，发展迅速，对黄瓜生产为害很大，一般年份可减产20%～30%，严重时可达40%～50%。除黄瓜外，还可为害南瓜、甜瓜、苦瓜、丝瓜、越瓜等。

【症状】

结瓜期发病重，主要为害叶片。幼苗子叶正面产生不规则形的枯黄斑，潮湿时，叶背产生灰黑色霉层，子叶很快变黄干枯。成株期初在叶背产生水浸状淡绿色小斑点，以后叶正面出现淡黄色斑点，扩大后，形成受叶脉限制界限明显的多角形黄褐色病斑。潮湿时，病斑背面产生灰黑色霉层。严重时，病斑连接成片，全叶变黄褐色，干枯卷缩。

【病原】

古巴假霜霉菌 *Pseudoperonospora cubensis*（Berk. et Curt.）Rostov，属鞭毛菌亚门假霜霉属，为专性寄生菌。孢囊梗无色，锐角分枝，顶端尖锐。孢子囊椭圆形或卵圆形，有乳头状突起，淡褐色。

【发病规律】

周年种植黄瓜的地区和北方温室内，孢子囊通过风雨传播，使病害周年发生。北方冬季不能种植黄瓜的地区，初侵染来源可能是南方发病较早地区的孢子囊随季风吹过来的。病菌主要通过气流、雨水传播，气孔侵入，有多次再侵染。病害的发生和流行与气候条件、栽培管理及品种关系密切。高湿是病害发生及流行的前提，饱和相对湿度及20～24℃的温度条件适于病害发生。多雨、多雾、昼夜温差大、结露时间长有利于病害流行。地势低洼、通风不良、浇水多、密植、土壤板结、露地与保护地黄瓜相距太近，发病重。品种间抗病性差异很大。

【预测预报】

黄瓜定植后，保护地选易发病的棚室，露地选易感病的主栽品种及靠近温室的地块，从黄瓜初花期前5d开始，每5d调查1次，根瓜初期后每3d调查1次。每棚（室）5点取样，每点检查20株。发现中心病株后，若条件适宜，半个月即可普遍发病。一旦发现中心病株，即应喷药保护。

【防治措施】

1. 选用抗病品种

一般晚熟品种、品质差的品种抗病。如中农3号、津研6号、北京碧玉、宁阳刺瓜、冀育8号、杭州青皮等品种均较抗病。

2. 加强栽培管理

选排水良好田种植黄瓜，控制浇水。保护地浇水后关闭门窗，使温度升至33℃，在1h后放风排湿；3～4h后，若温度低于25℃，关闭门窗升温至33℃，1h后再放风排湿，可减少叶面结露，控制病害发生。

3. 生态防治

早晨先放风约1h使湿度降至75%，上午闭棚使棚温升至25～30℃，棚温允许可放风排湿0.5h；下午温度降至20～25℃，湿度降至70%；上半夜温度15～20℃，湿度低于80%；下半夜温度10～13℃。缩短叶面结露的时间。夜间气温10℃以上，可通风1～2h，高于12℃可整夜通风。

4. 高温闷棚

前一天先灌小水，于晴天中午密闭大棚，使棚温（温度计与黄瓜生长点平行）升至44～45℃，保持2h，然后放风降温。温度不可低于42℃或高于48℃，每次处理至少间隔10d。

5. 药剂防治

保护地可在结瓜后发病前用45%百菌清烟剂熏蒸，用药量2.5～3kg/hm^2，于傍晚将药剂分放几处，由里向外点燃，密闭熏蒸一夜，可兼治白粉病、灰霉病、炭疽病等。

发病前5～6d或发病初期及时喷药防治。可选用58%甲霜灵锰锌可湿性粉剂600倍液、47%春雷霉素可湿性粉剂600～800倍液、72.2%霜霉威水剂300～500倍液、75%百菌清可湿性粉剂600～800倍液等。

二、黄瓜黑星病

黄瓜黑星病又称疮痂病，是保护地黄瓜的重要病害。一般减产20%～30%，严重时可减产50%以上，甚至绝产。发病果实流胶畸形，严重影响产量及商品价值。

【症状】

嫩叶、嫩茎、幼瓜受害严重。叶片上初为近圆形湿润状褪绿斑，干枯后呈黄白色，后呈黄褐色或浅黑色，后期病斑呈星状开裂，周围有残存黄色边缘。茎、叶柄及果柄上病斑初为暗绿色水浸状，椭圆形或不规则形，凹陷，病部溢出橘黄色胶状物，潮湿时表面密生灰黑色霉层，后期呈疮痂状开裂。瓜条上初产生圆形或椭圆形暗绿色病斑，并溢出乳白色胶状物，胶状物渐变为琥珀色，干硬后脱落，病斑凹陷龟裂，呈疮痂状，瓜条向病斑内侧弯曲，潮湿时表面产生灰黑色霉层。

【病原】

瓜枝孢霉 *Cladosporium cucumerinum* Ell. et Arthur，属半知菌亚门枝孢属。分生孢子梗细长，单生或丛生，淡褐色至褐色，顶部、中部分枝或单枝，基部膨大。分生孢子卵圆形、圆柱形或梭形，单生或串生，多单胞、双胞，偶尔三胞，褐色或橄榄绿色，光滑或具微刺。病菌存在明显的生理分化现象。除为害黄瓜外，还可为害西葫芦、甜瓜、南瓜、冬瓜等葫芦科蔬菜。

【发病规律】

病菌主要以菌丝体随病残体在土壤中或附着在架材等处越冬，也可以分生孢子附着在种子表面或以菌丝体潜伏在种皮内越冬。种子带菌是病害远距离传播的主要途径。病菌可从气孔、伤口或幼嫩表皮直接侵入。病部产生的分生孢子通过风雨及农事操作传播进行再侵染。黑星病为低温高湿病害，温度17℃左右，相对湿度90%以上，寄主表面有水膜，病害极易流行。因此，保护地低温、寡照、田间郁闭、结露时间长、浇水过量、连作等发病重。品种间抗病性有显著差异。

【防治措施】

1. 加强检疫

未发病地区在引种、调种时，应加强检疫，防止病害随种子传播。

2. 园艺措施

较抗病的品种有中农13号、宁阳刺瓜、青杂2号、吉杂2号等。与非瓜类作物实行2~3年轮作。采用地膜覆盖高畦栽培，膜下暗灌浇水技术。保护地要控制浇水，加强放风，结瓜期增施磷钾肥，拉秧后及时清洁田园并深耕。

3. 种子消毒

用55℃温水浸种15min，冷却后催芽播种，或50%多菌灵可湿性粉剂拌种，用药量为种子量的0.3%，或用50%多菌灵可湿性粉剂500倍液浸种1h，水洗后催芽播种。

4. 棚室消毒

保护地在定植前10d用硫磺粉熏蒸，对棚室及架材进行消毒。方法是：硫磺粉2.5g/m^3，与2.5g锯末混匀，点燃后密闭熏蒸一夜。

5. 药剂防治

保护地发病初期可用百菌清烟剂熏蒸（详见黄瓜霜霉病）。发病初期摘除病叶、病瓜，及时进行药剂防治。可选用75%百菌清可湿性粉剂600倍液、6%氯苯嘧啶醇可湿性粉剂4 000~5 000倍液、50%多菌灵可湿性粉剂500倍液、40%氟哇唑乳油6 000~8 000倍液等。

三、瓜类枯萎病

瓜类枯萎病又叫蔓割病、萎蔫病，俗称死秧，是瓜类作物一种重要的土传真菌病害。黄瓜、西瓜、冬瓜受害最重，甜瓜次之，南瓜、西葫芦很少发病。保护地黄瓜受害严重，露地春黄瓜次之，夏、秋黄瓜较轻。一般发病率为10%~30%，严重的可达80%~90%以上。

【症状】

结瓜期发病最重。幼苗未出土即腐烂，或刚出土，子叶变黄，萎蔫下垂，茎基部变褐，缢缩腐烂，幼苗萎蔫猝倒死亡。成株期多在开花结果后从下部叶片逐渐向上萎蔫。发病初期，中午萎蔫，早晚恢复；数日后，全株萎蔫枯死，不再恢复。后期，茎基部表皮纵裂，节及节间出现黄褐色条斑，有时病部溢出少量琥珀色胶质物。病株易拔起，根变褐色，无新生须根。剖检病茎，维管束变成褐色。潮湿时，茎基部表面产生白色或粉红色霉层（图14-9）。

【病原】

尖镰孢菌黄瓜专化型 *Fusarium oxysporum* Schl. f. sp. *cucumerinum* Owen.，属半知菌亚门

镰孢属。大型分生孢子镰刀形，无色，多三隔；小型分生孢子长椭圆形，无色，一般无隔。老熟菌丝上可产生菌核。除黄瓜外，还可侵染甜瓜、西瓜、冬瓜、瓠瓜等。

【发病规律】

病菌主要以菌丝体、厚垣孢子和菌核在土壤、病残体、种子及粪肥中越冬。种子带菌是病害远距离传播的主要途径。病菌在土壤中可存活5~6年，最多可达10年以上，厚垣孢子经畜禽消化道后仍可存活。病菌可通过土壤、灌溉水、肥料、昆虫、农具等传播，从根及茎基部的伤口或根毛侵入。枯萎病是土传病害，发病轻重取决于越冬菌源的数量，再侵染不起主要作用。空气相对湿度90%以上，温度24~25℃，土温25~30℃，pH 4.5~6时易发病。连作、高温高湿、土质黏重、土壤过分干旱等条件发病重。品种间抗病性差异明显。

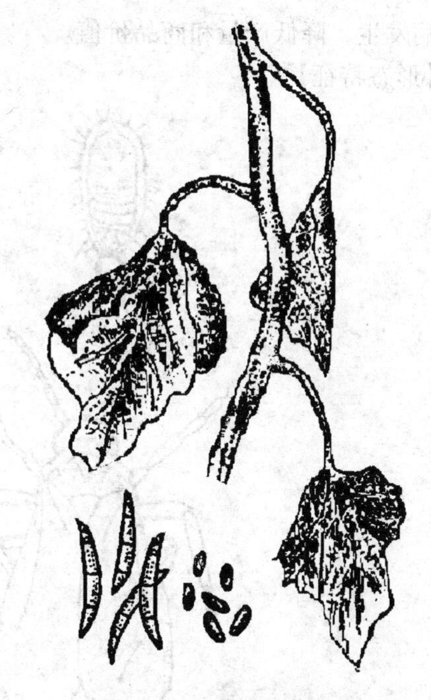

图14-9　黄瓜枯萎病菌

1. 症状　2. 大型分生孢子　3. 小型分生孢子

【防治措施】

1. 选用抗病品种

如长春密刺，西农58号，宁丰1号，津研7号等品种较抗病。

2. 园艺措施

与非瓜类作物实行3~5年的轮作，最好与粮食作物轮作。用云南黑籽南瓜或南砧1号作砧木进行嫁接。采用高畦和地膜栽培，勿大水漫灌，及时中耕，结瓜期适当追肥，施腐熟有机肥。及时拔除病株，并用石灰消毒土壤。

3. 种子处理

用55℃温水浸种15min，冷却后催芽播种；也可用25%苯来特可湿性粉剂或50%多菌灵可湿性粉剂500倍液浸种1h，洗净后催芽播种。

4. 苗床消毒

播前用敌磺钠、多菌灵等，以1∶100的药土比配成药土，进行苗床消毒，也可将药土于定植前穴施或沟施。用药量18.75kg/hm^2。

5. 蘸根、沟施、穴施或灌根

可用70%甲基硫菌灵可湿性粉剂700倍液、40%多硫胶悬剂400倍液等在定植时蘸根、沟施或穴施，或发病初期灌根，每株灌药液200~250ml。

四、温室白粉虱

温室白粉虱 *Trialeurodes vaporariorum*（Westwood），俗称小白蛾，属同翅目粉虱科。寄主范围广，可为害蔬菜、果树、花卉等82科281种植物。成虫和若虫群集叶背刺吸汁液，被害叶片褪绿变黄、萎蔫，甚至全株枯死。此外，还能传播病毒病；分泌的大量蜜露导致煤污病发生，降低产量和商品价值。

【形态特征】

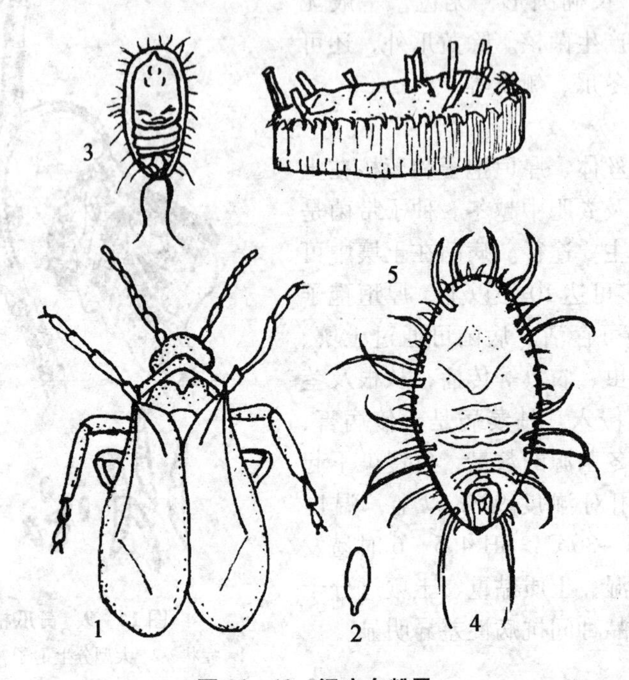

图 14－10 温室白粉虱

1. 成虫 2. 卵 3. 若虫 4. 蛹的背面观 5. 蛹的侧面观

成虫体淡黄色，长约 1～1.5mm，体表和翅面覆盖白色蜡粉。静止时翅在体背合拢成屋脊状。翅膜质，翅脉简单，前翅有 1 长 1 短两条翅脉，后翅有 1 条翅脉。卵长约 0.2mm，椭圆形，有长柄。若虫体扁平，椭圆形，长 0.29～0.52mm，淡黄或黄绿色，半透明，足、触角、尾须退化，体表有长短不一的蜡质丝状突起。4 龄若虫称伪蛹，体长 0.7～0.8mm，椭圆形，初扁平，逐渐加厚，淡绿至黄褐色，体背有长短不一的蜡质丝状突起（图 14－10）。

【发生规律】

北方温室内 1 年可发生 10 余代，以各种虫态在温室蔬菜上越冬或继续繁殖为害。冬季温暖地区一般以成虫、蛹或卵在杂草上越冬，翌年从越冬场所向露地菜田迁移。露地条件下，春末夏初数量开始上升，夏季高温多雨时数量下降，秋季迅速达到高峰，并可随菜苗运输远距离传播。

温室白粉虱繁殖力强，发育速度快，世代数多，世代重叠现象明显。卵多散产于叶背，排列成圆环状。初孵幼虫作短距离移动后便营固定生活直至成虫羽化。成虫不善飞翔，有趋黄性和选择嫩叶群集为害和产卵的习性。各虫态在植株上呈垂直分布。温室白粉虱偏嗜叶片多毛的茄科和葫芦科蔬菜，较耐低温的叶菜类很少受害。生长发育与温度关系密切，18～24℃条件下，数量增长最快。

【防治措施】

1. 加强检疫

防止从害虫发生地区调入带虫种苗。

2. 培育无虫苗

育苗房与生产温室要分开，避免在有虫的温室内育苗；育苗前清除残株落叶及杂草，药剂熏杀残余虫口。

3. 加强栽培管理

保护地要合理布局，避免茄科、葫芦科等蔬菜混栽。保护地及温室秋冬茬最好种植白粉虱不喜食的十字花科、百合科等蔬菜，可切断其生活史。生育期间结合整枝打杈，摘除带虫枝叶，及时处理。

4. 诱杀成虫

白粉虱发生初期，可用黄板或黄皿诱杀成虫。

5. 生物防治

保护地平均0.5头成虫/株时，可释放丽蚜小蜂“黑蛹”3～5头/株。

6. 喷药防治

为害初期可选用10%噻嗪酮乳油1 000～1 500倍液、2.5%联苯菊酯乳油3 000倍液、25%灭螨猛乳油1 000倍液、5%伏虫隆乳油1 000倍液等喷雾防治，须连用几次才能收到好的防治效果。发生较重时，可用25%噻嗪酮可湿性粉剂1 500倍液与2.5%联苯菊酯乳油5 000倍液混用。

第五节　其他蔬菜病虫害识别及综合防治技术

其他蔬菜种类众多。其中豆科蔬菜的主要病虫害有锈病、炭疽病、细菌性疫病、灰霉病、枯萎病、根腐病、病毒病、叶斑病、斑潜蝇、白粉虱、豇豆荚螟、蚜虫、螨类等。百合科蔬菜主要病虫有：大葱的锈病、霜霉病、紫斑病、病毒病、地蛆、蓟马、潜叶蝇、甜菜夜蛾等；韭菜的灰霉病、韭蛆等。伞形花科芹菜的病虫有斑枯病、早疫病、潜叶蝇等。

一、菜豆锈病

锈病是豆类蔬菜上常发生的重要病害，国内分布普遍。菜豆锈病，南方地区主要在春季流行，而北方则在秋季流行。病害流行时，10d左右可使全田植株枯黄，中下部叶片大量脱落，导致植株早衰，结荚减少，产量降低。豇豆锈病在国内发生普遍而严重。云南、江苏、浙江沿海地区、气候冷凉地区，蚕豆锈病也严重。小豆锈病主要发生在北方地区。豌豆锈病局部发生。

【症状】

主要为害叶片，也为害叶柄、茎、荚。叶片受害，多在叶背产生黄白色微隆起的小疱斑，扩大后呈黄褐色，表皮破裂后散出大量红褐色粉状物（夏孢子），后期疱斑变为黑褐色，或在病斑周围长出黑褐色冬孢子堆，表皮破裂散出黑褐色粉状物（冬孢子）。严重时，可使叶片枯黄早落。茎、荚和叶柄症状与叶片相似。

【病原】

属担子菌亚门单胞锈菌属，归属不同的种：疣顶单胞锈菌 *Uromyces appendiculatus* (Pers.) Ung.，可侵染菜豆、绿豆、扁豆等；豇豆单孢锈菌 *U. vignae* Barcl.；豌豆单孢锈

菌 *U. pisi*（Pers.）Schrot；蚕豆单胞锈菌 *U. fabae*（Pers.）de Bary。

豆类锈病多为单寄主寄生的全型锈菌，但田间常见的是夏孢子、冬孢子，而性孢子、锈孢子不常见。豌豆锈菌属转主寄生，在豌豆等寄主上产生夏孢子、冬孢子，在大戟属观赏植物上产生性子器、锈子器。

锈菌夏孢子椭圆形，单胞，黄褐色，表面有细刺；冬孢子单胞，近圆形，深褐色，表面光滑，有乳头状突起和长柄，柄无色透明。锈菌均为专性寄生菌，存在明显的生理分化现象。我国北方菜豆锈病菌存在 8 个生理小种，世界各国已先后鉴定出了 170 多个生理小种。

【发病规律】

在南方地区，病菌主要以夏孢子越冬，成为该病初侵染源。北方地区，病菌主要以冬孢子随病残体遗落在土表或附着在架材上越冬，关于冬孢子和南方气流传来的夏孢子的作用均不清楚。病菌通过气流传播，气孔侵入进行初侵染，田间通过夏孢子进行频繁的再侵染。生长后期，病部产生冬孢子堆越冬。高温高湿有利于病害发生，叶面有水滴是诱发病菌萌发和侵入的必要条件。因此，温度 17～27℃，相对湿度 95% 以上，多雨、多露、多雾条件易发病。连作、地势低洼、排水不良、种植过密等发病重。

【防治措施】

1. 选用抗病品种

一般菜豆矮生种较蔓生种抗病，较抗病的菜豆品种有中黄 4 号、穗圆 8 号等；较抗病的豇豆品种有铁线青、桂林长豆角、奥夏 2 号等；较抗病的蚕豆品种有启豆 2 号等。

2. 园艺措施防治

避免连作，与非豆类蔬菜合理轮作。春秋茬豆类蔬菜地隔离，适当调整播期，合理密植，排水降湿；生长期及时摘除病叶、病荚，收获后及时清除病残体，集中烧毁或深埋。

3. 喷药防治

发病初期及时用药。可选用 25% 三唑酮可湿性粉剂 2 000 倍液、25% 丙环唑乳油 3 000倍液、12.5% 烯唑醇可湿性粉剂 4 000 倍液、1∶0.5∶（200～250）波尔多液等喷雾防治。一般要连续用药 2～3 次，间隔 10d 左右 1 次。

二、菜豆炭疽病

炭疽病是菜豆的重要病害之一，一般冷凉多雨地区受害重。严重影响菜豆的产量和品质，在豆荚贮运期间可继续造成为害。除为害菜豆外，还能为害豌豆、蚕豆、豇豆、绿豆、扁豆等。

【症状】

主要侵染豆荚，也为害叶片及茎蔓。幼苗子叶上产生红褐至黑褐色圆形凹陷病斑，后腐烂。成株期在叶背沿叶脉成褐色小条斑，后病斑颜色变暗并扩展为多角形网状斑。叶柄和茎上初产生锈色小斑点，渐变为细条状，病斑凹陷龟裂。豆荚上初为褐色小点，扩大为圆形或椭圆形，病斑中部黑色凹陷，边缘红褐色隆起，病斑可相互合并成大斑（图 14－11）。严重时，病菌可扩展到种子上，出现黄褐色、大小不等的凹陷斑。潮湿时，病斑上产生粉红色黏质物（分生孢子）。

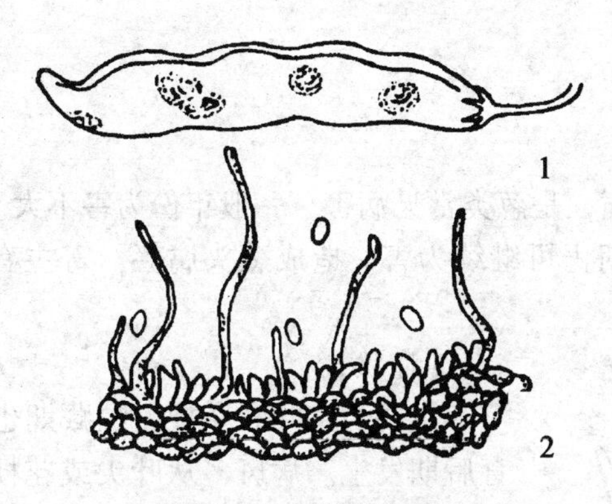

图 14－11　菜豆炭疽病

1. 病荚　2. 分生孢子盘和分生孢子

【病原】

病原主要为菜豆炭疽菌 *Colletotrichum lindemuthianum*（Sacc. et Magn.）Briosi et Cav.，属半知菌亚门炭疽菌属。分生孢子盘黑色，刚毛黑色，针状，有 1～3 个隔膜。分生孢子梗短，无色，单胞。分生孢子椭圆或卵形，无色，单胞，内含 1～2 个油球。病菌发育适温为 21～23℃。

【发病规律】

病菌主要以菌丝体潜伏在种皮下越冬，也可随病残体遗留在田间越冬。休眠菌丝在种子里可存活两年以上，带菌种子是主要初侵染来源。种子带菌可直接为害子叶和幼茎，病部产生的分生孢子，通过风雨、昆虫传播，表皮或伤口侵入，经 4～7d 潜育期后显症，并引起多次再侵染。侵入豆荚的病菌，在贮运过程中仍能继续扩展为害，造成大量烂荚。低温高湿是发病重要条件，气温 17℃左右，相对湿度 100%，最有利于病害发生。低洼地、密植、土质黏重以及连作等发病重。

【防治措施】

1. 选用抗病品种

一般蔓生种比矮生种抗病，东北及朝鲜品种比欧洲品种抗病。

2. 园艺措施

重病田与非豆科蔬菜轮作 2～3 年。合理密植，及时拔除病株，收获后及时清除病残体并深耕。

3. 种子处理

用 45% 代森铵水剂 500 倍液浸种 1h，或用 40% 福尔马林 200 倍液浸种 30min，洗净晾干后播种，也可用 50% 福美双可湿性粉剂拌种，用药量为种子重量 0.4%。

4. 架材消毒

旧架材可用 50% 代森铵水剂 1 000倍液淋洗消毒。

5. 药剂防治

发现病株后及时喷药防治。可选用 75% 百菌清可湿性粉剂 600～800 倍液、1∶0.5∶(200～250) 波尔多液、6% 氯苯嘧啶醇可湿性粉剂 4 000～5 000 倍液等。喷药要均匀周到，特别注意叶背面，喷药后遇雨应及时补喷。

三、葱紫斑病

葱紫斑病也叫黑斑病，是葱类常见病害，一般年份为害不大。雨季易流行，不仅影响采种，而且在贮藏运输期仍可继续为害，造成葱头腐烂。寄主有大葱、洋葱、大蒜、韭菜等。

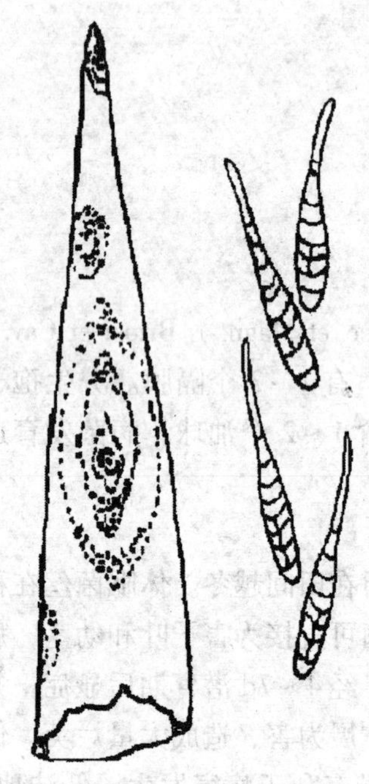

图 14－12　葱紫斑病

1. 症状　2. 分生孢子

【症状】

主要为害叶和花梗，贮藏期也为害鳞茎。一般在葱生育后期发生。病斑多从叶尖或花梗中部开始，初在叶和花梗上出现水浸状白色小点，稍凹陷，渐扩大成椭圆形或纺锤形、暗紫色大斑，有明显的同心轮纹，周围有黄色晕圈，潮湿时，病斑上产生黑褐色霉层。多个病斑愈合，可环绕叶或花梗，引起倒折（图 14－12）。鳞茎受害引起软腐，体积收缩，组织变红色或黄色。

【病原】

葱链格孢菌 *Alternaria porri*（Ell.）Ciferri，属半知菌亚门链格孢属。异名 *Macrisporirm porri* Ellis。分生孢子梗淡褐色，有隔膜，不分支或稀疏分支。分生孢子褐色，倒棍棒状，有多个纵横隔膜，嘴胞有 0～7 个隔膜。菌丝发育适温为 22～30℃，分生孢子萌发适温为 24～26℃，孢子的产生和萌发均需水滴。

【发病规律】

在南方可在葱蒜类作物上周年繁殖为害，北方寒冷地区主要以菌丝体在寄主体内或以分生孢子在病残体上越冬。翌年产生分生孢子，通过风雨传播，气孔、伤口或直接侵入。病部产生分生孢子引起重复侵染。温暖高湿条件发病重，土壤瘠薄，植株长势弱，虫害严重，昼夜温差大等条件发病重。一般多雨年份发病重。

【防治措施】

1. 园艺措施

重病区与非百合科作物实行两年以上轮作。采用无病种苗，施足基肥，增施磷钾肥，拔除病株，适时收获，收获后及时清除田间病残体。

2. 种子消毒

用 300 倍福尔马林液浸种 3h 后，清水洗净，或用 50% 福美双可湿性粉剂拌种，用药量为种子重量的 0.3%。

3. 喷雾防治

发病初期及时喷药防治。可选用 75% 百菌清可湿性粉剂 500 倍液、58% 甲霜灵锰可湿性粉剂 500 倍液、50% 异菌脲可湿性粉剂 1 500 倍液等。

4. 低温贮藏

最好在低温条件（0～3℃）下贮藏，并把湿度控制在 65% 以下。

四、芹菜斑枯病

芹菜斑枯病又叫叶枯病、晚疫病，俗称火龙。我国各地发生普遍，北方保护地受害较重，是冬春保护地芹菜的主要病害。贮运期也可继续为害。

【症状】

主要为害叶片，也为害茎、叶柄和种子。可分为大斑型（多发生在南方）和小斑型（多发生在北方）。一般老叶先发病，初为淡褐色油浸状小病斑，扩大后为近圆形或不规则形病斑，边缘明显。大斑型病斑直径 3 ~ 10mm，中央褐色并散生少量小黑点（分生孢子器）；小斑型病斑直径一般不超过 3mm，黄色或灰白色并着生大量小黑点，边缘红褐色，病斑周围有黄色晕圈。茎和叶柄上病斑长圆形，稍凹陷，褐色，中央散生小黑点（图 14 – 13）。

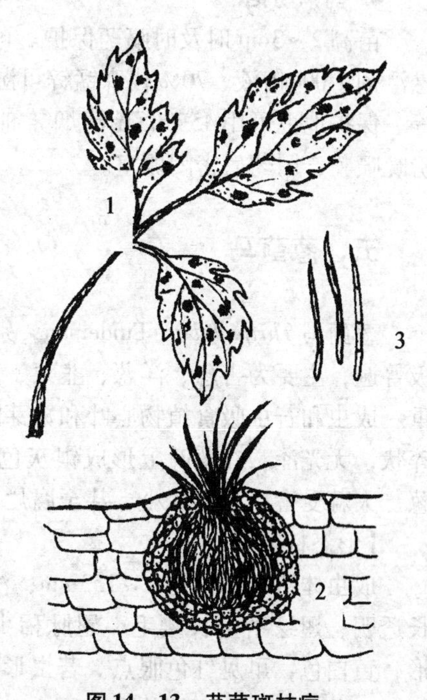

图 14 – 13　芹菜斑枯病

1. 症状　2. 分生孢子器　3. 分生孢子

【病原】

芹菜生壳针孢菌 *Septoria apiicola* Speg.，属半知菌亚门壳针孢属。异名：芹菜大壳针孢（*S. apii-graveolentis* Dor.）和芹菜小壳针孢 *S. apii*（Briosi et Cav.）Chest。分生孢子器扁球形或球形，分生孢子丝状有横隔，无色透明。病菌在低温下发育良好，种子上病菌的致死温度为 48 ~ 49℃，30min。病菌生长最适温度 20 ~ 27℃，高于 27℃生长缓慢。

【发病规律】

病菌主要以菌丝体潜伏在种皮内越冬，也可在病残体及种根上越冬，越冬病菌一般可存活 1 ~ 2 年。种子带菌可引起幼苗发病，条件适宜时，病部产生分生孢子器及分生孢子，通过风雨及农事操作传播，气孔或表皮直接侵入，进行重复侵染。在 100% 相对湿度和适温条件下潜育期约 8d 左右。气温 20 ~ 25℃，相对湿度 95% 以上的冷凉潮湿条件有利于发病。此外，温度过高或过低时，芹菜生长不良，抗病力差，连续阴雨天，保护地湿度大，夜间温度低，结露多，发病重。

【防治措施】

1. 选用抗病品种

较抗病的品种有津芹、春风、夏芹、冬芹、西芹 3 号、津南实芹、上海大叶、天马、美国玻璃翠等。

2. 园艺措施

选栽无病母根，采收无病种子。播种贮藏两年以上的陈种子，可减轻发病。调整播期，最好排开播种，施用腐熟有机肥，勿大水漫灌，保护地注意通风排湿，控制温度，缩小昼夜温差，防止叶面结露。及时摘除田间病叶，收获后及时清除病残体，重病田实行两年以上轮作。

3. 种子消毒

新种子可用48℃温水浸种30min，并不断搅拌，浸种后立即投入冷水中降温，晾干后播种。因影响发芽率，应适当增加播种量。

4. 药剂防治

苗高2～3cm时及时喷药保护。可选用77%氢氧化铜可湿性粉剂600倍液、50%多硫悬浮剂1 000倍液、70%代森锰锌可湿性粉剂600倍液、75%百菌清可湿性粉剂600倍液等。保护地也可用45%百菌清烟雾剂3.75kg/hm^{2}熏蒸，或5%百菌清粉尘剂15kg/hm^{2}于傍晚喷粉，用药后密闭棚室。

五、葱蓟马

葱蓟马 *Thrips tabaci* Lindeman，别名烟蓟马、棉蓟马，属缨翅目蓟马科。国内外分布极普遍，主要为害葱、洋葱、韭菜、大蒜、马铃薯、烟草、棉花等作物，葱和洋葱受害最重。成虫和若虫吸食植物心叶和嫩芽的汁液，阔叶作物的嫩叶被害后常呈肥大、皱缩或破碎状，无光泽。在葱叶上形成银灰色斑点或条斑，严重时叶尖枯黄，叶片枯萎扭曲。洋葱、大蒜受害后鳞茎变小，甚至腐烂。

【形态特征】

成虫体微小，长约1～1.3mm，浅黄至深褐色，复眼紫红色，触角7节黄褐色，翅狭长透明，翅缘密生长缨毛，翅脉稀少。卵长0.2～0.3mm，初肾形，乳白色，渐变卵圆形，黄白色，可见红色眼点。若虫形似成虫，1、2龄均无翅芽，3龄（前蛹）翅芽达腹部第三节，触角向两侧伸出（图14－14）；4龄（伪蛹）触角伸向头胸部背面。

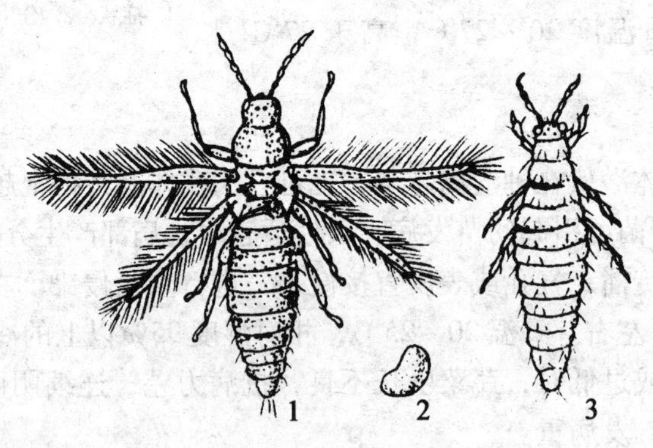

图14－14　葱蓟马

1. 成虫　2. 卵 3. 若虫

【发生规律】

葱蓟马在华南可周年繁殖，无越冬现象，1年可发生20代左右；在山东每年发生6～10代，东北1年3～4代，主要以成虫和若虫在未收获的葱、洋葱、大蒜叶鞘内越冬，少数以伪蛹在残株、杂草及土中越冬。成虫活泼，善飞，喜阴怕光，白天多在背阴或叶腋处，早晚和阴天到叶面取食活动。成虫多在寄主上部嫩叶反面取食和产卵，卵散产于嫩的组织表皮下或叶脉内，可孤雌生殖。初孵若虫群集葱叶基部为害，2 龄若虫后期入土蜕皮变为“前蛹”，再蜕皮变成“伪蛹”。在常温 25 ~ 28℃下，卵期 5 ~ 7d，若虫（1 ~ 2 龄）6 ~ 7d，前蛹期 2d，“蛹期” 3 ~ 5d。成虫寿命 8 ~ 10d。完成一代约 15 ~ 20d 左右。葱蓟马喜温暖和较干燥的环境条件，干旱年份为害重。一般气温 25℃，相对湿度 60% 以下有利于害虫发生和为害，高温、高湿、暴风雨对害虫发生有明显抑制作用。小花蝽、草蛉、猎蝽等对其有一定抑制作用。

【防治措施】

1. 农业防治

早春清除葱蒜地及周围的杂草和残株落叶，加强肥水管理，干旱时要勤浇水。

2. 喷雾防治

可选用 50% 辛硫磷乳油 1 000倍液，或 1. 8% 阿维菌素乳油 3 000 倍液，或 10% 吡虫啉可湿性粉剂 2 000 倍液，或 2. 5% 多杀菌素（菜喜）悬浮剂 1 000 ~ 1 500 倍液，或 25% 氟氯氰菊酯（保得）乳油 2 000倍液等喷雾防治。每隔 7 ~ 10d 防治一次，防治 2 ~ 3 次。采收前 15d 停止用药。

六、潜叶蝇类

该类害虫是指双翅目蝇类中以幼虫潜食植物叶片的一类害虫。它们以幼虫在寄主叶片上下表皮之间穿行取食寄主绿色叶肉组织，使被害叶片上呈现出灰白色弯曲的线状蛀道或上下表皮分离的泡状斑块。斑潜蝇类害虫世界范围内比较严重的近 20 种。

其中包括：潜叶蝇科的美洲斑潜蝇 *Liriomyza sativae* Blanchard、拉（南）美斑潜蝇 *L. huidobrensis*（Blanchard）、番茄斑潜蝇 *L. bryoniae*（Kaltenbach）、三叶（草）斑潜蝇 *L. trifolii*（Burgess）、葱斑潜蝇 *L. chinensis* Kato、线斑潜蝇 *L. strigata*、豌豆潜叶蝇 *Chromatomyia horticola* Goureau 及花蝇科（又称种蝇科）的菠菜潜叶蝇 *Pegomya hyoscyami*（Panzer）。美洲斑潜蝇、拉美斑潜蝇、三叶斑潜蝇均属外来物种。美洲斑潜蝇目前国内分布较普遍，是蔬菜、花卉等作物上的重要害虫之一。拉美斑潜蝇分布为害相对次之，三叶斑潜蝇是我国近年来新确定的检疫性害虫，目前局部发生。豌豆潜叶蝇世界性分布，国内分布普遍，为害较严重。番茄斑潜蝇主要分布在我国南方。线斑潜蝇国内还没有分布为害的报道。下面仅就美洲斑潜蝇加以介绍。

美洲斑潜蝇 *Liriomyza sativae* Blanchard，又称蔬菜斑潜蝇。属双翅目潜蝇科。为世界检疫性害虫。全世界有 30 多个国家和地区严重发生。1993 年传入我国，现已分布 20 多个省、自治区、直辖市。属多食性害虫，国内记载的寄主植物有 21 科 100 多种，在蔬菜中，主要为害豆科、茄科、十字花科、葫芦科等。由于成虫、幼虫的为害，影响光合作用，使植株发育迟缓，严重时叶片脱落。卵和幼虫还可随植株的运输远距离传播。除直接为害外，还可传播病毒病。

【形态特征】

成虫体小型，长 1. 3 ~ 2. 3mm，浅灰黑色，背面黑色有光泽，腹部背面黑色，侧面和腹面黄色。头黄色，复眼红色，触角小而圆，3 节，亮黄色。前足黄褐色，后足黑褐色。卵椭圆形，米色，长 0. 2 ~ 0. 3mm。幼虫共 3 龄，1 龄幼虫透明，2 ~ 3 龄鲜黄色，老熟幼虫体长约3mm。蛹椭圆形，长1.3～2.3mm，腹部稍扁平，初为鲜黄色，渐变为暗黄褐色。

【发生规律】

在我国1年发生多代，南方可周年繁殖为害，北方自然条件下不能越冬，冬春季可在温室内繁殖为害。美洲斑潜蝇发育周期短，繁殖力强，存活率高，种群数量增长快，世代重叠明显。成虫飞翔力弱，有趋黄、趋光、趋蜜习性，卵散产于叶片表皮下，产卵孔圆形，一般每个产卵孔产卵1粒。幼虫孵化后潜食叶肉，在叶片正面造成不规则的蛇形潜道，潜道逐渐加长变宽，1个潜道中有1头幼虫，叶背看不见潜道，潜道中有呈虚线状交替平行排列的黑色粪便。幼虫老熟后，咬破潜道端部的表皮在叶片表面或在土壤表层化蛹。成虫用产卵器在叶片刺孔产卵和取食，在叶片上形成不规则的密密麻麻的灰白色小点。美洲斑潜蝇为喜温性害虫，温度影响各虫态的生长和发育，降雨量和强度是影响种群数量的重要因素。

【预测预报】

田间植株上出现潜道时，5点取样法，每点查10～20株，每株查3～5片叶片，植株较大时，按上、中、下分别取样，统计每片叶上的虫口数。当每片叶片上的虫口密度达5头时，应及时喷雾防治。

【防治措施】

1. 加强检疫、检验

严禁从疫区向保护区调运种苗及带虫蔬菜。

2. 加强栽培管理

培育无虫苗，收获后及时清洁田园并深翻，使蛹不能羽化；严禁与寄主作物轮作；及时摘掉带虫叶片，深埋或烧掉；化蛹高峰期大水漫灌，促使蛹窒息死亡。

3. 诱杀成虫

用黄板、诱蝇盘或诱蝇纸诱杀成虫。

4. 种子处理

每100kg种子用77%吡虫啉种衣剂200～300ml，搅拌均匀，晾干后播种。

5. 喷雾防治

保护地叶片被害率达5%时及时喷药防治。可选用1.8%阿维菌素乳油3 000倍液、48%毒死蜱乳油800～1 000倍液、50%灭蝇胺乳油5 000倍液、5%氟虫脲乳油2 000倍液等，连续几次用药以提高防治效果。

第六节　瓜类和葱蒜类杂草防除技术

我国大多数蔬菜种植于城市郊区，由于菜田土壤肥沃，肥水充足，易于杂草生长，为害十分严重，是影响我国蔬菜与品质的主要原因。近几年来，随着除草剂新品种的不断出现，菜田已开始采用化学除草，只要药剂种类、用量和施药方法得当，灭草效果一般都可达90%以上，直到收获时，田间基本无草。

一、瓜类蔬菜的杂草防除

（一）瓜类蔬菜田杂草种类

瓜类栽培多为宽行稀植，封行迟，加上水条件充足，易于形成草荒，不仅影响瓜苗的生长发育，而且影响瓜秧的正常开花坐果和果实的膨大成熟。瓜田杂草种类很多，较易造成为害的有马唐、狗尾草、牛筋草、反枝苋、凹头苋、马齿苋、铁苋菜、藜、小藜、灰绿藜、稗、双穗雀稗、鳢肠、龙葵、苍耳、野西瓜苗、繁缕、早熟禾、画眉草、看麦娘等。

（二）瓜类蔬菜田杂草防除技术

瓜类对除草剂比较敏感，生产中应针对其生育时期、栽培方式、土壤条件等科学选择除草剂种类和施药方法，特别是瓜田除草剂施用剂量不同于其他作物，应视条件慎重选择。

1. 直播瓜田杂草防除

瓜田播种应注意瓜籽催芽一致，并尽早播种，墒情较好时可以使用土壤封闭处理除草剂，每亩按40kg水量配成药液，均匀喷施土表。一次施药，可以保持整个生长季节还没有杂草为害。除草剂品种和施药方法如下：

每亩用33%二甲戊乐灵乳油100～150ml，对水40kg均匀喷施，可以有效防除多种一年生禾本科杂草和藜、苋、苘麻等阔叶杂草。瓜类对该药剂较为敏感，施药时一定视条件调控好药量，且忌施药量过大。药量过大时，瓜苗可能会出现暂时的矮化、粗缩、多数能恢复正常生长。

每亩用20%敌草胺乳油250～300ml，或50%乙草胺乳油100～120ml，或72%异丙甲草胺乳油150～200ml，或72%异丙甲草胺乳油150～200ml，对水40kg均匀喷施，可以有效防除多种一年生禾本科杂草，对藜、苋、苘麻等也有较好的除草效果，但对马齿苋、铁苋菜等阔叶杂草效果较差，对多年生杂草基本无效。瓜类对酰胺类除草剂较敏感，当药量过大，田间过湿，特别是遇到持续低温多雨天气时，瓜苗可能会出现暂时的矮化、粗缩、多数能恢复正常生长，但严重时，会出现死苗现象。

对于墒情较差或沙土地，最好在播前每亩施用48%氟乐灵乳油150～200ml，施药后及时混土2～3cm深。该药易挥发，混土不及时会降低药效。施药后3～5d播种，宜适当深播。也可在播后芽前施药，但药害大于播前施药。

对于一些老瓜田，特别是长期施用除草剂的瓜田，铁苋菜、马齿苋等阔叶杂草较多，可以每亩用33%二甲戊乐灵乳油75～100ml，或20%敌草胺乳油150～200ml，或50%乙草胺乳油50～75ml，或72%异丙甲草胺乳油100～120ml，加上50%扑草净可湿性粉剂75～100g，对水40kg均匀喷施，可以有效防除多种一年生禾本科杂草和阔叶杂草。

2. 瓜育苗田（畦）或直播覆膜田杂草防除

育苗田（畦）地腹膜覆盖或腹膜直播田，白天温度较高，昼夜温差较大，瓜苗瘦弱，除草剂对瓜苗易产生药害。除草剂用量应适当降低。主要应用的除草剂品种和施药方法如下：

每亩用33%二甲戊乐灵乳油50～60ml，或20%敌草胺乳油100～150ml，或50%乙草胺乳油40～60ml，或72%异丙甲草胺乳油50～75ml，对水40kg均匀喷施，可以有效防除多种一年生禾本科杂草和阔叶杂草。或每亩用33%二甲戊乐灵乳油40~50ml，或20%敌草胺乳油75~100ml，或50%乙草胺乳油30~50ml，或72%异丙甲草胺乳油50~60ml，或72%异丙草胺乳油50~60ml，加上50%扑草净可湿性粉剂50~75g，对水40kg均匀喷施。

3. 瓜移栽田杂草防除

可于移栽前1~3d喷施土壤封闭性除草剂，移栽时尽量不要翻动土层或少动土层。具体防治方法如下：每亩用33%二甲戊乐灵乳油150~200ml，或20%敌草胺乳油300~400ml，或50%乙草胺乳油150~200ml，或72%异丙甲草胺乳油175~250ml，或72%异丙草胺乳油175~250ml，对水40kg均匀喷施。

对于墒情较差或沙土地，每亩可以用48%氟乐灵乳油150~200ml，或48%地乐胺乳油150~200ml，施药后及时混土2~3cm深，防止挥发。对于一些老瓜田，特别是长期施用除草剂的瓜田，铁苋菜、马齿苋等阔叶杂草较多，可以每亩用33%二甲戊乐灵乳油100~150ml，或20%敌草胺乳油200~250ml，或50%乙草胺乳油100~150ml，或72%异丙甲草胺乳油150~200ml，加上50%扑草净可湿性粉剂100~150g或24%乙氧氟草醚乳油20~30ml，对水40kg均匀喷施。

移栽瓜田施用除草剂时，瓜苗不宜过小、过弱，特别是在低温高湿条件下易出现要害。

4. 瓜类生长期杂草防除

对于前期未能采取化学除草或化学除草失败的瓜田，应在田间杂草基本出苗且处于幼苗期时及时施药防除。防除一年生禾本科杂草，如稗、狗尾草、野燕麦、马唐、虎尾草、看麦娘、牛筋草等，应在杂草3~5叶期，每亩用5%精禾草克乳油50~70ml，或10.5%高效盖草能乳油40ml，或35%稳杀得乳油或15%精稳杀得乳油50~70ml，或12.5%拿扑净机油乳剂50~75ml，加水25~30kg配成药液喷雾于杂草茎叶。在气温较高、雨量较多的地区，杂草生长得幼嫩，可适当减少药量；相反，在气候干旱、土壤较干的地区，杂草幼苗老化耐药，要适当增加药量。防除一年生禾本科杂草时，用药量可稍减低；而防除多年生禾本科杂草时，用药量要适当增加。

二、葱蒜类蔬菜的杂草防除技术

（一）葱蒜类蔬菜杂草的发生特点

葱蒜类蔬菜中，大蒜生育期长，叶片窄，杂草长期与大蒜争水、争光、争养分，对大蒜的产量和品质影响极大。杂草的为害已经是制约大蒜生产的重要因素。由于葱、韭的生物学和栽培上的特点，田间的杂草为害相对较轻，且防治相对容易。

大蒜地杂草种类繁多。据调查，大蒜田杂草有约50种，隶属20科，主要种类有看麦娘、硬草、棒头草、日本看麦娘、狗尾草、马唐、牛筋草、牛繁缕、繁缕、卷耳、马齿苋等。葱田杂草主要有荠、马齿苋、藜、马唐、狗尾草、牛筋草、苋、画眉草等。韭菜杂草主要有马齿苋、铁苋菜、田旋花、地锦、小蓟、马唐、牛筋草等，喜高温、高湿的马齿苋为优势种。

（二）葱蒜类蔬菜田杂草防除技术

从安全和环保的角度考虑，杂草防除也要采取综合治理。包括：深翻整地；施用腐熟农家肥；适时播种，合理密植；轮作倒茬，如水旱轮作；盖草：秋播葱蒜类蔬菜可覆盖3～10cm厚的麦秸、稻草、玉米秸等，不仅能调节田间温湿度和改善土壤肥力，而且可以抑制杂草；辅以人工、机械除草；化学药剂调控等。

1. 大蒜田杂草防除

在播后苗前：每亩用50%萘丙酰草胺（敌草胺、大惠利）可湿性粉剂140g，5%精喹禾草灵（精禾草克）乳油50ml，或33%二甲戊乐灵（除草通、施田补）乳油150～250ml，或50%乙草胺乳油250～300ml，或72%异丙甲草胺乳油250～350ml，或72%异丙草胺乳油250～350ml，或24%乙氧氟草醚（果尔）乳油40～60ml，或25%恶草灵乳油200～300ml，对水40kg均匀喷雾，可以有效防除多种一年生禾本科杂草和阔叶杂草。

也可以每亩用33%二甲戊乐灵乳油120～150ml，或50%乙草胺乳油150～200ml，或72%异丙甲草胺乳油200～250ml，或72%异丙草胺乳油200～250ml，加上50%扑草净可湿性粉剂50～100g或24%乙氧氟草醚乳油20～30ml，对水40kg均匀喷施。

针对禾本科杂草，每亩用48%氟乐灵乳油200～250ml，或33%二甲戊乐灵乳油200～300ml，或22%绿麦隆乳油200ml+48%氟乐灵乳油80ml，加水40～80kg，均匀喷雾；针对莎草，每亩用50%莎扑隆可湿性粉剂450～480g，加水50kg，均匀喷雾；针对阔叶草，每亩用50%扑草净可湿性粉剂80～100g，加水30～60kg，均匀喷雾。

大蒜生长期：对于禾本科杂草发生较重的地块，在杂草3～4叶期，可以每亩用5%精喹禾草灵乳油50～70ml，或15%精吡氟禾草灵乳油50～100ml，或12.5%稀禾定50～100ml，或10.5%高效吡氟禾草灵乳油50ml，对水30kg均匀喷施。

2. 洋葱田杂草防除

播后苗前，每亩用50%扑草净可湿性粉剂65～75g，加水40～50kg，均匀喷雾。防除苗后早期禾本科杂草，5%快扑净25～35ml，加水30kg喷雾。防除苗后早、中期阔叶杂草，可在洋葱3～4叶期，杂草1～5cm高时，每亩用24%乙氧氟草醚乳油60～70ml，加水50～60kg喷雾。

3. 韭菜田草防除

禾本科杂草可在2～3叶期，每亩用5%快扑净25～40ml，加水30kg喷雾。若禾本科杂草超过4叶期，可适当增加药量。阔叶草，每亩用50%扑草净可湿性粉剂90～120g，加水40～60kg，播后苗前喷雾。禾本科杂草和阔叶杂草同时发生，每亩用24%乙氧氟草醚乳油50～60ml，或33%二甲戊乐灵乳油90～120ml，加水40～60kg，播后苗前喷雾。

4. 大葱田杂草防除

大葱播种后每亩喷洒50%的乙草胺乳油80～120g进行芽前封闭，注意播后如采用地膜覆盖药量减半。防治大葱苗床内先出芽的杂草。在小葱返青后，可喷洒5%的精禾草克乳油10ml+克阔乐乳油5ml防治杂草。一定要注意除草剂的用量，在该用量下，葱苗可能会出现1周内生长减缓的现象，但影响不大。苗床内如有4～6叶的大草，及时人工拔除。

定植后葱苗生长迅速，一定要注意除草剂的使用种类和剂量，以免产生药害。可在葱沟内按每亩喷洒5%精禾草克乳油20～30ml防治禾本科杂草。阔叶类杂草一般人工拔除。

【思考题】

1. 十字花科蔬菜的软腐病和黑腐病的症状如何区别？生产中应采取哪些防控措施？
2. 小菜蛾在防治中要注意哪些问题？
3. 防治茄子黄萎病、黄瓜枯萎等维管束病害，有哪些经济有效的措施？
4. 简述烟粉虱与温室白粉虱的区别。怎样防治温室白粉虱？
5. 防治美洲斑潜蝇应采取哪些技术措施？
6. 瓜类蔬菜田杂草防除应注意哪些问题？

【能力拓展题】

1. 试根据黄瓜主要病虫的发生规律，拟定黄瓜主要病虫的综合防治方案。
2. 请结合蔬菜灰霉病的发生特点，应采取哪些有效的防治措施？
3. 无公害、绿色和有机蔬菜生产与病、虫、草害防治有无矛盾？怎样解决？

第十五章　果树病虫草害防治技术

各类果树的病、虫、草害是影响果树产业可持续发展和果品质量的主要因素之一，损失水果一般在20%～30%，特别是随着人们对食品安全意识、环境意识的提高以及水果生产的标准化等，都对果树病、虫、草害防治提出了更高的要求。

第一节　果树病害防治技术

据不完全统计，我国各类果树有记载的病害多达1 000余种。其中苹果树、梨树、桃树的病害分别有90余种，葡萄树病害80余种。但一个地区，对某种水果生产构成威胁的主要病害一般有3～5种，或更少一些，在生产中要注意抓住重点，不必面面俱到。认识到这一点，对初次接触的人来说很重要。

一、苹果树腐烂病

苹果树腐烂病俗称烂皮病，是我国北方苹果树的主要病害。苹果树腐烂病除为害苹果及苹果属植物外，还可为害梨、桃、樱桃、梅等多种落叶果树。

【症状】

腐烂病主要为害枝干，导致皮层腐烂坏死。溃疡型症状多发生在主干和大枝上，以主枝与枝干分杈处最多。春季病斑近圆形，红褐色，水浸状，边缘不清晰，组织松软，常有黄褐色汁液流出，有酒糟味。揭开表皮，可见病组织呈红褐色乱麻状；后期病部失水干缩下陷，病健交界处裂开，病皮上产生很多小黑点。天气潮湿时，小黑点上涌出黄色、有黏性的卷须状孢子角；严重时，病斑环绕枝干一周，受害部位以上的枝干干枯死亡。枝枯型症状多见于2～4年生的小枝条、果台等部位，病斑形状不规则，扩展迅速，很快环绕枝一周，造成枝条枯死（图15－1）。

【病原】

苹果黑腐皮壳菌 *Valsa mali* Miyabe et Yamada，属子囊菌亚门黑腐皮壳属。无性阶段为半知菌亚门壳囊孢属 *Cytospora* sp.。分生孢子器黑色，内分成几个腔室，各室相通，具一共同孔口。分生孢子无色，单胞，香蕉形，内含油球。子囊壳黑色，球形或烧瓶状，具长颈；子囊孢子无色，单胞，香蕉形。

【发病规律】

病菌主要以菌丝体、分生孢子器和子囊壳等在病组织内越冬。分生孢子器可持续产孢两年。翌春，雨后或潮湿时产生孢子角，分生孢子通过雨水冲溅或昆虫传播，经伤口、皮孔侵入。子囊孢子也能侵染。腐烂病菌是弱寄生菌，当其侵入寄主后，并不立即致病，而是处于潜伏状态，只有树体或局部组织衰弱抗病力降低时，病菌才迅速扩展，使寄主表现

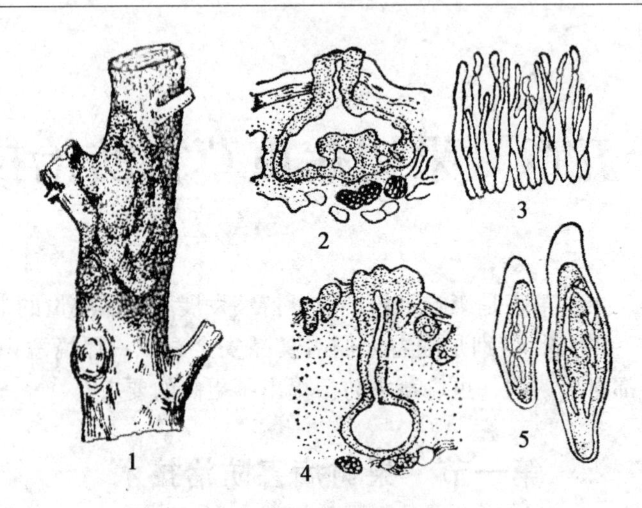

图 15－1　苹果树腐烂病

1. 病枝干（溃疡型）　2. 分生孢子器　3. 分生孢子梗和分生孢子　4. 子囊壳　5. 子囊及子囊孢子

症状。

腐烂病的年发病周期始于夏季，病菌先在落皮层上定殖扩展，形成表层溃疡斑；但夏季是树体的活跃生长期，不利于病菌扩展；秋末冬初，树体进入休眠期，生活力减弱，表皮层病菌向纵深扩展，侵入健康组织，形成坏死点；深冬季节，内部发病数量激增，但不表现明显症状。在环渤海地区，腐烂病一年出现有两个高峰。一是早春 2 月开始发生，3～4 月达到高峰，此时病斑扩展最快，为害严重；另一个高峰在 9～10 月。一般早春病势重于秋季。

苹果树腐烂病发生和流行的关键因素是各种导致树势衰弱的因素，如土壤瘠薄、干旱缺水、其他病虫害为害严重、树体负载量过大、树体冻伤、病斑刮治不及时、病枯枝和修剪下的树枝处理不妥善等。其中周期性的冻伤是病害大规模流行的主要因素。

【防治措施】

1. 提高树体抗病力

加强栽培管理，增强树势，提高抗病力。主要措施是：①合理调整结果量，结果树应根据树龄、树势、土壤肥力、施肥水平等合理调整结果量；②实行科学施肥，防止氮肥过多，注意磷、钾肥适当配合；③合理灌水，实行“秋控春灌”；④及时防治早期落叶病害和其他害虫，增加树体营养积累，促进树势健壮。

2. 树干涂白

冬前和早春进行树干涂白，起降低树皮温差、预防冻害和日灼作用，对腐烂病有很好的防治作用。

3. 注意果园卫生，消灭菌源

病死的枝、树和刮下的病残体等要及时带出果园集中烧毁。

4. 预防保护

剪锯口等伤口用煤焦油或油漆封闭，减少病菌侵染。早春树体萌动前，喷杀菌剂保护，可用 3°Be～5°Be 石硫合剂、5% 菌毒清水剂 50～100 倍液全树喷雾一次。

5. 生长季及时刮除病斑

做到春季突击和常年结合的办法，刮治一要刮彻底，除彻底刮去腐烂变色的组织外，还要刮去5mm左右的好皮；二是刮治的切边要光滑，刮成梭形、不留死角，不急拐弯，不留毛茬；三是表面涂药，药剂有5%菌毒清水剂20～30倍液、10°Be石硫合剂、30%福美砷·腐植酸钠（腐烂敌）可湿性粉剂20～40倍液、腐植酸·铜（843康复剂）原液等。

6. 及时桥接

为了减少刮治后造成的皮层大量破坏，影响树干和大枝养分、水分的运输，可用枝条桥接或脚接法补救，以加速树势恢复。

二、苹果斑点落叶病

苹果斑点落叶病又称褐纹病。我国自20世纪70年代后期陆续发现，80年代后，成为各苹果产区的重要病害。病害发生后，7～8月间新梢叶片大量染病，造成提早落叶，严重影响树势和次年的产量。

【症状】

斑点落叶病主要为害叶片，特别是展叶20d内的嫩叶。叶片染病，出现直径2～6mm大小不等的红褐色病斑，边缘紫褐色，病斑中央常具一深色小点或同心轮纹。潮湿时，病部正反面均可长出墨绿至黑色霉层；数个病斑相连，导致叶片焦枯脱落；嫩叶染病常扭曲畸形（图15－2）。果实受害多在近成熟期，果面上产生红褐色的小斑点。

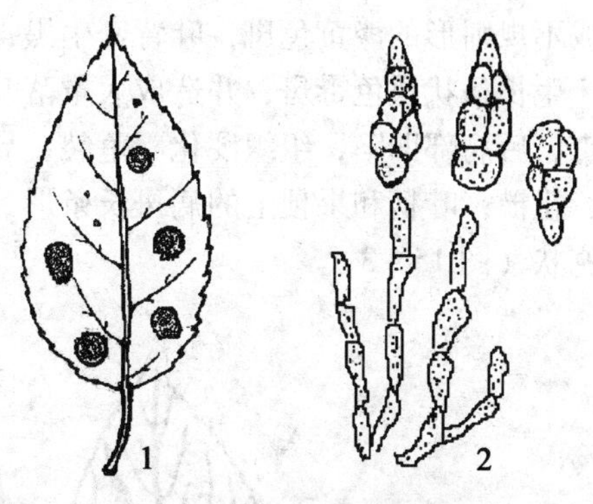

图15－2　苹果斑点落叶病

1. 病叶　2. 分生孢子梗及分生孢子

【病原】

链格孢苹果专化型 *Alternaria alternata* f. sp. *mali*，属半知菌亚门链格孢属。分生孢子梗成束，暗褐色，弯曲，有隔膜；分生孢子暗褐色，单生或串生，倒棍棒状或纺锤形，有短喙，具横隔和纵隔。

【发病规律】

病菌以菌丝在病叶、枝条或芽鳞中越冬，翌春产生分生孢子，随气流、风雨传播。发病最适温度28～31℃。病害在一年中有两个发生高峰，分别为5月上旬至6月中旬和9月。病害流行年份可使春、秋梢叶片大量染病（6月至8月），严重时造成落叶。

病害的发生和流行与气候、品种、叶龄密切相关。高温多雨病害易发生，春季干旱年份，病害始发期推迟；春、秋梢抽生期间雨量大，发病重；树势衰弱、通风透光不良、地势低洼、枝细叶嫩等易发病。另外，苹果不同品种间存在抗病性差异，一般叶龄20d以上的叶片不易感病。

【防治措施】

1. 利用抗病品种

红星、红元帅、印度、青香蕉、北斗易感病；富士系、金帅系、鸡冠、祝光、嘎啦、乔纳金等发病较轻。

2. 加强栽培管理

秋冬季结合修剪清除果园内病枝、病叶，减少初侵染源；夏季剪除徒长枝，改善果园通透性，注意低洼地的排水，降低果园湿度；合理施肥，增强树势，提高树体的抗病力。

3. 药剂防治

病叶率10%左右为用药适期。可选用1：2：200 波尔多液、10%多抗霉素可湿性粉剂1 000 ~1 500 倍液、70%代森锰锌可湿性粉剂400 ~600 倍液、50%异菌脲可湿性粉剂2 000倍液、75%百菌清可湿性粉剂800 倍液等喷雾防治。

三、梨黑星病

梨黑星病又称疮痂病，是梨树的重要病害，常造成生产上的重大损失。

【症状】

梨黑星病可为害叶片、叶柄、新梢、果实、果梗等部位。叶片受害，在叶正面出现圆形或不规则形的淡黄色斑，叶背密生黑霉，为害严重时，整个叶背布满黑霉，在叶脉上也可产生长条状黑色霉斑，并造成大量落叶；幼果发病，在果面产生淡黄色圆斑，不久产生黑霉，后病部凹陷，组织硬化、龟裂，导致果实畸形；大果受害，果面病疤黑色，表面硬化、粗糙；叶柄和果梗上的病斑长条形、凹陷，常引起落叶和落果；新梢受害病斑开裂、疮痂状（图15 -3）。

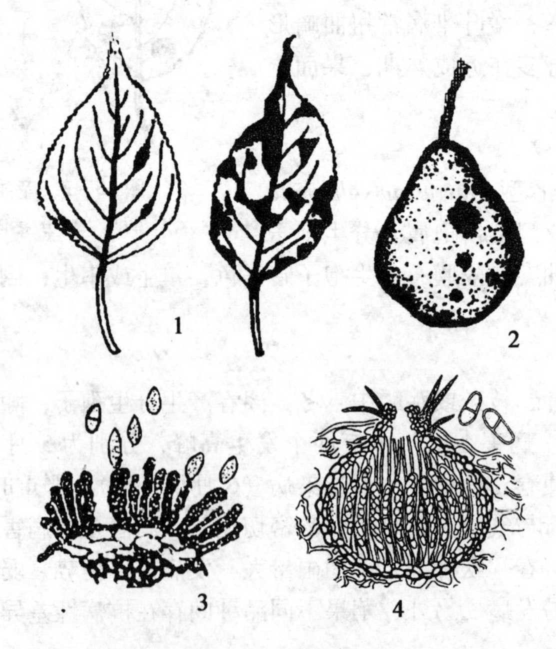

图15 -3　梨黑星病

1. 病叶　2. 病果　3. 分生孢子梗及分生孢子　4. 子囊孢子及子囊壳

【病原】

有性态为梨黑星菌 *Venturia pirina* Aderh. 属子囊菌亚门黑星菌属。在自然界常见其无性态 *Fusicladium pirinum*（Lib.）Fuckel，属半知菌亚门梨黑星孢菌。分生孢子梗粗短，暗褐色，散生或丛生，曲膝状，有明显的孢痕；分生孢子淡褐色或橄榄色，纺锤形、椭圆形或卵圆形，多数单胞，少数有一个隔膜。

【发病规律】

病菌主要以分生孢子或菌丝体在芽鳞片内或病枝、落叶上越冬，未成熟的子囊壳主要在落叶上越冬。次年春以分生孢子和子囊孢子侵染新梢，出现发病中心，所产生的分生孢子，通过风雨传播，引起多次再侵染。

病菌在20～23℃发育最为适宜；分生孢子萌发要求相对湿度70%以上，低于50%则不萌发；干燥和较低的温度有利于分生孢子的存活，温暖湿润的条件利于病菌产生子囊壳。病害发生的日平均气温为8～10℃，流行的温度为11～20℃。若雨量少、气温高，此病不易流行，但若阴雨连绵，气温较低，则蔓延迅速。因此，降雨早晚，雨量大小和持续时间是影响病害发展的重要条件。雨季早且持续时间长，尤其是5～7月份雨量多、日照不足，最容易引起病害流行。此外，树势衰弱、地势低洼、树冠茂密、通风不良的梨园也易发生黑星病；展叶1个月以上的老叶较抗病。

我国各地气候条件不同，病害的发生时期也有所差别。东北地区，一般5月中下旬开始发病，8月为盛发期；河北省则在4月下旬至5月上旬开始发病，7～8月份为盛发期；两广、云南及长江流域一般3月下旬至4月上旬开始发病。

不同品种抗病性有较大差异。一般中国梨最感病，日本梨次之，西洋梨较抗病。发病重的品种有鸭梨、秋白梨、京白梨、安梨、花盖梨等，蜜梨、香水梨、雪花梨等较为抗病。

【防治措施】

1. 彻底清园

秋末冬初清扫落叶和落果；早春梨树发芽前结合修剪清除病梢、病枝叶；发病初期摘除病梢和病花丛，同时进行第一次药剂防治。

2. 加强果园管理

增施有机肥，增强树势，提高抗病力，疏除徒长枝和过密枝，增强树冠通风透光性，可减轻病害。

3. 喷药保护

梨树花前和花后各喷1次药，以保护花序、嫩梢和新叶。以后根据降雨情况，每隔15～20d喷药1次，共喷4次。在北方梨区，用药时间分别为5月中旬（白梨萼片脱落后，病梢初现期）、6月中旬、6月末至7月上旬、8月上旬。药剂一般用1：2：200波尔多液、40%氟硅唑乳油8 000倍液、12.5%烯唑醇（特普唑）可湿性粉剂2 000～2 500倍液、50%多菌灵可湿性粉剂500～800倍液、50%甲基硫菌灵可湿性粉剂500～800倍液。

四、梨锈病

梨锈病又名赤星病、羊胡子，是梨树重要病害之一。为害叶片和幼果，造成早落，影响产量和品质。其转主寄主为松柏科的桧柏、欧洲刺柏、南欧柏、高塔柏、圆柏、龙柏、柱柏、翠柏、金羽柏和球桧等。以桧柏、欧洲刺柏和龙柏最易感病。

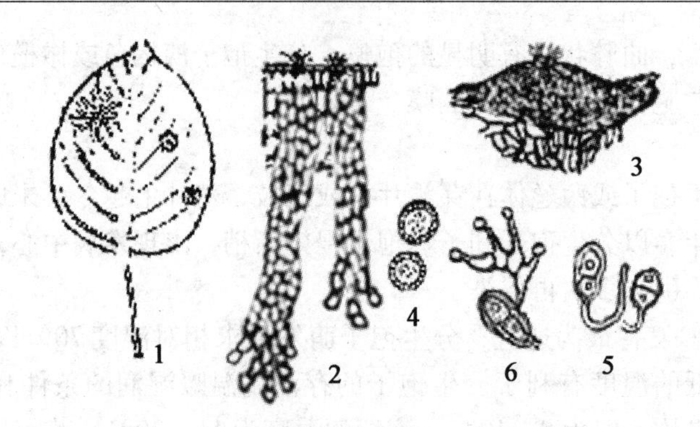

图 15-4　梨锈病

1. 病状　2. 锈子器　3. 性子器　4. 锈孢子　5. 冬孢子　6. 冬孢子萌发及担孢子

【症状】

梨锈病主要为害叶片。叶正面形成近圆形的橙黄色病斑，直径 4~8mm，有黄绿色晕圈，表面密生橙黄色黏性小粒点，为病菌的性子器。后小粒点逐渐变为黑色，向叶背凹陷，并在叶背长出多条灰黄色毛状物，即病菌的锈子器（图 15-4）。幼果、新梢被害症状与叶片相似。桧柏等染病后，起初在针叶、叶腋或小枝上出现淡黄色斑点，后稍隆起。次年 3 月，逐渐突破表皮露出单个或数个红褐色或圆锥形的角状物，即为病菌的冬孢子角。春雨后，冬孢子角吸水膨胀，呈橙黄色胶质花瓣状。

【病原】

梨胶锈菌（*Gymnosporangium haraeanum* Syd.），属担子菌亚门胶锈菌属。性孢子器扁球形，生于叶正面病部表皮下，初黄色后黑色。锈子器丛生于病部叶背、幼果、果梗等处，细圆筒形，内生锈孢子，近球形，橙黄色，表面有微瘤。冬孢子角红褐色或咖啡色，圆锥形，吸水后膨胀胶化。冬孢子黄褐色，双胞，长椭圆形，柄无色细长，遇水胶化。

【发病规律】

病菌以菌丝体在桧柏发病部位越冬，次年春形成冬孢子角，冬孢子角在雨后吸水膨胀，冬孢子开始萌发产生担孢子；担孢子随风雨传播，引起梨树叶片和果实发病，产生性孢子和锈孢子；锈孢子只能侵害转主寄主桧柏的嫩叶和新梢，并在桧柏上越夏、越冬，因而无再侵染，至翌年春再形成冬孢子角；梨锈病菌无夏孢子阶段。冬孢子萌发的温度范围为 5~30℃，最适温度为 17~20℃。担孢子发芽适宜温度 15~23℃，锈孢子萌发的最适温度为 27℃。

梨锈病发生的轻重与转主寄主、气候条件、品种的抗性等密切相关。担孢子传播的有效距离是 2.5~5km，在此范围内患病桧柏越多，梨锈病发生越重。

梨树的感病期很短，自展叶开始 20d 内（展叶至幼果期）最易感病，超过 25d，叶片一般不再受感染。而冬孢子萌发时间和梨树的感病期能否相遇则取决于梨树展叶前后的气候条件。当梨芽萌发、幼叶初展前后，天气温暖多雨、风向和风力均有利于担孢子的产生和传播时发病重。而当冬孢子萌发时梨树尚未发芽，或当梨树发芽、展叶时，天气干燥，则病害发生均很轻。

中国梨最感病，日本梨次之，西洋梨较抗病。

【防治措施】

1. 清除菌源

梨园周围5km内禁止栽植桧柏和龙柏等转主寄主，以保证梨树不发病。

2. 喷药保护

无法清除转主寄主时，可在春雨前剪除桧柏上冬孢子角，也可选用2°Be～3°Be石硫合剂、1：2：160的波尔多液、30%碱式硫酸铜胶悬剂300～500倍液、0.3%五氯酚钠混合1°Be石硫合剂等喷射桧柏，减少初侵菌源。

梨树上喷药，应掌握在梨树萌芽至展叶的25d内期进行，一般在梨萌芽期喷第一次药，以后每隔10d左右喷1次，酌情喷1～3次。药剂有1：2：（160～200）波尔多液、15%三唑酮乳剂2 000倍液、25%丙环唑（敌力脱）乳油3 000倍液、12.5%烯唑醇可湿性粉剂4 000～5 000倍液等。

五、葡萄白腐病

葡萄白腐病又称腐烂病、水烂、烂穗，全球分布，是葡萄重要病害之一。在我国的南方和北方葡萄产区普遍发生。主要为害果穗果粒，引起烂穗，发病严重时遍地落果烂果，流行年份产量损失可达60%～80%，病害也能为害枝条和叶片。

【症状】

果梗或穗轴先发病，初呈水浸状浅褐色不规则的病斑，逐渐向果粒蔓延。果粒先在基部呈浅褐色水浸状腐烂，后全粒变褐腐烂，表面密生灰白色小颗粒（分生孢子器），病果粒受振动易脱落。有时病果失水成干缩僵果，悬挂枝上不易脱落。枝蔓上的病斑初呈水渍状，淡红色，边缘深褐色，后期变深褐色凹陷，表皮密生灰白色小粒点。病树皮呈丝状纵裂与木质部分离，严重时枝蔓枯死。叶片发病多在叶尖或叶缘产生淡褐色水渍状病斑，后期表面生灰白色小粒点，病斑多干枯破裂（图15－5）。

【病原】

白腐盾壳霉菌 *Coniothyrium diplodiella*（Speg.）Sacc.，属半知菌亚门盾壳霉属。分生孢子器球形或扁球形，灰白色至灰褐色，有孔口，孔口处壁厚。分生孢子单胞、椭圆形或瓜子形、初为无色，成熟时呈褐色。

【发病规律】

病菌主要以分生孢子器、菌丝体在病残体上遗留于地面和土壤中越冬（病菌在土壤中的病残体内可存活4～5年，干的分生孢子器经15年后仍可释放活的分生孢子）。翌年春季产生分生孢子，靠雨水传播，通过伤口侵入，引起初侵染。生长季节可辗转再侵染。一般幼果期开始发病，华中、华东六月上中旬，华北6月中下旬，西北6月下旬，东北6月下旬至七月上旬。7月至8月为盛发期。该病潜育期短的3d，长的8d，一般5～6d，因此该病流行性强。

高温、高湿是病害流行的主要因素。夏季高温多雨，易造成病害流行。据北京地区经验，始发期（见病果为标志）的早晚与坐果后的雨水早晚和雨量大小有密切关系。当旬降雨量达15mm，其中最大一次达6mm，加上5～6d的潜育期，即可预测始发期的到来；盛发期（10%以上的病穗率）的早晚决定于7月上中旬大雨出现的时期，以果实着色期

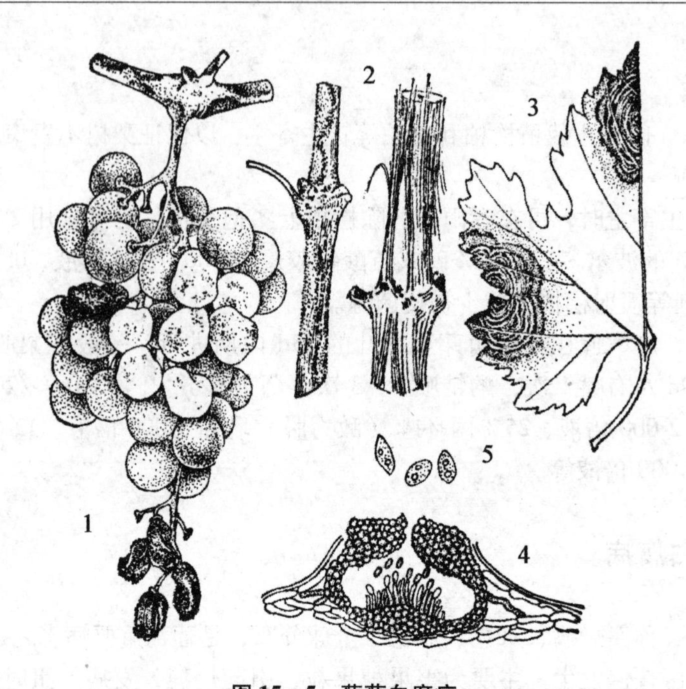

图 15－5　葡萄白腐病

1. 病果　2. 病蔓　3. 病叶　4. 分生孢子器　5. 分生孢子

的降雨量为依据。当旬降雨量或最大一次降雨量在 60mm 以上，加上 3～4d 的潜育期，往往预示盛发期的来临。

不同品种的抗病性存在差异，如巨峰、佳利酿等感病，而红玫瑰香、先锋、龙眼等感病次之。另外，通风透光不良、土质黏重、排水不良的果园，发病严重。白腐病为弱寄生菌，主要由伤口侵入，如遇暴风雨或雹害及虫伤后，则更易发病。果实进入着色期和成熟期后，近地面的果实容易发病。

【防治措施】

1. 加强栽培管理

提高结果部位，50cm 以下不留果穗，减少病菌侵染的机会。及时摘心、绑蔓和中耕除草。合理施肥，注意果园排水，降低田间小气候的湿度。

2. 清除病源

葡萄生长季节及时剪除病果病蔓；冬季修剪后，将病残体和枯枝落叶深埋或烧毁，减少下年的初侵染源。

3. 地面撒药

重病园于发病前地面撒药灭菌。可用 50% 福美双可湿性粉剂 1 份、硫横粉 1 份、碳酸钙 2 份，混合均匀，15～30kg/hm^2 混合药，拌沙土 375kg，撒施果园土表。

4. 药剂防治

掌握发病初期开始喷药。可选用 50% 福美双可湿性粉剂 600～800 倍液、75% 百菌清可湿性粉剂 600 倍液、50% 异菌脲可湿性粉剂 1 000～1 500 倍液等。

六、葡萄黑痘病

葡萄黑痘病又名疮痂病、鸟眼病，是葡萄的重要病害之一。国内分布普遍，在多雨潮湿地区，发病严重。该病一般以春季多发，常造成枝梢枯死，叶片干枯穿孔，果实失去经济价值。

【症状】

主要为害葡萄的绿色幼嫩部分，如幼叶、幼果、新梢等。叶片受害，初呈针头大小的圆形褐色斑点，扩大后中央呈灰褐色，边缘色深，病斑直径1～4mm。随着叶的生长，病斑常形成穿孔。叶脉感病，造成叶片皱缩畸形。新梢、卷须、叶柄受害，病斑呈暗褐色、圆形或不规则凹陷，后期病斑中央稍淡，边缘深褐，病部常龟裂。新梢发病影响生长，以致枯萎变黑。幼果受害，病斑中央凹陷，呈灰白色，边缘褐至深褐色，形似鸟眼状，后期病斑硬化、龟裂，果小、味酸不能食用（图15－6）。

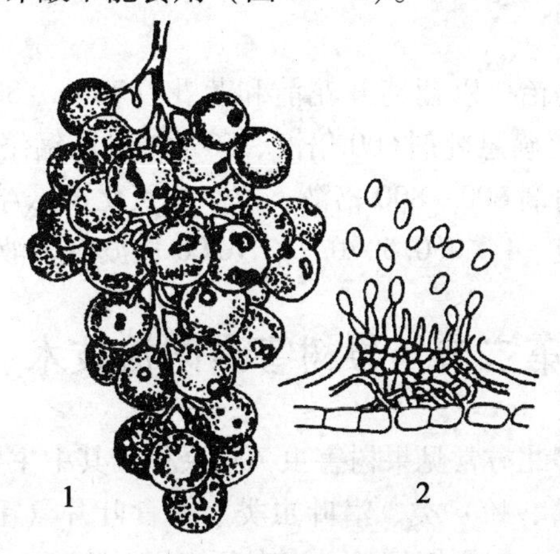

图15－6　葡萄黑痘病

1. 病叶、病果及病蔓　2. 分子孢子盘和分生孢子

【病原】

葡萄痂圆孢菌 *Sphaceloma ampelinum* de Bary，属半知菌亚门痂圆孢属。分生孢子盘半埋在寄主组织表皮下，孢子梗短，单胞，顶生分生孢子。分生孢子无色、单胞、椭圆形略弯曲，具有胶黏的细胞壁，内含1～2个油球。

【发病规律】

病菌主要以菌丝体在病蔓、病梢及病果、病叶、叶痕等处越冬，可存活3～5年。病菌在北方也可在病残体上越冬，并构成下一年的主要初侵来源。翌年春暖时产生孢子，借风雨传播。多雨、高湿有利于分生孢子的形成、传播和萌发侵染。葡萄的花穗、幼果、幼叶和新梢易受害，长成的叶、果和枝抗病。病害的发生与流行和降雨及大气湿度有密切关系，葡萄抽蔓、展叶和幼果期连续降雨，或气候潮湿地区为害较严重。一般在开花前后发病。幼果期为害较重。在葡萄发育后期黑痘病多发生在新蔓或叶片上，果实发生很少。北方果区一般5月开始发病，6～7月份为发病盛期，9～10月病害停止发展。

不同品种之间黑痘病的发生有明显差异。欧亚种感病，如早玫瑰香、龙眼、无核白、葡萄园皇后等感病严重；欧美杂交种和美洲种抗病，如巨峰、红富士、黑奥林等品种比较抗病。另外，果园地势低洼、排水不良、土壤黏重、通风透光不好、氮肥过量等，易使病害加重。

【防治措施】

1. 选用抗病品种

选育和种植适宜本地区的优良抗病品种。

2. 加强栽培管理

结合冬季清园，剪除病梢，摘除僵果，刮除主蔓上翘裂的枯皮，扫除病落叶、病穗，集中烧毁。

3. 苗木消毒

新建果园，所用苗木或接穗、插条，用10%～15%硫酸铵溶液、或3%～5%硫酸铜溶液浸泡1～5min后定植；或在定植前将苗木枝蔓浸入3°Be～5°Be的石硫合剂中，随即取出，阴干后定植，注意不能用其浸根。

4. 喷药保护

葡萄展叶后开始喷药防治。以葡萄开花前和落花（70%～80%）时喷药喷药最为重要。可选用40%多菌灵·硫磺悬乳剂600倍液、50%咪鲜胺锰络合物可湿性粉剂1 000倍液、80%代森锰锌可湿性粉剂600～800倍液、77%氢氧化铜悬浮剂600～800倍液、75%百菌清可湿性粉剂600倍液、1：（0.5～0.7）：200倍波尔多液等。

第二节　果树害虫防治技术

苹果、梨、桃、葡萄等北方常见果树害虫700余种。其中主要包括食心虫类、卷叶虫类、刺吸为害（蚜、螨、蝽、蚧）类、潜叶虫类、蚕食叶片（毛虫、甲虫）类、蛀茎干和地下害虫类等。由于果树生产周期较长，生态环境相对稳定，果树害虫的发生、为害年度间比较稳定，再加上果树生产中对果实品质的特殊要求（如，果实上的一点点伤害，就等于失去了商品价值），因此，生产中害虫的防治就显得特别重要。

一、食心虫类

（一）桃小食心虫

桃小食心虫 *Carposina niponensis* Walsingham 又名桃蛀实蛾，简称桃小，属鳞翅目蛀果蛾科。桃小在国内各果区都有发生，是苹果、梨和山楂的重要害虫之一，还为害枣、花红、海棠、槟子、桃、李、杏等。

为害苹果时，初孵幼虫多从果实的酮部和顶部蛀入，经过2～3d蛀入孔流出透明的水珠状果胶滴，俗称“淌眼泪”。不久果胶滴干涸，在蛀入孔处留下一小片白色粉状物。随着果实的生长蛀入孔愈合成为一针尖大小的小黑点，周围凹陷。幼虫蛀果后不久，若被药剂杀死，则蛀入孔愈合成为稍凹陷的小绿点，俗称“青疔”。幼虫蛀入后在果内纵横串食，被害果表面凹凸不平，俗称为“猴头果”。近成熟果被害，果内虫道充满红褐色虫粪，俗称“豆沙馅”。幼虫老熟后，在果面咬一直径2～3mm的圆形脱果孔脱出，孔口外常堆积新鲜虫粪。

【形态特征】

成虫灰白色或灰褐色，体长5～8mm。前翅中央近前缘处有一明显的兰黑色的三角形斑。下唇须3节，雌蛾下唇须长而直，稍向下方倾斜，雄蛾短而上翘。卵近似桶形，橙红色至深红色，顶部环生2～3圈白色Y状刺毛。幼令幼虫淡黄白色，老熟幼虫桃红色，体长13～16mm。茧有夏、冬茧之分。夏茧纺锤形，长约7～10mm，质地疏松较薄，一端有羽化孔。冬茧扁球形，直径5～6mm，质地致密较厚（图15－7）。

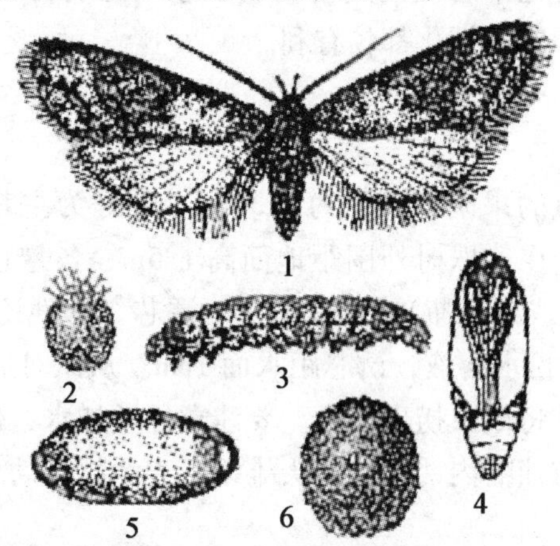

图15－7　桃小食心虫

1. 成虫　2. 卵　3. 幼虫　4. 蛹　5. 夏茧　6. 冬茧

【发生规律】

桃小食心虫在我国北方苹果产区1年发生1～2代，在山楂、梨树上发生1代。以老熟幼虫做冬茧在3～13cm土层中越冬。在平地果园中，如果树盘土层较厚，土壤松软，无杂草，冬茧主要集中在树冠下距树干1m范围内为最多。此外，凡是堆放过果实的地方，都可能有较多数量的冬茧。翌年在条件适宜时，越冬幼虫咬破冬茧爬到地面，寻找隐蔽的地方，如靠近树干的石块和土块下，作夏茧化蛹。

越冬幼虫的出土时期，因地区、年份和寄生的不同而异。在辽南、辽西苹果产区，越冬幼虫一般在5月中旬开始出土，7月中、下旬基本结束。出土盛期在6月中、下旬。桃小越冬幼虫出土时期前后连续长达两个月左右，发生不整齐，给防治带来困难。

幼虫出土与气候条件关系密切。当旬平均气温达到16.9℃，土温达到19.7℃时，越冬幼虫开始出土，如果有适宜的雨水，即可连续出土。5、6月间如果雨水较多且较早，越冬幼虫出土盛期就会提前，每当降雨当天或次日，幼虫出土数量明显增多。越冬幼虫从出土作茧到羽化为成虫，最短需14d，最长19d，平均为18d。

越冬代成虫发生在6月上旬至8月中旬，盛期在6月下旬至7月中旬。成虫昼伏夜出，有趋光性，卵主要产在果实的萼洼处，少数产在梗洼、胴部或果梗上。越冬代成虫产卵对苹果品种有选择性。在金冠品种上产卵最多，红玉、元帅和赤阳等中熟品种上也较多，但在国光、白龙等晚熟品种上很少产卵或不产卵。因此，树上喷药防治第一代卵和初孵幼虫时，应以金冠、元帅等品种为主，对国光等可酌情不喷药。

第一代卵的发生期在6月上旬至8月中旬，盛期常在6月下旬至7月上旬，卵期7d。

初孵化幼虫先在果面爬行数十分钟到数小时，选择适宜部位蛀入果中。第一代幼虫的脱果期从7月中旬至9月上旬，盛期在7月下旬至8月上旬。第一代幼虫脱果落地后，其中早脱果的幼虫，寻找适宜的场所，在地面做夏茧化蛹羽化为成虫，继续发生第二代，从幼虫落地到羽化为成虫平均需12d。晚脱果的幼虫，多潜入土中做冬茧越冬。一般在7月25日以前脱果的，几乎都不滞育，继续发生第二代；8月中旬脱果的，约有50%幼虫滞育；8月下旬脱果的，几乎全都滞育。

成虫的繁殖力、卵的孵化率与温湿度有密切关系。温度在21～27℃间，相对湿度在75%以上，对成虫的繁殖和卵的孵化都较有利。

【预测预报】

1. 地面防治适期预测

选择上年桃小发生严重的果园，面积约1.3hm^2，最好为主栽品种，按五点式选取中部5株树，株距30～50m，在每株树外围距地面高1.5m，各悬挂一个性诱剂诱捕器。诱捕器可用口径16cm的碗（或罐头瓶）。用铁丝穿一诱芯（含性诱剂0.5mg），横置碗上中央部位，碗内放0.1%洗衣粉水溶液，诱芯距水面1cm。从5月底至9月中旬每天上午检查诱蛾数量，做好记录，并将成虫捞出杀死。要注意经常加水，保持器内水位，诱芯每代更换一个。当桃小性诱剂诱捕器内诱到第一头雄蛾，表示越冬幼虫出土已到始盛期，即为地面施药的适宜时期。

2. 树上防治时期预测

在悬挂诱捕器果园中，当诱到第一头成虫时，随即在挂诱捕器树的邻近处，选定金冠苹果树5～10株作定树定果调查。每株树按照不同方位，用布条或塑料条标记固定若干枝条。将调查果疏成单果或双果，每株调查50～100个果，总共调查500～1 000个果。每3d用手持扩大镜检查果实萼洼的着卵数，进行记载。另外也可在田间进行随机调查，即在一般防治园中，每百株果树随机选择5～10株。每株按上梢、内膛、外围和下垂4个部位枝上调查50～100个果，共调查500～1 000个果。

当诱捕器诱到第一头成虫时，即应发出警报。当诱蛾头数连日增加，同时田间第二次调查卵量继续上升，卵果率达到0.3%～0.5%时，即应进行第一次树上喷药。当成虫数量连续激增，大量产卵，同时个别果“淌眼泪”时，应进行突击防治（1～2d内打完药）。然后根据第一次药剂防治效果和药后成虫数量消长情况，确定是否喷第二次药。

【防治措施】

1. 地面药剂防治

可选用25%辛硫磷微胶囊剂、50%辛硫磷乳油、40.7%毒死蜱乳油等，每次用药剂7.5kg/hm^2，每隔15d左右施一次，酌情连施2～3次。施用方法为：药剂、水和细土按1∶5∶300的比例制成药土或加水稀释为300倍液，均匀撒、喷施在地面上，然后轻耙。也可应用天敌线虫、白僵菌等地面防治。

2. 树上药剂防治

当卵果率达到0.5%～1.0%时立即喷药防治。常用药剂有：2.5%高效氟氯氰菊酯乳油2 000～3 000倍液、4.5%高效氯氰菊酯乳油2 000～3 000倍液、40.7%毒死蜱乳油1 000～1 500倍液、25%灭幼脲悬浮剂500～1 000倍液等。

3. 人工防治

处理其他越冬场所、摘掉虫果、诱集出土幼虫及果实套袋等。

（二）梨大食心虫

梨大食心虫（*Myelois pirivorella* Matsumura）又名梨云翅斑螟，简称梨大，俗名吊死鬼，属鳞翅目螟蛾科，是梨树重要害虫之一。在梨树品种间，鸭梨、秋白梨、花盖梨受害严重。

被害芽干瘪，鳞片松散，在芽基部有一蛀孔，蛀孔外有虫粪。春季梨树花芽膨大露白时，越冬幼虫转芽为害，由基部蛀入鳞片下为害，吐丝黏结鳞片，花芽开绽后鳞片仍不脱落。开花期越冬幼虫从花丛、叶丛基部蛀入，使花丛、叶丛凋萎枯死。当梨果长到指头大时，越冬幼虫又转蛀幼果，蛀孔很大，蛀孔周围堆积大量黄褐色虫粪。以后被害果皱缩，变黑，干枯早落。幼虫化蛹前，将果柄基部用丝缠在枝上，被害果变黑枯死，悬挂枝上，至冬不落（图 15－8）。

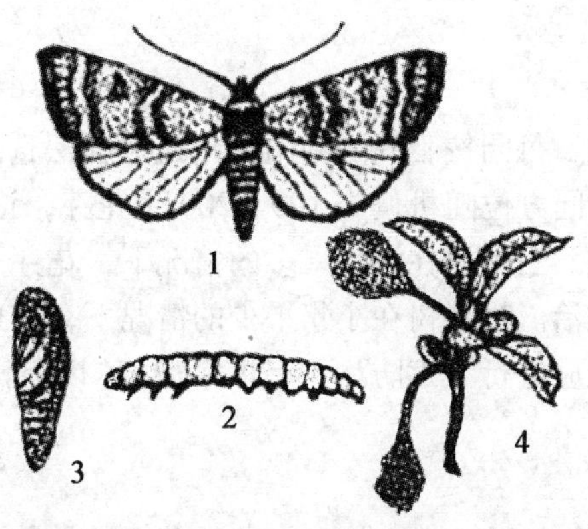

图 15－8　梨大食心虫

1. 成虫　2. 幼虫　3. 蛹　4. 被害状

【形态特征】

成虫体长 10～15mm，全体暗灰褐色。前翅暗灰褐色，具紫色光泽。距前翅基部 2/5 和 4/5 处，各有一条灰白色波纹横纹，横纹两侧镶有黑色的宽边，两横纹间，中室上方有一黑褐色肾状纹。后翅灰褐色。卵椭圆形，稍扁平，长约 1mm，先白色，后变红色。越冬幼虫体长约 3mm，胴部紫褐色。老熟幼虫体长约 18mm，头、前胸盾、臀板及胸足为黑色，体背面为暗红褐色稍带绿色。蛹长约 13mm，黄褐色至黑褐色。腹部末端有 6 根弯曲的钩刺，排成一横列。

【发生规律】

以幼龄幼虫在花芽内结灰白色薄茧越冬。不同世代区域发生及为害时期不同。

吉林延边为 1 年 1 代区，越冬幼虫 4 月上旬至 5 月中旬转芽为害，6 月中旬至 7 月上旬害果。越冬代成虫发生盛期为 7 月下旬至 8 月上旬。

辽宁、山东、河北、山西为 1 年 1～2 代区，越冬幼虫在翌年梨花芽膨大前后开始“拱盖”出蛰，当鸭梨、秋白梨花芽抽芽，鳞片间露出 1～2 道 1mm 宽的绿白色裂缝时为出蛰始期，花芽开放期为出蛰盛期，花序分离时为出蛰终止期。出蛰后，立即转害其他花芽，此时称为转芽期。一般转芽期为 5～14d，并且有 60% 以上的个体在前 6d 即转芽为害。由于梨大越冬幼虫出蛰转芽期相当集中，尤其在转芽初期最为集中，故药剂防治的关键时期是转芽初期。在5月中旬至6月中旬，当梨果长到指头大时，越冬幼虫转害梨果，此时称为转果期。越冬幼虫大约为害20d，并在最后被害的果实内化蛹，蛹期8~15d。越冬代和1代成虫发生盛期分别为6月下旬至7月上旬、8月上中旬。

在黄河故道为1年2~3代区，越冬幼虫3月上旬至5月中旬转芽或果，为害果期比较集中，从害果始期（梨幼果脱萼期）至盛期需5d左右，是药剂防治的关键时期。各代成虫发生盛期分别为6月上中旬、7月下旬至8月上旬、8月中下旬。

成虫昼伏夜出，对黑光灯有较强趋性。每头雌蛾产卵平均60余粒。卵产在果实萼洼内、短枝、果台、芽腋等处。每处产卵1~2粒，卵期7~8d，幼虫孵化后为害芽或果。发生晚的幼虫为害1~3个梨芽，即在芽内作小茧越冬。梨大食心虫有多种天敌，主要有黄眶离缘姬蜂、梨大食心虫聚瘤姬蜂、梨大食心虫长尾瘤姬蜂、黄足绒茧蜂、卷叶蛾赛寄蝇等。

【预测预报】

1. 越冬幼虫密度调查

早春越冬幼虫出蛰前，每园按不同品种用对角线取样法选取5点，每点1~2株，共调查5~10株，每株按不同方位随机调查100~200个花芽，记载健芽数、被害芽数和有虫芽数，统计出有虫芽率。当梨树在大年果多的情况下，花芽有虫芽率在5%以上时，是大发生年，应加强药剂防治。当梨树在小年果少的情况下，有虫芽率在1%以下，是小发生年，不用药剂防治，但应进行人工防治。有虫芽率3%以上，可认为是中发生年，应进行药剂防治。

2. 越冬幼虫转芽期调查

4月上旬至4月下旬，在上年梨大食心虫发生较多的地块，选择调查树3~5株，按不同地势、品种，采用固定或随即取芽调查法，每2d调查1次，每次检查30~100个虫芽，记载越冬幼虫转出数量，发现转芽后应每天定时检查1次。另外，越冬幼虫转芽与梨树物候期有相关性，应在鸭梨花芽抽节或鳞片间露出1~2道白绿色裂缝时进行越冬幼虫转芽期调查。当越冬幼虫转芽率达到5%以上，同时气温明显回升时，应立即进行药剂防治。

【防治措施】

1. 人工防治

结合冬剪，剪除虫芽；在梨树开花末期，随时掰下虫芽和萎凋的花丛、叶丛，捏死幼虫；成虫羽化前虫果尚未变黑，可连续2~3次彻底摘除虫果，集中放在纱笼中置于果园内，等寄生蜂飞出后，再深埋；利用黑光灯、性诱剂诱杀成虫。

2. 药剂防治

越冬幼虫出蛰初期或转果期、卵及幼虫孵化初期，喷布20%甲氰菊酯乳油1 500~2 000倍液、2.5%溴氰菊酯乳油3 000倍液、40.7%毒死蜱乳油1 000~2 000倍液、5%氟虫脲乳油1 000~2 000倍液等，喷雾时要细致周到。

（三）梨小食心虫

梨小食心虫 *Grapholitha molesta* Busck 又名东方蛀果蛾，简称梨小，俗名直眼虫等，属鳞翅目小卷叶蛾科。一般在桃树与梨树混栽的果园中为害严重。也为害苹果、沙果、山楂、樱桃、枣等多种果树。

幼虫蛀食果实和桃树新梢。为害桃梢，小幼虫多从新梢顶端2~3叶片的叶柄基部蛀入，并向下蛀食髓部，不久被害新梢萎蔫枯死。梨果被害，受害早的梨果，蛀孔变青绿色，梢凹陷，受害晚的则无此现象，孔外有虫粪，几天后蛀入孔周围腐烂，变成褐色或黑色，俗称“黑膏药”。幼虫蛀入后，直达果心，蛀食种子（图15-9）。

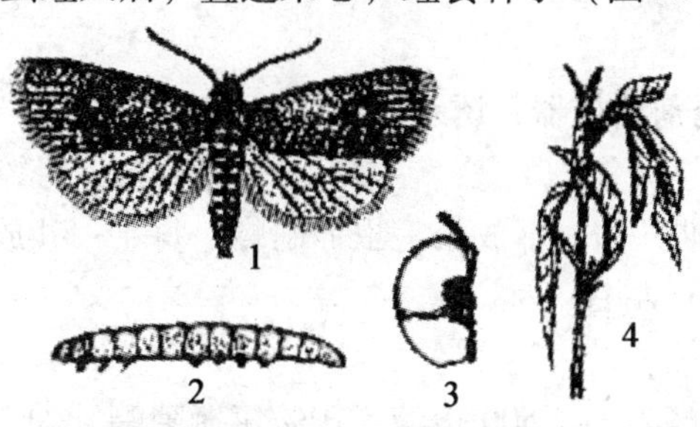

图15-9　梨小食心虫

1. 成虫　2. 幼虫　3、4. 害虫被害状

【形态特征】

成虫体长5~7mm，全体灰褐色。前翅灰褐色，前缘有10组白色短斜纹，中室外方有1个明显的小白点。卵长0.1~0.15mm，扁圆形，中央隆起，淡黄白色。老熟幼虫体长10~13mm，全体淡红色或粉红色。毛片不明显。前胸气门前毛片具3毛，臀栉暗红色，4~7齿。蛹长6~7mm，黄褐色。茧长约10mm，白色，丝质，扁平长椭圆形。

【发生规律】

梨小食心虫自北向南1年发生3~7代，以老熟幼虫结茧在树干老翘皮裂缝、土表层、剪锯口、石块下等处越冬。雌蛾卵产于叶背和果面（梨果肩、桃李果侧沟）、萼洼等处，每头产卵50~100粒。越冬代成虫主要产卵在桃树新梢、叶片及杏果上，一代幼虫在6月主要为害桃树的新梢和果实。一代成虫继续产卵在桃树上，也可以产卵在梨树上，二代幼虫为害桃梢和桃果，有的也为害梨果。二代成虫主要产卵在梨树上，三代幼虫主要为梨果。总之，梨小在全年中均可为害桃梢或果实，以5~7月为害严重，以后为害桃和梨果，在7月中旬至9月主要为害梨果。一般在7月中旬鸭梨开始受害，8月上旬秋白梨开始受害，8月中旬以后，秋子梨开始受害，而此时鸭梨、秋白梨已严重受害。

成虫对黑光灯有一定的趋性，对糖醋液有较强的趋性。雌蛾对性诱剂趋性强。在梨树品种间，以味甜、皮薄、肉细的鸭梨、秋白梨等受害重；而品质粗、石细胞多的品种受害轻。中国梨品种受害较重，西洋梨受害较轻。

【预测预报】

选择历年梨小为害严重的梨园和桃园作为调查地点。从4月中旬至9月底，在田间设置糖醋液罐（红糖：米醋：水=1：2：20）或梨小性诱剂诱捕器若干个，诱集成虫，记载成虫数量。成虫高峰后7~10d为卵孵化高峰。结合田间查卵，自5月上旬开始，每3d一次，查5株500~1 000果，当卵果率达到0.5%~1%及时喷药防治。

【防治措施】

1. 科学建园

建立新果园时，尽可能避免梨树与桃、李等混栽。在已经混栽的果园中，对梨小主要寄主植物，应同时防治。

2. 消灭越冬幼虫

果树发芽前，刮除老翘皮，然后集中处理。越冬幼虫脱果前，在主枝、主干上捆绑草束或破麻袋片等，诱集越冬幼虫。在5~6月间连续剪除有虫桃梢，并及早摘除虫果和剪净落果。

3. 诱杀成虫

用糖醋液或梨小性诱剂诱捕器，诱杀成虫。

4. 生物防治

在1、2代卵发生初期开始，释放松毛虫赤眼蜂，每4~5d放1次，共放4~5次，每次放蜂量为3×10^5头/hm^2左右。

5. 药剂防治

可选用2.5%溴氰菊酯乳油2 500倍液、10%氯氰菊酯乳油2 000倍液、1.8%阿维菌素乳油3 000~4 000倍液等药剂喷雾。

二、螨类

果树上常见的螨类有：山楂叶螨 *Tetranychus viennensis* Zacher 又名山楂红蜘蛛、苜蓿苔螨 *Bryobia rubrioculu* Scheuten、苹果全爪螨 *Koch panonychus* Ulmi 等。

山楂叶螨，属蛛形纲蜱螨目叶螨科。寄主有苹果、梨、桃、樱桃、山楂、梅、榛子、核桃等，其中以苹果、梨、桃受害最重。山楂叶螨在早春为害芽、花蕾，以后为害叶片，常以小群体在叶片背面主脉两侧吐丝结网，多在网下栖息、产卵和为害。受害叶片主脉两侧出现黄白色至灰白色小斑点，继而叶片变成苍灰色，严重时叶片枯焦并早期脱落。

【形态特征】

雌性成螨体长0.54mm，宽0.3mm。体椭圆形，尾端钝圆，前半体背面隆起，后半体背面有纤细横纹。背毛细长，共26根，排成6横行。雌性成螨分为夏型和冬型。夏型雌性成螨初红色，取食后呈暗红色、紫红色，体躯背面两侧各有一黑色不整形斑块。冬型雌性成螨体较小，呈鲜红色或粉红色，有光泽。雄性成螨体小，呈菱形。卵圆球形，橙红色、橙黄色至黄白色。近孵化时，卵上出现两个小红点。幼螨体圆形，乳白色，足3对。若螨，卵圆形，足4对（图15-10）。

【发生规律】

北方果区1年发生3~10代。以受精的冬型雌性成螨在果树的主干、主枝和侧枝的翘皮、树皮裂缝、枝杈处和树干基部及其周围30~40cm内、深3~4cm以上的土缝中越冬。翌年连续日平均气温达到10℃以上时，越冬雌性成螨开始出蛰。从苹果物候期来看，出蛰始期在国光品种花芽萌动期（4月上旬）；出蛰盛期在国光展叶期至花序分离期（4月下旬至5月上旬）；出蛰末期在国光落花期（5月中旬、下旬）。同时，凡果园位于背风、向阳地方的出蛰常较早，反之较晚。同一株上也表现此规律。

冬型雌性成螨取食1周后，当日平均气温达16℃以上，开始产下第一代卵。在冬型雌性成螨绝大多数出蛰上树，尚未严重为害，基本没有产下第一代卵时，即苹果开花前至初花期是当年药剂防治的一个关键时期。这次喷药俗称为“花前药”。第一代卵发生相当

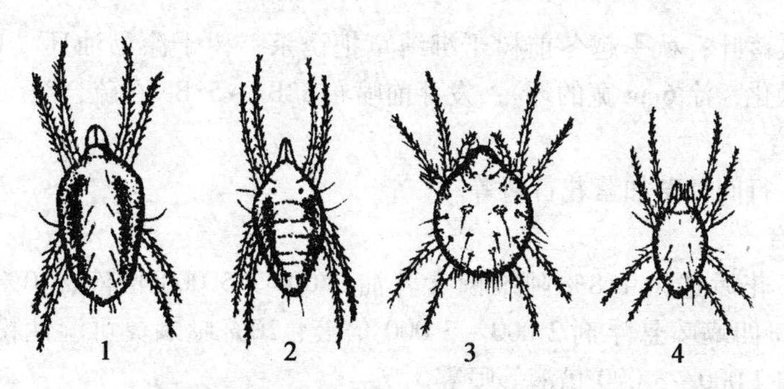

图 15－10　山楂叶螨与苹果叶螨

1、2. 山楂叶螨　3、4. 苹果叶螨

整齐（盛期在苹果盛花期前后），第一代幼螨和若螨发生也较为整齐。因此，在第一代幼螨、若螨发生盛期，第一代夏型雌性成螨基本没有出现时，即国光落花后 7～10d（5 月下旬至 6 月上旬），是药剂防治的又一个关键时期，这次喷药俗称为“花后药”。以后各代重叠发生，且随着气温升高，发育速度加快，到 7～8 月常猖獗为害，防治困难。

山楂红蜘蛛的卵期在春季平均为 11d，夏季平均为 4～5d。幼螨期 1～2d，静止期 0.5～1d。前期若螨和后期若螨各为 1～3d，静止期 0.5～1d。当日平均气温在 16～25.3℃时，完成 1 代需 23.3d；24～29.5℃需 10.4d；而在恒温 27℃时，只需 6.8d。

该螨的发生与环境关系密切。高温（24～30℃）、干燥（相对湿度 40%～70%）的天气，红蜘蛛数量常会急剧增加，常造成猖獗为害。反之，春季多雨，夏季气温不高，雨水较多，相对湿度在 80% 以上，红蜘蛛类的发生数量就会受到一定程度的抑制。红蜘蛛类天敌的种类很多，在不常喷药的果园里，天敌十分活跃，在后期常能有效地控制为害。

【预测预报】

1. 开花前冬型雌性成螨出蛰期预测

按 5 点式取样法选定调查树 5 株，当冬型雌性成螨开始出蛰上芽时，每 3d 调查一次，每株在树冠内膛和主枝中段各随机观察 10 个生长芽，5 株共调查 100 个生长芽，统计芽上的螨数。在冬型雌性成螨出蛰的数量逐日增多，同时气温也逐日上升的情况下，当出蛰数量突然减少时，可视为出蛰达到高峰期。

2. 开花后田间发生量调查

按 5 点式取样法选定 5 株树。苹果从开花期至越冬雌性成螨产生期间，每周调查一次。每株在树冠内膛和主枝中段各选 10 个叶丛枝，再从叶丛枝中选取近中部的一张叶片，5 株共调查 100 张叶片，统计各叶上卵和活动螨的数量。7 月后随红蜘蛛向外转移为害，取样也相应的外移到树冠外围和主枝中段，各选 10 个叶丛枝近中部的一张叶片，统计各叶上卵和活动螨的数量。

从落花后到 7 月中旬，当山楂红蜘蛛的活动螨发生量平均达到 3～5 头/叶时，7 月中旬以后活动螨发生量平均达到 7～8 头/叶，天气炎热干旱，天敌数量又少时，应立即开展药剂防治。如果天敌数量与害螨之比达到 1∶50 时，红蜘蛛的发展可能受到控制而不致造成为害，可不进行药剂防治。

【防治措施】

1. 果树休眠期防治

刮除老翘皮下的越冬雌性成螨；处理距树干 35cm 以内的表土，消灭土中越冬成螨；

清除果园的枯枝落叶；秋季越冬前树干绑缚草把诱杀；树干涂黏油环（10 份软沥青 + 3 份废机油加火融化，涂 6cm 宽的环）；发芽前喷布 3°Be ~ 5°Be 石硫合剂。

2. 生物防治

保护天敌，行间种草如紫花苜蓿等。

3. 药剂防治

果树花前、花后选用 1.8% 阿维菌素乳油 3 000 ~ 5 000 倍液、10% 浏阳霉素乳油 1 000倍液、20% 四螨嗪悬浮剂 2 000 ~ 3 000 倍液、20% 哒螨灵可湿性粉剂 2 500 倍液、73% 炔螨特乳油 2 000 ~ 3 000 倍液等喷雾。

第三节　果园杂草防除技术

果园杂草，一般是指为害果树生长、发育的非栽培草本植物及小灌木。这些杂草以其种类多、抗逆性强、繁殖速度快等特点，与果树争夺营养和水分，影响园中通气和透光，并间接诱发或加重某种病虫害的发生。果园杂草严重制约着果树的生长和果实的品质，一般年份可以造成果树减产 10% ~ 20%。果园杂草严重制约着果树的生长和果实的品质。一般来说，果园人工除草约占果园管理用工总量的 20% 左右。

一、果园杂草主要种类

我国北方栽植的果树种类较多，分布的区域广。由于地理位置、气候条件、地形地貌、土壤组成和栽培方式的不同，而形成各自不同的杂草群落。北方果园杂草约有 100 余种，其中比较常见的有 50 多种左右，包括藜科、蓼科、苋科、十字花科、马齿苋科、茄科、唇形科、大戟科、蔷薇科、菊科、蒺藜科、车前科、鸭跖草科、豆科、旋花科、木贼科、禾本科、莎草科 18 个科，主要杂草种类有：稗草、马唐、牛筋草、狗牙根、早熟禾、藜、马齿苋、苋、荠菜、刺儿菜、苣荬菜、苍耳、皱叶酸模、问荆、蒿、地锦、独行菜、葎草、香附子、狗尾草、芦苇、碱茅、白茅等。

二、果园杂草发生规律

果园杂草如果按生长期和为害情况来分，一般可以分为一、二年生杂草和多年生深根性杂草。其中的一、二年生杂草又可以按生长季节分为春草和夏草。春草自早春萌发、开始生长，晚春时生长发育速度达到高峰，然后开花结籽，以后渐渐枯死；夏草初夏开始生长，盛夏生长发育迅速，秋末冬初开始结籽，随之枯死。果园内杂草具有很强的生命力，一些杂草种子在土壤中经过多年仍能保持其生活能力。

果树一般株行距大，幅地宽阔，空地面积较大，适宜杂草生长。华北地区历年来春季干旱，夏季降水集中，果园杂草一般有两次发生高峰。第一次出草高峰在 4 月下旬至 5 月上中旬，第二次出草高峰出现在 6 月中下旬至 7 月间。第二次出草高峰较第一次长。

果园杂草的发生受气温、降水量、灌溉、土质、田间管理等多种因素的影响，因此，地区间、年度间、杂草种类、发生期和发生量差别较大。多年来的实践表明，早春果树行间杂草发生量小，且有充足的时间进行人工除草，因而不宜形成草荒；夏季杂草发生时适逢雨季，生长很快，田间其他管理工作较多，如遇阴雨连绵，易形成草荒。

三、果园杂草的化学防除技术

（一）果树苗圃杂草防除

果树苗圃面积不大，但防除杂草比定植果园更为重要。因为苗圃一般都要有精耕细作，如经常松土、施肥、浇水，这不仅为苗木健壮生长提供了保证，同时也给杂草创造优良的繁殖场所。对这些苗圃杂草若不能有效防除，将严重干扰苗木的正常发育，进而影响苗木的出圃质量。

果树苗圃杂草的化学防除，通常在育苗的不同阶段进行。除草剂的选用，可分别从其适用于定植果园的种类中择取对苗木安全的品种。

1. 播种圃杂草防除

（1）播后苗前处理：在树籽和杂草出苗前，每亩用48%氟乐灵乳油100～150ml，或48%拉索乳油150～200ml，或25%恶草灵乳油150ml，或50%扑草净可湿性粉剂100～150g，加水50L配成药液，均匀喷于床面。氟乐灵喷后要立即混入浅土层中。此外，仁果、坚果播种苗床，还可每亩用40%阿特拉津悬浮剂150ml，配成药液处理。

树籽出苗前、杂草出苗后可以每亩用20%百草枯水剂150～200ml，加水配成药液喷于苗床。该药残效期短，是利用树籽和杂草出苗期不同的时差进行处理。

（2）苗木生长期处理：在果树实生幼苗长到5cm后，为控制尚未出土或刚刚出土的杂草，可按照前后“播后苗前”所用的药剂及用量，掺拌40kg过筛细潮土均匀筛于床面。并用树条拨动等方法，清除落在树苗上的药土。

禾本科杂草发生较多时，可在这些杂草3～5片叶期，每亩用12.5%盖草能乳油50～80ml或10%禾草克乳油50～100ml，加水40ml配成药液，喷于杂草茎、叶。

在大距离行播和垄播苗圃，若阔叶杂草发生较多或混有禾本科杂草时，可在这些杂草2～4叶期，每亩用24%果尔乳油30ml加12.5%盖草能40ml，兑水喷雾，在喷头上加防护罩定向喷于杂草茎、叶。

2. 嫁接圃、扦插圃杂草防除

在苗木发芽前和杂草出苗前按照播种圃“播后苗前”所用的药剂及用量，加水配成药液，定向喷于叶面。在苗木生长期，参照播种圃生育期处理应用的药剂、药量与要求，以药液喷雾法定向喷施。

（二）成株果园杂草化学防除技术

当前，适用于北方果园的除草剂有草甘膦、百草枯、氟乐灵、茅草枯、阿特拉津、西玛津、扑草净、敌草隆、伏草隆、利古隆、磺草灵、敌草腈、出草通、果尔、特草定、杀草强等。实际应用时，必须根据杂草种类和发生时期，因树、因地选择与搭配用药种类，建立行之有效的化学防除体系。

1. 仁果类果树的除草剂

莠去津：主要用于苹果和梨园，防除马唐、狗尾草、看麦娘、早熟禾、牛筋草、苋、苍耳、车前等一、二年生杂草，对刺而菜、小旋花等多年生杂草有有一定的抑制作用。在早春杂草大量萌发出土前或整地后进行土壤处理。北方春季土壤过旱而又没有灌溉条件的果园，前期施用这类药剂往往除草效果不佳，但可利用其持效期长的特点，酌情改在秋翻地施用。有灌溉条件或秋季施药，除了配成药液喷撒，也可拌成药土撒施。秋季施于地面的药液或药土，随后要混入 3~5cm 深的浅土层中，持续期可达 60~90d。除了土壤处理，还可视杂草的发生情况，于幼苗期进行茎叶处理。无论土壤处理还是茎叶处理，都要喷洒均匀，以免产生药害。莠去津的用量因土壤质地而异，沙质土每亩用 50% 可湿性粉剂 150~250g，或 40% 悬浮剂 150~250ml，壤土用 250~350g 或 250~350ml，黏质土和有机质含量在 3% 以上的土壤用 400~500g 或 400~500ml，含沙量过高，有机质含量过低的土壤，不宜使用。

乙氧氟草醚：杀草谱较广，用于果园防除一年生阔叶草、莎草等禾本科杂草，对多年生杂草只有抑制作用。在杂草出土前，每亩用 24% 乳油 40~50ml，加水配成药液喷于土表。

萘丙酰草胺：在果园杂草出土前，每亩用 50% 可湿性粉剂 250~350g，加水配成药液定向喷施，可防除马唐、狗尾草、早熟禾等多种一年生禾本科杂草和阔叶杂草。用量因土壤质地而异，沙质土用下限，黏质土他、用上限。施药后若天旱，因进行灌溉，使土壤表层保持湿润状态。

圃草定：用于果园防除一年生单、双子叶杂草，具有效果好、持效期长的优点。通常在春季杂草出土前，每亩用 65% 水溶性颗粒剂 100~200g，加水 50~70L 配成药液喷与土表，随后立即混入 2~3cm 深土层中。圃草定可与敌草隆、莠去津等混用。早药量为每亩 65% 圃草定可溶性颗粒剂 100g，加 25% 敌草隆可湿性粉剂 200g 或 40% 莠去津悬浮剂 150~200ml。

敌草隆：绝大多数一年生杂草和部分多年生杂草均有防效，如马唐、狗尾草、牛筋草、苋菜等对香附子、狗牙根也有抑制作用。敌草隆适用于定植 4 年以上的果园。在早春杂草萌发出土前进行土表喷雾处理，一般每亩用 25% 可湿性粉剂 500~800g，沙质土用量要灼减。持效期为 30~60d。

草甘膦：用于苹果和梨等果园防除各种禾本科、莎草科杂草和阔叶杂草，以及藻类和某些小灌木。通常进行定向喷雾或顶端涂抹。草甘膦只能被植物的绿色部分吸收而后传导至全株，因此，必须用于茎叶处理才有效。喷药时注意不要将药液喷到树冠和萌芽枝条的绿色部分，以免造成药害。草甘膦用量视杂草种类和密度酌情而定。以一、二年生阔叶杂草占优势的果园，每亩用 10% 水剂 750~1 000ml；以一、二年生禾本科杂草占优势的果园，每亩用 10% 水剂 650~900ml；以多年生宿根性杂草占优势的果园，每亩用 10% 水剂 1 200~2 000ml。喷药时，在药液中加入适量表面活性剂，如加 0.1% 的洗衣粉，可提高药效。适宜的施药时期，在杂草株高 15cm 左右，即北方大致为 6 月份。施用过早，对多年生宿根性杂草的上部防效虽好，但杀不死根茎，而后仍能再生；施用过晚，杂草生长旺期已过，大部分茎秆木质化，不利于药剂在植体中传导，因此防效较差。使用草甘膦后，杂草受害症状表现较慢，一年生杂草须 15~20d，多年生杂草需要 25~30d 枯死。

百草枯：触杀性除草剂，适用于果园防除一、二年生杂草，对多年生杂草只能杀死地上绿色茎叶而不能杀死地下根茎。在杂草出苗后至开花前均可喷洒，但最好在株高 15cm 左右时施用。通常采用定向或加保护罩限位将药液喷洒于杂草茎叶，使用注意事项同草甘膦。一般亩用量为20%水剂400～1 200ml。百草枯可与莠去津、西玛津、敌草隆、利谷隆等混合使用。如每亩用20%百草枯水剂200ml加入50%利谷隆可湿性粉剂100g。

吡氟禾草灵：对禾本科杂草具有很强的杀伤作用。在发生禾本科杂草为主的果园，于杂草3～5片叶期，每亩采用35%吡氟禾草灵乳油或15%精哔氟禾草灵75～125ml。加水配成药液喷施，防除一年生草效果较好；提高用量到160ml，防除多年生芦苇、茅草等也较有效。

2. 核果、坚果类果树除草剂

莠去津、西玛津、扑灭津，可用于坚果类果树果园，桃等核果类果树对这些除草剂较为敏感，不宜应用。其他参见仁果类果树除草。

黄草消：用于核果类、坚果类果树果园防除多种一年生禾本科杂草和阔叶杂草。一般在杂草出土前，每亩用75%可湿性粉剂80～100g，加水配成药液喷于土表，并混入土中。土壤有机质含量大于3%时不宜应用。

使它隆：防除阔叶杂草。用量视杂草种类及生育期酌情而定。一般在果园杂草2～5叶期，每亩用20%乳油75～150ml，加水配成药液进行茎叶处理。可防除红蓼、苋、田旋花、酸模、空心莲子草、猪殃殃、马齿苋、龙葵、繁缕、大巢菜、鼬瓣花等。配置药液时，加入药液量0.2%的非离子表面活性剂，可提高防效。此外，防止把药液喷到树叶上。

3. 葡萄园除草剂

葡萄园除草剂可以用草乃敌、杀草丹、稳杀得、氟乐灵、恶草灵、黄草消、果尔、敌草腈、使它隆、茵灭达、草甘膦、大惠利、百草枯。上列除草剂的使用方法，同仁果类、核果、坚果类果树。

乳氟禾草灵适用于葡萄园防除多种阔叶杂草。其作用特点是通过杂草茎、叶吸收后经有限传导，使草叶干枯致死。因此要在阔叶杂草基本出齐、大多数株高不超过5cm时，每亩用24%乳油30～50ml，加水30L左右配成药液进行茎叶处理。对葡萄的安全性差，喷洒时应采用保护罩或低压喷头定向喷布，严防将药液喷到葡萄的嫩枝和叶片上。施药后遇低温、干旱会降低药效；连续阴雨天而缺少光照时，药效也不易迅速发挥。

四、果园杂草的其他防治技术

（一）覆盖治草

覆盖不仅能治草，而且能提高土壤有机质，改善土壤物理性质，保护土壤，增强树势，提高果树抗冻能力。地膜（药膜、深色膜）覆盖不仅抑草效果明显，而且能使幼树成活率高、萌发早，促使树体发育，早成形、早结果，生产上已广泛应用。

（二）以草抑草

在果树株行间种植草本地被植物，如草莓、大蒜、洋葱、三叶草等，任其占领多余空间，抑制其他草本植物（杂草）的生长，待其生长一定量后，割草铺地，培肥地力；或种植豆科绿肥，占领果园行间或园边零星隙地，能固土、压草、肥地，一举多得。

（三）生物防治杂草

成年杂草的生物防治，除了采用杂草的自然微生物和昆虫天敌外，还可因地制宜地放养家兔、家禽等，可有效地控制杂草的生长。在果园中套种其他经济作物如大葱、大蒜、南瓜等。

【思考题】

1. 简述苹果几种主要枝干病害的识别要点及其防治措施。

2. 苹果桃小食心虫如何测报及防治？

3. 果园常见螨类有哪几种？发生规律有何不同？怎样防治？

4. 如何防治梨锈病？如何防治梨小食心虫？

5. 葡萄霜霉病发病与环境条件有何关系？药剂防治应选择哪些农药种类？

6. 葡萄白腐病和葡萄炭疽病的发生流行条件是什么？防治的关键时期是什么？各应选择哪些种类的农药？

7. 果园杂草防除有何特点？

【能力拓展题】

1. 如何根据轮纹烂果病的发生特点开展防治？

2. 如何区别葡萄白腐病、房枯病、穗轴褐枯病、黑痘病、炭疽病的果实症状？

3. 自行设计一个果园病虫草综合防治方案。

实验指导篇

实验1 显微镜的使用

一、体视显微镜的使用

一、教学目的要求

了解体视显微镜光学系统的基本组成，掌握体视显微镜的使用技术。

二、材料及用具

蝗虫、蝼蛄、步行虫、象甲等浸渍、针插、玻片标本；体视显微镜、挑针、镊子等。

三、内容方法及步骤

1. 根据观察物体颜色选择载物台面（有黑、白两色），使观察物衬托清晰并将观察物放在载物台中心。

2. 根据观察需要确定放大倍数，然后松开锁紧手轮，用手稳住升降支架或托住镜身，慢慢拉出或压入升降支架，调节工作距离，至初步看到观察物时，再扭紧锁紧手轮，固定镜身。一般放大倍数在（80～100）×时，工作距离为70～100mm，放大160×（加用2倍大物镜）时，工作距离为25～35mm，因体视镜规格而异。

3. 先用低倍目镜和物镜观察，转动调位手轮（升降螺丝），使左眼看清物象，然后转动右镜管上的目镜丝环（折光度环）至两眼同时看到具有立体感的清晰物象时，即可观察。必要时还可调节两个大镜筒，改变目镜间距离，使适合工作者的双眼观察。调位手轮升降有一定的范围，当拧不动时，不能强拧，以免损坏阻隔螺丝和齿轮齿。

4. 如需改用高倍镜进行细致观察，可将观察部分移至视野中心，再拨动转盘，按照读数圈上的指示更换放大倍数。放大总倍数＝读数圈指示数×目镜倍数，如使用2倍大物镜则应将以上倍数再乘2。

5. 体视显微镜成为正象，观察时与实物方位相一致，与光学显微镜形成倒象不同。

6. 观察高倍镜时应充分利用窗口散射日光，必要时也可利用人工光源照明。有些型号的体视显微镜附有6～15W灯泡，使用时必需接有低压变压器。

四、保养与使用注意事项

1. 每次观察完毕后，应及时降低镜体，取下载物台面上的观察物，将台面擦拭干净。物镜目镜装入镜盒内，目镜用防尘罩盖好装入木箱锁好。

2. 体视显微镜和一般精密光学仪器一样，不用时应放置在阴凉、干燥、无灰尘和无酸碱性挥发药品的地方。注意防潮、防震、防尘、防霉、防腐蚀。

3. 显微镜镜头内的透镜都经过严格校验，不得任意拆开，镜面如有污物，可用脱脂棉蘸少量二甲苯或酒精、乙醚混合液轻轻揩拭，注意绝不可使用酒精，以免渗入透镜内部，溶解透镜胶损坏镜头。镜面的灰尘可用擦镜纸轻拭，镜身可用清洁的软绸、细绒布擦净，切忌使用硬物，以免擦伤。

4. 齿轮滑动槽面等转动部分的油脂如因日久形成污垢或硬化影响螺旋转动灵活时，可用二甲苯将陈脂除去，再擦少量无酸动物油脂或无酸凡士林润滑油，但注意油脂不可接触光学零件，以免损坏。

五、作业

1. 正确操作体视显微镜观察黏虫的成虫和幼虫形态特点。

2. 体视显微镜维护应注意哪些问题?

二、生物显微镜的使用

一、教学目的要求

了解生物显微镜光学系统的基本组成，掌握生物显微镜的使用技术。

二、材料与用具

生物显微镜，玉米大斑病菌玻片，镰孢菌玻片，丁香假单胞杆菌玻片。

三、内容方法及步骤

1. 显微镜的构造

显微镜的构造有机械装置和光学系统两部分，其中光学体统包括物镜、目镜、聚光镜和彩虹光圈、反光镜以及光源 5 个部分。

2. 显微镜使用方法

（1）取镜

一手握住镜臂，一手托镜座，使镜身直立，显微镜放在离桌边 8cm 左右。

（2）低倍镜观察

固定低倍物镜 → 置玻片标本 → 调好光线 →聚光器调至最高点稍下→ 调粗螺旋找到标本 →调细螺旋观察标本→ 图像效果清晰。

（3）高倍镜观察

低倍镜选好目标 → 转动物镜转换器换上高倍镜 → 调细焦螺旋至物象清晰。

（4）油镜观察

低倍镜下找被检部分 → 高倍镜下调焦 →移去高倍镜 → 滴一滴香柏油于盖玻片 → 换用油镜观察 → 画图 。

（5）收镜

观察结束→镜筒升高 → 取下切光孔两侧。

四、注意事项

1. 未使用过显微镜者，尤其是一些特殊的显微镜，要听从讲解和指导；

2. 搬动显微镜时，要用双手，一手托，一手提，注意安全；

3. 显微镜蘸上液体立即用软布或擦镜纸擦去。油镜的油和其他镜头沾染的污物都只能用擦镜头纸擦去；

4. 对焦的时候最先提高物镜使与观察物分开，注意使物镜与镜台分开旋组的转动方向；

5. 高倍镜的物镜有干用的和油用的，玻片上已经滴上油的，勿再转用高倍物镜；

6. 低倍镜观察，聚光镜下的虹彩光圈可适当调小一些，控制射入光线量，以增加对比度；

7. 高倍镜观察，勿使镜头紧压切片，以免损坏镜头和压碎玻片。

五、作业

1. 生物显微镜光学系统有哪几个部分组成，其性能如何？

2. 正确取收显微镜应注意哪些问题？

实验2 昆虫外部形态观察

一、目的要求

通过实训认识昆虫体躯外部形态及特征观察。

二、材料及用具

放大镜、体视显微镜、挑针、镊子等。

三、实验材料

蝗虫、蝼蛄、家蝇、蛾类、蝶类、蜜蜂、蝉、蝽、螳螂、龙虱，金龟甲、步行虫、蚜虫、蓟马、象甲等浸渍、针插、玻片标本及昆虫外部形态挂图、电教片等。

四、内容方法及步骤

1. 观察所给昆虫材料的体段划分

以蝗虫为例，用体视显微镜观察昆虫体躯，注意体外包被的外骨胳，体躯分节和头胸腹3个体段的划分。头部一般由4~6个体节愈合而成，但分节不明显，胸部由前、中、后胸3个体节组成，有两对翅3对足，腹部通常由9~11节组成，分节很明显。

2. 观察昆虫头部及附肢

(1) 用体视显微镜或放大镜观察所给昆虫的触角、口器、复眼、单眼的位置和数目。昆虫一般只有两个复眼，2~3个单眼。一对触角，口器位于头部下方或前方。

(2) 观察蜜蜂、象甲触角的柄节、梗节，鞭节的构造，对比观察蝗虫、蝉、蛾、蝶、蝽、金龟甲、步行虫、蝇类等的触角，辨别认识触角的不同类型。

(3) 用镊子取下蝗虫的咀嚼式口器的上唇、上颚、下颚、下唇和舌，对照挂图观察。在体视显微镜下将蝉或蝽的刺吸式口器取下，用挑针、镊子拨开上下颚口针进行观察。

3. 观察昆虫胸部及附肢

(1) 成虫具3对足，分别着生于前、中、后胸，称为前足、中足、后足。以蝗虫为例观察足的基节、转节、腿节、胫节、跗节、爪及爪垫的构造，对比观察蝼蛄的前足，步行虫的前足，蝗虫的后足，螳螂的前足，蜜蜂和龙虱的后足。

(2) 通常昆虫具两对翅，分别位于中后胸上，取下蛾类的前翅，观察昆虫翅的构造及分区。对比观察蝗虫的前后翅，蝽类的前翅、金龟甲的前翅、蛾类的前后翅，在体视显微镜下观察蓟马的前后翅，比较昆虫翅的类型和特征。

4. 观察昆虫腹部及附肢

观察昆虫腹部的气门、听器、尾须、雌雄外生殖器等的着生位置和形态。

五、作业

1. 绘出蝗虫外部形态图，注明昆虫的体躯分段。

2. 绘出昆虫足基本构造并指出蝗虫后足、蝼蛄、螳螂、金龟甲前足各属何种类型。

实验3 昆虫生物学特性的观察

一、目的要求

通过对实验标本的观察，了解和掌握昆虫的主要变态类型以及卵、幼虫和蛹的几种常见类型。

二、实验材料

蝗虫、椿象、蜻蜓、黏虫、金龟子的生活史标本；蝼蛄、地老虎、椿象，菜粉蝶、草蛉、蝗虫、豆芫菁、黏虫、家蚕、玉米螟、三化螟的卵；玉米螟、菜粉蝶、叶蜂、枣尺蠖、沟金针虫、金龟子、瓢虫、家蝇的幼虫；黏虫、金龟子、蝇的蛹；家蚕、刺蛾、草蛉、金龟子的蛹室。

三、仪器和用具

体视显微镜、放大镜、镊子、培养皿、解剖针等。

四、内容与方法

（一）昆虫的变态

1. 不完全变态

不完全变态是昆虫在个体发育过程中，只经过卵、若虫和成虫3个阶段。其特点是成虫和若虫的形态特征分化不是很大，翅在体外发育。该变态按生活习性的差异又可分为渐变态和半变态。

（1）渐变态：这类变态的幼期称为若虫。其特点是，成虫与若虫不仅形态上相似，而且生活习性上也基本相同。观察蝗虫和椿象的生活史标本。

（2）半变态：这类变态的幼期称为稚虫。稚虫和成虫不仅在形态上有比较明显的分化，而且在生活习性上也有较大的差异。观察蜻蜓的生活史标本，注意成虫与稚虫形态上的差异，其稚虫营水生生活，成虫陆生。

2. 完全变态

完全变态的特点是昆虫个体在发育过程中要经过卵、幼虫、蛹和成虫4个阶段。幼虫的形态、生活习性以及内部器官等都和成虫截然不同。如鳞翅目幼虫没有复眼，腹部有腹足，口器为咀嚼式口器，翅体在内部发育，幼虫经过若干次蜕皮后，变为外形完全不同的蛹，蛹经过相当长时期后羽化为成虫。观察黏虫、金龟子等的生活史标本。

（二）昆虫的卵

1. 卵的形状

昆虫的卵通常很小，卵的形状因种类而异，常见的有：

椭圆形　观察蝼蛄的卵。

半球形　观察地老虎的卵。

桶形　观察椿象的卵，其形状象腰鼓。

瓶形　观察菜粉蝶和瓢虫的卵，其端部紧缩而近中段处最膨大，底部多少平扁。

柄形　观察草蛉卵，卵的本身是长圆形的，但卵的下端有丝状长柄，用以固定在植物上。

圆筒形　观察蝗虫的卵。

纺锤形　观察豆芫菁的卵。其两端均匀的缩小，呈纺锤形。

2. 卵的排列

昆虫的产卵方式也因种类而异，卵有单粒或几粒散产，也有多粒产在一起成为卵块的。多粒产在一块的卵排列又有所不同。观察椿象的卵，其卵粒规则地排列成行。而家蚕的卵，其卵粒不规则地聚集成块。观察玉米螟的卵，其卵粒是不规则地聚集成鳞片状。

3. 卵的保护物

昆虫的产卵方式表现出多种适应性，许多种类的昆虫，在排卵的同时形成了对卵的有保护作用的构造。观察下列昆虫标本的卵的保护物：

（1）螳螂的卵鞘：它是由附腺分泌物硬化而成的囊。

（2）蝗虫的卵囊：它是蝗虫产卵时附腺分泌物与土缀合而成的。

（3）三化螟卵块上的茸毛：它是三化螟产卵时留下的一层褐色鳞而形成的保护物。

（三）全变态类幼虫的类型

根据体型和足式可将全变态类昆虫的幼虫分为以下几个类型：

1. 多足型

除具有3对胸足外还有腹足，腹足多少因种而异，多数鳞翅目幼虫有5对，分别着生在腹部的第三、四、五、六与第十节上，第十节上的腹足特称为臀足或尾足，观察玉米螟、菜粉蝶幼虫；少数鳞翅目幼虫如尺蠖类有两对腹足，分别着生于第六、十腹节上，观察枣尺蠖幼虫；此外，膜翅目叶蜂类有6～8对腹足，观察叶蜂幼虫，数清腹足对数。

2. 寡足型

只有3对胸足而无腹足。寡足型根据体型又分为：

（1）蛃型：观察瓢虫幼虫，注意其身体后段缩小，胸足发达，此类幼虫行动迅速。

（2）蛴螬型：观察金龟子幼虫（蛴螬）或象鼻虫幼虫，身体粗壮，全体粗细相仿，呈“C”字形弯曲。

（3）蠕虫型：观察金针虫幼虫，身体细长，胸足较短或不发达。

3. 无足型

观察蝇类（家蝇）的幼虫，即无胸足又无腹足。全部双翅目及大多数膜翅目、部分鞘翅目幼虫属于无足型。

（四）蛹

1. 蛹的类型

按照蛹的形态特征可分为3种类型。

（1）离蛹（又称裸蛹）：这类蛹的特征是附肢和翅不贴附在身体上，可以活动，同时腹节间也能自由活动。观察金龟子的蛹。

（2）被蛹：这类蛹的触角和附肢等胶贴在蛹体上，不能活动，腹节多数或全部不能扭动。观察黏虫的蛹。

（3）围蛹：蛹的外面包有一层幼虫最后两次脱下的皮所形成的硬壳。这种类型的蛹，就其蛹体来说还是离蛹，观察家蝇的蛹，把硬壳划破，扒开硬壳后，进一步观察里面的蛹体，是离蛹还是被蛹。

2. 蛹的保护物

蛹是不活动的虫期，缺少防御和躲避敌害的能力，并很容易受外界不良条件的影响，因此老熟幼虫在化蛹前常寻找适当的隐蔽场所，有的则有构造特殊的保护物，如吐丝作茧或以土及其他杂物、碎屑、本身的毛或丝等黏在一起作茧等。观察家蚕、刺蛾等的茧和金龟子的蛹室。

五、作业

1. 鉴定玉米螟、枣尺蠖、金龟子、瓢虫、家蝇幼虫等的标本分属何种类型。

2. 自己试作一种昆虫的生活史标本。

实验4　昆虫内部器官及生物学特性观察

一、目的要求

通过实训了解昆虫内部器官的位置和构造，熟悉昆虫解剖技术。

二、仪器和用具

体视显微镜、放大镜、解剖剪、挑针、镊子、大头针、蜡盘、生理盐水、多媒体教学设备等。

三、实验材料

蝗虫或油葫芦、蝼蛄成虫、天蛾或柞蚕幼虫的浸渍标本或玉米螟活体幼虫等。昆虫内部构造挂图及多媒体课件等。

四、内容与方法

1. 昆虫解剖方法

取新鲜或浸泡的蝗虫1只，先剪去足和翅等附肢，然后自腹部末端沿着近背中线稍偏左侧向前剪至上颚。同时注意尽量使剪刀尖向上挑，以免破坏内脏。再用同样方法剪腹面，然后将较小的左半片轻轻取下，剩下大半体躯的虫体放蜡盘中，用大头针沿剪开处插住，插时尽量使针向外倾斜，使虫体敞开在盘内，再放入清水浸没虫体，以便观察。

2. 昆虫内部器官的观察

（1）消化系统：观察由口至肛门的一条管道——消化道。注意前、中、后肠的位置及分界线。前肠的前端为口，口后为咽喉、食道、嗉囊和前胃；前、中肠的交界处有胃盲囊；中肠较粗；中、后肠交界处着生乳白色丝状马氏管；后肠前端较细，为小肠和大肠，后端较粗，为直肠，肛门开口于末端。

（2）生殖系统：观察腹部末端消化道两侧的生殖器官。观察雌性的卵巢、输卵管、受精囊和附腺；雄性的睾丸、输精管、贮精囊、射精管和附腺。

（3）神经系统：用剪刀从前端剪断消化道，小心将其移开并轻轻取掉腹部肌肉，即可看到中枢神经系统。观察脑、咽喉下神经节及腹神经索的构造以及由各神经节向各部伸出的神经纤维。

（4）循环系统：在体视显微镜下观察家蚕等活体背部中央背血管搏动张缩情况，然后迅速将活虫用福尔马林杀死，从其腹部中央剪开，使背部向下固定在蜡盘内，倒入生理盐水，然后轻轻取去消化道及脂肪体、肌肉等。观察紧贴在背中央的一条白色半透明的背血管，其后段有一个膨大的心室，即昆虫的循环系统。注意在心室两侧有三角形的翼肌，借助于翼肌的张缩活动，构成有规律的血液循环。

(5) 呼吸系统：用10%氢氧化钾溶液煮家蚕标本，消融虫体内脏、肌肉，然后轻轻用镊子将内脏残余物自腹部挤出。由腹部或背中央剪开，在清水中轻轻漂洗，即可得到完整的呼吸系统标本。

五、作业

1. 绘蝗虫（或其他昆虫）消化道图，注明各部分名称。

2. 简述昆虫内部器官在体腔内的位置和形态特征。

实验5　昆虫纲主要目的特征观察

一、目的要求

识别直翅目、半翅目、缨翅目、同翅目、鞘翅目、鳞翅目、膜翅目、双翅目、脉翅目和主要科形态特征。

二、仪器和用具

体视显微镜、多媒体教学设备、放大镜、镊子、挑针、培养皿等。

三、实验材料

直翅目蝗科、蝼蛄科；半翅目椿象科；缨翅目的蓟马科；同翅目蝉科、叶蝉科、蚜科、粉虱科；鞘翅目步甲科、拟步甲科、芫菁科、金龟子科、叶甲科、象甲科和鳞翅目夜蛾科、灯蛾科、螟蛾科、菜蛾科、粉蝶科、凤蝶科、膜翅目的叶蜂科、姬蜂科、茧蜂科、赤眼蜂科、双翅目的摇蚊科、实蝇科、潜蝇科、食蚜蝇科、脉翅目的草蛉科等成虫的针插标本、浸渍标本、昆虫盒式分类标本、挂图及多媒体课件等。

四、内容与方法

1. 观察所给各目的昆虫分类标本，识别各目昆虫的主要特征。

2. 观察直翅目蝗虫、蝼蛄的主要特征及区别，注意触角的长短、形状、翅的质地和形状、前胸背板、听器及产卵器的特征。

3. 观察半翅目椿象的形态特征，注意头式、喙分节情况及位置，触角的类型、单眼的有无；前胸背板和中胸小盾片的位置和形状，前翅的质地和分区情况。观察臭腺的有无和位置。

4. 观察花蓟马、稻管蓟马体型长短及大小、触角形状、前后翅形状及类型（是否狭长、有缘毛、有无翅脉）、足的末端是否有泡状中垫、腹部末端形状等，掌握缨翅目主要特征。

5. 观察同翅目蝉、叶蝉、蚜虫、白粉虱的触角类型、喙的位置、前翅的质地，翅停息时的状态。观察蚜虫的腹管和尾片的形态特征。

6. 观察鞘翅目步甲和金龟子腹面第一腹板被后足基节臼分割的情况，注意肉食亚目和多食亚目的形态区别。

7. 观察步甲、金龟子、瓢虫、象甲、叶甲前后翅质地、口器类型、头式、触角形状和数目、足的类型和各足跗节的数目。

8. 观察蝶类和蛾类成虫触角、翅的质地、口器类型、鳞片、斑纹形状和脉相等。观察鳞翅目幼虫的体形、类型、口器、腹足的数目和其他特征。比较识别小地老虎成虫翅面的斑纹和各部分的名称。

9. 观察叶蜂、茎蜂、胡蜂、姬蜂、小蜂、茧蜂、金小蜂、赤眼蜂等成虫前后翅质地、翅脉变化情况；触角及口器类型；产卵器形状；观察叶蜂及胡蜂等成虫胸腹交界处是否收缩等。观察叶蜂幼虫形状、腹足数目、有无趾钩。

10. 观察草蛉等体形、体色，口器类型及着生方向，复眼大小及颜色，前后翅质地及脉纹等；观察草蛉幼虫体型，是否有毛瘤等，口器类型及着生方向，掌握脉翅目特征。

11. 观察实蝇、寄蝇、潜叶蝇、食蚜蝇、种蝇、蚊、虻类成虫体形、体色；触角类型、节数；口器类型；膜质的前翅及后翅特化成的平衡棒形状等。观察幼虫的类型（全头型、半头型和无头型）。

五、作业

将所观察各目代表科昆虫的主要形态特征填入下表。

目及主要科形态特征观察记录表

目	科	口器特征	翅特征	足特征	其他特征

实验6　植物病害症状类型观察

一、目的要求

了解各类病原物对植物的为害，描述植物病害症状的主要表现，辨别植物病害主要症状类型及其特点，为诊断植物病害奠定基础。

二、仪器和用具

解剖显微镜、投影仪、多媒体教学设备、放大镜、镊子、挑针等。

三、实验材料

侵染性病害：花叶病、霜霉病、疫病、白粉病、锈病、炭疽病、菌核病、灰霉病角斑病、腐烂病、溃疡病、猝倒病、立枯病、枯萎病、青枯病、根癌病、丛枝病、软腐病、菟丝子和线虫病等。

非侵染性病害：日烧、缺素、药害、肥害和污染等病状。

以上病害新鲜材料或标本、病原菌玻片标本、照片、挂图、光盘、多媒体课件等。

四、内容与方法

1. 病状类型

（1）花叶：观察叶片绿色是否浓淡不均？有无斑驳？

（2）坏死：观察比较病斑的大小、颜色和形状各有何特点？

（3）腐烂：观察腐烂特征有何异同？是干腐还是湿腐？观察幼苗立枯病、猝倒病的茎基部颜色，注意有无腐烂？有无缢缩？

（4）萎蔫：观察枯萎病、黄萎病和青枯病病状特点，注意病株枝叶是否保持绿色？萎蔫发生在局部还是全株？病株茎秆维管束颜色与健康植株有何区别？

（5）畸形：观察病毒病、缩叶病、根癌病、丛枝病等标本，分辨病、健株病状表现有何不同？表现哪些病状类型？

2. 病征类型

（1）霉状物：观察疫病、霜霉病、青霉病和灰霉病等病害标本或瓶装标本，注意霉状物的颜色。

（2）粉状物和霉状物：观察白粉病、锈病、玉米瘤黑粉病等标本，注意粉状物和霉状物的颜色和质地等。

（3）粒状物：观察轮纹病、炭疽病、芹菜斑枯病和茄子褐纹病等标本，注意病部粒状物是埋生、半埋生还是表生？大小及疏密程度如何？排列有无规律？

（4）线状物和核状物：观察园艺植物菌核病、果树紫纹羽病等标本，注意菌核或菌索的大小、形状、质地和颜色。

（5）脓状物：观察白菜软腐病、桃李细菌性穿孔病等标本，注意有无脓状黏液或黄褐色胶粒。

五、作业

将观察结果填入下表。

植物病害症状观察记录表

寄主名称	病害名称	发病部位	病状类型	病症类型

六、思考题

1. 植物病害的主要特征是什么？

2. 植物病害是否都能见到病状和病征？为什么？

实验7　鞭毛菌亚门、接合菌亚门真菌形态特征及所致病害症状观察

一、目的要求

通过该项实训了解真菌的一般形态，初步掌握显微镜观察、制片、绘图技术；识别鞭毛菌亚门、接合菌亚门各代表属的形态特征，为鉴定病害打基础。

二、材料和用具

材料：水稻纹枯病和油菜菌核病菌核、紫纹羽病菌索、粟白发病标本或卵孢子装片；根霉属接合孢子装片、白粉菌或霜霉菌吸器装片；无性子实体和有性子实体装片；水霉菌、绵霉菌、瓜果腐霉病菌、马铃薯或番茄晚疫病菌、油菜霜霉病菌、葡萄霜霉病菌、黄瓜霜霉病菌、莴苣霜霉病菌、油菜白锈病菌、甘薯软腐病菌等病菌引起的病害标本或新鲜材料、挂图、病原菌永久玻片和病菌的 PDA 培养物；多媒体教学课件（包括幻灯片、录像带、光盘等影像资料）。

用具：显微镜、幻灯机、投影仪、计算机及多媒体教学设备，载玻片、盖玻片、挑针、镊子、双面刀片、蒸馏水小滴瓶、纱布块等。

三、内容及方法

1. 玻片标本制作练习

取清洁载玻片，中央滴蒸馏水1滴，用挑针挑取少许瓜果腐霉病菌的白色绵毛状菌丝放入水滴中，用两支挑针轻轻拨开过于密集的菌丝，然后自水滴一侧用挑针支持，慢慢加上盖玻片。

2. 无隔菌丝、有隔菌丝观察

挑取甘薯软腐病菌、棉花立枯病菌或镰刀菌的少许菌丝制临时玻片镜检，观察其菌丝形态特点。

3. 吸器观察

观察小麦白粉病菌或大白菜霜霉病菌的吸器形态。

4. 菌核及菌索的观察

观察小菌核属和水稻纹枯病、油菜菌核病的菌核的外形、颜色、大小。观察紫纹羽病菌绳索状结构的根状菌索。

5. 游动孢子囊和游动孢子

挑取水霉菌、绵霉菌或腐霉菌培养物，制作临时切片，镜检游动孢子囊和游动孢子。

6. 孢子囊和孢囊孢子

挑取根霉菌、毛霉菌和犁头霉菌培养物，制作临时切片，镜检孢子囊和孢囊孢子。

7. 分生孢子

采用挑、刮或切片的方法，取玉米小斑病菌、小麦白粉病菌、马铃薯早疫病菌的病害标本，制作临时切片，观察分生孢子形态。

8. 厚垣孢子

挑取棉花枯萎病菌的培养物制片、镜检。菌丝中或孢子中个别细胞膨大、细胞壁加厚的孢子即厚垣孢子。

9. 休眠孢子囊

取甘蓝根肿菌属或玉米节壶菌切片，镜检观察休眠孢子囊形态。

10. 卵孢子

挑取水霉、腐霉或疫霉的培养物，谷子白发病病穗，制作临时切片，镜检卵孢子形态。

11. 接合孢子

镜检犁头霉接合孢子玻片标本。

12. 子囊孢子

采取挑、刮和切片的方法，从小麦白粉病、小麦赤霉病、苹果树腐烂病、麦角病中选取1~2种病害标本。制片镜检。

13. 担孢子

观察小麦腥黑穗病菌冬孢子萌发形成的担子及担孢子的形态。

14. 绵霉菌属

取瓜果猝倒病病部绵絮状物制片镜检，观察比较它们的孢囊梗、孢子囊的形态特征，藏卵器内有卵球数目。

15. 腐霉属

观察瓜果的腐烂病病果上的白色菌丝体，将生长旺盛的小块菌丝体移至清水中培养24～48h，菌丝顶端即形成大量游动孢子囊，用针挑取在清水中培养过的菌丝，观察腐霉菌的游动孢子囊、排孢管、泡囊及游动孢子。

16. 疫霉属

取马铃薯或番茄晚疫病标本制片观察，孢子囊梗上部呈节状，孢子囊近球状、卵形或梨形等，具乳突。

17. 霜霉属、指梗霉属、单轴霉属、假霜霉属、盘梗霉属

镜检油菜霜霉病菌、粟白发病菌、葡萄霜霉病菌、黄瓜霜霉病菌、莴苣霜霉病菌玻片标本，观察孢囊梗分枝特点及分枝末端的特征，有性生殖阶段藏卵器内部的结构特点。

18. 白锈菌属观察

取油菜白锈病病部撕下一小块表皮下的叶肉制片（或装片）镜检。观察孢囊梗排列呈栅栏状。

19. 根霉菌属观察

取甘薯软腐病上的霉状物制片镜检。观察匍匐枝及假根、孢囊梗、孢子囊、孢囊孢子的形态。

四、作业

1. 根据观察结果，绘制有隔菌丝和无隔菌丝体图。

2. 根据观察结果，绘制油菜霜霉病菌的孢囊梗及孢子囊、甘薯软腐病菌孢子囊、孢囊梗、孢囊孢子、假根、匍匐菌丝和接合孢子形态图。

实验8　子囊菌亚门、担子菌亚门真菌形态特征及所致病害症状观察

一、目的要求

通过实训了解子囊菌亚门和担子菌亚门真菌各代表属的形态特征及其所致病害的症状特点，为诊断病害打基础。

二、材料和用具

材料：桃缩叶病菌、禾白粉病菌、瓜白粉病菌、葡萄白粉病菌、甘薯黑斑病菌、玉蜀黍赤霉菌、苹果树腐烂病菌、小麦全蚀病菌、黑麦麦角菌、核盘菌、玉米黑粉病、小麦散黑穗病、小麦网腥黑穗病菌、小麦光腥黑穗病菌、水稻叶黑粉病菌、小麦秆黑粉病菌、菜豆锈菌、禾柄锈菌、禾叶锈菌、禾条锈菌、梨胶锈菌、蔷薇多胞锈菌、亚麻锈菌、枣层锈菌等病菌引起的病害标本或新鲜材料、挂图、病原菌永久玻片和病菌的 PDA 培养物；多媒体教学课件（包括幻灯片、录像带、光盘等影像资料）。

用具：显微镜、幻灯机、投影仪、计算机及多媒体教学设备，载玻片、盖玻片、挑针、镊子、双面刀片、蒸馏水小滴瓶、纱布块等。

三、内容及方法

1. 外囊菌属

取桃缩叶病材料作临时玻片，在显微镜下检查。可看见子囊在寄主叶片的表皮下排列

成栅栏状，形成无包被的子囊层。

2. 白粉菌目各属观察

选取小麦白粉病、瓜白粉病、葡萄白粉病等不同材料。在实体解剖镜下观察闭囊壳及附属丝的轮廓及形态。挑取闭囊壳作临时玻片，在显微镜下检查。注意闭囊壳上附属丝的形状和着生部位，闭囊壳内的子囊数目。

3. 长喙壳属

观察甘薯黑斑病菌玻片标本，观察子囊壳的长颈、孔口处的须状物及头盔状的子囊孢子。

4. 赤霉属

取培养在麦粒上的玉蜀黍赤霉菌子囊壳制片观察。注意子囊壳的颜色、子囊孢子形态及细胞数目。

5. 黑腐皮壳属

取苹果树腐烂病菌切片镜检，子囊壳埋生在子座内，有长颈伸出子座。子囊孢子单细胞，香蕉形。

6. 顶囊壳属

观察小麦全蚀病害标本及病菌玻片标本。子囊壳顶端有短喙，子囊孢子细线状，多细胞。

7. 麦角菌属

取黑麦麦角菌切片，观察子座、子囊壳、子囊和子囊孢子形态。

8. 黑星菌属观察

镜检黑星菌属装片，观察子座形态，孔口周围有无刚毛？子囊及子囊孢子是何形态？

9. 煤炱属观察

挑取煤污病叶表面的黑色煤污物制片，观察子座及子囊孢子的形态特征。

10. 核盘菌属观察

镜检油菜或花生菌核病的菌核萌发示范标本，萌发出的子囊盘什么形状？

11. 单胞锈菌属

观察菜豆锈病或茭白锈病标本，挑取冬孢子制成玻片观察。冬孢子具柄，单细胞。

12. 柄锈菌属

观察小麦秆锈病、小麦叶锈病或小麦条锈病标本，冬孢子堆黑色。将有冬孢子堆的寄主叶片组织切下，制片观察冬孢子形态。

13. 胶锈菌属

从用水浸泡过的胶锈菌冬孢子角上用挑针挑取冬孢子制片观察冬孢子形态及柄的特征。

14. 多胞锈属

挑取玫瑰锈病组织上的冬孢子，制片观察。冬孢子多细胞，通常下部膨大易胶化。

15. 栅锈菌属

取亚麻锈菌病组织制作徒手切片观察冬孢子形态。

16. 层锈菌属

取枣锈病组织制作切片观察冬孢子形态。

17. 黑粉菌属

挑取小麦散黑粉（穗）病和玉米瘤黑粉病组织上的冬孢子制成玻片，观察冬孢子形态。另取其冬孢子萌发切片，观察冬孢子萌发是否产生担孢子。

18. 腥黑粉菌属

取小麦网腥黑穗病或小麦光腥黑穗病标本制片观察冬孢子形态。

19. 叶黑粉菌属

取水稻叶黑粉病标本，切片观察孢子堆、冬孢子形态。

20. 条黑粉菌属

取小麦秆黑粉病标本，制片观察。一至多个厚垣孢子集结成牢固的孢子球，孢子球外有淡色而小的不孕细胞包围。

四、作业

1. 绘白粉属、叉丝单囊壳属、球针壳属、钩丝壳属的形态图。
2. 绘赤霉属、核盘菌属形态图。
3. 绘胶锈属菌、柄锈菌属、条黑粉菌属、黑粉菌属病原菌的形态图。

实验9　半知菌亚门真菌形态特征及所致病害症状观察

一、目的要求

通过实训认识半知菌子实体的类型及重要致病菌属的形态特征，掌握常见植物病原半知菌属的鉴别特征。

二、材料和用具

材料：立枯丝核菌、齐整小核菌、稻梨孢、玉蜀黍平脐蠕孢、玉米大斑突脐蠕孢、大丽轮枝菌、芸薹链格孢、球座尾孢、梨黑星孢、灰葡萄孢、粉红聚端孢、意大利青霉、褐孢霉、尖孢镰刀菌、胶孢炭疽菌、葡萄痂圆孢、梨壳囊孢、芹菜生壳针孢、高粱生壳二孢、甜菜蛇眼病菌、梨叶点霉等半知菌引起的病害标本或新鲜材料、挂图、病原菌永久玻片和病菌的 PDA 培养物；多媒体教学课件（包括幻灯片、录像带、光盘等影像资料）。

用具：显微镜、幻灯机、投影仪、计算机及多媒体教学设备；扩大镜、载玻片、盖玻片、镊子、挑针、小剪刀、蒸馏水滴瓶、乳酚油小滴瓶等。

三、内容及方法

1. 丝核菌属

观察预先培养的棉花立枯病菌或小麦纹枯病菌菌落及其上的菌核，挑取菌丝制片观察菌丝分枝和分隔处缢缩的特征。

2. 小核菌属

取花生白绢病或小麦、大豆、棉花、烟草等白绢病菌标本或培养物，观察病菌菌丝及菌核形态特征。

3. 梨孢属

取水稻稻瘟病标本，用挑针挑取病叶上的霉状物制片，观察分生孢子梗及分生孢子的形态。

4. 平脐蠕孢属

取玉米小斑病叶，挑取病斑上的霉层制片，观察分生孢子梗及分生孢子的形态。

5. 突脐蠕孢属

取玉米大斑病病叶，用挑针挑或刮取其上的黑色霉状物制片，观察分生孢子梗及分生孢子的形态。

6. 镰孢属

取瓜类枯萎病菌培养物制片，观察大、小型分生孢子及厚垣孢子的形态。

7. 轮枝孢属

取培养好的棉花黄萎病菌平皿，直接放于显微镜载物台上观察其分生孢子梗和分生孢子形态。

8. 链格孢属

取白菜黑斑病病叶，用挑针挑取病斑上的黑色霉状物制片，观察分生孢子梗及分生孢子的形态。

9. 尾孢属

取芹菜早疫病（斑点病）病叶，挑取霉层制片，观察分生孢子梗及分生孢子的形态。

10. 黑星孢属

挑取梨黑星病叶上的煤烟状霉层制片，观察分生孢子梗及分生孢子的形态。

11. 葡萄孢属

取黄瓜或番茄灰霉病标本，挑取其上的灰霉状物制片，观察分生孢子梗及分生孢子的形态。

12. 聚端孢属

取棉铃红粉病标本，挑取霉层制片，观察分生孢子梗及分生孢子的形态。

13. 青霉属

取柑橘青霉病标本或病菌培养，挑片观察。分生孢子梗集结成束，“扫帚状”分枝，分枝末端为瓶状小梗，分生孢子着生在瓶状小梗上。

14. 褐孢霉属

取番茄叶霉病标本，挑取霉层制片，观察分生孢子梗及分生孢子形态。

15. 炭疽菌属

取苹果炭疽病标本制片，观察分生孢子盘、分生孢子梗、分生孢子的形态。

16. 痂圆孢属

取葡萄黑痘病标本制片，观察分生孢子盘、分生孢子梗、分生孢子的形态。

17. 壳囊孢属

取梨树腐烂病病树皮，徒手切片，观察子座、分生孢子器、分生孢子的形态。

18. 壳针孢属

取芹菜斑枯病病叶，做徒手切片，观察分生孢子器、分生孢子形态。

19. 壳二孢属

取高粱粗斑病标本制作切片，观察分生孢子器、分生孢子的形态。

20. 茎点霉属

取甜菜蛇眼病标本制作切片，观察分生孢子器、分生孢子的形态。

21. 叶点霉属

多寄生于叶上。取苹果灰斑病叶，制作徒手切片，观察分生孢子器、分生孢子的形态。

四、作业

1. 绘梨孢属、尾孢属和镰孢霉属的分生孢子梗和分生孢子形态图。

2. 绘炭疽菌属、盘二孢属的分生孢子盘和分生孢子形态图。

3. 绘拟茎点霉属、壳二孢属和壳囊孢属分生孢子器和分生孢子形态图。

实验10　植物病原细菌、线虫和寄生性种子植物形态及所致病害症状观察

一、目的要求

通过实训学会细菌革兰氏染色法、观察细菌的形态结构和原核生物病害的特点；认识病原线虫，为诊断线虫病害打基础；认识寄生性种子植物的形态特征，为识别和防治打基础。

二、材料和用具

材料：水稻白叶枯病菌、茄青枯病菌、白菜软腐病菌、马铃薯环腐病菌、枯草芽孢杆菌的新鲜培养物或当地各种细菌性病害等新鲜标本，小麦粒线虫病虫瘿和甘薯茎线虫病组织、大豆胞囊线虫的胞囊、花生根结线虫和水稻干尖线虫的玻片标本，菟丝子、列当、野菰、桑寄生、槲寄生等当地的寄生性种子植物标本。

用具：带油镜显微镜、载玻片、盖玻片、蒸馏水滴瓶、洗瓶、酒精灯、火柴、滤纸、镜纸、碱性品红、龙胆紫、95%酒精、碘液、苯酚、二甲苯等。

三、内容及方法

1. 植物细菌病害的简易诊断

植物细菌病害的诊断和病原鉴定比较复杂，初步诊断是根据症状特点和显微镜检查病组织中的细菌来完成的。细菌病害，除少数（如苹果根癌病）外，绝大多数能在受害部位的维管束或薄壁细胞组织中产生大量的细菌，并且吸水后形成菌溢，因此，镜检病组织中有无细菌的大量存在（菌溢的出现）是诊断细菌病害简单易行的方法。

取水稻白叶枯病新病叶，在病斑病健交界处剪取2mm×2mm的小块病组织，放在载玻片上，滴加1滴蒸馏水，盖好盖玻片后，立即在显微镜下观察，注意叶组织维管束剪断处是否有大量的细菌呈云雾状溢出，如将视野调暗观察更易见到，按同样方法用健康组织作镜检反证。

2. 培养性状观察

取培养皿中培养的水稻白叶枯病菌、马铃薯环腐病菌、茄青枯病菌和白菜软腐病菌等，注意观察菌落颜色、大小、质地，是否产生荧光色素等，和植物病原真菌培养菌落有什么根本性的不同？

3. 植物病原细菌革兰氏染色和形态观察

（1）涂片：在一片载玻片两端各滴一滴无菌蒸馏水备用。分别从白菜软腐病、马铃薯环腐病部、两种病菌的菌落上挑取适量细菌，分别放入载玻片两端水滴中，用挑针搅匀涂薄。

（2）固定：将涂片在酒精灯火焰上方通过数次，使菌膜干燥固定。

（3）染色：在固定的菌膜上分别加二滴龙胆紫液染色1min，用水轻轻冲去多余的龙胆紫液，加碘液冲去残水，再加1滴碘液染色1min，用水冲洗碘液，滤纸吸去多余水分，再滴加95%酒精脱色25~30s，用水冲洗酒精，然后用滤纸吸干后再用碱性品红复染0.5~1min，用水冲洗复染剂，吸干。

（4）油镜使用方法：细菌形态微小，必须用油镜观察。将制片依次先用低倍、高倍镜找到观察部位，然后在细菌涂面上滴少许香柏油，再慢慢地把油镜转下使其浸入油滴中，并由一侧注视，使油镜轻触玻片，观察时用微动螺旋慢慢将油镜上提到观察物像清晰为止。镜检完毕后，用擦镜纸蘸少许二甲苯轻拭镜头，除净镜头上的香柏油。

（5）镜检：按油镜使用方法分别观察革兰氏染色的制片。

4. 植物病原线虫的观察

（1）粒线虫属：切取浸泡的小麦粒线虫病虫瘿，挑取内容物制片镜检，注意观察虫体形态，雌成虫虫体呈肥胖卷曲状。颈部缢缩，肛门孔退化，雄成虫虫体细长，略弯，交合伞包至尾尖。

（2）茎线虫属：挑取甘薯茎线虫病病组织制片镜检雌雄虫体形态，注意雌虫阴门位置，雄虫交合伞不包至尾尖，交合刺基部变宽，并有突起等特点。

（3）胞囊线虫属：取分离到的大豆胞囊线虫的胞囊，在解剖镜下观察形状、颜色，区分头尾部，然后在低倍显微镜下压破胞囊镜检卵或二龄幼虫的形态。

（4）根结线虫属：镜检花生根结线虫玻片标本，注意雌雄成虫的形态和胞囊线虫属有何不同？虫卵产于何处？

（5）滑刃线虫属：镜检水稻干尖线虫玻片标本，注意观察雄虫尾端弯曲成镰刀形尾尖有4个突起，雌虫尾端不弯曲等特点。

5. 寄生性种子植物的观察：仔细比较菟丝子、列当、野菰、桑寄生、槲寄生或所给的寄生性种子植物标本，哪些仍具绿色叶片？哪些叶片已完全退化？它们如何从寄主吸取营养？

四、作业

1. 绘细菌形态图。

2. 绘线虫、菟丝子形态图。

实验11　杂草类别识别

一、实验目的

通过对农田杂草的分类，了解杂草的生物学特性，为防治打下良好的基础。

二、实验用品与工具

杂草实物标本。

三、实验内容与方法

（一）植物学分类

（二）根据生物学习性分类

（1）一年生杂草；

（2）越年生或二年生杂草；

（3）多年生杂草　依靠营养繁殖特性的不同，多年生杂草又分为以下几个类型：①根茎杂草；②根芽杂草；③直根杂草；④球茎杂草；⑤鳞茎杂草。

（4）寄生杂草。

（三）根据生态学特性分类

根据农田环境中水分含量的不同，可分为（1）旱田杂草；（2）水田杂草。

从生态学观点看，旱田杂草绝大多数都是中生类型的杂草；水田杂草则可再分为：

（1）湿生型杂草；

（2）沼生型杂草；

（3）沉水型杂草；

（4）浮水型杂草。

（四）根据杂草防除需要分类

（1）禾本科杂草；

（2）双子叶或阔叶杂草；

（3）莎草科杂草。

四、作业

1. 通过观察，准确识别当地主要作物田间杂草。

2. 写出当地作物田间杂草群落组成类型。

3. 根据当地主要作物杂草的群落组成的调查，作物栽培耕作特点以及除草剂的药源与价格等，提出某种作物田杂草综合防治技术方案。

实验12　常用农药性状观察及质量检查

一、目的要求

通过实训了解农药主要剂型特性及简易鉴别质量的方法；掌握常用农药理化性状特点。

二、材料和用具

材料：5%敌百虫粉剂、45%辛硫磷乳油、80%敌敌畏乳油、45%高效氯氰菊酯乳油、20%甲氰菊酯乳油、10%吡虫啉可湿性粉剂、3%啶虫脒乳油、1.8%阿维菌素乳油、25%灭幼脲悬浮剂、56%磷化铝合剂、73%克螨特乳油、70%杀螺胺可湿性粉剂、65%代森锰锌可湿性粉剂、15%腐霉利烟剂、40%多菌灵胶悬剂、20%三唑酮乳油、2%井冈霉素水溶性粉剂、5%灭线磷颗粒剂、48%麦草畏水剂、10%苯磺隆可湿性粉剂、50%乙草胺乳油、10%草甘膦水剂、80%敌鼠粉剂、40%乙烯利水剂、95%防落素片剂等样品。

用具：天平、牛角匙、量筒、烧杯、试管、玻棒等。

三、内容及方法

1. 农药主要剂型观察

观察粉剂、可湿性粉剂、乳油、颗粒剂、悬浮剂、水剂、烟剂、超低容量剂等剂型在外观形态上的不同。

2. 粉剂与可湿性粉剂的简易鉴别

取少量药粉轻轻撒在烧杯内的水面上，在较长时间内浮在水面上的为粉剂，在较短时间（1min 内）粉剂即湿润下沉，且搅拌时能产生大量泡沫的为可湿性粉剂。

3. 乳油的质量简易测定

取 2 ~ 3 滴乳油滴入盛有清水的试管中，轻轻摇动，观察油水互溶是否良好，稀释液中有无油层、油珠或沉淀，若有，则乳油质量较差，不能使用。

4. 常见农药物理性状观察

观察常见农药品种的物态、颜色，并通过标签了解其主要性能及使用技术。

四、作业

1. 列表记述所观察农药的剂型、物态、颜色及主要防治对象。

2. 测定几种可湿性粉剂及乳油的悬浮剂及乳化性，并记述观察结果。

实训指导

综合实训1　昆虫标本的采集、制作和鉴定

一、实训目的

农业昆虫标本的采集、制作和保存是植物保护课程中实践性非常强的一项技能，本技能与害虫识别技能关系密切。通过实训，学生应掌握农业昆虫标本的采集、制作和保存方法，熟练掌握干制标本和浸渍标本的制作技术，为害虫识别奠定基础。

二、教学资源

1. 仪器设备

体视显微镜。

2. 材料与工具

捕虫网、吸虫管、采集袋、指形管或小玻瓶、采集盒、毒瓶、镊子、小刀、昆虫针（0号、1号、2号、3号、4号）、三级台、还软器、黏虫胶、胶水、标本瓶（100ml、200ml、500ml或1 000ml等）、标本盒、放大镜、展翅板、整姿板、挑针等。福尔马林、95%酒精、甘油、氰化钾、细木屑、石膏及药棉等若干。

3. 实训场所

实验室、校内或校外基地。

4. 师资配备

每位实训教师指导学生10名。

三、原理、知识

昆虫标本的采集与制作是识别昆虫、昆虫区系调查、害虫及天敌昆虫种类的调查、积累昆虫标本的基础性工作。昆虫标本的采集与制作是学习农业昆虫基础知识必不可少的操作技能。

（一）昆虫标本的采集

昆虫标本的采集是根据昆虫的主要生活习性，利用昆虫对外界刺激产生的定向反应行为，进行诱杀采集技术。

1. 昆虫标本采集时常用的用具

（1）捕虫网：由网圈、网柄和网袋三部分组成。网圈用一根铁丝折成直径约33cm的

环形圈，然后将其两端用铁丝或铁箍固定在1m长的网柄上。网圈上套有底为圆形，深33cm的网袋。捕虫网常因用途不同可分为捕网（尼龙纱布）、扫网（白棉布）、水网（铁纱网）等3种。

（2）吸虫管：用于吸捕小型昆虫，用玻璃管或玻璃瓶制成。瓶塞上插两根细玻璃管，一根对准昆虫，另一根玻璃管内端包有纱布或铜纱，外端连橡皮管。可吸捕飞虱、粉虱等。

（3）诱虫灯：主要用来诱集夜间活动的昆虫。黑光灯、汽灯、煤油灯等均可，最好用20W的黑光灯，灯下装一集虫装置（漏斗和毒瓶），也可在灯旁设白色幕布，用广口瓶在幕布上捕集昆虫。

（4）毒瓶：是装有氰化钾的广口瓶。用于毒杀善飞的昆虫，如蛾、蝶类昆虫。制作时，先把5～10g的氰化钾放入瓶底，上铺5cm细木屑，压实，上面放一层石膏粉，压平实后放吸水纸，用滴管加水使石膏固定结块，塞上瓶塞。也可用敌敌畏代替氰化钾，用棉花蘸少量的敌敌畏，放在瓶底，用硬纸板隔开即成。但易失效，须经常更换。

（5）活虫采集盒：是金属小盒，用来装活昆虫，盖上有小孔可以透气，盒内可分成多个小隔，分装多种活幼虫或其他昆虫。

（6）三角纸袋：用于包装毒死的蛾、蝶类昆虫。用表面光滑、韧性大，能吸水的纸裁成长方形，将中间部分按45°斜折成三角形纸袋，再将两端封口对折。

（7）采集袋：挂包上有许多小袋，可装毒瓶、小瓶，指形管等。

（8）其他用具如放大镜、镊子、剪刀等。

2. 采集方法

（1）糖醋液诱集：可以诱集有趋化性的昆虫，如黏虫的成虫具有很强的趋化性。

（2）黑灯光诱集：利用昆虫的趋光性可以用黑灯光诱集到大量的昆虫，如地老虎类成虫。

（3）利用假死性捕捉：利用昆虫的假死性可以用震落法捕捉昆虫，如二十八星瓢虫。

（4）性引法诱集：很多昆虫在交配前分泌性外激素，引诱同种异性交配，利用害虫的性外激素能诱杀到许多昆虫，如粗提物信息素或活虫（体）引诱法均可以诱集昆虫。

（5）利用昆虫的群集性捕捉：利用昆虫的群集性捕捉，如蚜虫群集在叶片背面，可以连同叶片摘下来，放在采集筒中。

（6）利用昆虫的迁飞与扩散习性捕捉：利用昆虫的迁飞与扩散习性捕杀用捕虫网网捕空中飞行的昆虫。

（7）利用昆虫的潜伏习性诱集：可以人为设置适合昆虫潜伏的场所，如利用谷草把可诱集黏虫产卵，也可以捕捉到成虫和卵。

（二）昆虫标本的制作

1. 昆虫标本的制作依据

（1）昆虫成虫可制作成干制标本，除幼虫、蛹及小型昆虫外，都可以用昆虫针插起来，装盒保存。

（2）蛾蝶类等昆虫标本需展翅，其他种类昆虫可插在整姿板上进行整姿。整姿、展翅的昆虫标本，要待干燥定形后，再装入标本盒内保存。

（3）昆虫浸渍标本的制作，主要是利用一些防腐性的浸渍液浸泡，如酒精浸渍液、福尔马林浸渍液等可以用来浸泡昆虫的幼虫、卵、蛹及鞘翅目、双翅目、膜翅目、直翅目、半翅目等昆虫。

2. 昆虫标本制作的用具

（1）昆虫针：是用来针插固定昆虫，按照粗细分为0、1、2、3、4、5号，长度为38.45mm，针越粗，号数越大。另外插小型昆虫之用的还有一种微针，长约10mm。

（2）三级台：可使昆虫标本与标签在昆虫针上的高度一致，增加美观，三级台各级的高度分别为8、16、24mm，每级中间有一小孔。

（3）展翅板：用于昆虫展翅，可用硬泡沫塑料板或较软的木料制成。根据昆虫腹部粗细调节展翅板中央槽沟的距离，以适应不同大小的昆虫。

（4）回软器：用于还软已经干燥的昆虫。还软器可用干燥器改装而成。在干燥器底部放洗净的木屑或沙粒，加少许清水，再加一点石炭酸防止发霉，把干燥的标本放在隔板上，用盖密封即可。

（5）台纸：用来制作小型昆虫标本。将较硬厚白纸或绘图纸，剪成小三角形待用。

（6）黏虫胶或乳白胶：用于修补昆虫标本，黏虫胶的配方为：阿拉伯胶粉60份、95%酒精8份、石炭酸2份、糖30份、蒸馏水45份。配制时先将液体混合，再投入糖溶化，最后加阿拉伯胶粉，使其逐渐溶化，切勿加热。

四、操作方法与步骤

（一）昆虫标本的采集

1. 采集方法

采集昆虫标本可根据各种昆虫习性选用网捕法、搜索法、诱集法、击落法（震落法）等。

（1）网捕：能飞善跳的昆虫种类可以进行网捕。如正在飞行的昆虫，可用捕网迎头捕捉或从旁掠取。当昆虫进网后迅速摆动网柄，将网袋下部连虫带网翻到网框上。取虫时先用左手捏拄网袋中部，空出右手来取毒瓶，左手帮助打开瓶盖，将毒瓶伸入网内把昆虫装进瓶内，小型蛾、蝶也可先隔网捏压其胸部，使之失去活动能力后，再放入毒瓶。又如生活于草丛或灌木丛中的昆虫，可用扫网边走边扫捕。

（2）振落：利用昆虫假死性，可通过摇动或敲打植物、树枝把它们振落下来，再捕捉。有些无假死性昆虫，经振动虽不落地，但由于飞动暴露了目标，可进行网捕。

（3）诱集：利用昆虫的某种特殊趋性或生活习性来诱集昆虫，如灯光诱集、食物诱集、潜所诱杀、性诱法等（见害虫的诱杀技术）。

（4）搜索：认真观察地面、草丛中、植物体上、树上等部位，采用搜索法采集。

2. 采集时注意事项

（1）采到标本后，要及时做好采集记录，记录内容包括编号、采集日期、采集地点、采集人等，也要记录当时的环境、寄主以及害虫生活习性等，还要注意当地的气象记录，如气温、降水量、风力等，也要加以记载。

（2）应尽量设法保持昆虫标本的完整，若有损坏，就会失去应用价值。昆虫的翅、足、触角及蛾的鳞片等极易破损，故应避免直接用手捕捉采集和整理。小型昆虫应特别耐心细致。

（3）重点采集农作物的害虫和天敌昆虫。

（4）每种昆虫都要采集一定数量的个体，尽量采全昆虫的各个虫态（卵、幼虫、蛹、成虫）。

（二）昆虫标本的制作

1. 昆虫干制标本的制作

（1）虫体针插：按昆虫体大小选用适当的昆虫针，夜蛾类一般用3号针；天蛾类等大型蛾类用4号针；叶蝉、盲蝽、小蛾类用1号或2号针。微小昆虫，用10mm的无头细微针。昆虫针插的部位因种类而异。甲虫从右翅基部内侧插入；半翅目从中胸小盾片中央垂直插入；鳞翅目、膜翅目及同翅目成虫从中胸中央插入；直翅目从前胸背板右面插入；双翅目从中胸中央偏右插入；小型蜂类可不插针，采用侧黏的方法，以免损坏其胸部特征。

（2）整姿：蝽、甲虫、蝗虫等昆虫针插以后，尽量保持活虫姿态。需将触角和足进行整姿，使前足向前，后足向后，中足向左右。

（3）展翅：蝶蛾类昆虫需要展翅。按昆虫的大小选取昆虫针、按针插部位要求插入虫体，将虫体腹部向下插入展翅板的槽内，使展翅板的两边靠紧身体，用昆虫针，将翅拨开平铺在展翅板上。蜻蜓类要以后翅的两前缘成一直线为准；蝶蛾类以两前翅后缘成直线并与身体成垂直；蝇类和蜂类以前翅顶角与头顶在一直线上。然后再拨后翅使左右对称。最后用玻璃片压住或用光滑纸条把前后翅压住，用大头针固定，放在干燥通风处，待虫体干燥后，取下玻璃片或纸条，从展翅板上取下昆虫插入盒内，制成针插盒装标本。

2. 小型昆虫针插标本的制作

可用黏虫胶或合成胶水把小型昆虫黏在三角纸上，再做成针插标本。

（1）装标签：每一个昆虫标本，必须附有标签。按照一定的针插部位将昆虫针插后，使用三级台整理针插昆虫和标签的位置。针帽至虫体背为8mm，标签至针尖为16mm（寄主、时间）、8mm（昆虫的名称）。

（2）修补：在制作过程中，如有损坏，可以用黏虫胶或乳白胶进行修补。

3. 昆虫浸渍标本的制作

凡身体柔软或细小昆虫的成虫、卵、幼虫、蛹等，可以用防腐性的浸渍液浸泡保存在玻璃瓶内。浸泡前应先使幼虫饥饿，排出粪便。浸泡在下列保存液中。

（1）酒精浸渍液：用75%的酒精浸渍液，加上0.5%～1%的甘油，常用于浸渍螨类、叶蝉和蜘蛛等标本。

（2）5%福尔马林浸渍液：将福尔马林（40%甲醛）稀释成5%的福尔马林液。

冰醋酸、白糖、福尔马林混合液：用冰醋酸5ml、白糖5g、福尔马林4ml、蒸馏水或冷开水100ml配成。

（3）绿色幼虫浸渍液：将硫酸铜10g溶于100ml水中，煮沸后停火，投入幼虫，投入后有退色现象，直到恢复绿色时，立即取出用清水洗净，浸入5%福尔马林溶液中保存。

（4）黄色幼虫浸渍液：氯仿3ml、冰醋酸1ml、无水酒精6ml混合而成。先用此液浸渍24h，然后移入70%酒精液中保存。

（5）红色幼虫浸渍液：用冰醋酸4ml、福尔马林4ml、甘油20ml、蒸馏水100ml

配成。

贴标签，上要写明昆虫名称、寄主及采集地点和时间。

4. 昆虫生活史标本制作

生活史标本是把昆虫一生发育顺序：卵、幼虫的各龄期（若虫）、蛹及成虫（雌成虫和雄成虫）及为害状，装在一个标本盒内，并放上标签。

（三）昆虫标本的保存

昆虫的保存主要是防止被昆虫标本虫蛀食为害、防阳光曝晒退色、防灰尘、防鼠咬、防霉烂。制成的昆虫标本要放在阴凉干燥处，玻片标本、针插标本等必须放在有防虫药品的标本盒里，分类收藏在标本柜里。

五、作业

1. 完成昆虫标本采集、制作与鉴定等技能实训总结报告。
2. 昆虫标本的采集、制作及初步鉴定有何作用？
3. 在昆虫标本的采集、制作过程中应注意哪些问题？

综合实训2　植物病害标本的采集、制作与鉴定

一、实训目的

学习采集、制作、鉴定和保存植物病害标本的方法。通过标本的采集、制作和鉴定，对植物病害进一步认识，熟悉本地植物病害的种类、症状和发生情况。

二、实训材料和用具

标本夹、标本纸、采集箱、剪刀、小刀、枝剪、手锯、镊子、记录本、标签、纸袋、塑料袋、显微镜、放大镜、载玻片、盖玻片、挑针、标本瓶、标本盒、大烧杯、酒精灯、滴瓶及常用植物病害标本保存液等。

三、实训的内容和方法

（一）植物病虫害标本采集用具

标本夹：用于夹压各种含水分不多的病害叶片标本。

标体纸：用于吸除病害标本中的水分，应选吸水力强的纸，保持标本纸干燥和清洁。污染和水分多的标本纸应即时更换。

采集箱：用于放置较大或易损坏的植物组织，如果实、根、茎、块根、块茎及在野外来不及压制的叶片标本。

（二）植物病虫害标本采集方法

1. 要采集适当时期、症状典型（包括病状和病症）、新病害有不同阶段的症状，病健交界或病害部位连同健康部位的植物组织。

2. 真菌病害应采集有性、无性两个阶段的病症，以便进行病原菌鉴定，还要注意在地面或病残体上产生的病症，也要采集。

3. 有转主寄生的病害要采集两种寄主上的症状。

4. 每种标本上的病害种类要求单纯，即每一种标本只能有一种病害，应避免多种病害混杂，如锈病、黑粉病、白粉病要分别用纸夹（袋）装好，以便正确鉴定和使用。

5. 要随采集随压制或用湿布包好，防止标本干燥卷缩给整理带来困难，如竹病标本。

6. 采集标本的同时，应进行田间记录，记载主要内容为：标本编号、寄主名称、病害名称、发病或为害情况、环境条件（地势、土壤类型）及采集地点、时间、日期、采集人姓名。另外，标本上应有标签，标签上可暂时记录编号和寄主，其编号与同一份标本在记录本上的编号记载应相统一。

（三）采集植物病害标本应注意的事项

为使病害标本不损坏、防止病菌散落及混杂，有利标本制作和鉴定，采集病害标本时应注意：

1. 对病菌孢子容易脱落的标本，应用塑料袋或光滑清洁纸将病部包好，放在采集箱内。

2. 腐烂的果实标本，柔软的肉质标本须用纸袋分装或用纸包好，放入采集箱并防止挤压。

3. 体形较小或易碎的标本，如种子、干枯的病叶，采集后放入纸袋或广口瓶内。

4. 适于干制的标本，应随采随压制。

5. 对于不认识的或不熟悉的寄主植物，应采集花、叶、果等一并带回以利于鉴定。

6. 各种标本的采集应具有一定份数（5 份以上），以便鉴定、保存和交换。

（四）植物病害标本的制作与保存

1. 植物病害蜡叶或干标本的制作

（1）叶片、小枝条、树皮、果皮等标本，夹在干燥的吸水力强的草纸中，然后用标本夹压紧，自然干燥或加温烘烤。干燥愈快，愈能保持原有的色泽，标本质量愈高。因此要勤换草纸，在初压的三、四天，每天换纸 1 ~ 2 次，以后二三天换一次，至完全干燥为止。第一次换纸时，将标本加以整理并定型。采集记录和采集号标签应随标本移动，以免丢失或错放。直接与标本接触的纸最好选用吸水性强的细薄纸张，已经用过的，直接与标本接触的纸，不能再用，避免标本上的病原物残留在纸上而造成混杂。

（2）肉质蕈菌类子实体不能压制，可将标本放于铁丝筐中，在烘箱中烘干或自然干燥。

（3）果实、块根、块茎等体积较大的标本，可将病部切下，然后再晒干、烘干或压制。

2. 植物病害浸渍标本的制作

采集到的块根、块茎、果实、伞菌子实体、幼苗和嫩叶等，不适干制的病害标本，可制成浸渍标本，贴上标签。在教师指导下，根据标本色，选择保存液种类，浸在保存液中保存。

3. 植物病害切片标本制作

病害标本在显微镜检查前，必须制成显微切片。制作显微切片的方法很多，如徒手切片法、石蜡切片法等。徒手切片简单易行，经常运用，方法如下：较硬的材料可直接拿在手中切，细小而较柔软的组织，需夹在通草或马铃薯之间切，通草平时可浸泡在50%酒精中，用时清水冲洗。切时刀片刀口应从外向内，从左向右拉动，切下的薄片，为防止干燥，可放在盛有清水的培养皿中，用挑针选取最薄片，放在载玻片水滴中，盖上盖玻片，用显微镜观察。对于典型的切片，需长期保存时，可用指甲油或加拿大胶封片，即可长期保存。

4. 植物病害标本的保存

制成的标本，经过整理和登记后依一定的系统排列和保藏。

（1）标本袋内保存：标本压干制成后，一般保存于标本袋中。标本袋由内袋和外袋套装而成，内袋由白纸折叠而成，折叠方法：外袋用厚牛皮纸制成，大小一般为22cm×13cm，袋面贴有标签，内袋也贴相同标签。标本装在内袋中，再套上外袋。

（2）标本盒保存：教学和示范的病害标本，除浸渍标本外，采用玻面纸盒保存比较方便，玻面纸盒的大小不一，适宜的为20cm×28cm×2cm，纸盒内先铺一层棉花，棉花上放标本，左下角放标签，棉花中放少许樟脑块防虫，盖上盒盖后，用大头针将盒与盖子固定。

（3）标本瓶保存：浸渍标本一般保存于玻璃标本瓶中，为了防止标本上浮或下沉，可以将标本缚在玻片或玻棒上。注意浸渍标本所用药品易氧化或挥发，标本瓶在盖上后应进行封口。

（五）植物病害标本的鉴定

植物病害的鉴定是查明病因，确定病原的种类，再根据病原特性和发病规律，对症下药，及时有效防治病害。

对于常见的植物病害，一般根据症状特点即可做出判断，对症状容易混淆或少见的、新的病害，要经过一系列的调查研究才能确定。

1. 植物病害鉴定的方法

植物病害鉴定一般采取田间调查、查阅历史资料和室内病原物鉴定等。

（1）田间调查：即现场诊断，经通过肉眼或借助放大镜仔细观察病株的分布特点，病株地上部和地下部的器官，确定发病部位，全面记载病状和病症，判断是属侵染性病害，还是属非侵染性病害，或是机械创伤。侵染性病害有明显的传染现象，经历一个发病区域由点到面，发病植株由少到多的发展过程。有与病原菌传播方式相关的特点，有明显的症状，特别是在发病部位有病症出现。非侵染性病害，没有侵染现象，没有发病中心，也没有病症。创伤则是机械伤害，如压伤、割伤、踏伤、灼伤和虫伤等。同时应调查、记载发病植株的立体条件和栽培管理措施，还要尽可能地了解该地发病历史。

非侵染性病害发生与特殊土壤条件、气候条件和栽培措施有联系。因此，非侵染性病害鉴定较为复杂，先要确定排除侵染性病害，再检查发病症状，分析发病原因。

（2）查阅历史资料：在田间不能做出判断的病害，应采集病害标本拿回室内，根据记

载的病状和病症，对照相关资料如“植物病害诊断”或“植物病害分类”，以便更全面的确定病害类型（包含非侵染性和侵染性病害）

（3）室内病原物鉴定：对于侵染性病害，需在室内作进一步鉴定。

真菌病害鉴定：可用直接镜检和保湿后镜检。直接镜检：用针挑取罹病组织表面的霉层，置于滴有无菌水的载玻片上，用低倍显微镜观察。保湿后镜检：切取罹病组织一小段，经表面消毒后，置于玻璃培养皿内保湿24h，挑取霉层在显微镜下，观察真菌有无，形状大小，初步鉴定是否为真菌病害。在保湿过程中，常有腐生菌伴生，需加以区别，有的病害表面不易见到孢子或子实体，虽经保湿培养也未能产生孢子的，需进行专门分离和培养。

细菌病害鉴定：可采用喷菌检查，分离培养。喷菌检查，切取小块罹病组织，最好是病健交界处，放在载玻片上，加清水一滴，加盖玻片，随即用低倍显微镜观察。切口处如有大量的细菌成云雾状逸出，即为细菌病害。如无显微镜可将载玻片对光观察，肉眼也能看到病部切口两端有细菌的溢出，此法便于田间诊断。

此外尚可应用涂片染色法观察。将罹病组织在载玻片上涂一薄层，滴2%刚果红溶液染色3min，待干燥后用酸性酒精（95%酒精30ml，加工厂滴盐酸冲洗），待酒精挥发后，用油镜观察。其背景为蓝色，细菌则呈现白色。

细菌分离培养：采用稀释分离法和平面划线分离法。分离成败的关键在于材料要新鲜，尤其不能发霉，表面消毒要适当，选择合适的培养基。这样培养出的菌落时间和形状才比较一致。

病毒病鉴定：根据传染方式，寄主范围试验及症状发展观察，血清学反应试验和其他特性的鉴定。

线虫鉴定：土壤或植物体内线虫的分离，比较方便而易于采用的方法有：①贝克曼漏斗法；②过筛法；③根线虫分离法：Fenvvid - Oostembrink 氏法，Wins/ow - Wi/ian 氏法。

若发现新病害、疑难病害，或者多种病原菌复合侵染，诱生复杂症状时，单凭症状难以识别病害，则需采集标本，请专家进行病原生物鉴定。

2. 植物病害鉴定时应注意的问题

植物病害症状复杂，每种植物病害虽然都有自己固定的、典型的特征性症状，但也有易变性，因此，在鉴定时要慎重注意以下几个问题。

（1）不同病原可导致相似的症状：如真菌性穿孔病与细菌性穿孔病不易区分；萎蔫性病害可由真菌、细菌、线虫等病原引起。

（2）相同病原在同一寄主植物不同的发病部位，表现不同症状：如苹果的轮纹病为害枝干，形成大量质地坚硬的瘤状物，造成粗皮病，为害果实时则造成果面上产生同心轮纹状的褐色病斑。再如稻瘟病菌也造成不同症状。

（3）相同的病原在不同寄主植物上，表现的症状也不相同：如十字花科病毒病在白菜上呈花叶，在萝卜叶上呈畸形。

（4）环境条件可影响病害的症状：腐烂病类型在气候潮湿时表现湿腐症状，在气候干燥时表现干腐症状。

（5）缺素症、黄化症等生理性病害与病毒病、类菌质体、类立克次氏体引起的症状类似。

（6）在病部的坏死组织上，可能有腐生菌，容易混淆和误诊。

附：病害浸渍液的配制及其使用方法

1. 普通防腐浸渍液

配方是：福尔马林50ml，95%酒精300ml，水2 000ml。也可简化成5%的福尔马林或70%的酒精。

2. 绿色浸渍液

又称醋酸铜-福尔马林浸渍液，将醋酸铜渐渐加入50%醋酸中配成饱和溶液（约为1 000ml 50%醋酸加15g醋酸铜），使用时加水稀释3～4倍。用此液浸渍分为热处理和冷处理。

热处理：将稀释后的醋酸铜液加热至沸腾，投入标本，标本绿色初被漂去，经数分钟，待标本恢复原来绿色时，立即取出，用清水漂洗净后投入5%福尔马林液中保存，或压制成干标本。

冷处理：对不能煮的标本，如葡萄等果实适用冷处理，将标本投入2～3倍的醋酸铜稀释液冷浸3昼夜，待标本恢复原来绿色后，取出用清水漂洗净，保存于5%福尔马林液中。

硫酸铜－亚硫酸浸溃处理法：将标本先投入5%硫酸铜液中冷浸6～24 h，待转色后，出用清水冲洗，然后保存于亚硫酸溶液中（含5%～6%二氧化硫的亚硫酸溶液45ml加水1 000ml配成）。用此法保存叶片效果很好，但应注意密封瓶口，必要时可每年换一次亚硫酸浸渍液。

3. 保持红色标本浸渍液

将硼酸45g溶解于2 000ml水中，等硼酸全部溶解后，再加入95%酒精280ml。如果溶液混浊，应静置沉淀后，用其上部澄清液。因大部分是红色的，是由花青素形成的，花青素能溶解于水和酒精，因此，上述浸渍液长期保存红色标本较困难，有条件时可采用下述方法红色浸渍液保存红色标本，其配方为：硝酸亚钴15g、福尔马林25g、氯化锡10g、水2 000ml。

将洗净的标本先浸渍在上述配制的溶液中，约两星期后，取出保存于下列方法配制成的浸渍液中。配方为：福尔马林10ml、亚硫酸（饱和溶液）30～50ml、95%酒精10ml、水1 000ml。

4. 保持黄色和橘红色标本浸渍液

保持杏、梨、柿、黄苹果和柑橘等果实标本，宜用亚硫酸作浸渍液。但亚硫酸有漂白的作用，使用浓度一定要注意，一般市场出售的亚硫酸（含SO_2 5%～6%的水溶液），在使用时应配成4%～10%稀释溶液（含SO_2 0.2%～0.5%）。

5. 标本瓶的封口

存放标本的浸渍液，多用具有挥发性或易于氧化的药品制成，必须将标本瓶口严密封闭，才能长久保持浸渍液的效用。

（1）暂时封口法：取蜂蜡及松香各1份，分别溶化，然后混合，再加入少量凡士林，调成胶状物即成。或以明胶4份在水中浸4h将水滤去，加热熔化，拌入1份石蜡，熔化混合后成为胶状物，趁热使用。

（2）永久封口法：用酪胶及消石灰等量加水调成糊状封口、保存。或用明胶28g在中浸数小时，将水滤去加热熔化，再加入0.324g的重铬酸钾，并加入适量的热石膏使成糊状，即可使用。标本密封后，贴上标签，放于冷凉避光处保存。

综合实训3　培养基的制作

一、实训目的和要求

通过本项实训学习和掌握常用培养基的制作方法和培养基灭菌的一般程序。

二、仪器、设备及用具

高压灭菌锅、干热灭菌箱、培养箱、天平等。

三、实训内容及方法

1. 培养基制作过程

培养基配制表

马铃薯葡萄糖琼脂培养基（PDA）				肉汁胨培养基			
马铃薯（g）	葡萄糖（g）	琼脂（g）	水（ml）	牛肉浸膏（g）	蛋白胨（g）	琼脂（g）	水（ml）
200	15	20	1 000	3	6	20	1 000

（1）培养基制作流程图

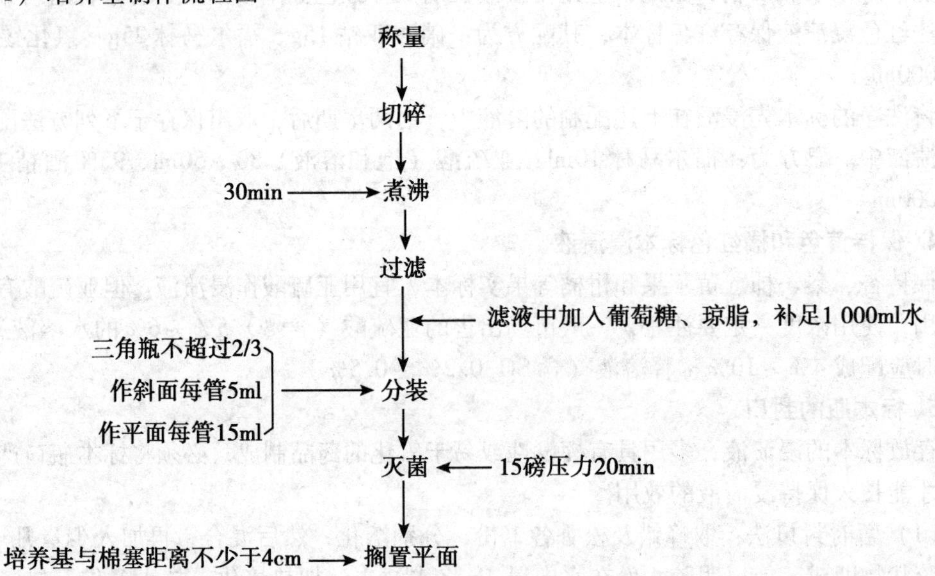

（2）培养基灭菌流程图

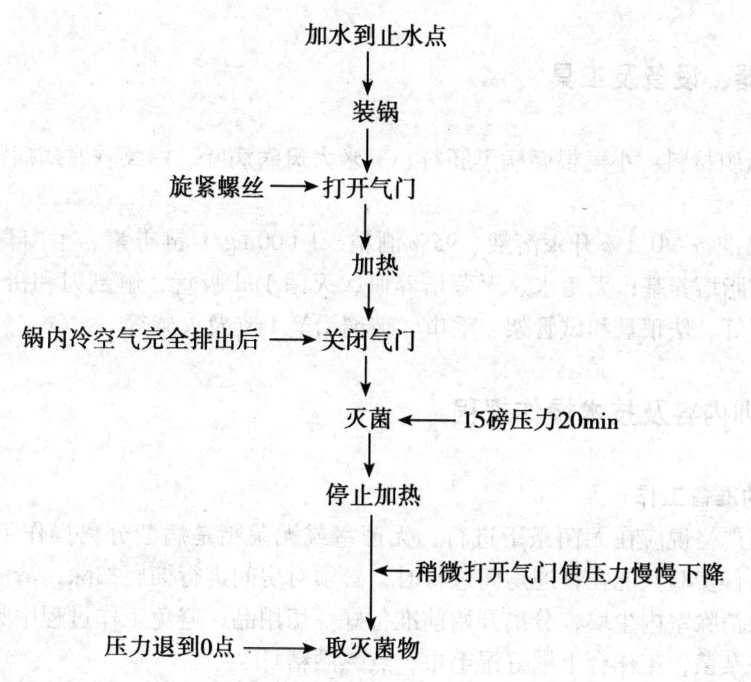

2. 常见灭菌方法

灭菌方法表

项目	干热灭菌	湿热灭菌	紫外线灭菌	过滤灭菌
灭菌对象	移植镊子、剪子、试管、玻璃器皿、纸棉等	培养基、灭菌水、工作服等	空间	易被高温处理破坏的液体。例如：血清、酶、抗生素等
灭菌仪器	酒精灯、电烘箱	高压灭菌锅、蒸锅	紫外灯	查次滤器、向勃滤器

四、注意事项

1. 肉汁胨培养基需用 1mol HCl 和 NaOH 调 pH 至 7.0 ~ 7.2，可用石蕊试纸和比色剂试。

2. 培养基勿蘸染棉塞，避免污染培养基。

3. 培养基灭菌时，等蒸汽从气门有力地排出时，关闭气门。

4. 停止加热后，不得放气过猛，否则压力骤减，锅内液体沸腾冲脱或蘸染棉塞。

5. 趁热搁制斜面，避免培养液凝固，不易制成斜面。

综合实训 4　植物病原菌的分离培养和保存

一、实训目的和要求

分离和培养是植病实验室最基本的操作技术之一。通过本实训学习掌握植物病原菌分离培养的原理和基本方法。

二、仪器、设备及工具

（1）病组织材料：小麦根腐病黑胚粒、玉米大斑病病叶、白菜软腐病病帮、梨褐腐病病果。

（2）用品准备：0.1%升汞溶液、95%酒精、1 000mg/L链霉素、牛肉膏蛋白胨培养基、马铃薯琼脂培养基；无菌水、灭菌培养皿、灭菌1ml吸管、解剖刀和镊子、移植环、移植钩、酒精灯、珐琅盘和试管架、毛巾、玻璃铅笔1支及火柴等。

三、实训内容及技术操作规程

1. 分离的准备工作

分离工作严格说应在无菌条下进行，无菌室或无菌箱是病菌分离操作不可缺少的设施。若限于条件实验只能在普通房间进行时，必须对房间进行彻底扫除，清洁环境。地上多洒些水，以消除室内尘埃，分离开始前准备好一切用品，避免工作过程中频繁走动，以破坏环境带来杂菌，工作台上铺好湿毛巾，点燃酒精灯。

2. 分离材料的选择

分离所用的病害材料应尽可能新鲜，并且最好在病、健交接处选材取样。

3. 组织表面的消毒

选取的分离材料首先应浸没消毒液进行表面消毒。叶部小薄的材料，用0.1%升汞消毒；表面粗糙而有茸毛的先用70%的酒精再用升汞消毒；大厚完整的材料如根、种子等，可用70%酒精擦材料表面，然后火焰燃烧消毒。经过消毒的材料再用无菌水冲洗。

4. 真菌的组织分离法

（1）叶斑病类病原菌的分离（玉米大斑病病菌的分离）

取玉米大斑病病叶 → 在病、健交界处剪取2～3mm长的病组织 → 用10%漂白粉（次氯酸钙）溶液消毒（漂白粉溶液现用现配）3～5min → 直接移至PDA平板培养基上（为防止细菌污染可在培养基中加入链霉素40μg/ml）→ 倒置于20～25℃温箱内菌落长出后挑取前缘菌丝 → 回接于PDA斜面在25℃温箱中培养 → 菌落颜色变深后在无菌条件下镜检 → 判断是否是玉米大斑病菌。

（2）种子内部病原菌的分离（小麦根腐病菌的分离）

选择典型的小麦黑胚粒3～4个 → 70%的酒精中浸2～3s → 以镊子夹住投入0.1%升汞溶液中表面消毒2～3min（处理时间可自30s至30min不等）→ 取出小麦粒 → 以灭菌水冲洗3次 → 移至已倒好的马铃薯琼脂平板上，注意要以小麦的黑胚部位着靠在培养基上 → 倒置在25℃温箱中培养 → 菌落长出后 → 挑取前缘菌丝于马铃薯斜面培养基上培养 → 培养3～4d后无菌条件下镜检是否获得纯培养。

（3）病组织内部病原菌的分离（梨褐腐病菌的分离）

取梨褐腐病病果蘸取95%酒精 → 用酒精火焰3次消毒后 → 以在灯焰灭过菌的解剖刀在果面病、健交界处切开 → 挑取豆粒大小的病组织放到马铃薯琼脂平板培养基上，每皿放3～4块 → 倒置于25℃温箱中培养2～3d → 菌丝长出后转至马铃薯琼脂斜面培养基

上 → 培养 3～4d 后 → 无菌条件下镜检 → 判断是否获得纯培养。

5. 细菌的稀释分离法

在新的水烂斑边缘 → 挑取少量病组织 → 在无菌水试管中配成菌悬液 → 取灭菌培养皿 3 付 → 标好次序 → 其内各置无菌水 1ml → 用移置环移取菌悬液 1 环 → 放在第一皿水中混合均匀 → 从中挑取一环稀释液至第二皿 → 再以同法稀释成第三皿 → 取熔化后冷至 45℃左右的（一般将化好的培养基瓶靠近鼻尖，以不烫为度）牛肉膏蛋白胨培养基 → 每皿倒约 15ml → 沿着桌面轻轻摇匀 → 凝固后倒置于 26～28℃的温箱中培养 → 1～2d 后可见白色、圆形或近圆形直径为 1～2mm 的菌落 → 选典型菌落用移植环（划线法）→ 移入牛肉膏蛋白胨斜面培养基上培养。

以上分离实验也可以划线法进行：取两付灭菌培养皿 → 每皿倒入约 15ml 熔化的牛肉膏蛋白胨培养基 → 轻轻摇匀 → 制成平板 → 然后用移置环蘸取一环稀释好的菌悬液 → 在第一个培养皿的左方长方形区内划平行线 5～7 条 → 再以此移置环继续向右（和左方小区内的几条平行线成一定角度）划 5～7 条平行线 → 依此法划两皿 → 倒置于 26～28℃温箱中培养 → 1～2d 后挑单个典型菌落 → 移到斜面培养基上 → 培养待用。

四、注意事项

1. 材料已经腐败或污染大量腐生菌时，可采取接种后再分离。
2. 消毒时间因分离材料类型而异，硬组织处理时间可长些，软的处理时间短些。
3. 真菌组织分离时，切取的组织块不能太大，污染杂菌多，也不能太小，易杀死其中的病原菌，一般切取 4～5mm 左右。
4. PDA 培养基中加适量抗菌素可排除被细菌污染。
5. 细菌分离培养时，过早出现的大型菌落多为腐生细菌。

五、作业

分离植物病原菌常用的方法有几种？这些方法适用于分离哪类病原菌？

综合实训 5　植物病原菌的接种

一、实训目的和要求

接种是证病过程的重要步骤，在研究寄生现象发病规律，测定品种抗病性，药剂防病效果时都需要接种。接种是植病工作者必须掌握的基本技术环节，通过此实训学习几种常用的接种方法，证明分离病原物的致病性。

二、仪器、设备及工具

小麦腥黑穗病菌、辣椒疫病菌、大豆灰斑病菌、白菜软腐病菌、烟草花叶病毒病叶、小麦种子、小麦条锈病病叶、小麦苗、辣椒苗、烟苗、白菜叶、花盆、三角瓶、试管、卫生喷雾器、塑料布等等。

三、实训内容及方法

1. 真菌的接种方法

（1）拌种法（小麦腥黑穗病）：在100g小麦种子中加2g黑粉孢子，置拌种器中摇匀后，播种。

（2）土壤接种法（辣椒疫病）

接种液制备：辣椒疫病菌斜面 → 释法接种于CA（胡萝卜琼脂培养基）平板 → 25℃条件下培养5d用直径5mm的无菌打孔器在菌落边缘打孔制得菌栓 → 菌栓放入含有10ml无菌水的无菌培养皿内，菌丝面朝上 → 25℃光照条件下保湿培养36~48h，滤去菌丝体与培养基制成浓度为5 000个/ml的孢子囊悬浮液 → 备用。

接种：取灭菌土（30%~40%含水量）→ 称重 → 装入直径9cm营养钵 → 加入预先制备的孢子囊悬浮液至每克干土中含有50~80个孢子囊 → 拌均匀 → 移栽入6片真叶期辣椒苗（1株/盆）→ 25℃光照培养箱内保湿培养2d → 除去保湿罩，仍保持25℃、40%含水量 → 逐日记录发病情况 →直至发病稳定为止。

（3）喷雾法（大豆灰斑病）：斜面上的灰斑病菌 → 采用稀释接种法转至PDA平板 → 25℃培养7d → 无菌水洗下菌落表面孢子 → 过滤制备浓度为1×10^4个/ml的孢子悬浮液。喷雾器均匀喷布在真叶期大豆苗叶片上 → 同时设一不喷菌液而喷无菌水的作对照 → 接种后用保湿箱内保湿48h（25~28℃）→ 移出保湿箱常规管理，逐日观察记载发病情况及症状特点。

（4）喷雾法（小麦条锈病）：锈菌为专性寄生菌，不能人工培养繁殖，只能从病叶上直接取得接种用病菌。取小麦条锈病病叶 → 无菌水洗下锈菌夏孢子 → 制备浓度为5×10^4个/ml的孢子悬浮液 → 备用。

选取长势一致的小麦苗 → 手指摩擦叶片以除去表面蜡质 → 喷已配好的接种液至叶片（以接种液布满叶片又不流淌为好）→ 保湿箱保湿（或扣塑料薄膜保湿）48h（22~28℃）5d后观察发病情况，记录发病叶率和严重度。

2. 细菌的伤口接种法（白菜软腐病）

取切成适当大小的白菜帮两块 → 经水洗 → 待水稍干后 → 以10%漂白粉溶液作表面消毒 → 分放在两个灭过菌的上下铺有吸水纸的培养皿中 → 用酒精擦过的玻璃棒顺着白菜帮打3排不穿透的孔穴 → 用灭过菌的兽用注射器 → 吸取无菌水滴 → 于菜帮的第一排内孔作为对照 → 再用该注射器 → 吸取培养好的白菜软腐病菌菌悬液 → 滴于第二、三排孔内。另一培养皿的菜帮以同法处理作为重复。盖好皿盖 → 置于26~28℃的温箱中 → 24h后检查发病情况。

3. 病毒的机械接种法

取烟草花叶病毒病叶组织1g → 加1.5ml磷酸缓冲液在灭菌后冷却的研钵中研成匀浆用纱布过滤 → 取汁液备用。

接种时，将少量金刚沙（400～600目）→ 加在汁液中或撒在接种的叶面上作为磨料 →用毛刷蘸取汁液 → 在烟草叶片上轻轻摩擦 → 摩擦后用清水将多余的汁液和磨料轻轻洗去 → 接种后保持温度20～30℃，逐日观察接种植株，7d后记录发病率和严重度。

四、注意事项

1. 人工接种方法因病原物的传播方式和侵入途径的不同而不同，接种方法尽可能模仿自然侵染情况。

2. 认真观察和记录是做好接种试验的重要环节。如记录接种时间，接种植物、品种、接种方法、部位、接种用的病菌名称（包括菌系和生理小种）、来源、繁殖和培养方法（培养基、培养温度、培养时间）、接种体浓度、接种的方法和步骤及接种后的管理等。

3. 细菌接种时，注意无论无菌水、还是菌液都不要滴的过多。以免流出孔穴。

4. 病毒接种最好在苗期，植株较大的则接种在新展开的生长旺盛的嫩叶。定形的老叶接种后可不表现症状，要经过一定时间在蜘蛛新展开的叶片上才出现症状。

综合实训6　波尔多液和石硫合剂的制备

一、目的要求

掌握波尔多液配制和石硫合剂的熬制及鉴别其优劣的方法。

二、材料和用具

仪器用具：酒精灯、牛角匙、试管、天平、量筒、烧杯、试管架、盛水容器、研钵、试管刷、小铁刀、石蕊试纸、台秤、玻璃棒、铁锅（或1 000ml烧杯）、灶（电炉）、木棒、水桶和波美比重计等。

三、内容和方法

1. 波尔多液的配制

（1）配制方法：分别用以下方法配制1%等量式波尔多液（1∶1∶100）。

方法1　两液同时注入法：用1/2水溶解硫酸铜，用另1/2水消解生石灰，然后同时将两液注入第三容器，边倒边搅拌即成。

方法2　稀硫酸铜液注入浓石灰乳法：用4/5水溶解硫酸铜，用另1/5水消解生石灰，然后将硫酸铜液倒入生石灰乳中，边倒边搅拌即成。

方法3　生石灰乳注入硫酸铜液法：原料准备同法2，但将石灰乳注入硫酸铜液中，边倒边搅拌即成。

方法4　用风化已久的石灰代替生石灰，配制方法同方法2。

注意：若用块状石灰加水消解时，一定要用少量水徐徐加入，使生石灰逐渐消解化开。

（2）质量鉴别

①物态观察：观察比较不同方法配制波尔多液的质量和颜色，质量优良的波尔多液应为天蓝色胶态乳状液。

②酸碱测试：用pH试纸测定其酸碱性，以碱性为好，即试纸显蓝色。

③置换反应：用磨亮的小刀或铁钉插入波尔多液片刻，观察刀面有无镀铜现象，以不产生镀铜现象为好。

④沉淀测试：将制成的波尔多液分别同时装入100ml量筒中静置30min，比较其沉淀情况，沉淀越慢越好，过快者不可采用。将结果填入表中。

波尔多液质量鉴别项目表

项目 / 方法	悬浮率			物态观察	酸碱测试	置换反应
	30min	60min	90min			
1						
2						
3						
4						

2. 石硫合剂的熬制

（1）原料配比：原料配比大致有以下几种：硫磺粉2份、生石灰1份、水8份或者硫磺粉2份、生石灰1份、水10份或者硫磺粉1份、生石灰1份、水10份，熬出的原液分别为28°Be～30°Be，26°Be～28°Be，18°Be～21°Be。目前多采用2∶1∶10的质量配比。

（2）熬制方法：称取硫磺粉100g，生石灰50g，水500g。先将硫磺粉研细，然后用少量热水搅成糊状，再用少量热水将生石灰化开，倒入锅中，加上剩余的水，煮沸后慢慢倒入硫磺糊，加大火力，至沸腾时再继续熬煮45～60min，直至溶液被熬成暗红褐色（老酱油色）时停火，静置冷却过滤即成原液。观察原液色泽、气味和对石蕊试纸的反应。熬制过程中应注意火力要强而匀，使药液保持沸腾而不外溢；熬制时应不停地搅拌；熬制时应先将药液深度做一标记，然后用热水随时补入蒸发的水量，切忌加冷水或一次加水过多，以免因降低温度而影响原液的质量，大量熬制时可根据经验事先将蒸发的水量一次加足，中途不再补水。

（3）原液浓度测定：将冷却的原液倒入量筒，用波美比重计测定浓度，注意药液的深度应大于比重计之长度，使比重计能漂浮在药液中。观察比重计的刻度时，应以下面一层药液面所表明的度数为准。

四、作业

1. 比较不同的方法配成的波尔多液质量的优劣。
2. 简述石硫合剂的熬制方法及注意事项。

3. 调查石硫合剂的防治对象、稀释和使用方法。

综合实训7　种子的药剂处理

一、目的要求

通过训练，学生应掌握杀菌剂和杀虫剂及种衣剂的选择依据及原则，农药的合理使用和安全使用、混合使用的原则，应熟练掌握种子的药剂处理技术。

二、材料和用具

农药：选取当地当前常用于种子处理的杀虫剂、杀菌剂、种衣剂农药各1~2个品种。

种子：小麦、玉米、大豆、水稻等作物种子。

用具：秤、托盘天平、背负式喷雾器、拌种器或种衣剂包衣机、1 000ml 量桶、1 000 ml 烧杯、塑料薄膜、塑料盆、塑料桶、铁锹。

三、内容和方法

（一）粉剂拌种（选用三唑酮拌种）

1. 药剂

三唑酮（粉锈宁）是一种高效、低毒、低残留、持效期长、内吸性强的三唑类杀菌剂，能防治麦类白粉病、小麦根腐病、小麦散黑穗病、小麦纹枯病、玉米圆斑病、高粱、玉米丝黑穗病。

2. 用量

小麦用25%三唑酮可湿性粉剂拌种的用量为种子重量的0.1%；玉米为种子重量的0.2%，三唑酮对作物种子萌发有一定的抑制作用，不可提高用药量。

3. 拌种方法

按种子和农药的比例计算好种子和农药的用量，用秤或托盘天平分别称量种子和农药，然后放入拌种器内，以30圈/min的转速搅拌3~4min，使药粉全部均匀地附着在种子表面，如缺少拌种器，可将种子与药粉放在内壁光滑的容器内或光滑的地面上，充分拌匀后，即可播种。

（二）乳油拌种（选用二嗪磷拌种）

1. 药剂

二嗪磷（二嗪农、地亚农）为广谱性有机磷杀虫剂，具触杀、胃毒和熏蒸作用，并有一定的内吸作用，对鳞翅目、同翅目等多种害虫有较好的防治效果。二嗪磷不能与碱性农药混用。注意安全，防止中毒。

2. 用量

防治地下害虫用量为50%二嗪磷乳油500ml 加水25kg，可拌玉米、高粱种子300kg

或小麦种子250kg。

3. 拌种方法

按种子和农药的比例分别计算好用量，分别用秤称量种子，用量桶量取药液和水，将药液和水倒水塑料桶中，待药液混合均匀后，用背负式喷雾器均匀地喷洒在玉米、高粱或小麦等种子上。喷洒要均匀，边喷边翻动种子，药液边翻动种子，药液喷完后堆放数小时，待药液全部被种子吸收，即可播种。

（三）药剂浸种（选用福·酮可湿性粉剂）

1. 药剂

45%福·酮可湿性粉剂是福美双和三唑酮的复配剂，可以防治水稻等多种病害，防治水稻恶苗病效果好。不要与其他农药混用。

2. 用量

用45%福·酮300~600倍液浸种。如用100g可湿性粉剂加水50kg浸40kg种子。

3. 浸种方法

药液要高出种子5~10cm，防止种子吸水膨胀露出水面而影响浸种效果。北方播种前气温较低可浸5~7d，南方可短些。每天搅动1~2次，浸种后可直接催芽播种。

（四）种子包衣（选用多克福种农药）

1. 药剂

35%多克福种衣剂，有效成分为多菌灵15%、福美双10%、克百威（呋喃丹）10%，是杀菌剂与杀虫剂的复配剂，含多种微量元素，具有防病、治虫、肥效三重作用。防治大豆幼苗期根腐病，大豆生长前期胞囊线虫病，大豆幼苗期的根潜蝇、蓟马、二条叶甲、蚜虫、地下害虫及幼苗缺素症等。

2. 用量

35%多克福种衣剂的用量为大豆种子重量的1%~1.5%。

3. 包衣方法

调整好拌种器或种衣剂包衣机的转动速度；准确计算和称量种子投入量和种衣剂用量；先将种子倒入拌种器或种子包衣机中，再倒入种衣剂；要立即搅拌，搅拌速度要均匀，待每粒种子均匀着粉红色时即可出料，出料后种子不能再搅动，以免破坏药膜。包衣后的种子不要晾晒。

种子与种衣剂的称量要准确，搅拌速度要均匀，最好用机械搅拌保证包衣质量，如用人工包衣时，每次包衣的种子量不能过多，翻动种子的速度要快，使种子均匀着药；如果发现包衣种子结块，说明该种衣剂成膜不好，不能使用，一定要做到粒粒种子均匀着色；严禁向种衣剂内加其他农药、水和营养元素；种衣剂受冻后胶体被破坏便失去应用价值。

四、作业

1. 农药用量不当（过高或过低）会产生什么结果？
2. 为什么药剂拌种要混拌均匀？
3. 为什么药液浸种药液层要高出种子面5~10cm？
4. 选择种衣剂时应注意哪些问题？

5. 人工包衣操作时应注意哪些问题？

综合实训8 当地害虫和天敌昆虫种类调查

一、实训目的

了解当地农作物害虫和天敌昆虫种类及田间调查统计的重要性，掌握农作物害虫和害虫天敌昆虫田间调查与统计的方法。

二、材料和用具

捕虫网、毒瓶、采集袋、采集盒、采集箱、吸虫管、指形管、镊子、小刀、剪子、挑针、三角纸袋、昆虫针、展翅板、三级台、还软器、黏虫胶、广口瓶、标本盒、福尔马林、酒精、放大镜、体视显微镜皮尺、记载本、铅笔、计算器等。

三、内容和方法

（一）害虫的调查

在进行害虫调查时，先要明确调查任务、对象和目的要求，作好调查前的准备工作。调查要坚持实事求是的态度，防止主观意断，做到“一切结论产生于调查情况的末尾，而不是它的先头”。要有严肃认真的态度，用科学的方法进行调查，准确地反映客观实际。

1. 调查内容

（1）害虫发生及为害情况调查

①普查：主要是了解一个地区一定时间内害虫种类、发生时期、发生数量及为害程度等。

②专题调查：对于当地常发性或暴发性的重点害虫，则可详细记载害虫各虫态的始发期、盛发期、末期和数量消长情况，以及害虫的生活习性、发生代数、为害特点等，为确定防治对象和防治适期提供依据。

（2）害虫、天敌发生规律的调查：调查某一害虫或天敌的寄主范围、发生世代、主要习性以及在不同农业生态条件下数量变化等，为制定防治措施和保护天敌提供依据。

（3）害虫越冬情况调查：调查害虫的越冬场所、越冬基数、越冬虫态等，为制定防治计划和开展害虫长期预报等积累资料。

（4）害虫防治效果调查：包括防治前后害虫发生程度的对比调查；防治区与非防治区的对比调查；不同防治措施、时间、次数下的发生程度对比调查等，为寻找有效的防治措施提供依据。

2. 调查方法

（1）调查的时间和次数：害虫的调查以田间调查为主，根据调查的目的，选择适当的调查时间。对于重点害虫的专题研究和测报等，则应根据需要分期进行，必要时还应进行定点观察，以便掌握全面的系统资料。

（2）选点取样：由于受人力和时间等的限制，不可能对所有田块逐一调查，需要从中抽取样本作为代表，由局部推知全局。取样的好坏，直接关系到调查结果的可靠性，必须注意其代表性，使之能真实地反映实际情况。

每种昆虫或同种昆虫的不同虫态在田间的分布都有一定的形式，称为分布型，分布型是种的生物学特性对环境条件长期适应的结果。研究昆虫种群的分布型有助于制定正确的取样方案与种群的数量估计。常见的昆虫分布型有：随机分布型、核心分布型和嵌纹分布型。一般活动力强的昆虫在田间的分布型往往呈随机分布；活动力弱的昆虫或虫态在田间往往呈分布不均匀的多数小集团，形成一个一个的核心，并从核心做放射状蔓延，属于核心分布，很多卵为块产的昆虫，其初孵的幼虫或若虫常聚集在卵块的周围，从而形成核心分布，如甜菜夜蛾初孵幼虫的分布就呈核心分布；有的昆虫在田间呈疏密相间的分布，称嵌纹分布型，这一类型的昆虫多为从田间杂草中过渡来的或从邻田迁移来的。

（3）取样方式：昆虫在田间的分布型不同，采取的取样方式不同。确定取样方式的原则是要使取样调查的结果能最大限度地代表总体。在昆虫的田间调查中常用的取样方式有：

①五点式取样：适于密植的或成行的植物及随机分布型的昆虫调查，可以面积、长度、或植株作为取样单位。

②对角线式取样：适于密植的或成行的植物及随机分布型的昆虫。它又可以分为单对角线式和双对角线式两种。

③棋盘式取样：适于密植的或成行的植物及随机分布型或核心分布型的昆虫。

④平行线式取样：也称为行式取样，适于成行的植物及核心分布型的昆虫。

⑤“Z”字形取样：适于嵌纹分布型的昆虫。

（4）取样单位：取样单位因害虫种类和栽培方式而异，一般常用的单位有：

①面积单位（m^2）：适用于调查地下害虫数量或密植植物中的害虫。

②长度单位（m）：适用于调查条播密植或垄作上的害虫数量和受害程度。

③容量和重量单位（m^3、kg）：调查储粮害虫都以容积或重量为取样单位。

④植株和部分器官为单位：用于调查全株或茎、叶、果等部位上的害虫。

此外，根据某些害虫的不同特点，可采用特殊的器具，如用捕虫网捕扫一定的网数，统计捕得害虫的数量，是以网次为单位；利用诱蛾器、黑光灯、草把诱虫等得到的虫量是以诱器为单位。

3. 调查资料的计算和统计

调查中得到的数据须进行统计整理后，才能便于分析比较，简明准确地反映害虫发生的实际情况。常用的统计有：

（1）被害率：是反应害虫发生或为害的普遍程度。其计算公式为：

$$\text{被害率}(\%)=\frac{\text{被害株(叶、蕾、果等)数}}{\text{调查总株(株、蕾、果等)数}}\times 100\%$$

（2）虫口密度：表示一个单位内的虫口数量，常用百株虫口密度或 m^2 虫口密度表示。

$$虫口密度(头/单位)=\frac{调查总头数}{调查总单位数}$$

$$百株虫数=\frac{调查总虫数}{调查总株数}\times 100\%$$

（3）损失估计：只有少数害虫的被害率接近或等于损失率外，大部分害虫的被害率与损失率是不一致的，其所造成的损失应以生产水平相同的受害田与未受害田的产量或经济产值对比来计算。

$$损失率(\%)=\frac{未受害区产量(产值)-受害区产量(产值)}{未受害区产量(产值)}\times 100\%$$

（二）天敌昆虫种类调查

1. 常见天敌昆虫种类

（1）常见捕食性天敌昆虫：螳螂、蜻蜓、猎蝽、盲蝽、虎甲、步甲、食虫虻、食蚜蝇、七星瓢虫、异色瓢虫、草蛉等。

（2）常见寄生性天敌昆虫：蚜茧蜂、姬蜂、赤眼蜂、寄蝇等。

2. 农田天敌昆虫种类调查

结合田间农作物害虫发生种类及为害程度调查，在田间采集农作物害虫的天敌昆虫，并记载发生情况，了解当地不同作物害虫的主要天敌昆虫种类。选择害虫天敌昆虫发生较多的典型地块进行调查，如在小麦、油菜、大豆田调查蚜虫的天敌种类等。

3. 农田主要天敌昆虫种类消长情况调查

选择当地一种主要作物，分组进行不同种植方式、品种、生育期、长势和药剂防效情况的调查，记载天敌昆虫种类和数量，并汇总各组统计结果。

四、作业

1. 如何确定田间调查取样的方法？
2. 选取当地几种主栽作物的重要害虫进行调查，并计算虫口密度和损失率。
3. 列表记载当地农作物天敌昆虫种类

农作物害虫天敌昆虫调查记载表

调查日期	调查作物	捕食性天敌昆虫					寄生性天敌昆虫					备注
		种类	数量	捕食虫态	捕食对象	害虫数量	种类	数量	寄生种类	寄生虫态	寄生率	

综合实训9 农药田间药效试验及防治效果调查

一、目的要求

掌握农药田间药效试验的方法，为开展防治研究和防治示范工作奠定基础。

二、材料和用具

仪器用具：施药、配药和盛药的各种工具、胶皮手套、插地杆、记号牌、标签和记录本等。

实验材料：分别选取菜青虫和霜霉病为田间药效试验的对象，杀虫剂和杀菌剂可选取当地常用农药3~4个品种或剂型。

三、内容和方法

1. 药效试验的类型

为确定农药的作用范围，以及在不同土壤、气候、作物和有害生物猖獗条件下的最佳使用浓度和使用量、最适的使用时间和施药技术，农药田间药效试验设计为小区试验。

2. 药效试验设计的基本要求

（1）试验地的选择：试验地应选择有代表性的田块，以使土壤差异减少至最小限度，对提高试验的精度和准确性有重要作用。

试验地应选择在肥力均匀，气候条件和管理水平一致，病虫害发生严重且为害程度比较均匀，地势平坦的田块。杀菌剂试验还要选择对试验病害高度感染的植物品种。

为保证人、畜安全和免受外来因素的影响，试验地应选择远离人们居住和活动区（如房屋、道路等）的开阔农田。一般应距离高大树木30m以外，以免影响试验地的日照和土壤水分的一致；附近10m内不得有篱笆和围墙；距离建筑物50m以上，距离河流、池塘100m以上；若试验地设在公路和道路旁边，应有5~10m的保护带。试验地周围最好种植一定面积的相同植物作为保护带，以免试验地因孤立而受鸟害或鼠害。

此外，试验地如对其他病虫草害进行化学防治，所用药剂应为同一厂家的产品，药剂的种类、剂型、有效成分含量、使用剂量、对水量和喷洒工具都应一致。

（2）设置重复：田间试验条件比较复杂，尽管在选择试验地时注意控制各种差异，但差异是不可避免的。如果试验各处理只设一个小区即一次重复，则同一处理只有一个数值，就无法比较误差。通过设置重复可以降低试验误差，提高试验的精确度。通常情况下，试验误差的自由度应控制在10以上，即：自由度=（处理数-1）×（重复数-1）。一般设3~5次重复，即设置3~5个小区。

小区的形状一般以狭长形的为好，一般长宽比为3~10。正确重复小区的长边必须与土壤肥力梯度变化方向或虫口密度的变化方向平行，见图示。

土壤肥力方向————→

重复1		重复2		重复3		重复4	

正确的重复设置

小区的面积一般为15～50m^2，果树每小区不少于3株。一般土壤肥力变化较大的，植株高大，株行距较大的作物，活动性强的害虫，小区面积要大些，反之可小些。

（3）采用随机排列：为使各小区的土壤肥力差异、作物生长整齐度、病虫害为害程度等诸多因素作用于每小区的机会均等，在每个小区即重复内设置的各种处理只有用随机排列才能反映实际误差。进行随机排列可用抽签法、查随机数字表或用函数计算器发生随机数等方法。

如2个农药品种的2种用药量（代号分别为1，2，3，4），设空白对照（代号为5），4次重复试验的小区和区组的排列如图示。

1	3	4	1
3	1	2	5
2	5	3	2
4	4	1	4
5	2	5	3

随机区组排列

（4）设立对照区和保护行：为进行药剂间的效果比较，必须设立对照区。对照区一般为不施药的空白对照区（一般以ck表示）。空白对照区可以反映自然状态下的病虫害发生和消长情况。通过试验小区和对照区效果的比较，可以明确试验药剂或浓度的效果。为避免各种外来因素和边际效应的影响，在试验地的周围还应设立保护行，保护行的宽度应在1m以上。小区之间还应设置隔离行2～3行，这样可避免在喷药时相邻小区间药液的飘移，不会影响处理间的效果评价。水田中杀菌剂的药效试验，小区间还应筑小田埂隔离，以免药剂随水串流。

（5）药效试验的内容：选取当地当前针对菜青虫、霜霉病的农药品种两个，比较农药不同种类、不同剂型（或不同使用浓度）下的药效差异。每个处理的重复次数为4次，并设清水处理为空白对照（以ck表示）。

在药效试验时应保证农药配制浓度准确，施药均匀，所有处理应尽快完成，时间不可超过1 d。喷药顺序是先喷空白对照区，再喷施药区；先喷较低浓度区，再喷较高浓度区。

3. 药效试验的取样及结果计算

（1）菜青虫：对菜青虫可采用“Z”字法10点取样，每点为1m行长，调查每株内层叶至外层叶的各龄幼虫数，分别记载各药剂种类、剂型或施药浓度在施药前和施药后的幼虫数。计算1d，3d，5d，7d，10d的防治效果。

$$\text{虫口减退率}(\%)=\frac{\text{防治前活虫数}-\text{防治后活虫数}}{\text{防治前活虫数}}\times 100\%$$

$$\text{校正虫口减退率}(\%)=\frac{\text{防治区虫口减退率}-\text{对照区虫口减退率}}{1-\text{对照区虫口减退率}}\times 100\%$$

当施药后对照区和防治区的虫口比施药前都增加时（这种情况在防治蚜、螨等增殖速率很快的害虫时可能会遇到）：

$$校正防治效果(\%)=〔1-\frac{防治区用药后虫口\times对照区药前虫口}{防治区用药前虫口\times对照区药后虫口}〕\times100\%$$

（2）霜霉病：采用对角线法5点取样，每点为1m行长，分别记载各药剂种类、剂型或施药浓度在施药前和施药后的发病程度（发病率）或计算病情指数。再计算3d，5d，10d，15d的相对防治效果。

$$相对防治效果=\frac{对照区病情指数或发病率-防治区病情指数或发病率}{对照区病情指数或发病率}\times100\%$$

施用农药由于环境条件的变化，或者药剂本身浓度过高，超过了寄主的承受限度，植物有时会出现药害，根据杀虫剂、杀菌剂的药害分级标准见表。正确记载药害程度，对正确地使用农药有重要意义。

杀虫剂和杀菌剂对作物的药害分级标准

分级	叶面被害率	分级	果面被害率
1. 无为害	0	1. 无为害	无锈斑
2. 可忽略	<6.0%		
3. 轻　度	6.1%～12.5%	2. 轻度	有10%以下锈斑
4. 中　度	12.6%～25%	3. 中度	有11%～30%的锈斑
5. 严　重	25.1%～50%	4. 严重	有30%以上的锈斑
6. 很严重	>50%		

四、作业

根据药效试验结果写一份药效试验报告。

综合实训10　农艺作物病虫草害综合防治方案的制定与实施

一、实训目的

通过学习和制定农作物病虫害综合防治方案，进一步了解作物病虫害综合防治的基本内容，掌握制定当地主要农作物病虫害的综合防治方案的方法，能结合实际撰写出技术水平较高的方案，并会实施或指导实施。进一步熟悉当地各种防治措施及当地农作物病虫害的发生发展规律、自然条件和生产条件。

二、教学资源

1. 材料用具：当地气象资料、栽培品种介绍、栽培技术措施方案和病虫害种类及分布情况等资料。

2. 实训场所：教室、实训基地。

3. 师资配置：每位实训教师指导学生10～20名。

三、操作方法与步骤

（一）做好基础工作

1. 了解当地农作物的丰产栽培技术；

2. 了解掌握当地农作物栽培品种的抗病性和抗虫性等特征；

3. 了解掌握当地农作物主要病虫害及常发生病虫害的种类、发生情况和发生规律；

4. 了解分析当地气候条件对该作物生长发育和对主要病虫害种类的影响；

5. 了解分析当地土壤状况、前茬作物种类及对作物生产和主要病虫害发生发展的影响。

（二）制定农作物病虫害防治方案的原则和要求

1. 制定农作物病虫害防治方案要贯彻“预防为主、综合防治”的植保工作方针，病虫害的防治要保证、服务服从于农作物高产、优质、高效益的生产目标。

2. 从生态学和农业生态学的观点出发，全面考虑农业生态平衡、保护环境、社会效益和经济效益。

3. 因地制宜地体现将主要害虫的种群和主要病害的发生为害程度控制在经济损害水平以下。

4. 充分利用农业生态系统中各种自然因素的调节作用，因地制宜地将各种防治措施，如植物检疫、农业防治、物理机械防治、生物防治和化学防治等纳入当地农作物生产技术措施体系中，以获得最高的产量，最好的产品质量，最佳的经济、生态和社会效益。

5. 从实际出发，量力而行，有可操作性。目的明确，内容具体，语言简明、流畅。

（三）农作物病虫害综合防治方案的类型

1. 以某一地区，如村、乡（镇）、县、市、省为对象，制定“×××县（乡、村等）农作物病虫害综合防治方案”。

2. 以一种作物为对象，如制定“玉米病虫害综合防治方案”。

3. 以一种主要病虫害为对象，如制定“玉米螟综合防治方案”。

（四）农作物综合防治方案的基本内容

1. 标题：×××综合防治方案。

2. 单位名称：略。

3. 前言：根据方案类型概述本区域、作物、病虫害的基本情况。

4. 正文包括

（1）基本生产条件：气候条件分析、土壤肥力、施肥水平和灌溉等基本生产条件。

（2）主要栽培技术措施：前茬作物种类、栽培品种的特性、肥料使用计划、灌水量及次数、田间管理和主要技术措施指标等。

（3）发生的主要病虫害种类及天敌控制情况分析。

（4）综合防治措施：根据当地具体情况，依据作物及主要病虫害发生的特点统筹考虑、确定各种防治措施的整合。

在正文中，要以综合防治措施为重点，按照制定农作物病虫害防治方案的原则和要求具体撰写。

四、作业

1. 撰写你所在村的《大豆（或玉米、水稻等）病虫害综合防治方案》，并结合生产实践的环节，指导农民实施。

2. 撰写所在村的《大豆（或玉米、水稻等）病虫害的综合防治情况总结》。

附录1

《农药管理条例》

（1997年5月8日中华人民共和国国务院令第216号发布 根据2001年11月29日《国务院关于修改〈农药管理条例〉的决定》修订）

第一章　总　则

第一条　为了加强对农药生产、经营和使用的监督管理，保证农药质量，保护农业、林业生产和生态环境，维护人畜安全，制定本条例。

第二条　本条例所称农药，是指用于预防、消灭或者控制为害农业、林业的病、虫、草和其他有害生物以及有目的地调节植物、昆虫生长的化学合成或者来源于生物、其他天然物质的一种物质或者几种物质的混合物及其制剂。

前款农药包括用于不同目的、场所的下列各类：

（一）预防、消灭或者控制为害农业、林业的病、虫（包括昆虫、蜱、螨）、草和鼠、软体动物等有害生物的；

（二）预防、消灭或者控制仓储病、虫、鼠和其他有害生物的；

（三）调节植物、昆虫生长的；

（四）用于农业、林业产品防腐或者保鲜的；

（五）预防、消灭或者控制蚊、蝇、蜚蠊、鼠和其他有害生物的；

（六）预防、消灭或者控制为害河流堤坝、铁路、机场、建筑物和其他场所的有害生物的。

第三条　在中华人民共和国境内生产、经营和使用农药的，应当遵守本条例。

第四条　国家鼓励和支持研制、生产和使用安全、高效、经济的农药。

第五条　国务院农业行政主管部门负责全国的农药登记和农药监督管理工作。省、自治区、直辖市人民政府农业行政主管部门协助国务院农业行政主管部门做好本行政区域内的农药登记，并负责本行政区域内的农药监督管理工作。县级人民政府和设区的市、自治州人民政府的农业行政主管部门负责本行政区域内的农药监督管理工作。

县级以上各级人民政府其他有关部门在各自的职责范围内负责有关的农药监督管理工作。

第二章　农药登记

第六条　国家实行农药登记制度。

生产（包括原药生产、制剂加工和分装，下同）农药和进口农药，必须进行登记。

第七条　国内首次生产的农药和首次进口的农药的登记，按照下列三个阶段进行：

（一）田间试验阶段：申请登记的农药，由其研制者提出田间试验申请，经批准，方可进行田间试验；田间试验阶段的农药不得销售。

（二）临时登记阶段：田间试验后，需要进行田间试验示范、试销的农药以及在特殊情况下需要使用的农药，由其生产者申请临时登记，经国务院农业行政主管部门发给农药临时登记证后，方可在规定的范围内进行田间试验示范、试销。

（三）正式登记阶段：经田间试验示范、试销可以作为正式商品流通的农药，由其生产者申请正式登记，经国务院农业行政主管部门发给农药登记证后，方可生产、销售。

农药登记证和农药临时登记证应当规定登记有效期限；登记有效期限届满，需要继续生产或者继续向中国出售农药产品的，应当在登记有效期限届满前申请续展登记。

经正式登记和临时登记的农药，在登记有效期限内改变剂型、含量或者使用范围、使用方法的，应当申请变更登记。

第八条 依照本条例第七条的规定申请农药登记时，其研制者、生产者或者向中国出售农药的外国企业应当向国务院农业行政主管部门或者经由省、自治区、直辖市人民政府农业行政主管部门向国务院农业行政主管部门提供农药样品，并按照国务院农业行政主管部门规定的农药登记要求，提供农药的产品化学、毒理学、药效、残留、环境影响、标签等方面的资料。

国务院农业行政主管部门所属的农药检定机构负责全国的农药具体登记工作。省、自治区、直辖市人民政府农业行政主管部门所属的农药检定机构协助做好本行政区域内的农药具体登记工作。

第九条 国务院农业、林业、工业产品许可管理、卫生、环境保护、粮食部门和全国供销合作总社等部门推荐的农药管理专家和农药技术专家，组成农药登记评审委员会。

农药正式登记的申请资料分别经国务院农业、工业产品许可管理、卫生、环境保护部门和全国供销合作总社审查并签署意见后，由农药登记评审委员会对农药的产品化学、毒理学、药效、残留、环境影响等作出评价。根据农药登记评审委员会的评价，符合条件的，由国务院农业行政主管部门发给农药登记证。

第十条 国家对获得首次登记的、含有新化合物的农药的申请人提交的其自己所取得且未披露的试验数据和其他数据实施保护。

自登记之日起6年内，对其他申请人未经已获得登记的申请人同意，使用前款数据申请农药登记的，登记机关不予登记；但是，其他申请人提交其自己所取得的数据的除外。

除下列情况外，登记机关不得披露第一款规定的数据：

（一）公共利益需要；

（二）已采取措施确保该类信息不会被不正当地进行商业使用。

第十一条 生产其他厂家已经登记的相同农药产品的，其生产者应当申请办理农药登记，提供农药样品和本条例第八条规定的资料，由国务院农业行政主管部门发给农药登记证。

第三章 农药生产

第十二条 农药生产应当符合国家农药工业的产业政策。

第十三条 开办农药生产企业（包括联营、设立分厂和非农药生产企业设立农药生产车间），应当具备下列条件，并经企业所在地的省、自治区、直辖市工业产品许可管理部门审核同意后，报国务院工业产品许可管理部门批准；但是，法律、行政法规对企业设立的条件和审核或者批准机关另有规定的，从其规定：

（一）有与其生产的农药相适应的技术人员和技术工人；

（二）有与其生产的农药相适应的厂房、生产设施和卫生环境；

（三）有符合国家劳动安全、卫生标准的设施和相应的劳动安全、卫生管理制度；

（四）有产品质量标准和产品质量保证体系；

（五）所生产的农药是依法取得农药登记的农药；

（六）有符合国家环境保护要求的污染防治设施和措施，并且污染物排放不超过国家和地方规定的排放标准。

农药生产企业经批准后，方可依法向工商行政管理机关申请领取营业执照。

第十四条　国家实行农药生产许可制度。

生产有国家标准或者行业标准的农药的，应当向国务院工业产品许可管理部门申请农药生产许可证。

生产尚未制定国家标准、行业标准但已有企业标准的农药的，应当经省、自治区、直辖市工业产品许可管理部门审核同意后，报国务院工业产品许可管理部门批准，发给农药生产批准文件。

第十五条　农药生产企业应当按照农药产品质量标准、技术规程进行生产，生产记录必须完整、准确。

第十六条　农药产品包装必须贴有标签或者附具说明书。标签应当紧贴或者印制在农药包装物上。标签或者说明书上应当注明农药名称、企业名称、产品批号和农药登记证号或者农药临时登记证号、农药生产许可证号或者农药生产批准文件号以及农药的有效成分、含量、重量、产品性能、毒性、用途、使用技术、使用方法、生产日期、有效期和注意事项等；农药分装的，还应当注明分装单位。

第十七条　农药产品出厂前，应当经过质量检验并附具产品质量检验合格证；不符合产品质量标准的，不得出厂。

第四章　农药经营

第十八条　下列单位可以经营农药：

（一）供销合作社的农业生产资料经营单位；

（二）植物保护站；

（三）土壤肥料站；

（四）农业、林业技术推广机构；

（五）森林病虫害防治机构；

（六）农药生产企业；

（七）国务院规定的其他经营单位。

经营的农药属于化学危险物品的，应当按照国家有关规定办理经营许可证。

第十九条　农药经营单位应当具备下列条件和有关法律、行政法规规定的条件，并依法向工商行政管理机关申请领取营业执照后，方可经营农药：

（一）有与其经营的农药相适应的技术人员；

（二）有与其经营的农药相适应的营业场所、设备、仓储设施、安全防护措施和环境污染防治设施、措施；

（三）有与其经营的农药相适应的规章制度；

（四）有与其经营的农药相适应的质量管理制度和管理手段。

第二十条　农药经营单位购进农药，应当将农药产品与产品标签或者说明书、产品质量合格证核对无误，并进行质量检验。

禁止收购、销售无农药登记证或者农药临时登记证、无农药生产许可证或者农药生产批准文件、无产品质量标准和产品质量合格证和检验不合格的农药。

第二十一条 农药经营单位应当按照国家有关规定做好农药储备工作。

贮存农药应当建立和执行仓储保管制度，确保农药产品的质量和安全。

第二十二条 农药经营单位销售农药，必须保证质量，农药产品与产品标签或者说明书、产品质量合格证应当核对无误。

农药经营单位应当向使用农药的单位和个人正确说明农药的用途、使用方法、用量、中毒急救措施和注意事项。

第二十三条 超过产品质量保证期限的农药产品，经省级以上人民政府农业行政主管部门所属的农药检定机构检验，符合标准的，可以在规定期限内销售；但是，必须注明“过期农药”字样，并附具使用方法和用量。

第五章 农药使用

第二十四条 县级以上各级人民政府农业行政主管部门应当根据“预防为主，综合防治”的植保方针，组织推广安全、高效农药，开展培训活动，提高农民施药技术水平，并做好病虫害预测预报工作。

第二十五条 县级以上地方各级人民政府农业行政主管部门应当加强对安全、合理使用农药的指导，根据本地区农业病、虫、草、鼠害发生情况，制定农药轮换使用规划，有计划地轮换使用农药，减缓病、虫、草、鼠的抗药性，提高防治效果。

第二十六条 使用农药应当遵守农药防毒规程，正确配药、施药，做好废弃物处理和安全防护工作，防止农药污染环境和农药中毒事故。

第二十七条 使用农药应当遵守国家有关农药安全、合理使用的规定，按照规定的用药量、用药次数、用药方法和安全间隔期施药，防止污染农副产品。

剧毒、高毒农药不得用于防治卫生害虫，不得用于蔬菜、瓜果、茶叶和中草药材。

第二十八条 使用农药应当注意保护环境、有益生物和珍稀物种。

严禁用农药毒鱼、虾、鸟、兽等。

第二十九条 林业、粮食、卫生行政部门应当加强对林业、储粮、卫生用农药的安全、合理使用的指导。

第六章 其他规定

第三十条 任何单位和个人不得生产未取得农药生产许可证或者农药生产批准文件的农药。

任何单位和个人不得生产、经营、进口或者使用未取得农药登记证或者农药临时登记证的农药。

进口农药应当遵守国家有关规定，货主或者其代理人应当向海关出示其取得的中国农药登记证或者农药临时登记证。

第三十一条 禁止生产、经营和使用假农药。

下列农药为假农药：

（一）以非农药冒充农药或者以此种农药冒充他种农药的；

（二）所含有效成分的种类、名称与产品标签或者说明书上注明的农药有效成分的种类、名称不符的。

第三十二条 禁止生产、经营和使用劣质农药。

下列农药为劣质农药：

（一）不符合农药产品质量标准的；

（二）失去使用效能的；

（三）混有导致药害等有害成分的。

第三十三条　禁止经营产品包装上未附标签或者标签残缺不清的农药。

第三十四条　未经登记的农药，禁止刊登、播放、设置、张贴广告。

农药广告内容必须与农药登记的内容一致，并依照广告法和国家有关农药广告管理的规定接受审查。

第三十五条　经登记的农药，在登记有效期内发现对农业、林业、人畜安全、生态环境有严重为害的，经农药登记评审委员会审议，由国务院农业行政主管部门宣布限制使用或者撤销登记。

第三十六条　任何单位和个人不得生产、经营和使用国家明令禁止生产或者撤销登记的农药。

第三十七条　县级以上各级人民政府有关部门应当做好农副产品中农药残留量的检测工作，并公布检测结果。

第三十八条　禁止销售农药残留量超过标准的农副产品。

第三十九条　处理假农药、劣质农药、过期报废农药、禁用农药、废弃农药包装和其他含农药的废弃物，必须严格遵守环境保护法律、法规的有关规定，防止污染环境。

第七章　罚　则

第四十条　有下列行为之一的，依照刑法关于非法经营罪或者危险物品肇事罪的规定，依法追究刑事责任；尚不够刑事处罚的，由农业行政主管部门按照以下规定给予处罚：

（一）未取得农药登记证或者农药临时登记证，擅自生产、经营农药的，或者生产、经营已撤销登记的农药的，责令停止生产、经营，没收违法所得，并处违法所得1倍以上10倍以下的罚款；没有违法所得的，并处10万元以下的罚款；

（二）农药登记证或者农药临时登记证有效期限届满未办理续展登记，擅自继续生产该农药的，责令限期补办续展手续，没收违法所得，可以并处违法所得5倍以下的罚款；没有违法所得的，可以并处5万元以下的罚款；逾期不补办的，由原发证机关责令停止生产、经营，吊销农药登记证或者农药临时登记证；

（三）生产、经营产品包装上未附标签、标签残缺不清或者擅自修改标签内容的农药产品的，给予警告，没收违法所得，可以并处违法所得3倍以下的罚款；没有违法所得的，可以并处3万元以下的罚款；

（四）不按照国家有关农药安全使用的规定使用农药的，根据所造成的为害后果，给予警告，可以并处3万元以下的罚款。

第四十一条　有下列行为之一的，由省级以上人民政府工业产品许可管理部门按照以下规定给予处罚：

（一）未经批准，擅自开办农药生产企业的，或者未取得农药生产许可证或者农药生产批准文件，擅自生产农药的，责令停止生产，没收违法所得，并处违法所得1倍以上10倍以下的罚款；没有违法所得的，并处10万元以下的罚款；

（二）未按照农药生产许可证或者农药生产批准文件的规定，擅自生产农药的，责令停止生产，没收违法所得，并处违法所得1倍以上5倍以下的罚款；没有违法所得的，并处5万元以下的罚款；情节严重的，由原发证机关吊销农药生产许可证或者农药生产批准文件。

第四十二条 假冒、伪造或者转让农药登记证或者农药临时登记证、农药登记证号或者农药临时登记证号、农药生产许可证或者农药生产批准文件、农药生产许可证号或者农药生产批准文件号的，依照刑法关于非法经营罪或者伪造、变造、买卖国家机关公文、证件、印章罪的规定，依法追究刑事责任；尚不够刑事处罚的，由农业行政主管部门收缴或者吊销农药登记证或者农药临时登记证，由工业产品许可管理部门收缴或者吊销农药生产许可证或者农药生产批准文件，由农业行政主管部门或者工业产品许可管理部门没收违法所得，可以并处违法所得10倍以下的罚款；没有违法所得的，可以并处10万元以下的罚款。

第四十三条 生产、经营假农药、劣质农药的，依照刑法关于生产、销售伪劣产品罪或者生产、销售伪劣农药罪的规定，依法追究刑事责任；尚不够刑事处罚的，由农业行政主管部门或者法律、行政法规规定的其他有关部门没收假农药、劣质农药和违法所得，并处违法所得1倍以上10倍以下的罚款；没有违法所得的，并处10万元以下的罚款；情节严重的，由农业行政主管部门吊销农药登记证或者农药临时登记证，由工业产品许可管理部门吊销农药生产许可证或者农药生产批准文件。

第四十四条 违反工商行政管理法律、法规，生产、经营农药的，或者违反农药广告管理规定的，依照刑法关于非法经营罪或者虚假广告罪的规定，依法追究刑事责任；尚不够刑事处罚的，由工商行政管理机关依照有关法律、法规的规定给予处罚。

第四十五条 违反本条例规定，造成农药中毒、环境污染、药害等事故或者其他经济损失的，应当依法赔偿。

第四十六条 违反本条例规定，在生产、储存、运输、使用农药过程中发生重大事故的，对直接负责的主管人员和其他直接责任人员，依照刑法关于危险物品肇事罪的规定，依法追究刑事责任；尚不够刑事处罚的，依法给予行政处分。

第四十七条 农药管理工作人员滥用职权、玩忽职守、徇私舞弊、索贿受贿的，依照刑法关于滥用职权罪、玩忽职守罪或者受贿罪的规定，依法追究刑事责任；尚不够刑事处罚的，依法给予行政处分。

第八章　附　则

第四十八条 中华人民共和国缔结或者参加的与农药有关的国际条约与本条例有不同规定的，适用国际条约的规定；但是，中华人民共和国声明保留的条款除外。

第四十九条 本条例自1997年5月8日起施行。（完）

附录2

常用农药英文通用名、中文通用名、中文商品名索引

一、杀虫剂/杀螨剂

英文通用名	中文通用名	中文商品名	防治对象
Avermectin	阿维菌素	害极灭、爱比菌素、爱福丁	红蜘蛛、潜叶蛾、小菜蛾、潜叶蝇
Acetamiprid	啶虫脒	莫比朗	蚜虫
Alphacypermethrin	顺式氯氰菊酯	百事达	快杀敌
Amitraz	双甲脒	螨克	螨类、蚧壳虫
Azocyclotion	三唑锡	倍乐霸、三唑锡	红蜘蛛
Benfuracarb	丙硫克百威	安克力	螟虫、蚜虫
Benzoximate	苯螨特	西斗星	红蜘蛛
Betacyfluthrin	高效氟氯氰菊酯	保得	棉铃虫、菜青虫、蚜虫
Biphenthrin	联苯菊酯	天王星	棉铃虫、红蜘蛛、粉虱、尺蠖、毛虫、叶蝉、象甲
BPMC	仲丁威	巴沙	飞虱、叶蝉、三化螟、蓟马
Bromopropylate 类	溴螨酯	螨代治	螨类
Buprofezin	噻嗪酮	优乐得	飞虱、叶蝉、蚧类、粉虱
Buprofezin + isoprocarb	噻嗪酮+异丙威	优佳安	稻飞虱等
Carbofuran	克百威	呋喃丹、大扶农	螟虫、飞虱、蚜虫、线虫、蓟马、地下害虫
Carbosulfan	丁硫克百威	好年冬	飞虱、蚜虫、锈壁虱、潜叶蛾、蓟马、稻瘿蚊
Cartap	杀螟丹	巴丹	螟虫、小绿叶蝉、潜叶蛾
Chlorbenzurin	灭幼脲	灭幼脲3号	黏虫等
Chlorfluazuron	定虫隆	抑太保	棉铃虫、红铃虫、菜青虫、小菜蛾
Chlorpyrifos	毒死蜱	乐斯本	蚜虫、棉铃虫、红铃虫、叶螨、菜青虫、小菜蛾、锈壁虱、蚧类
Clofentezine	四螨嗪	阿波罗	红蜘蛛
Clonitralide (niclosamide)	杀螺胺	百螺杀	福寿螺
Cyfluthrin	氟氯氰菊酯	百树得	棉铃虫、红铃虫、菜青虫
Eyhalothrin	三氟氯氰菊酯	功夫	蚜虫、黏虫、棉铃虫、红铃虫、食心虫、小菜蛾、菜青虫、潜叶蛾、介类、螨类、毛虫、尺蠖、叶蝉

续表

英文通用名	中文通用名	中文商品名	防治对象
Cypermethrin	氯氰菊酯	安绿宝、兴棉宝、赛波凯、灭百可	棉蚜、棉铃虫、红铃虫、潜叶蛾、菜青虫、小菜蛾、毛虫、尺蠖、叶蝉
Deltamethrin	溴氰菊酯	敌杀死	蚜虫、棉铃虫、红铃虫、潜叶蛾、菜青虫、小菜蛾、毛虫、尺蠖、叶蝉、介类、烟青虫
Diazinon	二嗪磷	二嗪农、地亚农	棉蚜、红蜘蛛、地下害虫
Diflubenzuron	除虫脲	敌灭灵、除虫脲	尺蠖、食心虫、毛虫
Endosulfan	硫丹	赛丹、硕丹	棉铃虫、蚜虫、小绿叶蝉、烟青虫
Esfenvalerate	顺式氰戊菊酯	来福灵	蚜虫、粘虫、棉铃虫、红铃虫、食心虫、菜青虫、小菜蛾
Ethofenprox	醚菊酯	多来宝	飞虱、稻象甲、菜青虫
Ethoprophos	灭线磷	益收宝	稻瘿蚊
Fenbutatinoxide	苯丁锡	托尔克	螨类、锈螨
Fenitrothion	杀螟硫磷	杀螟松、速灭松	螟虫、纵卷叶螟
Fenothiocarb	苯硫威	排螨净	橘全爪螨
Fenpropathrin	甲氰菊酯	灭扫利	红蜘蛛、棉铃虫、红铃虫、小菜蛾、菜青虫、食心虫、潜叶蛾、毛虫、尺蠖、小绿叶蝉
Fenproximate	唑螨酯	霸螨灵	螨类、锈壁虱
Fenvalerate	氰戊菊酯	速灭杀丁	蚜虫、棉铃虫、红铃虫、食心虫、豆荚螟、菜青虫、小菜蛾、潜叶蛾、蚧类、尺蠖、毛虫、黑刺粉虱
Fipronil	氟虫腈	锐劲特	小菜蛾、螟虫
Flufenoxuron	氟虫脲	卡死克	红蜘蛛、锈壁虱、潜叶蛾
Fluvalinate	氟胺氰菊酯	马扑立克	叶螨、蚜虫、棉铃虫、红铃虫、菜青虫
Fonofos	地虫硫磷	大风雷	蛴螬、蔗龟
Hexythiazox	噻唑酮	尼索朗	红蜘蛛
Imidacloprid	吡虫啉	康福多	飞虱、蚜虫、粉虱
Isazophos	氯唑磷	米乐尔	稻瘿蚊、飞虱、三化螟、蔗龟
Isocarbophos	水胺硫磷	水胺硫磷	螨类、潜叶蛾、锈螨
Isofenphos-methyl	甲基异柳磷	甲基异柳磷	地下害虫
Isoprocarb	异丙威	叶蝉散	飞虱、叶蝉
Metaldehyde	四聚乙醛	嘧达	福寿螺、蜗牛、蛞蝓
Methidathion	杀扑磷	速扑杀	蚧类
Methomyl	灭多威	万灵	棉铃虫、棉蚜、菜青虫、潜叶蛾、小绿叶蝉、烟青虫

续表

英文通用名	中文通用名	中文商品名	防治对象
Monocrotophos	久效磷	纽瓦克	棉蚜、红蜘蛛、棉铃虫、红铃虫
Phenthoate	稻丰散	爱乐散	螟虫、飞虱、叶蝉、负泥虫、介类、蚜虫、蓟马、潜叶蛾、粉虱、蝽象
Phorate	甲拌磷	三九一一	蔗龟、蔗螟
Phosalone	伏杀硫磷	佐罗纳	棉蚜、红蜘蛛、棉铃虫、红铃虫、菜青虫、小菜蛾
Pirimicarb	抗蚜威	辟蚜威	蚜虫
Polythialan	多噻烷	多噻烷	稻螟、稻苞虫、纵卷叶螟
Profenofos + cypermethrin	克虫磷+氯氰菊酯	多虫清	蚜虫、棉铃虫、红铃虫
Propargite	克螨特	克螨特、螨除净	螨类
Quinalphos	喹硫磷	爱卡士	螟虫、稻瘿蚊、飞虱、蓟马、叶蝉、蚜虫、棉铃虫、菜青虫、斜纹夜蛾、潜叶蛾、介类、尺蠖、毛虫
Ridaben	哒螨灵	哒螨酮	螨类
Rotenone + fenvalerate	鱼藤酮+氰戊菊酯	鱼藤氰	蚜虫、菜青虫
Tebufenpyrad	吡螨胺	必螨立克	红蜘蛛
Teflubenzuron	伏虫隆	农螨特	潜叶蛾、菜青虫、小菜蛾
Thiocyclam hydrogennoxalate	沙虫环	异卫杀	稻螟、稻苞虫、蓟马、叶蝉
Thiodicarb	硫双威	拉维因	棉铃虫

二、杀菌剂/杀线虫剂

英文通用名	中文通用名	中文商品名	防治对象
Blasticidin-s	灭瘟素	勃拉益斯	稻瘟病
Carboxin + thiram	萎锈灵+福美双	卫福	小麦黑穗、根腐、条纹病
Chlorothalonil	百菌清	百菌清	黄瓜霜霉病、花生叶斑病、锈病、番茄早疫病
Coper hydroxide	氢氧化铜	可杀得	番茄早疫病、柑橘溃疡病
Copper（guccinate + glutarte + adioate）	丁、戊、己二酸酮	琥胶肥酸酮（二元酸酮）	水稻稻曲病、黄瓜角斑病
Cymoxanil + mancozeb	霜脲氰+代森锰锌	克露	黄瓜霜霉病
Diniconazole	烯唑醇	速保利	小麦黑穗病、玉米丝黑穗病、梨黑星病
Edifenphos	敌瘟磷	克瘟散	稻瘟病
Ethoprophos	灭线磷	益收宝	花生根结线虫
Fenamiphos	克线磷	力满库	花生土壤线虫

续表

英文通用名	中文通用名	中文商品名	防治对象
Fenarimol	氯苯嘧啶醇	乐必耕	苹果黑星病、炭疽病、白粉病、梨黑星病
Fenbuconazole	氰苯唑	应得	香蕉叶斑病
Flusilazol	氟硅唑	福星	梨黑星病
Flutolanil	氟酰胺	望佳多	水稻纹枯病
Fthalide	四氯苯酞	热必斯	稻瘟病
Hymexazol	恶霉灵	土菌消	水稻立枯病
Imazalil	抑霉唑	戴唑霉、万利得	柑橘青绿菌
Imibenconazole	亚胺唑	霉能灵	梨黑星病
Iminoctadinetriacetate	双胍辛胺乙酸盐	百可得	苹果斑点落叶病、柑橘储藏病害
Iprodione	异菌脲	扑海因	苹果轮斑病、褐斑病、香蕉储藏病害、油菜菌核病
Isoprothiolane	稻瘟灵	富士一号	稻瘟病
Kasugamycin	春雷霉素	加收米	稻瘟病
Kasugamycin + copper oxychloride	春雷霉素 + 氢氧化铜	加瑞农	柑橘溃疡病
Mancozeb	代森锰锌	大生、喷克	苹果斑点落叶病、轮纹病、番茄早疫病、西瓜炭疽病
Mepronil	灭锈胺	纹达克	纹枯病
Metalaxyl + mancozeb	甲霜灵 + 代森锰锌	雷多米尔	黄瓜、葡萄霜霉病
Methylbromide	溴甲烷	溴灭泰	黄瓜线虫
Oxadixyl + mancozeb	恶霉灵 + 代森锰锌	杀毒矾	黄瓜霜霉病、烟草黑胫病
Pefurazoate	稻瘟酯	净种灵	水稻恶苗病
Phoxim + phorate	辛硫磷 + 甲拌磷	辛拌磷	柑橘根结线虫
Polyxin B	多氧霉素	宝丽安	苹果斑点落叶病、轮斑病
Prochloraz	咪鲜胺	扑霉灵	储藏病害
Prochloraz + manganese chloride	咪鲜胺 + 氯化锰	施保功	蘑菇黑腐、湿泡病
Procymidone	腐霉利	速克灵	黄瓜灰霉、菌核病、油菜菌核病
Propiconazole	丙环唑	敌力脱、必扑尔	小麦锈病、白粉病、根腐病、香蕉叶斑病
Sebufos（cadusafos）	硫线磷	克线丹	柑橘根结线虫
Thiabendazole	噻菌灵	特克多	柑橘、香蕉储藏病害、蘑菇真菌病害
Thiophanate-methyl	甲基硫菌灵	甲基托布津	水稻稻瘟、纹枯病、小麦黑穗、赤霉病
Thiram + pencycuron	福美双 + 戊菌隆	苗盛	棉花立枯、炭疽病
Triadimefon	三唑酮	百理通	小麦白粉病、锈病
Tricyclazole	三环唑	比艳	稻瘟病
Triflumizole	氟菌唑	特富灵	黄瓜白粉病
Vinclozolin	乙烯菌核利	农利灵	黄瓜灰霉病

三、除草剂/植物生长调节剂

英文通用名	中文通用名	中文商品名	防治对象
Acetochlor	乙草胺	禾耐斯、圣耐斯	大豆、花生一年生禾本科及部分阔叶杂草
Acifluorfensodium	三氟羧草醚	杂草焚、达克尔	大豆阔叶杂草
Alachlor	甲草胺	拉索	玉米、棉花、花生、大豆一年生禾本科及部分阔叶杂草
Ametryn	莠灭净	阿灭净	甘蔗一年生禾本科及部分阔叶杂草
Anilofos	莎稗磷	阿罗津	水稻一年生禾本科及部分阔叶杂草
Anilofos + ethoxysulfuron	莎稗磷+乙氧磺隆	必宁特	水稻杂草
Benazolin-ethyl	草除灵	高特克	油菜田繁缕、牛繁缕、雀舌草、阔叶杂草
Bensulfuron-methyl + metsulfuron-methyl	苄甲磺隆（苄嘧磺隆+甲磺隆）	新得力	水稻阔叶杂草及一年生莎草等
Bensulfuron-methyl	苄嘧磺隆	农得时	水稻阔叶杂草及莎草
Bensulfuron-methyl + benthiocarb	苄嘧磺隆+禾草丹	龙杀	水稻稗草、莎草及阔叶杂草
Bentazon	灭草松	排草丹	一年生阔叶杂草
Bentyiocarb	禾草丹	杀草丹、高杀草丹	水稻稗草、三棱草、鸭舌草、牛毛毡等
Bentyiocarb + simetryn	禾草丹+西草净	杀草丹	水稻稗草、眼子菜等杂草
Bromoxynil	溴苯腈	伴地农	小麦、玉米阔叶杂草
Butachlor	丁草胺	马歇特	水稻一年生禾本科、莎草、阔叶杂草等
Butralin	地乐胺	止芽素	抑制烟草腋芽
Carbetamide	双酰草胺	雷克拉	油菜一年生禾本科及部分阔叶杂草
Chlorimuron-ethyl	氯嘧磺隆	豆威、豆磺隆	大豆阔叶杂草
Cinmethylin	环庚草醚	艾割	水稻稗草、鸭舌草、异型莎草
Cinosulfuron	醚磺隆	莎多伏	水稻一年生阔叶杂草
Clethodim	稀草酮	赛乐特、收乐通	大豆一年生禾本科杂草
Clomazone（dimethazon）	异恶草酮	广灭灵	大豆一年生禾本科杂草
Cyanazine	氰草津	百得斯	玉米一年生杂草
Cyclosulfamuron	环丙嘧磺隆	金秋	水稻阔叶杂草
Desmedipham + phenmedipham	甜菜安+甜菜宁	甜安宁、凯米丰	甜菜一年生阔叶杂草

续表

英文通用名	中文通用名	中文商品名	防治对象
Dicamba	麦草畏	百草敌	玉米阔叶杂草、小麦一年或多年生杂草
Diclofop-methyl	禾草灵	伊洛克桑	小麦、甜菜野燕麦、稗草、马唐等
Dimepiperate	哌草丹	优克稗	水稻稗草、马唐等
Dimethametryn + piperophos	净哌磷混剂（二甲丙乙净+哌草磷）	威罗生	水稻一年生禾本科和莎草科杂草
Diphenamide	双苯酰草胺	益乃得、草乃得、双苯胺	烟草一年生禾本科、莎草科及阔叶杂草
Ethoxysufuron	乙氧磺隆	太阳星	水稻阔叶杂草及莎草
Fenoxaprop-p-ethyl	精恶唑禾草灵	骠马	小麦野燕麦、看麦娘等，一年生禾本科杂草
Fluazifop-butyl	吡氟禾草灵	稳杀得	棉花、花生、大豆一年生禾本科杂草
Fluazifop-p-butyl	精吡氟禾草灵	精稳杀得	棉花、花生、大豆、油菜一年生禾本科杂草
Flumetralin	氟节胺	抑芽敏	抑制烟芽
Flumetsulam	氟磺草胺	阔草清	玉米、大豆阔叶杂草
Flumiclorac-pentyl	氟烯草酸	利收	大豆阔叶杂草
Flumioxazin	丙炔氟草胺	速收	大豆一年生阔叶及部分禾本科杂草
Fluometuron	氟草隆	棉草伏	棉花一年禾本科和阔叶杂草
Fluroxypyr	氟草烟	使它隆	小麦阔叶杂草
Fomesafen	氟磺胺草醚	虎威	大豆阔叶杂草
glyphosate	草甘膦	农达	灭生性
Haloxyfop	氟吡甲禾灵	盖草能	棉花、花生、油菜、大豆一年禾本科杂草
Haloxyfop-R-methyl	精氟吡禾灵	高效盖草能	油菜、大豆一年生禾本科杂草
Imazethapyr	咪草烟	普杀特	大豆一年生杂草
Lactofen	乳氟禾草灵	克阔乐	大豆阔叶杂草
Metolachlor	异丙甲草胺	稻乐思、都尔	水稻禾本科、玉米、花生、大豆一年生禾本科、莎草科及阔叶杂草
Metribuzin	嗪草酮	赛克津	大豆一年生阔叶杂草
Molinate + simertyn + MCPA	禾草净+西草净+二甲四氯	禾田净	水稻一年生单子叶及双子叶杂草
Molinte	禾草特	禾大壮、杀克尔	水稻稗草、牦草等
Napropamide	萘氧丙草胺	大惠利	烟草一年生禾本科及部分阔叶杂草

续表

英文通用名	中文通用名	中文商品名	防治对象
$ONPNH_4$ + $PNPNH_4$ + $5NGNH_4$	邻-硝基苯酚铵 + 对-硝基苯酚铵 + 2,4-二硝基苯酚铵	多效丰产灵	白菜促进生长
Oxadiargyl	炔丙恶唑草	稻思达	水稻稗草、莎草及阔叶杂草
Oxadiazon	恶草酮	农思它	水稻、花生一年生杂草
Oxyfluorfen	乙氧氟草醚	果尔	水稻阔叶草、稗草、莎草等
Paraquat	百草枯	克无踪、百朵	柑橘杂草、棉花枯叶剂
Pendimethalin	二甲戊乐灵	施田补、除草通、除芽通	玉米一年生阔叶、叶菜杂草及禾本科杂草、烟草抑制腋芽
Phenmedipham	甜菜宁	凯米丰	甜菜阔叶杂草
Phenothiol	酚硫杀	芳米大	小麦阔叶杂草
Pretilachlor	丙草胺	扫弗特	水稻一年生杂草
Pyrazosulfuron-ethyl	吡嘧磺隆	草克星	水稻阔叶杂草、莎草、稗草
Pyridate	哒草特	连达克兰	花生、小麦阔叶杂草及一年生杂草
Quinclorac	二氯喹啉酸	快杀稗	水稻稗草
Quizalofop-ethyl	喹禾灵	禾草克	棉花、大豆、甜菜一年生禾本科单子叶杂草
Quizalofop-p-ethyl	精喹禾灵	精禾草克	棉花、花生、油菜、大豆一年生禾本科杂草
Sethoxydim	烯禾啶	拿捕净	棉花、花生、油菜、大豆一年生禾本科杂草
Sodium thonitro phenolate + sodium paranitrophenolate + sodium 5-nitroguaiacolate	复硝酚钠	爱多收	番茄调节作物生长
Thifensulfuron-methyl	噻酚磺隆	宝收	玉米、小麦阔叶杂草
Triallate	野麦畏	阿畏达	小麦野燕麦
Tribenuron-methyl	苯磺隆	巨星	小麦阔叶杂草
Trifluralin	氟乐灵	特福力、福特力	玉米、大豆一年生禾本科和阔叶杂草
Vernolate	灭草畏	卫农	大豆一年生禾本科杂草

主要参考文献

1. 许志刚．普通植物病理学（第三版）．北京：中国农业出版社，2003.
2. 宗兆锋，康振生．植物病理学原理．北京：中国农业出版社，2002.
3. 仵均祥．农业昆虫学（北方本）．北京：中国农业出版社，2002.
4. 李照会．农业昆虫鉴定（第一版）．北京：中国农业出版社，2002.
5. 丁锦华，苏建亚．农业昆虫学（南方本）．北京：中国农业出版社，2002.
6. 孙广宇，宗兆锋．植物病理学实验技术．北京：中国农业出版社，2002.
7. 董金皋．农业植物病理学（北方本）．北京：中国农业出版社，2001.
8. 袁锋．农业昆虫学（第三版）．北京：中国农业出版社，2001.
9. 韩召军，杜相革，徐志宏．园艺昆虫学．北京：中国农业大学出版社，2001.
10. 李怀方，刘凤权，郭小密．园艺植物病理学．北京：中国农业大学出版社，2001.
11. 谢联辉．普通植物病理学．北京：科学出版社，2006.
12. 刘大群，董金皋．植物病理学导论．北京：科学出版社，2007.
13. 李清西，钱学聪．植物保护．北京：中国农业出版社，2002.
14. 北京农业大学．农业植物病理学．北京：中国农业出版社，1996.
15. 李洪连，徐敬友．农业植物病理学实验实习指导．北京：中国农业出版社，2001.
16. 西北农业大学．农业昆虫学．北京：中国农业出版社，1995.
17. 刘学敏，陈宇飞．植物保护技术与实训．北京：中国劳动社会保障出版社，2005.
18. 赖传雅．农业植物病理学（华南本）．北京：科学出版社，2003.
19. 邰连春．作物病虫害防治．北京：中国农业大学出版社，2007.
20. 李孟楼．森林昆虫学通论（第一版）．北京：中国林业出版社，2002.
21. 邢来君，李明春．普通真菌学．北京：高等教育出版社，1999.
22. 侯明生，黄俊斌．农业植物病理学．北京：科学出版社，2006.
23. 陕西汉中农业学校．农业昆虫学．北京：中国农业出版社，1993.
24. 冯坚，顾群．英汉农药名称对照（第二版）．北京：化学工业出版社，2003.
25. 徐树清，林达．植物病理学．北京：农业出版社，1993.
26. 徐文耀．普通植物病理学实验指导．北京：科学出版社，2006.
27. 张学哲．作物病虫害防治．北京：高等教育出版社，2005.
28. 洪霓，高必达．植物病害检疫学．北京：科学出版社，2005.
29. 杨长举，张宏宇．植物害虫检疫学．北京：科学出版社，2005.
30. 费显伟．园艺植物病虫害防治．北京：高等教育出版社，2005.

31. 马骏，蒋锦标．果树生产技术．北京：中国农业出版社，2005.

32. 李洪波．作物病虫草害防治技术．哈尔滨：黑龙江人民出版社，2005.

33. 徐冠军．植物病虫害防治学．北京：中央广播电视大学出版社，1999.

34. 孙元峰．新农药使用技术．郑州：河南出版集团中原农民出版社，2005.

35. 叶钟音．现代农药应用技术全书．北京：中国农业出版社，2002.

36. 袁会珠．农药使用技术指南．北京：化学工业出版社，2004.

37. 詹金华．烟草病虫害防治．昆明：云南科学出版社，1998.

38. 张一宾，张怿．世界农药新进展．北京：化学工业出版社，2007.

39. 马瑞燕．入侵种烟粉虱及其持续治理．北京：科学出版社，2005.

40. 中国农村技术开发中心．有机农业在中国．北京：中国农业科学技术出版社，2006.

41. 张宝聚．除草剂应用与销售技术服务指南．北京：金盾出版社，2004.

42. 屠予钦．农药科学使用指南（第二版）．北京：金盾出版社，2005.

43. 陈小帆．出口蔬菜安全质量保证实用手册．北京：中国农业出版社，2005.

44. 段半锁，吕佩珂．果树生产技术．为害葱类蔬菜蓟马的种类调查．植物保护，1999（5）：29～31.

45. 辛惠普．大豆病虫害防治彩色图谱．北京：中国农业出版社，2003.

46. 李庆孝．植物保护手册．哈尔滨：黑龙江科学技术出版社，1997.

47. 黄宏英．植物保护技术．北京：中国农业出版社，2001.

48. 辛惠普，马汇泉，姚守礼等．寒地水稻鞘腐病发生规律及防治技术研究．黑龙江八一农垦大学学报，2001（13）．

49. 叶钟音．现代农药应用技术全书．北京：中国农业出版社，2002.

50. 何振昌．中国北方农业害虫原色图鉴．沈阳：辽宁科学技术出版社，1997.

51. 王险峰．进口农药应用手册．北京：中国农业出版社，2000.

52. 杨蕾，姜钰，徐秀德．高粱炭疽病发生与有效控制研究进展．辽宁农业科学，2005（5）．

53. 董慈祥，王秀刚，房巨才等．斑须蝽在玉米田分布型及抽样方法的研究，华东昆虫学报，2002（11）．

54. 刘江滨，吴永健，单兴波等．斑须蝽的发生与防治．现代化农业，2006（7）．